高职高专"工学结合"规划教材

工程制图

(第三版)

王 琴 王 杰 主编
付金科 主审

石油工业出版社

内 容 提 要

本书结合石油、化工、数控等专业特点,参照最新颁布的有关标准,吸取教材改革的成功经验和教学成果,由多所学校骨干教师合作编写。本书以技能训练为主线,按模块编写,内容包括:制图的基本知识、制图的基本技能、基本体的三视图、轴测图、组合体的视图、图样画法、标准件与常用件规定画法、零件图、装配图、零部件测绘、焊接图、化工工艺图和设备图。

本书可作为高职高专非机械类专业的工程制图课程的教材,也可作为有关专业的技能培训教材。与本书配套使用的《工程制图习题集》,可供学习时选用。

图书在版编目(CIP)数据

工程制图/王琴,王杰主编. —3版. —北京:石油工业出版社,2020.9
(2021.5重印)
高职高专"工学结合"规划教材
ISBN 978-7-5183-4164-1

Ⅰ.①工… Ⅱ.①王…②王… Ⅲ.①工程制图-高等职业教育-教材 Ⅳ.①TB23

中国版本图书馆CIP数据核字(2020)第143154号

出版发行:石油工业出版社
　　　　(北京朝阳区安华里2区1号楼　100011)
　　　网　址:www.petropub.com
　　　编辑部:(010)64256990
　　　图书营销中心:(010)64523633　(010)64523731
经　销:全国新华书店
排　版:北京密东文创科技有限公司
印　刷:北京晨旭印刷厂

2020年9月第3版　2021年5月第2次印刷
787毫米×1092毫米　开本:1/16　印张:18　插页:1
字数:461千字

定价:42.00元
(如出现印装质量问题,我社图书营销中心负责调换)
版权所有,翻印必究

第三版前言

《工程制图》自2006年出版第一版以来,受到了广大高职高专院校师生的普遍赞誉和好评。2012年对第一版修订出版了第二版。根据最新的人才培养方案及教学要求,在总结了近几年的教学经验及取得教学成果的基础上,认真听取了多所同类兄弟院校的建议,对第二版教材进行修订。同时修订了由王琴主编的《工程制图习题集》作为配套教材。

本次修订是按照简明、易读和突出实用性的原则,在保持第二版基本结构和篇幅的基础上进行的。修订后内容能满足工程制图课程教学基本要求,并采用最新颁布的有关国家标准,使用了最新术语。本教材具有以下特点:

(1)采用我国新颁布的《技术制图》与《机械制图》的有关国家标准;

(2)以国家职业标准为依据,内容分别涵盖石油、化工、数控等国家职业标准的相关要求;

(3)以技能训练为主线,切实落实"管用、够用、适用"的教学指导思想;

(4)突出职业特点,注重专业技能培养,课程内容与制图员职业资格技能鉴定相衔接;

(5)以实际案例为切入点,尽量采用以图代文的编写形式,降低学习难度,提高学生的学习兴趣。

本书第三版由王琴、王杰任主编,王俊彦、王波任副主编,付金科任主审。具体编写分工如下:延安职业技术学院辛颖编写模块一、附录;重庆能源职业学院王波编写模块二;湖南石油化工职业技术学院王杰、刘宝欣编写模块三、模块七;天津工程职业技术学院王俊彦编写模块四、模块五;天津石油职业技术学院王琴、王双利编写模块六、模块八;天津石油职业技术学院刘艳旺编写模块九、模块十;天津石油职业技术学院孙春梅编写模块十一、模块十二。全书由王琴统稿。

在编写本书过程中,天津石油职业技术学院的黄希廉、付金科、郗秀芬、尹爱东、鲁改欣参加了绘图和审核工作,在此对他们表示衷心的感谢。

由于编者水平有限,教材中难免存在缺点、错误之处,恳请读者批评指正。

编者
2020.04

第二版前言

本教材是根据教育部制定的《高职高专教育工程制图教学基本要求》，结合石油、化工、数控等专业特点编写。本教材本着工程制图课程教学基本要求，在满足各专业需求基础上，采用最新颁布的有关国家标准，吸取各院校教改与教材建设的成功经验。本教材具有以下特点：

（1）采用我国新颁布的《技术制图》与《机械制图》的有关国家标准；

（2）以国家职业标准为依据，内容分别涵盖石油、化工、数控等国家职业标准的相关要求；

（3）以技能训练为主线，切实落实"管用、够用、适用"的教学指导思想；

（4）突出职业特点，注重专业技能培养；课程内容与制图员职业资格技能鉴定相衔接；

（5）以实际案例为切入点，尽量采用以图代文的编写形式，降低学习难度，提高学生的学习兴趣。

参加本教材编写工作的有：渤海石油职业技术学院李荣华、陈超杰（模块一、模块二）；大庆职业学院岳波辉（模块三）；天津工程职业技术学院宋晓英（模块四、模块五）；天津石油职业技术学院王琴（模块六、模块八、模块九、模块十），李军众（模块十一、模块十二）；辽河石油职业技术学院苏成柏（模块七）。本教材由王琴、岳波辉、苏成柏任主编，付金科任主审。

在编写过程中，天津石油职业技术学院的黄希廉、付金科、郄秀芬、尹爱东、鲁改欣参加了绘图和审核工作，在此对他们表示衷心的感谢。

由于编者水平有限，教材中难免存在缺点、错误之处，恳请读者批评指正。

编者

2012.04

第一版前言

本教材是根据教育部制定的《高职高专教育工程制图课程教学基本要求》，结合石油、化工专业特点编写的。本教材本着满足工程制图课程教学基本要求，在满足石油行业各高职高专院校专业的需求基础上，采用最新颁布的有关国家标准，充分调研、汲取许多院校教改和教材建设的成功经验编写而成。本教材在缩写过程中注意了以下几点：

（1）本教材采用我国新颁布的《技术制图》与《机械制图》的有关国家标准。

（2）零件图、装配图两章的图例尽量选用石油行业的一些典型设备的零件。

（3）专业图样密切联系石油、化工工程实际，选择典型设备和工艺流程作为图例，使得教学贴近生产实际。

（4）突出职教特点，注重专业技能培养，课程内容与要求，与《制图员》职业资格技能鉴定相衔接。

参加本教材编写工作的有：渤海石油职业学院李荣华（绪论、第一章）；大庆职业学院岳波辉（第二章）；山东胜利职业学院夏雪梅（第三章）；天津工程职业技术学院徐茂森（第四章）、宋文双（第五章）；天津石油职业技术学院王琴（第六章）；辽河石油职业技术学院苏成柏（第七章）；重庆科技学院蔡萍（第八章）；天津石油职业技术学院付金科（第九章）、尹爱东（第十章）；石油物探职业教育学校蔡春青（第十一章、第十二章）；重庆科技学院高月华（第十三章）。

本教材由付金科、高月华主编。山东胜利职业学院赵洪庆任主审，在审阅过程中提出了许多宝贵意见，在此表示衷心的感谢。

本教材在编写过程中，参阅了大量的同类教材和书籍，并选用了一些内容和习题，在此谨向有关作者表示谢意。

在化工设备图的编写过程中，得到了重庆渝海搪瓷设备有限公司王增福高级工程师的帮助，在此表示衷心的感谢。

由于编者水平有限，教材中难免存在缺点、错误之处，敬请各位专家、学者不吝赐教，恳请读者批评。

编者
2006.6

目 录

绪论 1
模块一　制图的基本知识 2
　任务1　认识工程图样 2
　任务2　认识《技术制图》国家标准 6
模块二　制图的基本技能 16
　任务1　绘制扳手的平面图形 16
　任务2　绘制支座的平面图形 23
　任务3　绘制钩头楔键和锥塞的平面图形 27
　任务4　徒手绘制扳手的平面草图 30
模块三　基本体的三视图 32
　任务1　画简单形体的三视图 32
　任务2　点、直线和平面的投影 37
　任务3　画正六棱柱的三视图 44
　任务4　画正三棱锥的三视图 46
　任务5　画圆柱的三视图 49
　任务6　画圆锥的三视图 51
　任务7　画圆球的三视图 54
　任务8　画斜切正四棱锥的三视图 56
　任务9　画切口圆柱体的三视图 58
　任务10　画切割圆锥体的三视图 61
　任务11　画切槽半球截交线的投影 63
模块四　轴测图 65
　任务1　绘制正六棱柱的正等轴测图 65
　任务2　绘制轴承座的正等轴测图 69
　任务3　绘制平板的斜二等轴测图 75
模块五　组合体的视图 78
　任务1　绘制轴承座的三视图 78
　任务2　绘制正交两圆柱的相贯线 82
　任务3　标注轴承座的尺寸 88
　任务4　识读支架的三视图 91

模块六　图样画法 · 97
- 任务1　识读定位块的视图 · 97
- 任务2　识读支座的视图 · 100
- 任务3　识读弯板的视图 · 101
- 任务4　识读座体的剖视图 · 102
- 任务5　识读弯头的剖视图 · 109
- 任务6　识读轴和吊钩的断面图 · 113
- 任务7　识读轴的局部放大图 · 117
- 任务8　识读轴承座的视图 · 119

模块七　标准件与常用件规定画法 · 124
- 任务1　螺纹的规定画法和标注 · 124
- 任务2　螺纹紧固件的规定画法 · 130
- 任务3　键和销 · 135
- 任务4　滚动轴承 · 138
- 任务5　齿轮 · 142
- 任务6　弹簧 · 146

模块八　零件图 · 150
- 任务1　识读轴承座的零件图 · 150
- 任务2　识读活动钳身的零件图 · 155
- 任务3　识读丝杠的零件图 · 161
- 任务4　识读轴套、轮盘类典型零件图 · 165
- 任务5　识读叉架、箱体类典型零件图 · 173
- 任务6　绘制支座的零件图 · 178

模块九　装配图 · 185
- 任务1　识读钻模的装配图 · 185
- 任务2　由钻模装配图拆画其零件图 · 192
- 任务3　绘制千斤顶的装配图 · 196

模块十　零部件测绘 · 206
- 任务1　简单零件"轴"的测绘 · 206
- 任务2　测绘平口钳 · 211

模块十一　焊接图 · 219
- 任务1　识读支架焊接图 · 219
- 任务2　识读弯头焊接装配图 · 224

模块十二　化工工艺图和设备图 · 233
- 任务1　识读乙酸酐残液蒸馏带控制点工艺流程图 · 233
- 任务2　识读乙酸酐残液蒸馏设备布置图 · 239
- 任务3　识读乙酸酐残液蒸馏管道布置图 · 243
- 任务4　识读洗涤塔设备图 · 251

附录

附录一　螺纹 ……………………………………………………………………… 256
附录二　标准件与常用件 ………………………………………………………… 259
附录三　零件标准结构 …………………………………………………………… 270
附录四　极限与配合 ……………………………………………………………… 271
附录五　常用材料与热处理 ……………………………………………………… 273
附录六　化工设备通用零部件 …………………………………………………… 275

参考文献 ……………………………………………………………………………… 280

绪 论

一、图样及其在生产中的作用

工程制图是石油、化工等工程专业类的一门重要技术基础课。它是根据投影原理、国家标准和有关规定绘制而成的工程图样,为学习石油工程及其他专业课程的看图和画图打下良好的基础。

根据投影原理、标准或有关规定绘制的表示工程对象,并有必要的技术说明的图称为图样。工程上常用的图样是装配图和零件图。图样是工程界的技术语言,它能准确地表达物体的形状、大小及其制造所需要的全部技术要求,是交流技术思想的重要工具。《技术制图》和《机械制图》系列国家标准是工程界重要的技术基础标准,是绘制和阅读工程图样的准则和依据。

二、本课程的性质和任务

本课程是高职高专石油化工类及相关专业的技术基础课。课程的主要任务是培养学生具有一定的绘制和识读工程图样的能力、空间想象和思维能力,以及绘图的实际技能,为提高学生全面素质、形成综合职业技能和继续学习打下基础。

三、本课程的基本要求及学习方法

1. 基本要求

(1) 掌握国家标准及其有关规定。
(2) 掌握正投影基本理论及作图方法。
(3) 能识读和绘制简单的零件图和装配图。
(4) 了解轴测图的基本绘图方法。
(5) 熟悉常见标准件与通用件的规定画法。
(6) 了解焊接图、建筑图、化工工艺图、化工设备图等。

2. 学习方法

工程制图是一门既有理论又有实践的课程,在学好投影理论概念的基础上,由浅入深地进行绘图和读图。通过不断地由物体到图形,再由图形到物体反复实践,逐步提高空间想象能力;通过实践练习掌握正投影的基本理论、作图方法及应用。

模块一

制图的基本知识

任务1 认识工程图样

知识点
- 工程图样概念;
- 零件图与装配图的区别;
- 机器、部件和零件的概念及关系。

技能点
- 正确使用和区分零件图与装配图。

一、任务描述

在生产实践中,最常见的技术文件就是"图样"。工人根据零件图的要求加工零件,根据装配图的要求将零件装配成部件或机器。零件图和装配图以及其他一些工程生产中常见的图样统称为工程图样。图1-1所示为部件平口钳的轴测图,图1-2所示为平口钳中零件固定钳身的轴测图、图1-3所示为固定钳身的零件图,图1-4所示为平口钳的装配图。

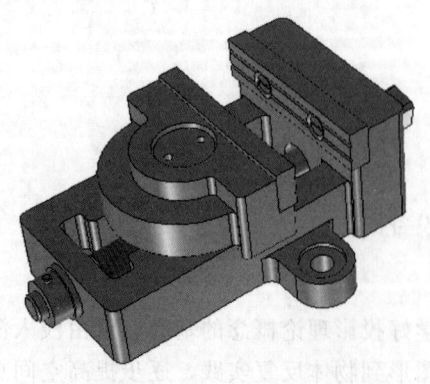

图1-1 平口钳的轴测图

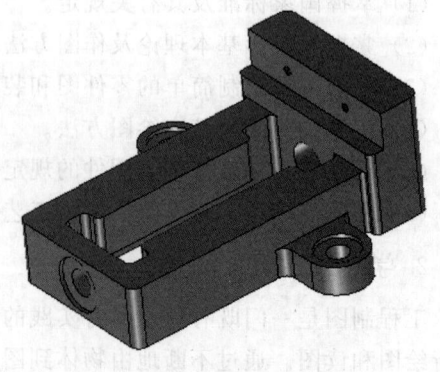

图1-2 固定钳身的轴测图

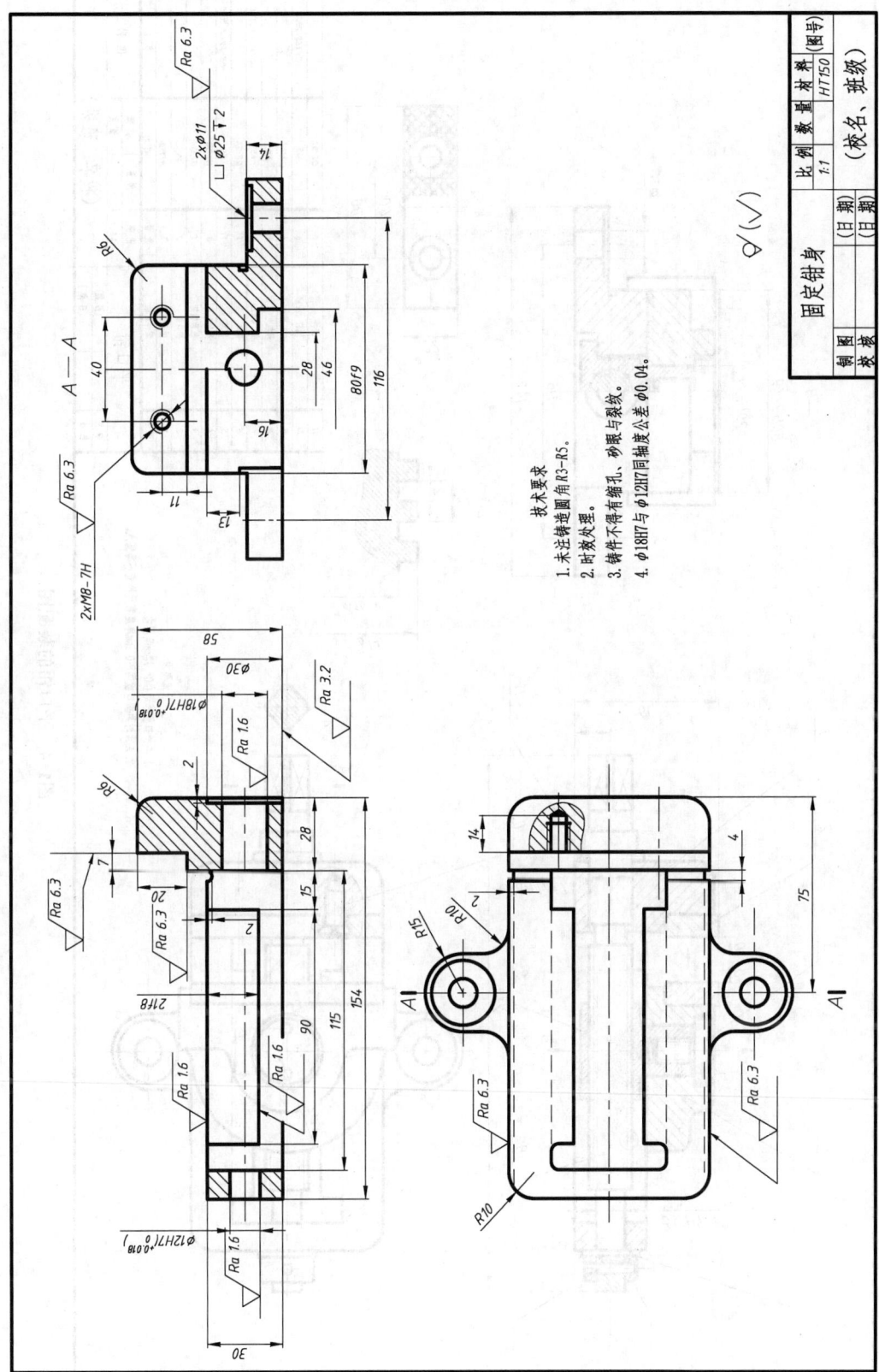

图1-3 固定钳身的零件图

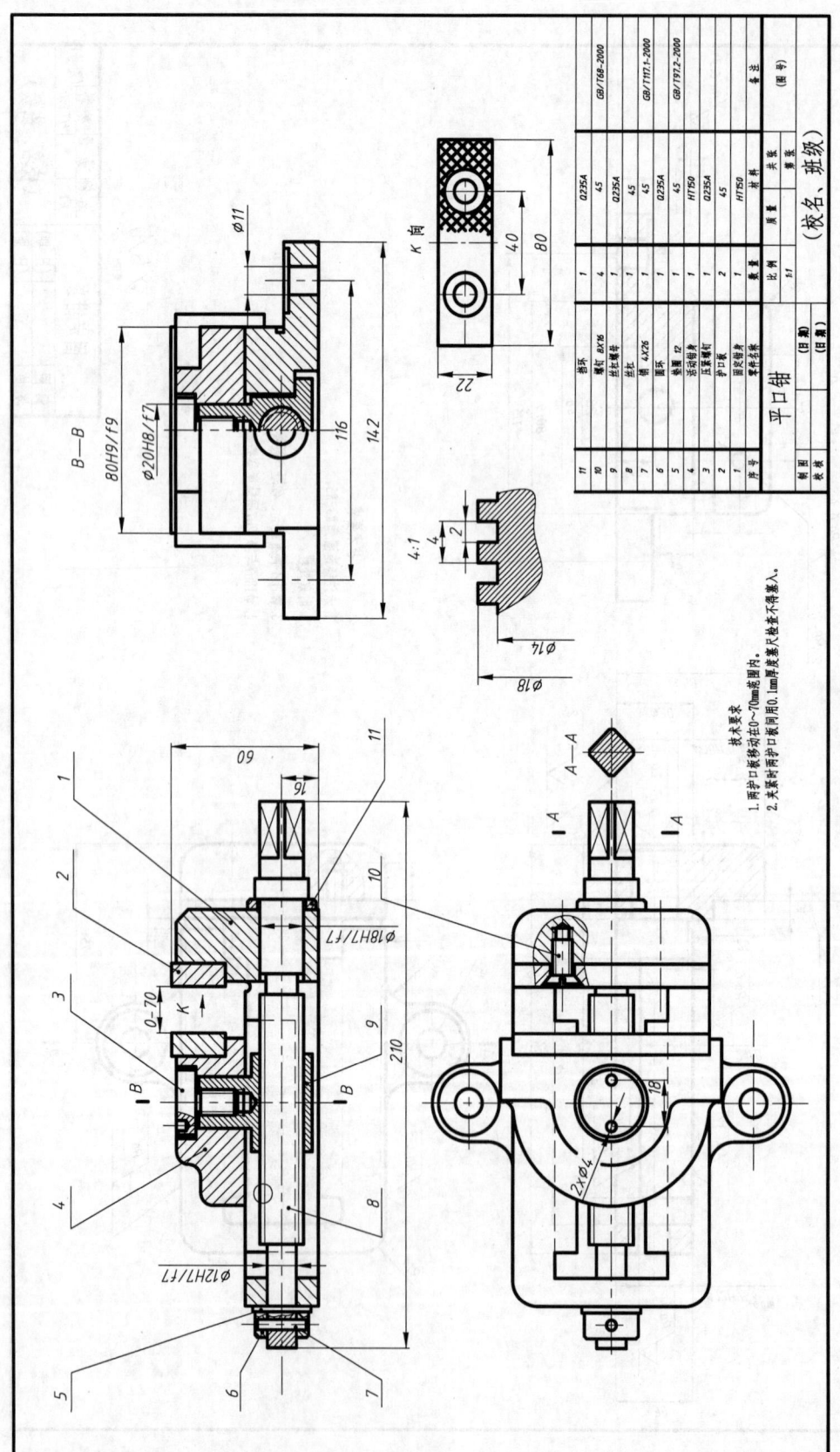

图1-4 平口钳的装配图

二、任务实施

如图1-2所示，固定钳身是从平口钳上拆卸下来的，本身是一个独立的零件，不能再拆卸。图1-3所示为反映固定钳身的图样，称为零件图，工人根据它来加工固定钳身。固定钳身的零件图上有图框，图框右下角的长方框是标题栏，其中注有零件名称、零件材料和加工数量等内容；在图框中有一组标有尺寸和符号的图形，图形不论有多少和多复杂都是从不同的方向来反映同一零件的，这就是零件图的主要特点，也是区分和判别零件图的主要依据。如图1-1所示，平口钳是由多个零件组成的，本身是可以拆卸的。图1-4所示为反映平口钳所有零件装配成一整体的图样，称为平口钳的装配图，工人根据它把加工好的平口钳的各个零件装配成一体。平口钳装配图中的标题栏，注有机器或部件的名称、绘图比例、图纸张数等内容；装配图标题栏的上方为装配图明细栏，其中标明所有零件的序号、名称、数量、材料等内容；在图框里有一组标有序号、尺寸和符号的图形，这些图形是反映平口钳的总体结构形状和所有零件的装配关系。

零件图和装配图的主要区别如下：

(1) 零件图的一组图形只反映一个零件的结构形状，而装配图的一组图形反映多个零件所组成的机器或部件的总体结构形状及装配关系。

(2) 零件图中没有明细栏，不标有零件序号，而装配图中有明细栏，必须标零件序号。

工程图样的种类较多，但主要是零件图和装配图，其他的还有展开图、焊接图、化工设备图和化工工艺图等。

三、知识链接

图1-5所示为车床，车床是工业生产中常见的机器设备。人们常见的自行车、汽车等也是机器。机器就是由零件和部件组成的可以做功或有特定作用的装置或设备。

图1-5 车床

图1-6所示为车床的尾架，尾架是组成车床的部件之一，部件就是具有一定功能的零件组成体。

图1-7所示为是组成车床尾架的零件，零件就是具有一定结构形状的独立机件。

机器都是由部件和零件组合而成。复杂的机器一般由若干零件组成若干部件，再由部件组装成机器。

图 1-6 车床尾架

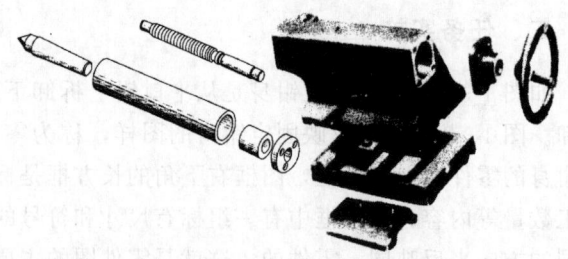
图 1-7 车床尾架零件

四、课堂思考

零件图与装配图的主要区别是什么？

任务 2　认识《技术制图》国家标准

> **知识点**
> - 工程图样的组成要素；
> - 比例的概念；
> - 工程制图常用国家标准的主要内容。
>
> **技能点**
> - 能判别技术图样中不符合标准要求的主要错误。

一、任务描述

为规范工程图样的格式和内容便于技术管理和技术交流，国家标准《技术制图》和《机械制图》对图样的内容、格式、尺寸标注和表达方法等都做了统一规定，只有掌握了国家标准才能正确地识读和绘制图样。

国标代号：如 GB/T 14689—2008《技术制图　图纸幅面和格式》，"GB"是国家标准中的"国家"与"标准"的第一个汉语拼音字母的合成；"T"为"推荐"的第一个汉语拼音字母；"14689"为国家标准号；"—"为分隔符号；"2008"表示该项标准发布的年份；"技术制图　图纸幅面和格式"是标准名。

二、任务实施

工程图样的组成要素有：图纸幅面和图框格式、比例、字体、图线、尺寸、标注尺寸的符号及缩写词等几个方面。

1. 了解图纸幅面和图框格式（GB/T 14689—2008）

图纸幅面和图框格式见表 1-1。

表1-1 图纸幅面和图框格式

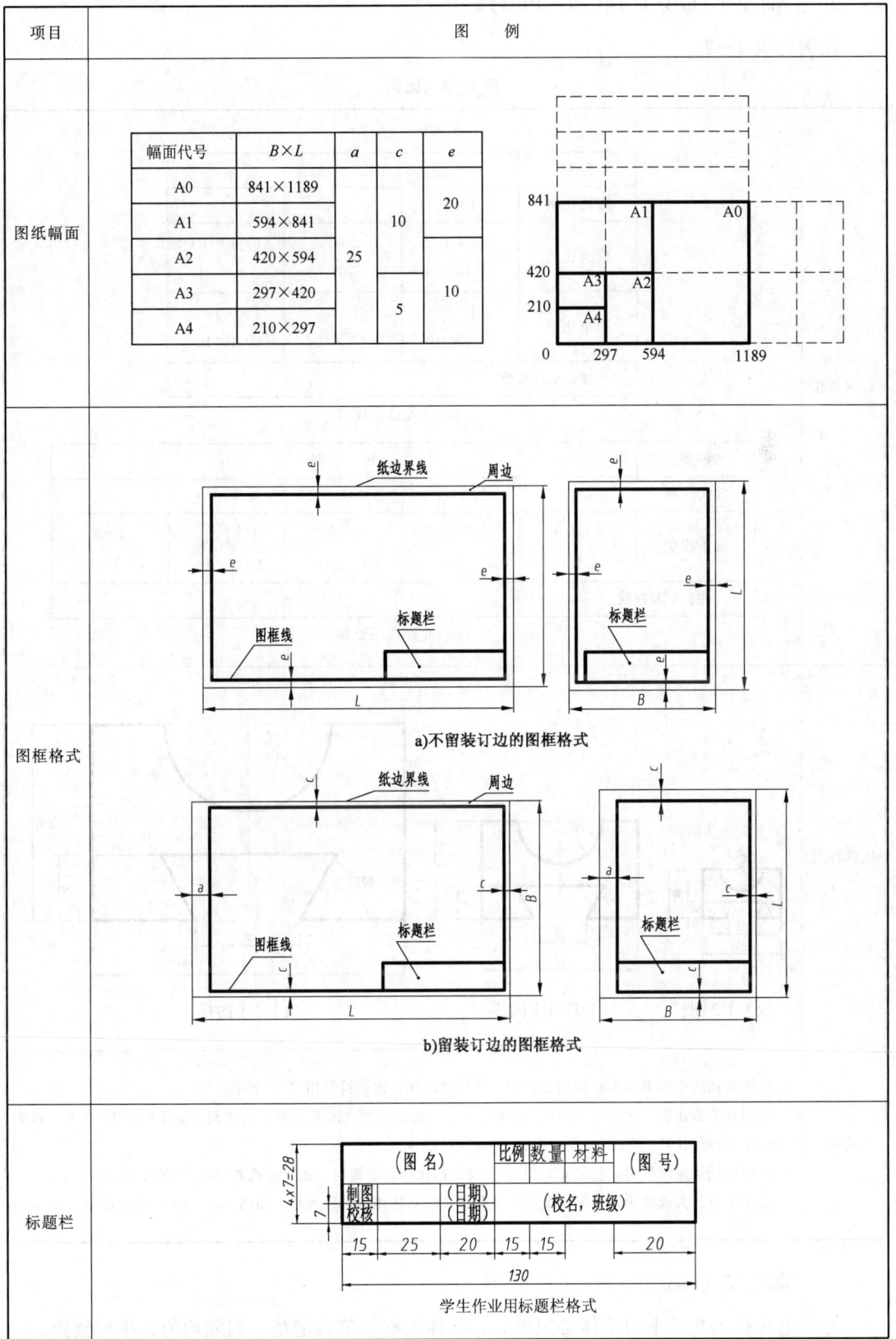

2. 了解比例（GB/T 14690—1993）

比例见表1-2。

表1-2 比例

比例选用				
	种类	比 例		
	原值比例	1:1		
	放大比例	5:1 $5\times10^n:1$	2:1 $2\times10^n:1$	$1\times10^n:1$
	缩小比例	1:2 $1:2\times10^n$	1:5 $1:5\times10^n$	1:10 $1:1\times10^n$
	注：n为整数。			
	(a) 优先选用比例			
	种类	比 例			
	放大比例	4:1	2.5:1	$5\times10^n:1$	$2.5\times10^n:1$	
	缩小比例	1:1.5 $1:1.5\times10^n$	1:2.5 $1:2.5\times10^n$	1:3 $1:3\times10^n$	1:4 $1:4\times10^n$	1:6 $1:6\times10^n$
	注：n为整数。					
	(b) 允许选用比例					

比例种类	(c) 1:2 图样　　(d) 1:1 图样　　(e) 2:1 图样

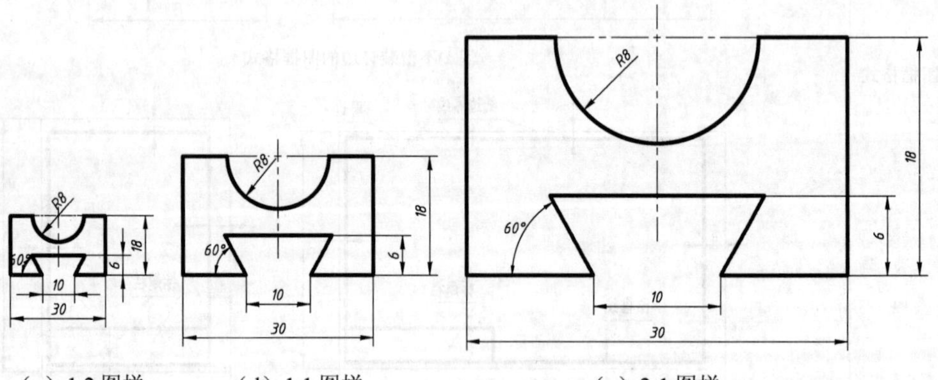

说明	1. 比例是指图中图形与实物相应要素的线性尺寸之比，比例符号用"："表示。 2. 比例有原值比例（比值为1的比例，即1:1）、放大比例（比值大于1的比例，如2:1，5:1等）和缩小比例（比值小于1的比例，如1:2，1:5等）三种。 3. 在按比例绘制图样时，应优先采用（a）规定的比例，必要时，也允许选取（b）中的比例。 4. 图样不论放大或缩小，图形上所注尺寸数字必须是物体的实际大小，如图（c）、（d）、（e）所示。

3. 了解字体（GB/T 14691—1993）

图样上和技术文件书写字体必须做到：字体工整、笔画清楚、间隔均匀、排列整齐。

字体高度（用 h 表示）的公称尺寸系列为：1.8mm、2.5mm、3.5mm、5mm、7mm、10mm、14mm、20mm。如需要书写更大的字，其字体高度应按 $\sqrt{2}$ 的比率递增。字体高度即为字体号数。

1）汉字

汉字应写成长仿宋体字，并应采用国家正式公布推行的简化字。汉字高度不应小于 3.5mm，其字宽一般为 $h/\sqrt{2}$。

书写长仿宋体要领是：横平竖直、注意起落、结构匀称、写满方格，如图 1-8 所示。

2）字母和数字

字母和数字可写成斜体或直体，斜体字头向右倾斜，与水平基准线成 75°。

（1）阿拉伯数字，如图 1-9 所示。

图 1-8　长仿宋体字示例

图 1-9　斜体阿拉伯数字示例

（2）罗马数字，如图 1-10 所示。

图 1-10　罗马数字示例

（3）大写、小写拉丁字母，如图 1-11 所示。

图 1-11　大写、小写拉丁字母示例

4. 了解图线（GB/T 4457.4—2002）

工程图样是由各种型式的图线组成的。国家标准规定各种图线的名称、型式、代码、宽度、应用及画法规则等。

1）图线的型式

GB/T 17450—1998《技术制图　图线》规定了各种技术图样的基本线型，适用于各种技术图样，如机械、电气、建筑和土木工程等图样所用图线。

在实际应用时，各专业要根据该标准制订相应的图样标准。GB/T 4457.4—2002《机械制图　图样画法　图线》规定了八种图线（表 1-3 和图 1-12），符合 GB/T 17450—1998 的规定，是目前机械制图使用的图线标准。

表 1-3　机械制图的图线

图线名称	图线型式	图线宽度	主 要 用 途
粗实线	———————	d	可见轮廓线
细实线	———————	约 d/2	尺寸线、尺寸界线、剖面线、指引线、重合剖面的轮廓线、过渡线等
虚线	- - - - - - -	约 d/2	不可见轮廓线、不可见过渡线
细点画线	— · — · — · —	约 d/2	轴线、对称中心线等
波浪线	～～～	约 d/2	断裂处的边界线、视图与剖视图的分界线
双点画线	— ·· — ·· —	约 d/2	极限位置的轮廓线相邻辅助零件的轮廓线
粗点画线	— · — · —	d	有特殊要求的线或表面的表示
双折线	—⋏—⋏—	约 d/2	断裂处的边界线等

2) 图线的尺寸

图线的宽度 d 按下列系数中选择：0.13mm、0.18mm、0.25mm、0.35mm、0.5mm、0.7mm、1mm、1.4mm、2mm。图线宽只有粗（d）、细（d/2）之分，宽度 d 的选择应根据图纸幅面和图形的大小及所表示对象的复杂程度综合考虑，一般为 0.7～1mm。在同一张图样中，同类图线的宽度应一致。

3) 图线的应用

图线应用如图 1-12 所示。

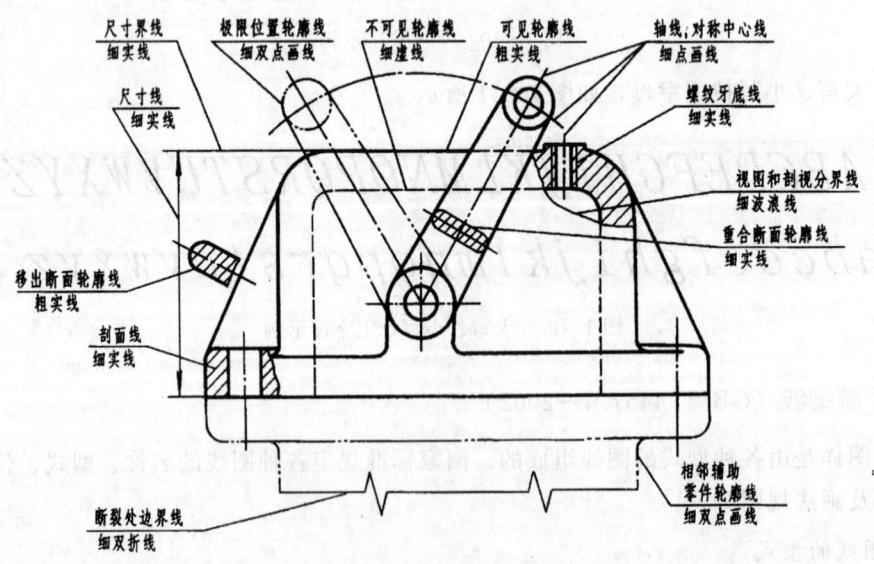

图 1-12　各种图线应用举例

（1）同一图样中同类图线的宽度应基本一致，相同的虚线、点画线及双点画线的线段长度和间隙应大致相等。

（2）虚线、点画线与图线相交时，都应是线相交，而不是点或间隙相交。当相交处的虚线是粗实线的延长线时，在过渡处虚线一侧应留间隙，如图 1-13 所示。

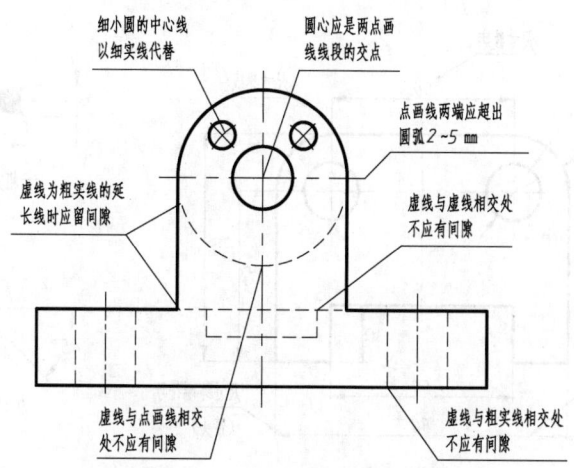

图 1-13 图线画法的注意事项

(3) 实际画图时,点画线首尾是线,并应伸出图形轮廓线外 2～5mm。

(4) 当图形较小时,可用细实线代替点画线或双点画线,如图形的直径小于 12mm,允许用细实线代替点画线。

5. 了解尺寸注法 (GB/T 4458.4—2003)

图样除了表达形体的形状外,还应标注尺寸,以确定其真实大小。尺寸是制造机件的直接依据,国家标准对尺寸标注做出如下规定。另外,GB/T 16675.2—2012 规定了技术图样中使用的简化注法。

1) 尺寸标注的基本规则

(1) 机件的真实大小应以图样上所注尺寸数值为依据,与图形的大小及绘制的准确度无关。

(2) 图样中(包括技术要求和其他说明)的尺寸,以毫米为单位时,不需要标注计量单位的代号或名称,如采用其他单位时,则必须注明。

(3) 图样中所标注的尺寸,为该图样所示机件的最后完工尺寸,否则应另加说明。

(4) 机件的每一尺寸一般只标注一次,并应标注在反映该结构最清晰的图形上。

2) 尺寸的组成

图样中标注尺寸一般由尺寸界线、尺寸线及其终端和尺寸数字三个要素组成,如图 1-14 (a)所示。

(1) 尺寸界线。用细实线绘制,并从图形中的轮廓线、轴线、对称中心线引出,也可利用轮廓线、轴线、对称中心线作尺寸界线。

(2) 尺寸线及其终端。尺寸线用细实线单独画出,标注线性尺寸时,尺寸线必须与所标注的线段平行,尺寸线不得用其他图线代替,也不得与其他图线重合或在其延长线上。

尺寸线终端有箭头和斜线两种形式,如图 1-14 (b) 所示。箭头的形式,适用于各种类型的图样。当尺寸线终端采用斜线形式,尺寸线与尺寸界线必须相互垂直,同一张图样只能采用一种尺寸线的终端形式。

(3) 尺寸数字。用于表示所注机件尺寸的实际大小。线性尺寸的尺寸数字一般注在尺寸线上方,也可注在尺寸线中断处,但同一张图样中标注形式应尽量相同。

在图中所注尺寸数字不允许被任何图线通过,当不可避免时,必须把图线断开,如图 1-15所示。

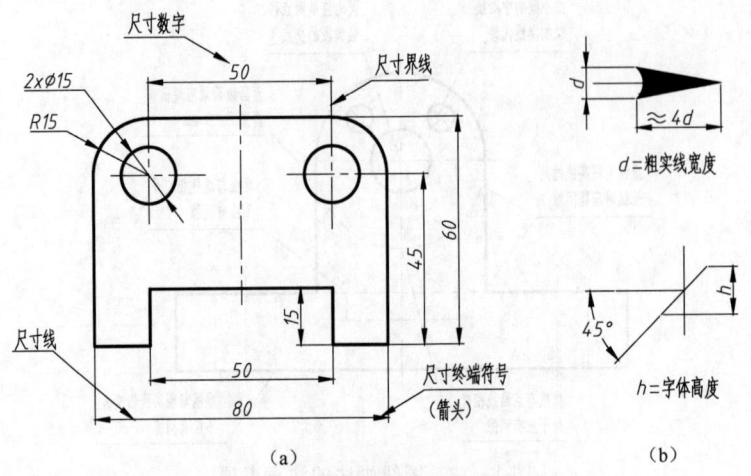

图 1-14 尺寸的组成与标注
(a) 尺寸界线与尺寸线的画法；(b) 尺寸线的终端

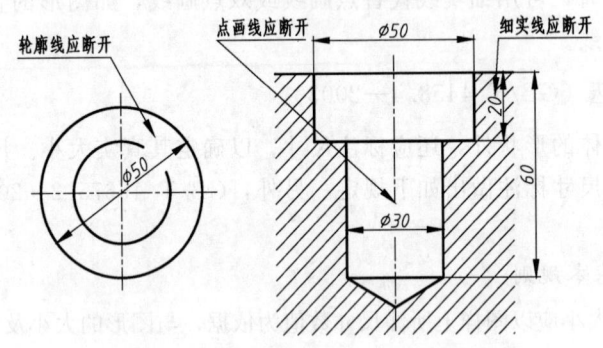

图 1-15 尺寸数字不允许任何图线通过

3) 常用尺寸的标注

(1) 线性尺寸标注。线性尺寸的数字应按图 1-16 中所示的方向注写，即以标题栏方向为准，水平方向字头朝上，垂直方向字头朝左，倾斜方向字头有朝上趋势，如图 1-17（a）所示，应尽量避免在与竖直线成 30°范围内标注尺寸。当不可避免时，在不致引起误解时，非水平方向的尺寸数字也可水平地注写在尺寸线中断处，也可用引出线引出，按水平方向注写尺寸数字，如图 1-17（b）所示。

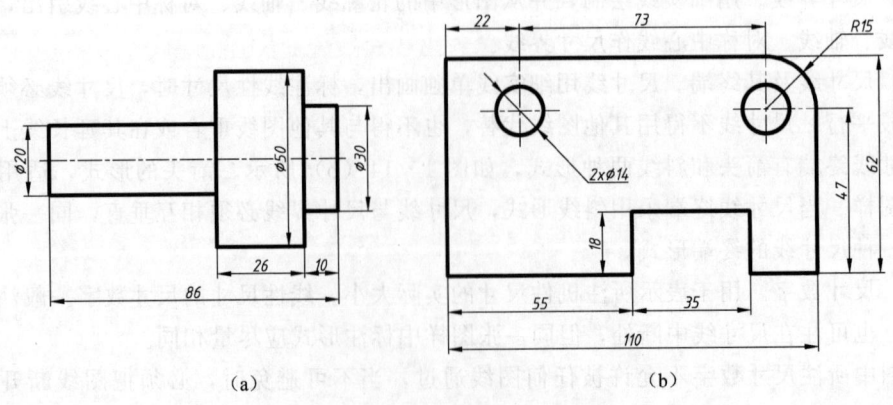

图 1-16 线性尺寸数字的注写方向

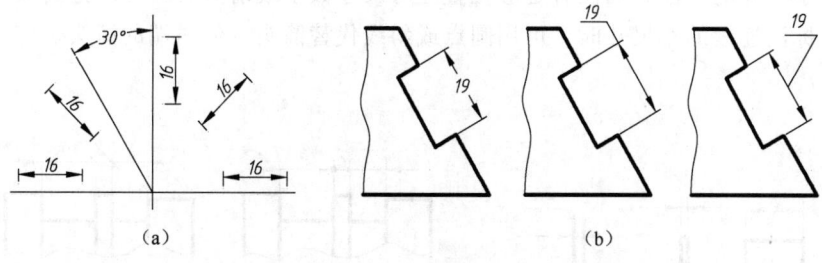

图 1-17 常见线性尺寸标注

（2）圆及圆球的尺寸标注。圆或大于半圆的圆弧尺寸应标注直径，跨于两边的圆弧也应标注直径。

标注圆的直径尺寸时，尺寸线的终端应画成箭头，并在尺寸数字前加注符号"ϕ"，如图 1-18（a）、(b)、(d)、(e)、(f) 所示；圆球则在尺寸数字前加注符号"$S\phi$"，如图 1-18（c）所示。

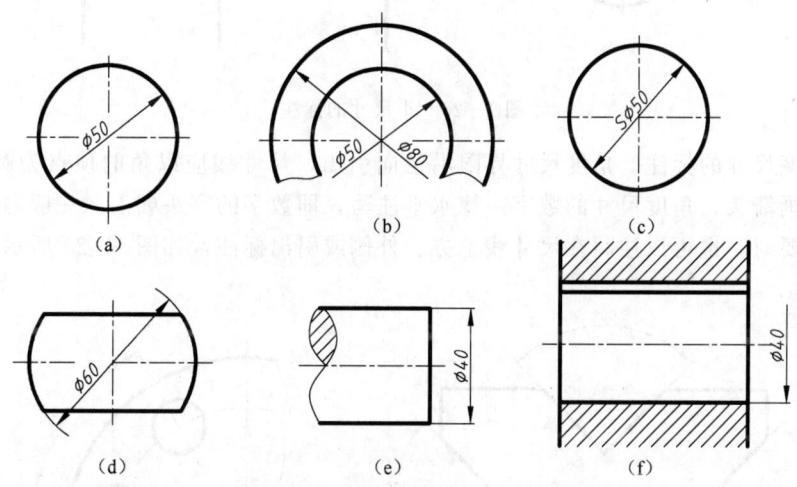

图 1-18 圆及圆球的尺寸标注

（3）圆弧的尺寸标注。小于半圆或等于半圆的圆弧尺寸一般标注半径。标注半径时，尺寸线的终端是箭头，并在尺寸数字前加符号"R"，如图 1-19 所示。

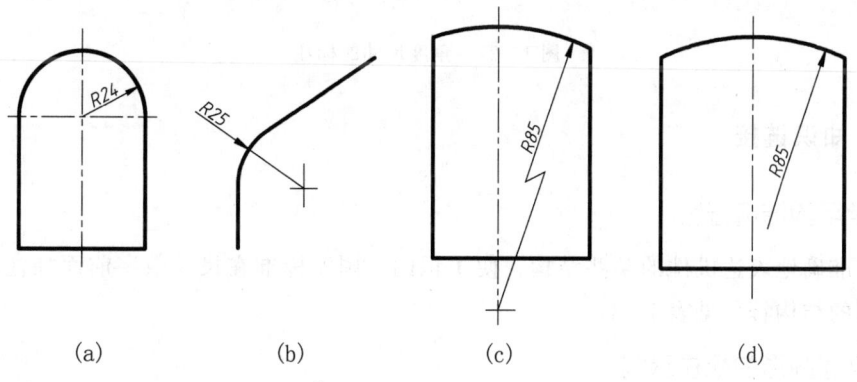

图 1-19 圆弧的尺寸标注

（4）狭小尺寸的标注。当没有足够位置注写尺寸数字或箭头时，可以把箭头或数字布置在图形外；标注连续的小尺寸时，可用圆点或斜线代替箭头，但两端的箭头仍应画出，如图1-20所示。

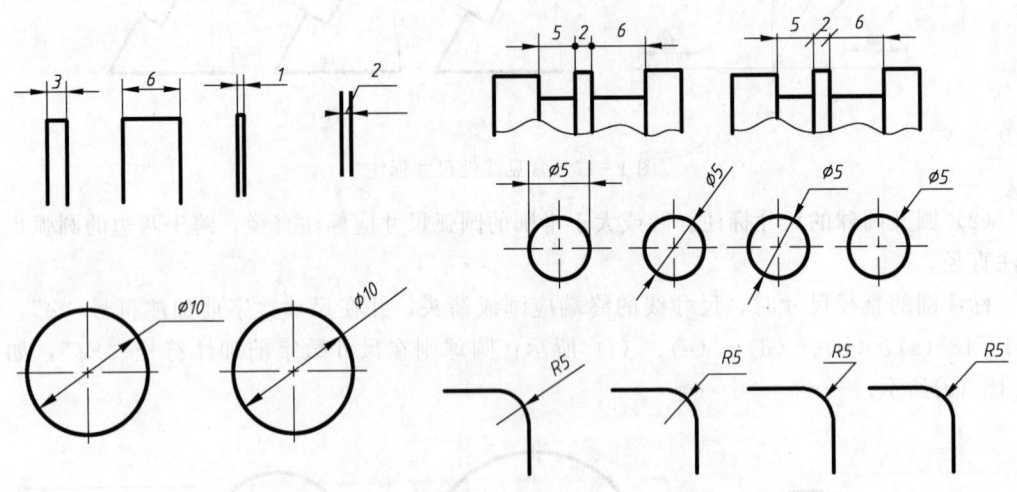

图1-20 小尺寸的标注

（5）角度尺寸的标注。角度尺寸界限沿径向引出，尺寸线应以角的顶点为圆心画圆弧，尺寸线终端画箭头。角度尺寸的数字一律水平注写，即数字的字头朝上，一般写在尺寸线的中断处，必要时，也可以注写在尺寸线上方、外侧或引出标注，如图1-21所示。

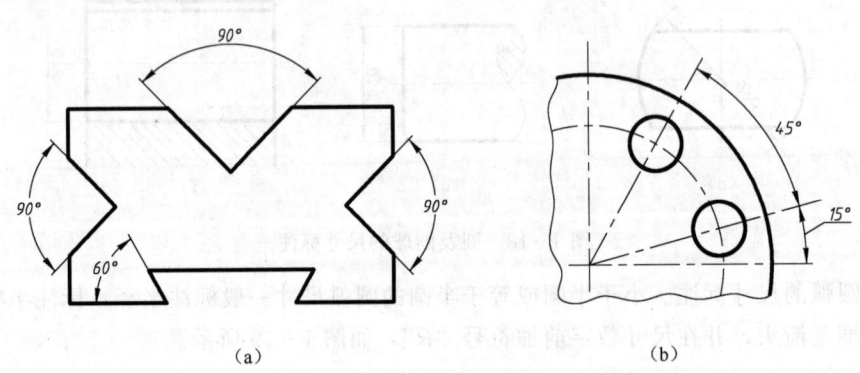

图1-21 角度尺寸的标注

三、知识链接

1. 常用的结构符号

为了准确地表达机件的某些结构，便于识图，国家标准在尺寸数字前面加注规定的符号，常用的结构符号见表1-4。

2. 平面图形的标注示例

平面图形的标注见表1-5。

表 1-4 常用的结构符号

名称	符号	示例	名称	符号	示例
直径	φ		半径	R	
球面直径	Sφ		球面半径	SR	
正方形	□		厚度	t	
斜度	∠		锥度	▷	

表 1-5 平面图形标注示例

说明	图例
简单图形标注	
复杂图形标注	

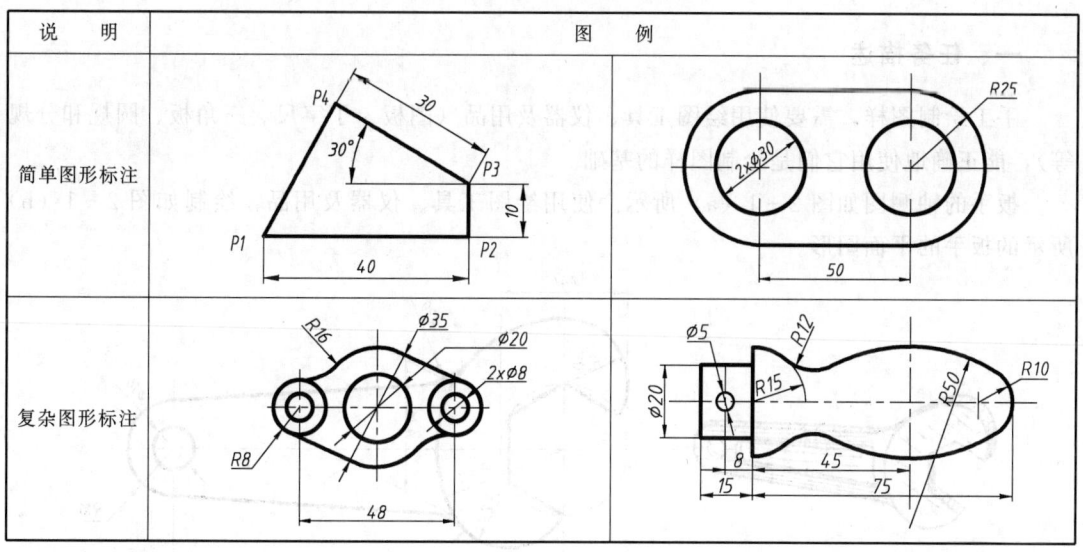

四、课堂思考

机件的真实大小以图样的什么为依据？与图样的大小及绘图的准确度有无关系？

模块二

制图的基本技能

任务1　绘制扳手的平面图形

知识点
- 常用绘图工具、仪器及用品的使用；
- 等分作图；
- 圆弧连接。

技能点
- 正确使用常用绘图工具、仪器及用品，绘制简单平面图形；
- 能三等分、五等分、六等分圆周，并能做出相应的正多边形；
- 用已知半径圆弧光滑地连接两已知线段。

一、任务描述

手工绘制图样，需要使用绘图工具、仪器及用品（图板、丁字尺、三角板、圆规和分规等），能正确地使用它们是绘制图样的基础。

扳手的轴测图如图 2-1（a）所示。使用绘图工具、仪器及用品，绘制如图 2-1（b）所示的扳手的平面图形。

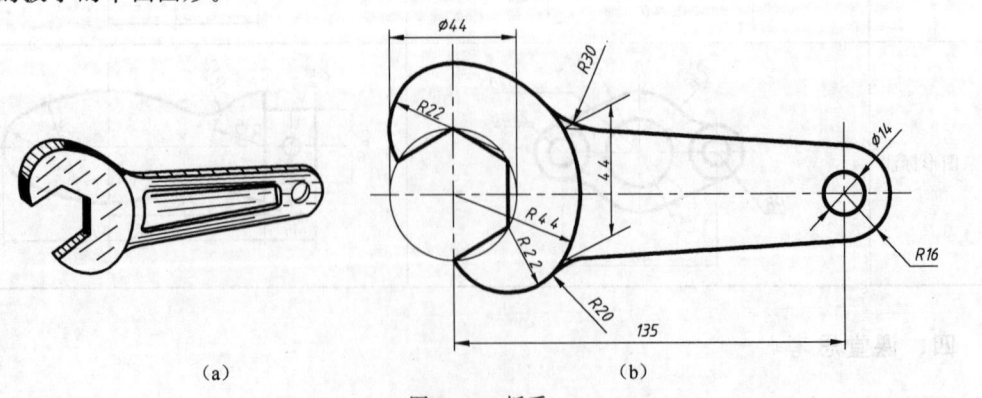

图 2-1　扳手
(a) 扳手的轴测图；(b) 扳手的平面图形

二、任务实施

准备好 HB 和 2B 铅笔、图板、丁字尺，三角板、圆规和分规。

将 A4 图纸在图板上贴好，使用 H 铅笔在适当的位置用丁字尺和三角板配合画出基准线，见表 2-1 中步骤（1）；用圆规量取尺寸，画出左侧正六边形和右侧已知弧 $\phi14$、$R16$，见表 2-1 步骤（2）；用圆规直接量取圆的半径并画出已知弧 $R44$ 和 $R22$，见表 2-1 步骤（3）；用两块三角板绘制出画出 $R16$ 的上下公切线，见表 2-1 步骤（4）；画连接弧 $R30$、$R20$，在审查底稿无误的基础上，用 2B 铅笔描深全图，见表 2-1 步骤（5）；最后用 HB 铅笔进行尺寸标注，见表 2-1 步骤（6）。

表 2-1 画扳手平面图形的方法与步骤

步骤	图例	步骤	图例
(1) 画出基准线		(4) 画出中间线段	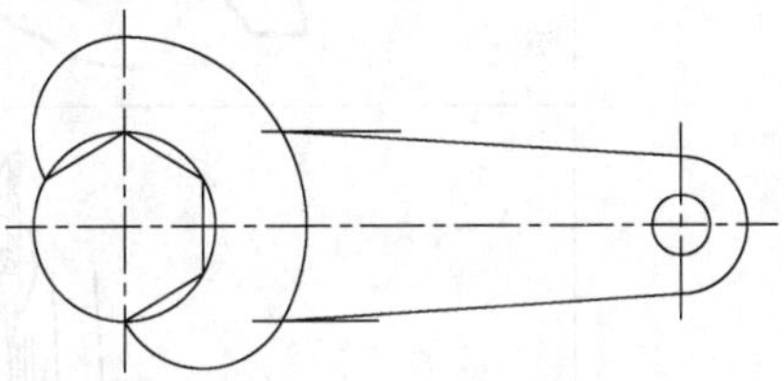
(2) 画出已知线段	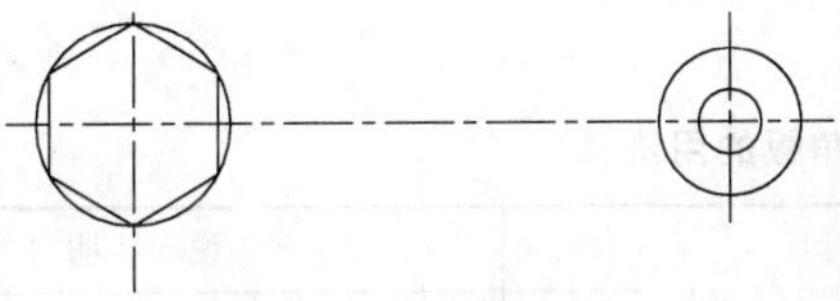	(5) 画连接线段，检查并加深图形	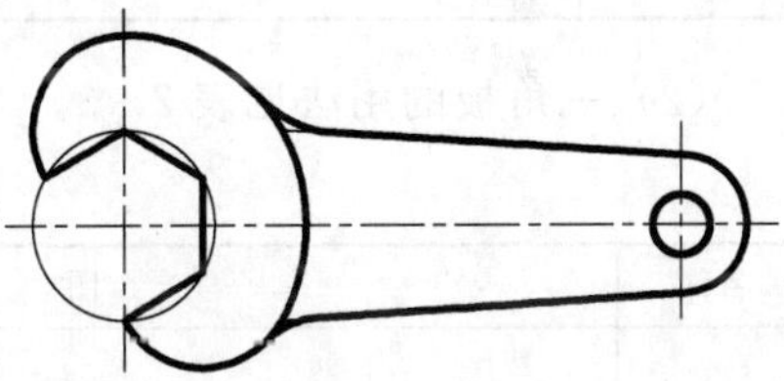
(3) 画出左方已知圆弧	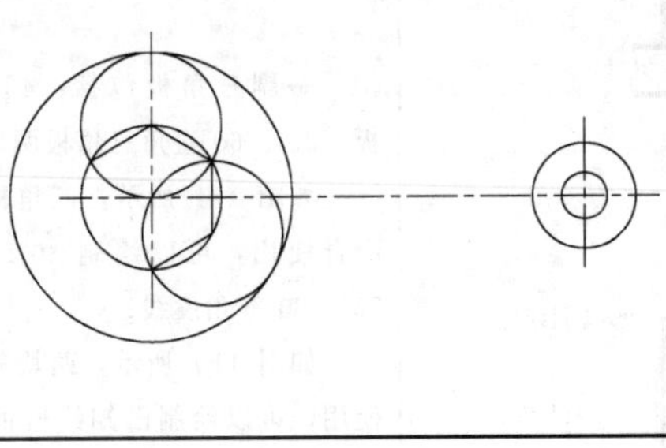	(6) 标注尺寸	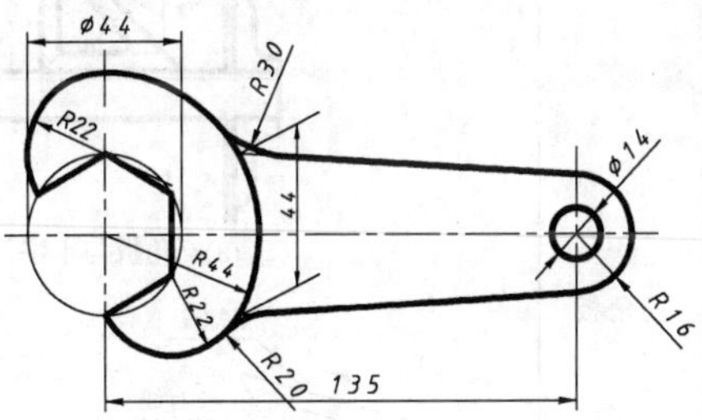

三、知识链接

1. 常用绘图工具、仪器及用品的用法

（1）图板与丁字尺的用法见表 2-2。

表2-2 图板与丁字尺的用法

名称	图 例	说 明
图板、丁字尺和三角板		(1) 丁字尺头部要紧靠图板左边； (2) 图板底边应大于丁字尺宽度
		画水平线：丁字尺上下移动，自左向右画线
		画竖直线：自下向上画线

（2）三角板的用法见表2-3。

表2-3 三角板的用法

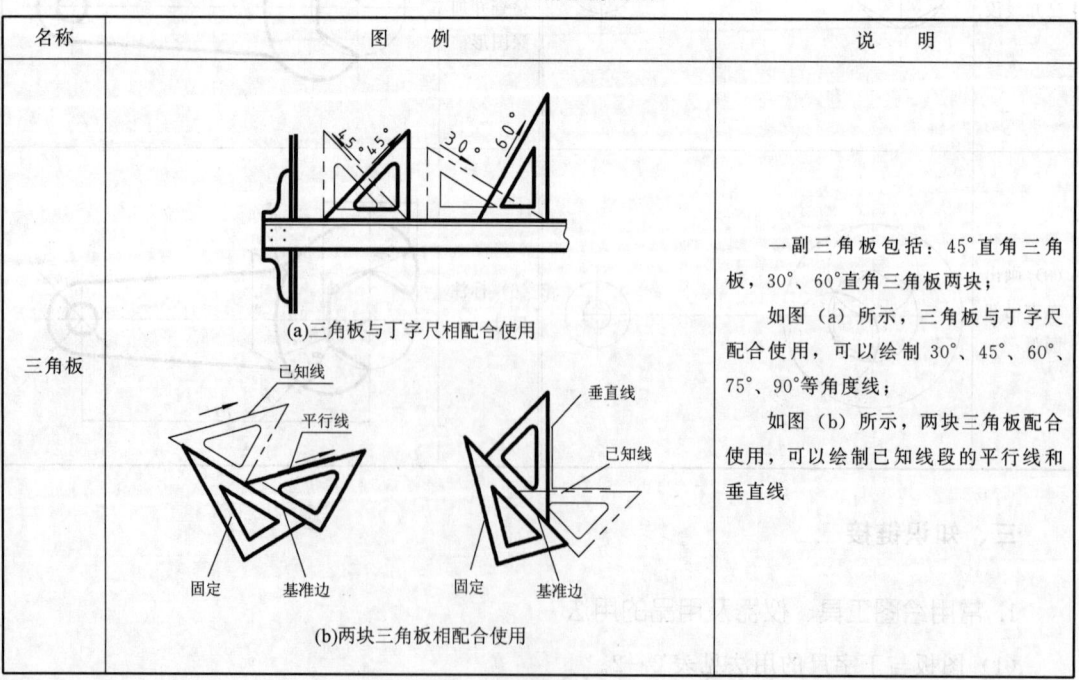

名称	图 例	说 明
三角板	(a)三角板与丁字尺相配合使用 (b)两块三角板相配合使用	一副三角板包括：45°直角三角板，30°、60°直角三角板两块； 如图(a)所示，三角板与丁字尺配合使用，可以绘制30°、45°、60°、75°、90°等角度线； 如图(b)所示，两块三角板配合使用，可以绘制已知线段的平行线和垂直线

(3) 圆规和分规的用法见表 2-4。

表 2-4 圆规和分规的用法

名称	图 例	说 明
圆规	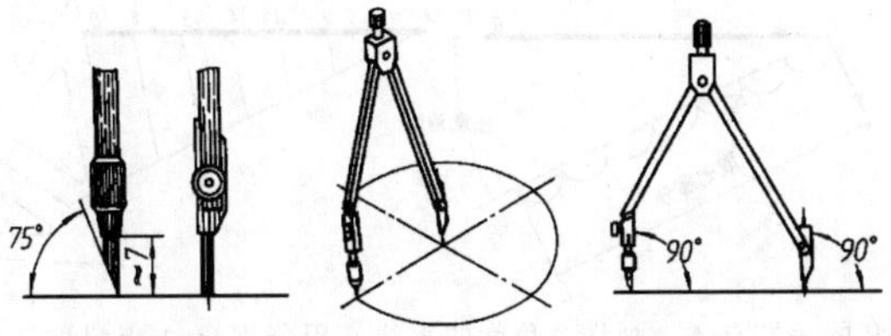 (a) (b) (c) 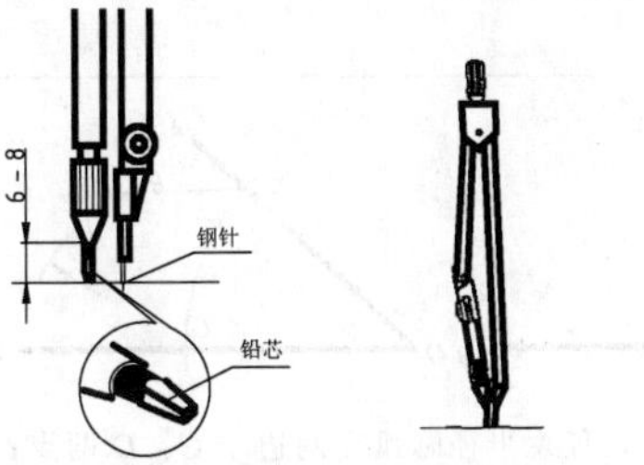 (d) (e)	画圆时，用有台肩钢针一端定圆心，台肩面与铅芯平齐，如图（a）；圆规的铅芯要比画同类直线的铅芯软一号； 图（b）为圆规使用方法，无论画圆的大小，两腿应尽可能与纸面垂直，然后按顺时针方向画线，并向前方倾斜约 15°～20°； 画大圆时，可接上延伸杆；画小圆时，肘关节向内弯，如图（e）所示
分规	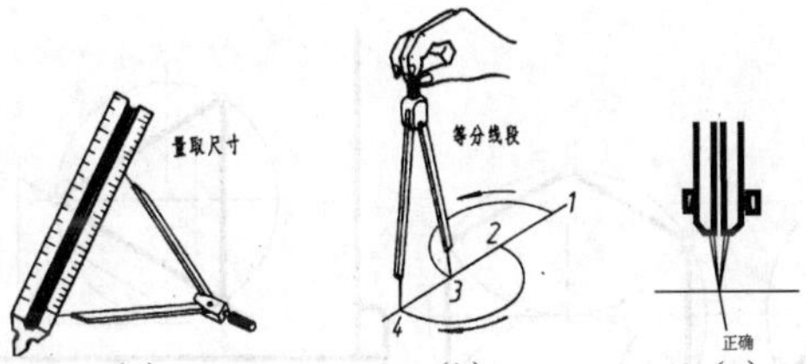 (a) (b) (c)	分规用于量取、移动尺寸、等分线段和等分圆周，如图（a）、（b）所示； 分规的两腿端部均为固定的钢针，当两腿合拢时，两钢针尖应合并成一点，如图（c）所示

(4) 铅笔的削法及用法。常用的绘图用品有：绘图纸、绘图铅笔、绘图橡皮、胶带纸、擦图片、小刀、砂纸、毛刷等，铅笔与圆规铅芯的选用见表 2-5。

表 2-5 铅笔与铅芯的选用

名称	图 例	说 明
铅笔与铅芯	（a）H 或 2H 铅笔的铅芯　（b）B 或 2B 铅笔的铅芯 （c）H 或 2H 圆规的铅芯　（d）B 或 2B 圆规的铅芯	在绘图铅笔上，印有 H、2H、B、2B…或"HB"等数字和字母，它们是表示铅芯软硬，"H"表示硬，数字越大，铅芯越硬；"B"表示软，数字越大，铅芯越软；"HB"表示软硬适中； 画底稿、细线一般用 H 或 HB 铅笔；加深图线或画粗线用 B 或 2B 铅笔； 使用铅笔画线时，运笔方向应一致，用力要均匀

2. 常用的等分作图方法

常用的等分作图方法见表 2-6。

表 2-6 制图中常用的等分作图方法

名称	已知条件和作图要求	作图步骤
等分已知线段	已知线段 AB，对它进行七等分	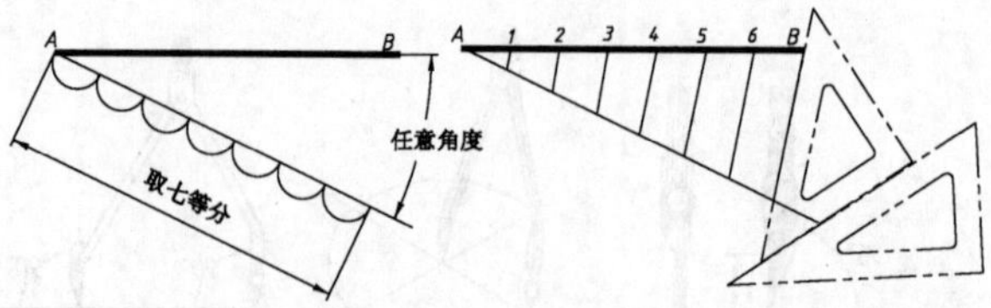 过线段 AB 的一端点 A，画任意角度的直线，用分规自 A 点量取 7 个单位，得到 7 个等分点；将另一端点 B 与等分的末端连线，再过各等分点作该线的平行线与已知线段相交既得到 7 个等分点
二等分已知角度	已知角 AOB，二等分已知角	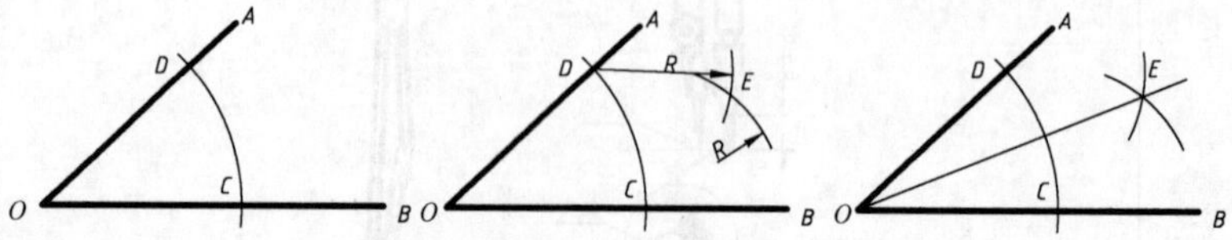 以角顶 O 为圆心，任意半径画弧交两边于 C、D 两点；以 C、D 为圆心，任意半径画弧交于点 E，线段 OE 即为∠AOB 的角平分线
等分圆周及作正多边形	已知圆的半径为 R，三、六等分圆周及作正三、六边形	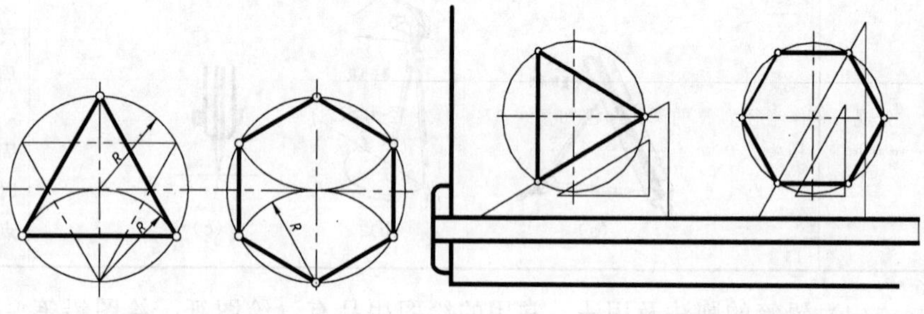 (a) 用圆规三、六等分圆周　　(b) 用丁字尺和三角板三、六等分圆周
	已知圆的半径为 R，五等分圆周及做正五边形	(1) 作 OB 的中点 E，以 E 为圆心，EC 为半径作圆弧与 OA 交点 F； (2) 线段 CF 即为圆周五等分的弦长，以 CF 长依次截取圆周得五个等分点； (3) 连接五个等分点，即得圆内接正五边形

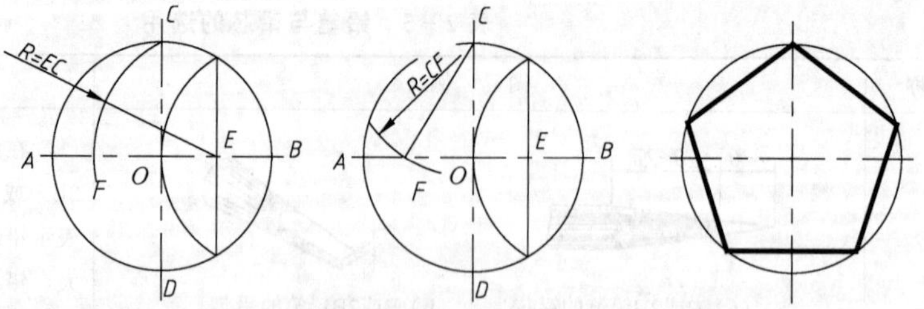

3. 圆弧连接

在绘制平面图时，常会遇到从一线段（直线或圆弧）光滑地过渡到另一线段的情况。这种光滑地过渡就是两线段相切，在制图中称为圆弧连接，切点称为连接点。

圆弧连接作图要点：求连接圆弧的圆心和找出连接点，如图 2-2 所示。

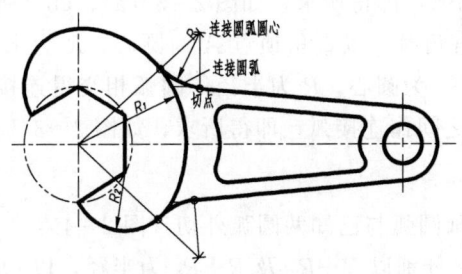

图 2-2 圆弧连接要点

1) 圆弧连接的作图原理

圆弧连接的作图原理见表 2-7。

表 2-7 圆弧连接的基本原理

作图要求	作连接弧与已知直线相切	作连接弧与已知圆外切	作连接弧与已知圆内切
图例			
连接弧圆心的轨迹	作半径为 R 的圆弧与已知直线 AB 相切,其圆心的轨迹为与已知直线 AB 平行且间距等于 R 的直线 CD	作半径为 R 的圆弧与已知圆(圆心 O_1、半径 R_1)外切,其圆心的轨迹为已知圆 O_1 的同心圆,半径为 R_1+R	作半径为 R 的圆弧与已知圆(圆心 O_1、半径 R_1)内切,其圆心的轨迹为已知圆 O_1 的同心圆,半径为 R_1-R
切点位置	由连接弧圆心 O 向已知直线 AB 作垂线,垂足 M 即切点	两圆弧的连心线 OO_1 与已知圆的交点即为切点	两圆弧的连心线 OO_1 的延长线与已知圆的交点即为切点

2) 直线间的圆弧连接

图 2-3 表示圆弧连接两已知直线的作图方法。

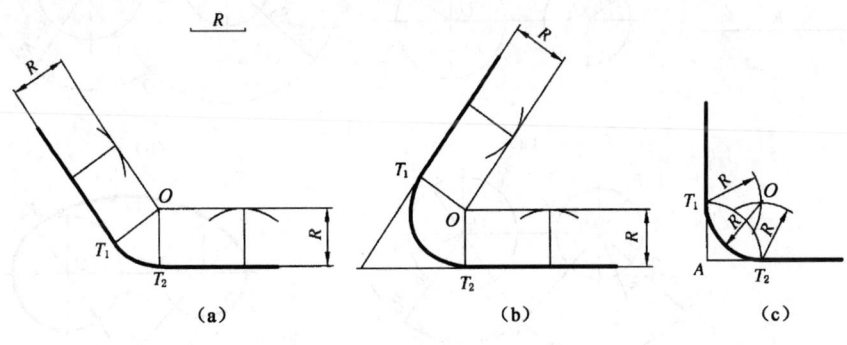

图 2-3 两直线间的圆弧连接

(1) 当两直线夹角非直角时,分别作与已知直线相距为 R 的平行线,交点即为连接圆心 O。过 O 点分别向已知直线作垂线,垂足 T_1、T_2 即为切点。以 O 为圆心,R 为半径在两

切点 T_1、T_2 之间画连接圆弧，即得所求，如图 2-3（a）、(b) 所示。

（2）当两直线夹角为直角时，以直角顶点 A 为圆心，R 为半径作圆弧交直角两边于切点 T_1、T_2；分别以 T_1 和 T_2 为圆心，R 为半径作圆弧相交得连接圆心 O，以 O 为圆心，R 为半径在两切点 T_1 和 T_2 之间作连接弧，即得所求，如图 2-3（c）所示。

3）圆弧间的圆弧连接

（1）用已知半径为 R 画圆弧与已知两圆弧外切（图 2-4）：

①求连接圆弧的圆心，分别以 $R+R_1$ 及 $R+R_2$ 为半径，以 O_1 及 O_2 为圆心，作两圆弧交于点 O，O 即为连接圆弧的圆心；

②求连接圆弧的切点，连接 O、O_1 交已知圆弧于 P_1 点，连接 O、O_2 交已知圆弧于点 P_2，P_1、P_2 即为切点；

③以 O 为圆心，R 为半径，在两切点 P_1、P_2 之间作弧，即完成作图。

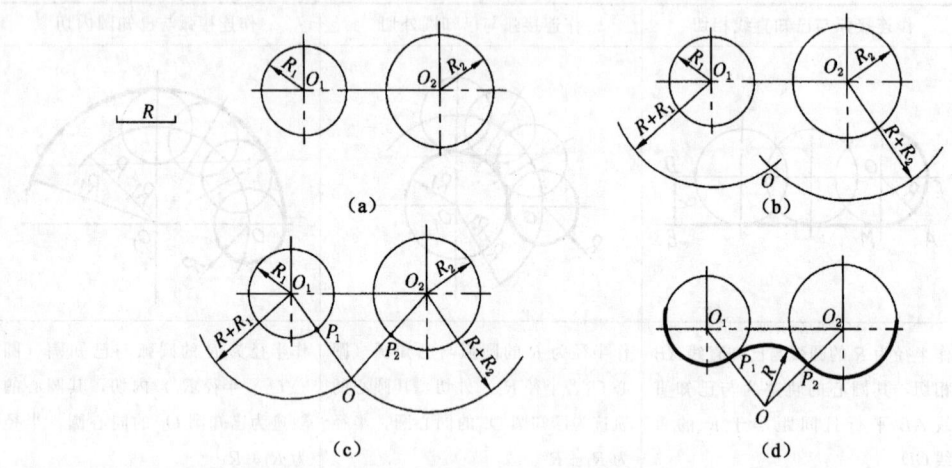

图 2-4　圆弧与两已知圆弧外切

(a) 已知两圆弧；(b) 求连接圆弧的圆心；(c) 求连接圆弧的切点；(d) 作弧线连接两圆弧

（2）用已知半径为 R 画圆弧与已知两圆内切（图 2-5）：

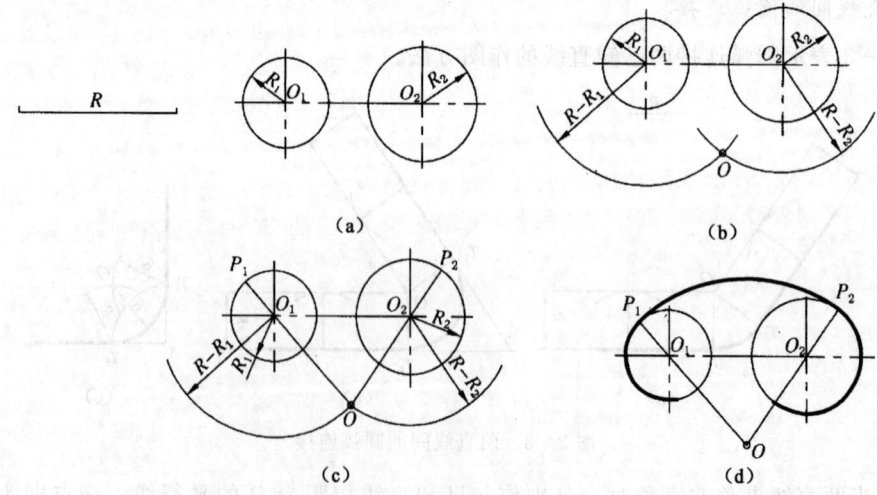

图 2-5　圆弧与两已知圆弧内切

(a) 已知两圆弧；(b) 求连接圆弧的圆心；(c) 求连接圆弧的切点；(d) 作弧线连接两圆弧

①求连接圆弧的圆心,分别以 $R-R_1$ 及 $R-R_2$ 为半径,以 O_1 及 O_2 为圆心画圆弧,两圆弧交于点 O,O 即为连接圆弧的圆心;

②求连接圆弧得切点,连接 O、O_1 并延长交已知圆弧于 P_1 点,连接 O、O_2 并延长交已知圆弧于点 P_2,P_1、P_2 即为切点;

③以 O 为圆心,以 R 为半径,在两切点 P_1、P_2 之间作弧,即完成作图。

4) 直线与圆弧间的圆弧连接

直线与圆弧间的圆弧连接(图 2-6):

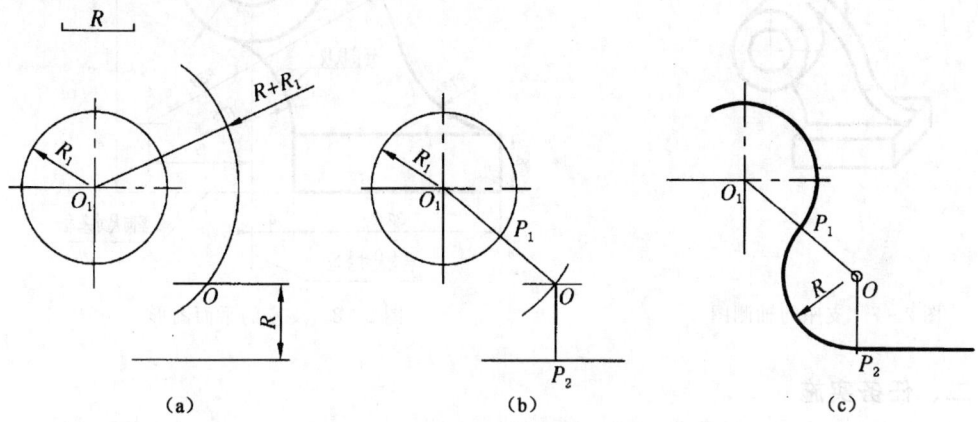

图 2-6 用圆弧连接已知圆弧和直线
(a) 求连接圆弧的圆心;(b) 求连接圆弧的切点;(c) 作弧线连接直线与圆弧

(1) 求连接圆弧的圆心,分别以 $R+R_1$ 画弧和以距离为 R 作已知线段的平行线,交于 O 点,O 即为连接圆弧的圆心。

(2) 求连接圆弧得切点,连接 O、O_1 交已知圆弧于 P_1 点,过 O 点向已知直线作垂线,交点为 P_2,P_1、P_2 即为切点。

(3) 以 O 为圆心,以 R 为半径,在两切点 P_1、P_2 之间作弧,即完成作图。

四、课堂思考

圆弧连接的关键是什么?

任务2 绘制支座的平面图形

知识点
- 平面图形的尺寸分析;
- 平面图形的线段分析。

技能点
- 掌握绘制平面图形的步骤。

一、任务描述

在图样中经常会遇到带有直线与圆弧及两圆弧间圆弧连接的平面图形。根据图 2-7 所示支座轴测图，绘制如图 2-8 所示支座的平面图形。

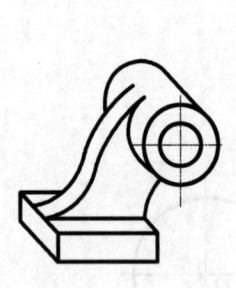

图 2-7 支座的轴测图

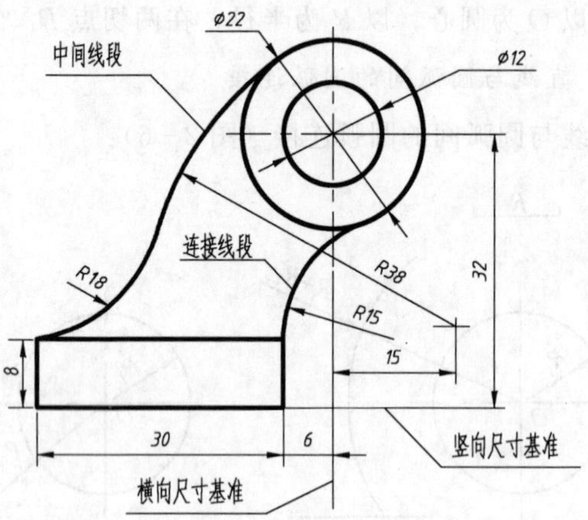

图 2-8 支座的平面图形

二、任务实施

绘制支座图形的方法和步骤，见表 2-8。

表 2-8 绘制支座的方法和步骤

阶段	步骤	图 例	说 明
识读和分析图样	尺寸分析	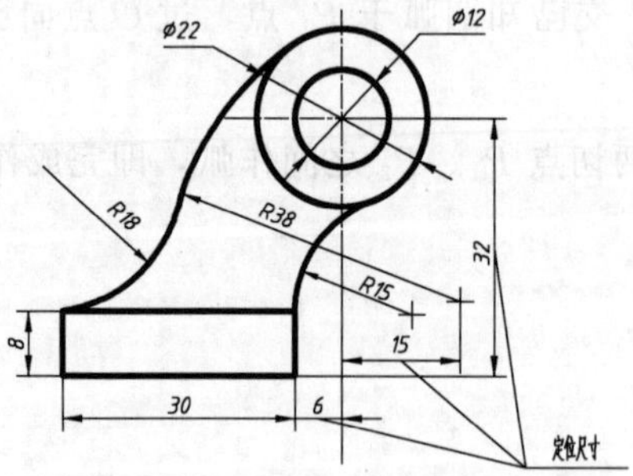	图中除了 6mm、15mm、32mm 是定位尺寸，其余全部尺寸都是定形尺寸
	线段分析	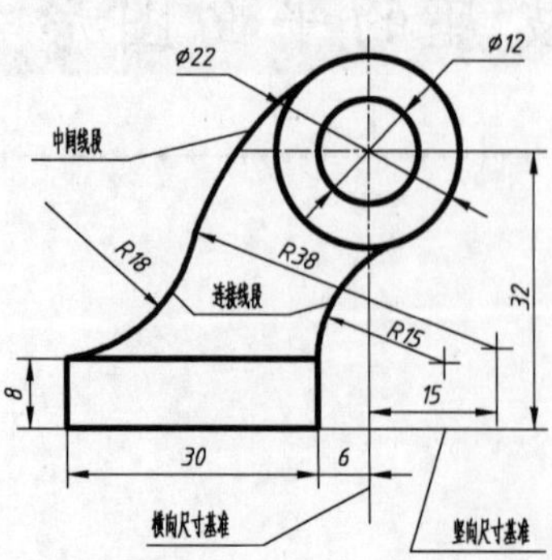	图中已知线段为左下角矩形的尺寸长 30mm、高 8mm 和右上角两个同心圆 $\phi12$mm、$\phi22$mm； 中间线段为圆弧 R38； 连接线段为圆弧 R18 和圆弧 R15

续表

阶段	步骤	图例	说明
绘制平面图形	作尺寸基准线		画出水平和竖直方向的尺寸基准（ϕ12mm、ϕ22mm 的中心线）
	作已知圆弧		画出已知线段：矩形和同心圆 ϕ12mm、ϕ22mm
	作中间圆弧		画出中间线段：圆弧 R38
	作连接圆弧		画出连接线段：圆弧 R18 和圆弧 R15
	检查并加粗图形		擦去多余线条，加深全图
	选定基准，标注定形定位尺寸		标注定形、定位尺寸

三、知识链接

画平面图形前，首先要对图形的尺寸和线段进行分析，确定各线段性质，从而确定画图的顺序，快速正确地画出图形。

1. 尺寸分析

（1）定形尺寸。确定平面图形大小的尺寸，称为定形尺寸，如确定线段长度、圆的直径、圆弧半径及角度等尺寸。

（2）定位尺寸。用于确定几何图形相对位置的尺寸，称为定位尺寸，如确定线段、圆心等在平面图形中相对位置的尺寸。

（3）尺寸基准。标注定位尺寸的起点称为尺寸基准。一个平面图形应有左右（横向）和上下（竖向）两个方向的尺寸基准，通常选用图形较长边线、对称线、较大圆的中心线等作为尺寸基准，如图 2-8 所示。

2. 平面图形的线段分析

平面图形的线段（直线、圆弧），按两类尺寸是否齐全分为三类。

（1）已知线段。具有定形尺寸和两个方向的定位尺寸的线段，称为已知线段。已知线段能直接画出，如图 2-8 中矩形和两个同心圆 $\phi12mm$、$\phi22mm$。

（2）中间线段。具有定形尺寸和一个方向的定位尺寸，称为中间线段，如图 2-8 中圆弧 $R38$。中间线段必须借助于一个线段相切才能画出，如图中圆弧 $R38$ 与圆 $\phi22mm$ 的内切关系。

（3）连接线段。只有定形尺寸，没有定位尺寸的线段，称为连接线段，如图 2-8 中圆弧 $R18$ 和圆弧 $R15$。连接线段必须借助于与两个线段相切的条件才能做出。

3. 平面图形的作图步骤

画平面图形时，应先画出横、竖两个方向的作图基准线及已知线段，再画中间线段，最后画连接线段，见表 2-8。平面图形的绘图方法和步骤如下所述。

1）准备工作

（1）画图前应准备图纸、图板、丁字尺、三角板、圆规、铅笔、橡皮、小刀、胶带纸、毛刷等绘图工具、仪器及必备品。

（2）识读图形，分析图形的尺寸，确定线段性质，制定作图步骤。

（3）确定绘图比例，选取图幅，固定图纸，画出图框和标题栏。

2）画底稿图

（1）画底稿要求：用 H、2H 铅笔均匀布图，作图认真仔细、准确，图线轻、细，图面清晰整洁。

（2）画底稿图步骤：

①画基准线，确定图形位置；

②画出已知线段；

③画出中间线段和连接线段。

(3) 应注意的问题：

①铅芯应经常修磨，保持尖锐，各种线型都用细线画出；

②校对底稿图：全面检查底稿图，修正错误，擦去多余图线。

3) 加深

(1) 要求：同种线型宽度一致，连接光滑，深浅一致，用B或2B铅笔。

(2) 加深的步骤：

①先粗后细，一般先加深全部粗实线，再加深全部虚线、点画线、细实线等；

②先曲后直，加深同一种线型时，应先加深曲线，后加深直线；

③从上而下画水平线，从左到右画垂直线，最后画斜线。

4) 标注尺寸

标注定形尺寸、定位尺寸和总体尺寸。

5) 校对

校对、填写标题栏。

应注意的问题：铅笔用力均匀，画细线时，铅笔不断转动和修磨；制图工具保持清洁，及时去掉图面铅芯末等杂物，使图面整洁。

四、课堂思考

圆弧连接两直线与圆弧连接两圆弧的共同点是什么？

任务3　绘制钩头楔键和锥塞的平面图形

知识点

- 斜度的概念；
- 锥度的概念；
- 斜度与锥度的标注方法。

技能点

- 掌握斜度与锥度的画法及标注方法；
- 能绘制复杂的带有斜度和锥度的机件平面图形。

一、任务描述

在机械加工中经常会遇到带有斜度与锥度的工件，如图2-9所示；画出如图2-10所示的带有斜度与锥度的平面图形。

二、任务实施

斜度和锥度的画法见表2-9。

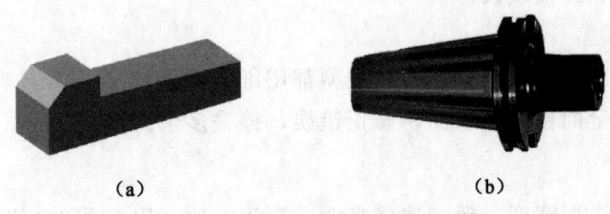

图 2-9 带有斜度和锥度的工件
(a) 钩头楔键;(b) 锥塞

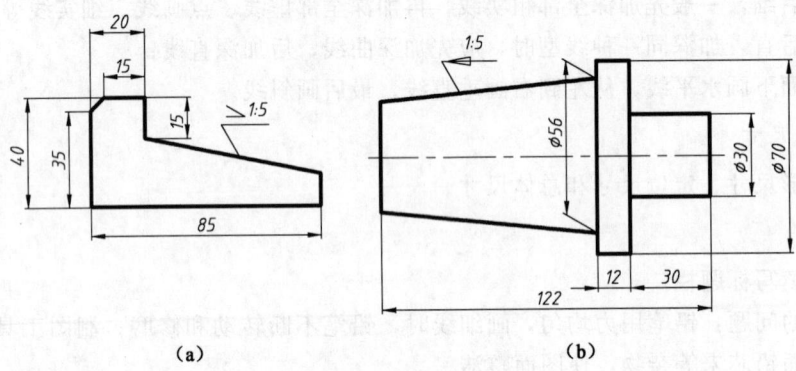

(a) (b)

图 2-10 斜度和锥度
(a) 斜度图形;(b) 锥度图形

表 2-9 斜度和锥度的画法

步骤序号	步骤	斜度图例	锥度图例
1	画出基准线		
2	画出已知图线		
3	作单位比图		
4	过已知点作平行线		

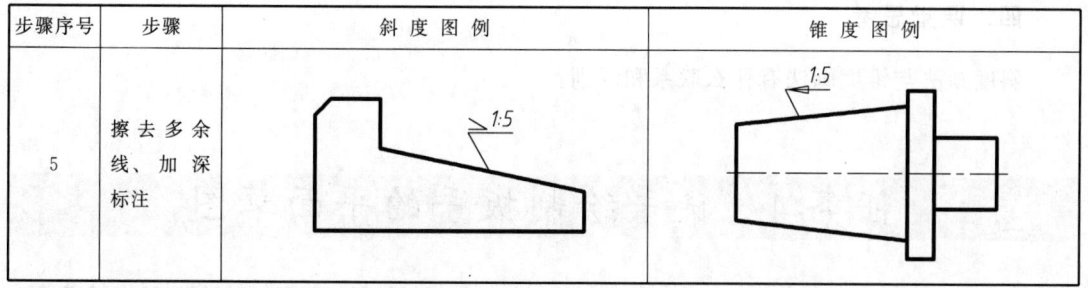

步骤序号	步骤	斜度图例	锥度图例
5	擦去多余线、加深标注		

三、知识链接

1. 斜度

斜度是指一直线（或平面）对另一直线（或平面）的倾斜程度。其大小为该两直线（或平面）间夹角的正切值，在图样中以 1：n 形式标注。标注斜度时，在比数之前用斜度符号"∠"或"⟋"表示，注成"∠1：n"或"⟋n：1"的形式，标注在从斜度轮廓线引出线上，斜度符号的倾斜方向应与斜度方向一致，如图 2-10（a）所示。

2. 锥度

锥度是指正圆锥底圆直径与锥高之比，如果是圆台，通常以圆台上两截面圆的直径差与截面间轴向距离之比表示。

标注锥度时，在比例前用锥度图形符号"◁"或"▷"表示，以"◁1：n"或"▷n：1"形式注在与基准线相连的引出线上，引出线转折后应与圆锥轴线平行，锥度图形符号方向应与锥度方向一致，如图 2-10（b）所示。

3. 斜度和锥度的标注方法

斜度和锥度标注方法见表 2-10。

表 2-10 斜度和锥度的标注

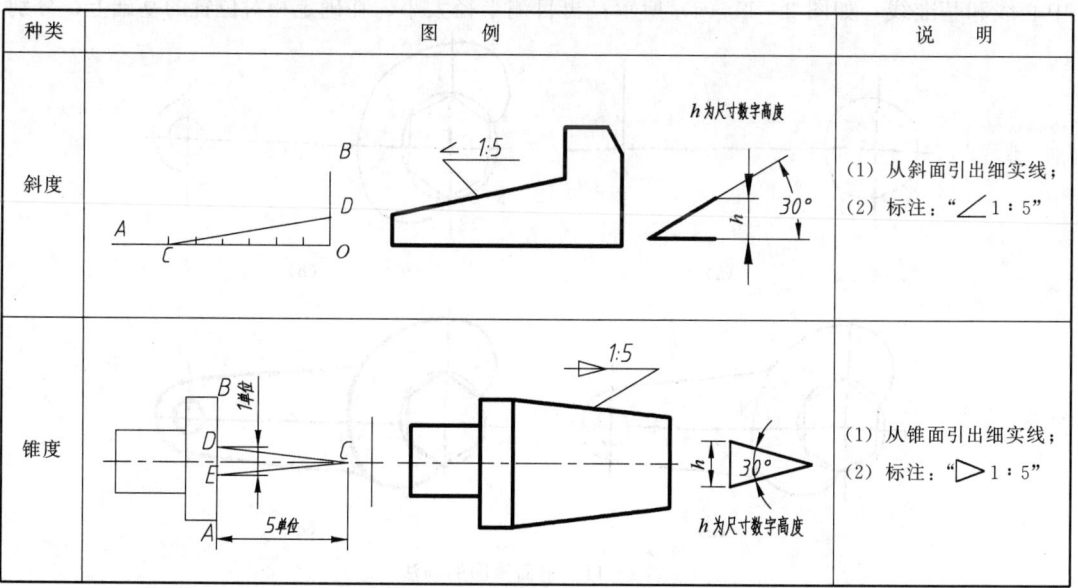

种类	图例	说明
斜度		(1) 从斜面引出细实线； (2) 标注："∠1：5"
锥度		(1) 从锥面引出细实线； (2) 标注："▷1：5"

四、课堂思考

斜度画法与锥度画法有什么联系和区别?

任务4 徒手绘制扳手的平面草图

> **知识点**
> - 草图的概念。
>
> **技能点**
> - 掌握常见直线、圆、圆弧、角度等的徒手画法;
> - 能绘制简单机件的平面草图。

一、任务描述

徒手画的图称为草图。它是以目测估计图形与实物的比例,不借助绘图工具徒手绘制的图样。草图常用来表达设计意图,设计人员将设计构思先用草图表示,然后再用仪器画出正式的工程图样。另外,在机器测绘及零件修配中,也常需要徒手画图。

二、任务实施

绘制图2-1(a)所示扳手的平面草图。其作图步骤如图2-11所示。

(1) 准备A4纸一张和HB、2B铅笔各一支。

(2) 先观察如图2-1(a)所示的扳手,分析图形各部分的线型特征(直线、圆弧、斜线等),目测物体的大小。在A4纸的适当位置,目测扳手的结构特征,用HB铅笔画出其中心线和基准线,如图2-11(a)所示;再目测半径大小、在确定相对位置的基础上,分别

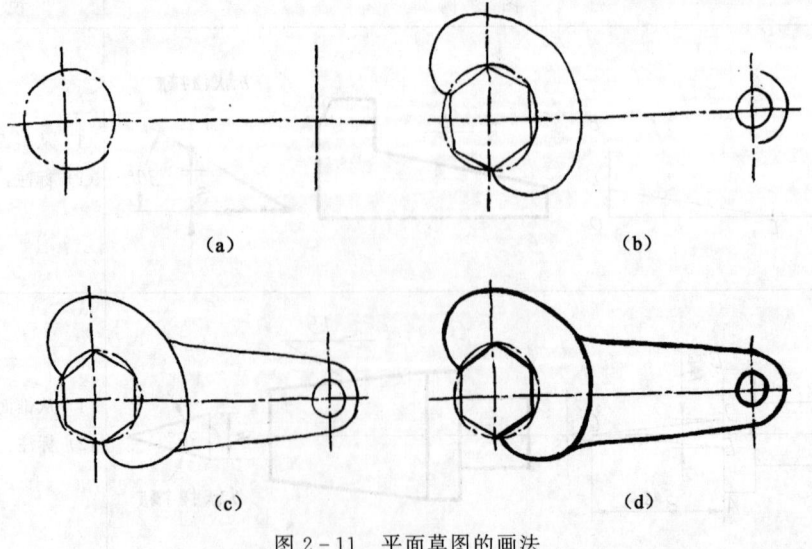

图2-11 平面草图的画法

画出左侧扳手虎口正六边形、扳手头部圆弧，如图 2-11（b）所示；画出扳手杆部（右侧圆弧上下公切线），如图 2-11（c）所示；画出连接各线段间的连接圆弧，完善扳手的细部图形，审图并擦去多余图线，用 2B 铅笔加深轮廓成粗实线，如图 2-11（d）所示。

三、知识链接

画草图是表达设计思想的一种手段，如果作图不准确，将影响草图的效果。草图是徒手绘制的图，而不是潦草图，因此作图时要做到线型分明、自成比例，不求几何图形的精度。

徒手画直线的方法见表 2-11。徒手画圆、圆弧和椭圆的方法见表 2-12。

表 2-11 徒手画直线的方法

图线	图示	说明
直线的画法	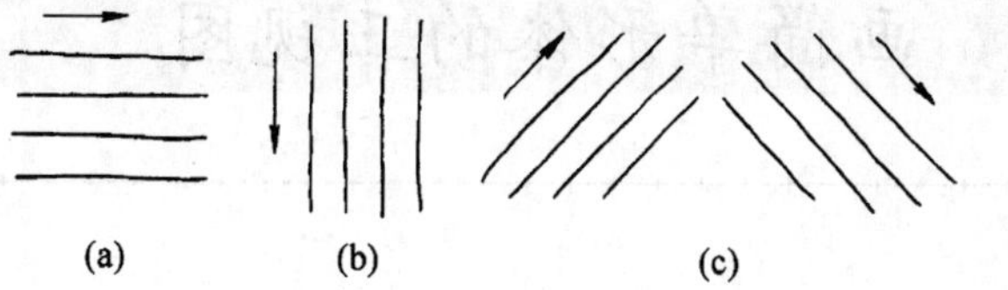 (a) (b) (c)	徒手画图时，手腕和手指微触纸面，画短线以手腕运笔；画长线先定出直线两个端点，笔尖着在端点上，眼睛转向终点轻轻平移画线；画垂直线时，用手指与手腕配合自上向下画线；画倾斜直线时，通常旋转图纸或侧转身体成顺手方向画线
角度线的画法	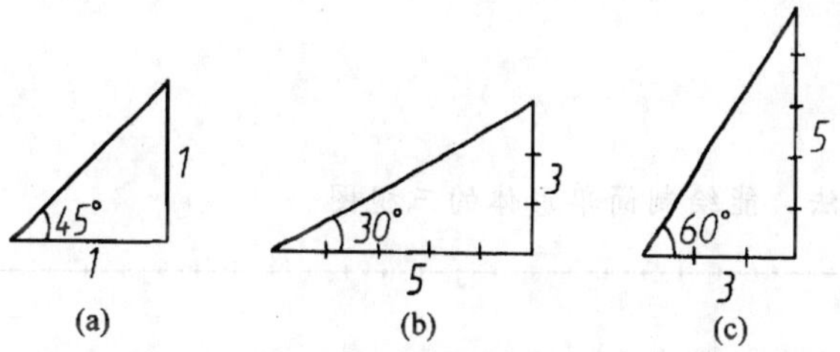 (a) (b) (c)	用直角三角形斜边的比例关系辅助画常见角度

表 2-12 徒手画圆、圆弧和椭圆的方法

图线	图示	说明
圆和圆弧的画法	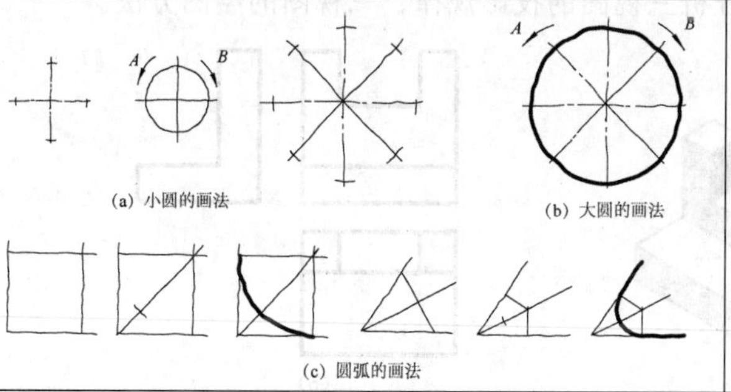 (a) 小圆的画法　(b) 大圆的画法　(c) 圆弧的画法	画圆时，应先画中心线。如图（a），画较小圆时，先在中心线上按半径目测定出四点，然后将各点连成圆，如图（b）画较大的圆时，通过圆心加画四条辅助线，按圆的半径大小目测出八点，分段画圆弧，最后连成整圆。如图（c），画圆弧时，先画角等分线，在该线上目测圆心位置，定出切点，确定圆弧的起点和终点，徒手画弧
椭圆的画法	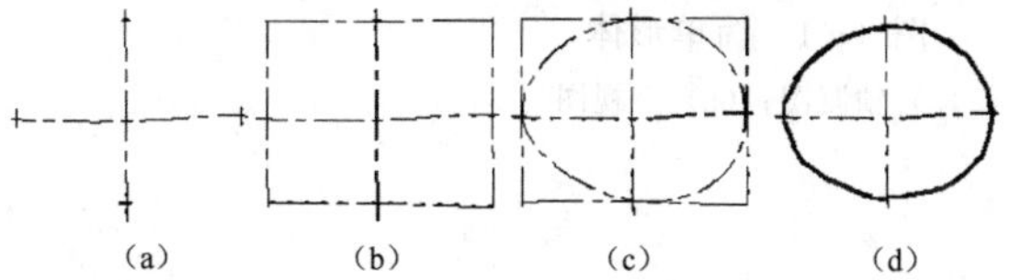 (a) (b) (c) (d)	图（a）：画中心线并在线上目测截取长短轴点；图（b）：过长短轴上点做轴的平行线；图（c）：画出椭圆；图（d）：擦去多余线并加深

四、课堂思考

徒手画图与用绘图工具绘图，量取线段长度的区别是什么？

模块三

基本体的三视图

任务1　画简单形体的三视图

知识点
- 正投影的概念；
- 三视图的名称；
- 三视图的投影规律。

技能点
- 掌握绘制三视图的方法，能绘制简单形体的三视图。

一、任务描述

如图3-1（a）所示，是简单形体的轴测图。按三视图的形成过程画出该形体的三视图，如图3-1（b）所示，并分析三视图的投影规律、三视图的绘图方法。

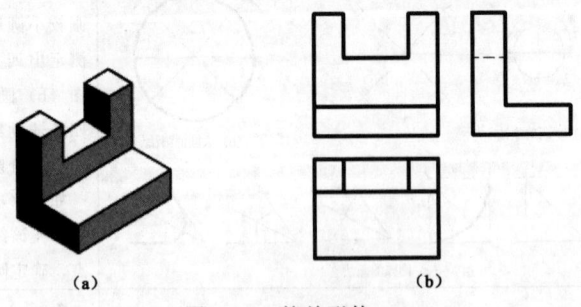

图3-1　简单形体
(a) 轴测图；(b) 三视图

二、任务实施

1. 形成三视图

1) 三面投影体系

（1）如图3-2（a）所示，三面投影体系由三个相互垂直的投影面组成，分别为：

①正立投影面，简称正面，用 V 表示；
②水平投影面，简称水平面，用 H 表示；
③侧立投影面，简称侧面，用 W 表示。
(2) 相互垂直的投影面之间的交线，称为投影轴，它们分别是：
①OX 轴（简称 X 轴），是 V 面与 H 面的交线，它代表长度方向；
②OY 轴（简称 Y 轴），是 H 面与 W 面的交线，它代表宽度方向；
③OZ 轴（简称 Z 轴），是 V 面与 W 面的交线，它代表高度方向。
三根投影轴相互垂直，其交点 O 称为原点。

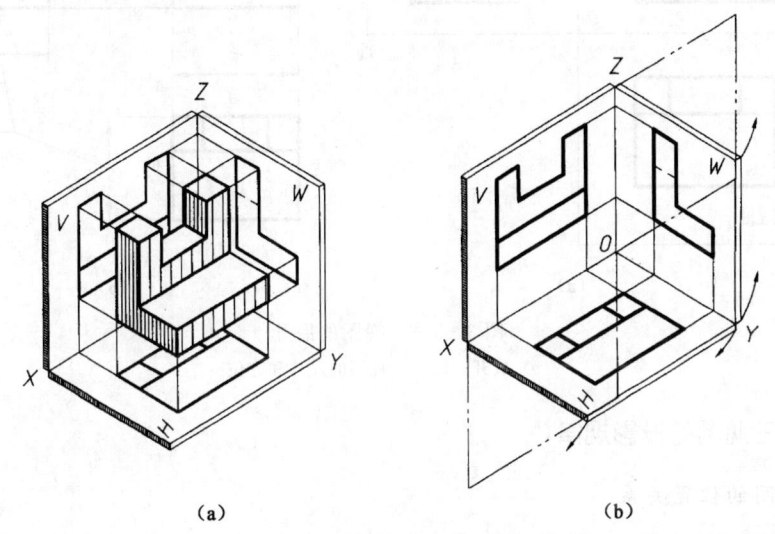

图 3-2 三视图的形成
(a) 三面投影体系；(b) 三视图

2) 三视图的形成

根据有关标准和规定，将用正投影法绘制出的物体的图形，称为视图。

通常一个视图不能确定物体的形状和大小，需要几个视图结合起来才能将物体表达清楚。通常采用三视图。

如图 3-2 所示，将物体放置在三投影面体系中，并使物体的主要表面处于平行或垂直于投影面的位置，用正投影法分别向 V、H、W 面投射，即可得到物体的三视图，分别称为：

(1) 主视图：由前向后投射，在 V 面上所得的视图。
(2) 俯视图：由上向下投射，在 H 面上所得的视图。
(3) 左视图：由左向右投射，在 W 面上所得的视图。

国标规定，在视图中，物体的可见轮廓画成粗实线，不可见轮廓画成虚线，图形的对称线则用细点画线表示。

2. 展开三视图

为了画图方便，需将相互垂直的三个视图摊在同一个平面上，并规定：V 面不动，将 H 面绕 OX 轴向下旋转 $90°$，将 W 面绕 OZ 轴向右旋转 $90°$，如图 3-3 (a) 所示，分别展开成与 V 面处在同一平面上。H 面和 W 面旋转时，OY 轴被分为两处，分别用 OY_H（在 H 面上）和 OY_W（在 W 面上）表示，如图 3-3（b）所示。

为简化作图，不必画出投影面边框和投影轴，因为它的大小与视图无关。

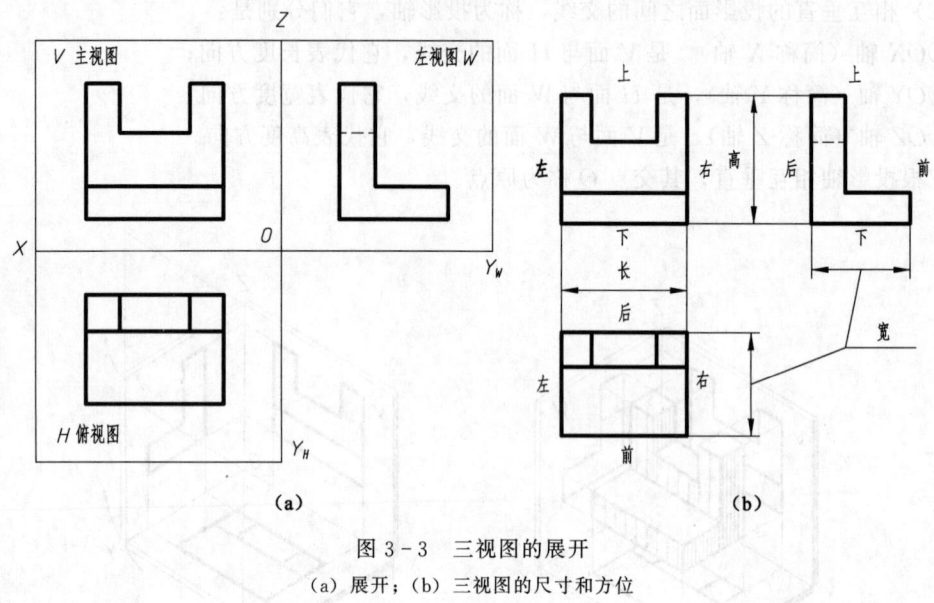

图 3-3 三视图的展开
(a) 展开；(b) 三视图的尺寸和方位

3. 掌握三视图的投影规律

1）三视图的位置关系

如图 3-3（b）所示，以主视图为准，俯视图在它的正下方，左视图在它的正右方。视图按这种位置配置时，一律不注视图名称。

2）三视图的尺寸关系

物体有长、宽、高三个方向的尺寸，如果把物体的左右方向尺寸称为长，前后方向尺寸称为宽，上下方向尺寸称为高，则主、俯视图都反映了物体的长度，主、左视图都反映了物体的高度，俯、左视图都反映了物体的宽度，如图 3-3（b）所示。因此，三视图之间存在如下投影关系（"三等"规律）：

(1) 主、俯视图中相应投影的长度相等，且要对正（简称"长对正"）。

(2) 主、左视图中相应投影的高度相等，且要平齐（简称"高平齐"）。

(3) 俯、左视图中相应投影的宽度相等（简称"宽相等"）。

应当指出：无论是整个物体或物体的局部，其三面投影都必须符合"长对正、高平齐、宽相等"的"三等"规律。

3）三视图的方位关系

物体在三投影面体系内的位置确定后，它的上、下、左、右、前、后的位置关系也就在三视图上明确地反映出来，如图 3-3（b）所示：

(1) 主视图——反映物体的上、下和左、右。

(2) 俯视图——反映物体的左、右和前、后。

(3) 左视图——反映物体的上、下和前、后。

由图 3-3（b）可知，俯、左视图靠近主视图的一边（里边），均表示物体的后面，远离主视图的一边（外面），均表示物体的前面。

4. 三视图的绘制

作图时，从主视图入手，根据三视图的投影规律，按物体的组成部分分别依次画出俯视图和左视图。绘图具体方法和步骤见表 3-1。

表 3-1　三视图的绘图方法和步骤

步　　骤	图　　示	步　　骤	图　　示
（1）画主视图	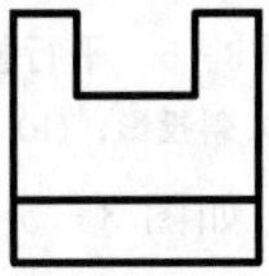	（3）根据高平齐画左视图	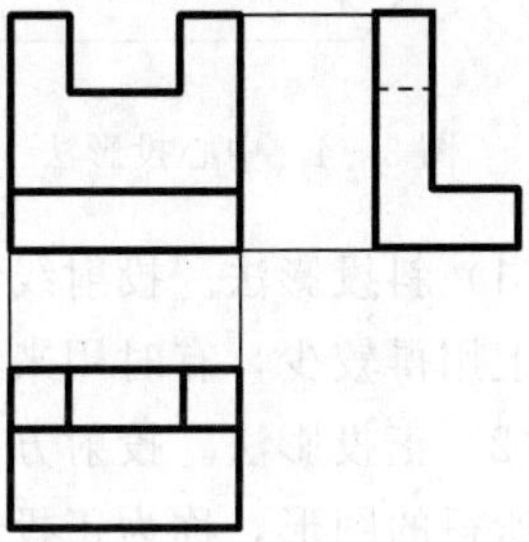
（2）根据长对正画俯视图	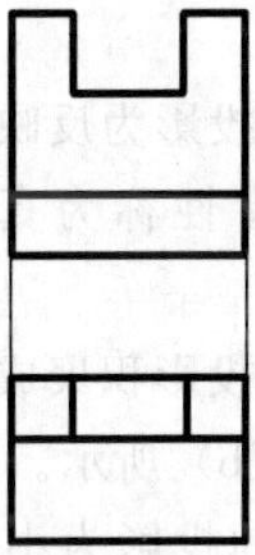	（4）完成三视图	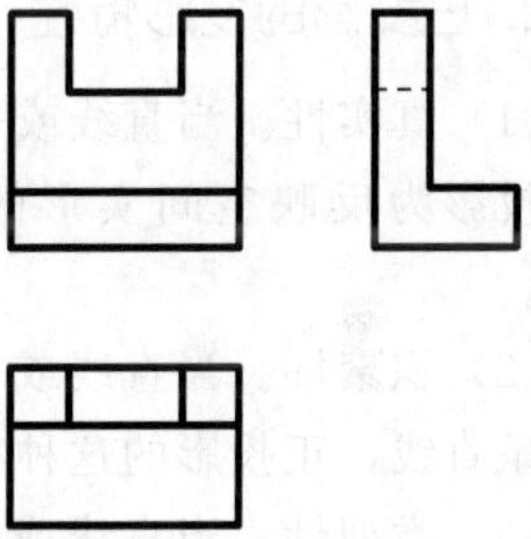

三、知识链接

1. 投影法

生活中，物体在光线照射下，就会在地面或墙壁上产生影子。影子在某些方面反映出物体的形状特征，这就是常见的投影现象。人们根据生产活动的需要，对这种现象加以抽象和总结，逐步形成了投影法。

所谓投影法，就是一组投射线通过物体射向预定平面上得到图形的方法。预定平面 P 称为投影面，在 P 面上所得到的图形称为投影，如图 3-4 所示。

工程上常见的投影法有中心投影法和平行投影法。

1）中心投影法

如图 3-4 所示，投射线汇交于一点的投影方法，称为中心投影法。用中心投影法作出的图像在工程上称为透视图，常用来绘制建筑物外观，具有较强的立体感，但作图复杂，量度性较差。

2) 平行投影法

如图 3-5 所示，投射线相互平行的投影法，称为平行投影法。平行投影法又分为斜投影法和正投影法。

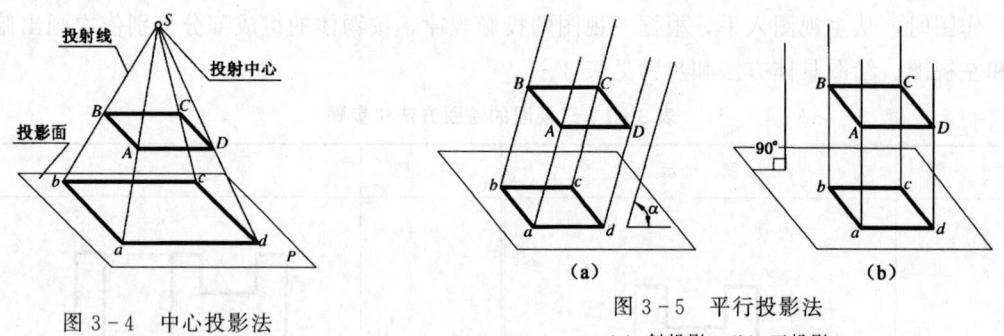

图 3-4 中心投影法

图 3-5 平行投影法
(a) 斜投影；(b) 正投影

(1) 斜投影法。投射线倾斜于投影面的平行投影法，如图 3-5 (a) 所示。斜投影法在工程上用得较少，有时用来绘制轴测图。

(2) 正投影法。投射方向垂直于投影面的平行投影法，如图 3-5 (b) 所示。根据正投影法所得的图形，称为正投影。由于正投影能反映物体的真实形状和大小，度量性好，作图也比较方便，所以绘制机械图样主要采用正投影法，并将正投影简称为投影。

2. 正投影的投影特性

(1) 真实性。当直线或平面与投影面平行时，直线的投影为反映空间实长的直线段，平面的投影为反映空间实形的平面图形，正投影的这种特性称为真实性，如图 3-6 (a) 所示。

(2) 积聚性。当直线或平面与投影面垂直时，直线的投影积聚成一点，平面的投影积聚成一条直线，正投影的这种特性称为积聚性，如图 3-6 (b) 所示。

(3) 类似性。当直线或平面与投影面倾斜时，直线的投影为小于空间直线实长的直线段，平面的投影为小于空间平面实形的类似形，正投影的这种特性称为类似性，如图 3-6 (c) 所示。

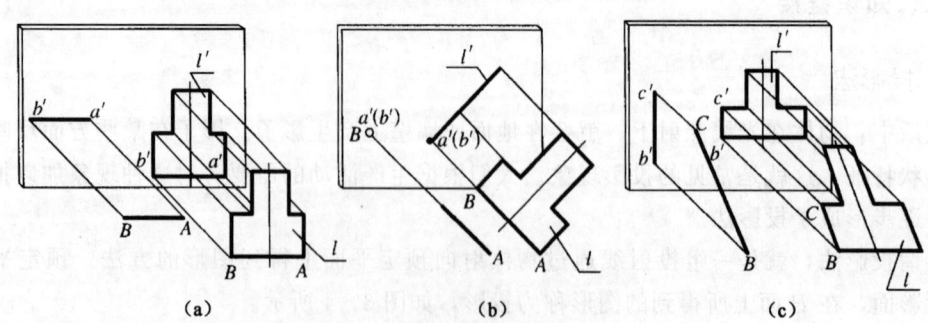

图 3-6 正投影的投影特性
(a) 真实性；(b) 积聚性；(c) 类似性

四、课堂思考

三视图是用什么投影法形成的？

任务 2　点、直线和平面的投影

知识点
- 点、直线和平面的三面投影；
- 点、直线和平面的投影特性。

技能点
- 能根据点、直线和平面的两面投影求其第三面投影；
- 能判断点、直线和平面的空间位置。

一、任务描述

空间物体是由点、直线和平面基本几何元素所构成。在学会形体的投影前首先要学会点、直线和平面的三面投影。

二、任务实施

1. 点的三面投影

空间点用大写拉丁字母 A、B、C……表示；空间点在水平面（H 面）上的投影分别用相应的小写拉丁字母 a、b、c……表示；空间点在正面（V 面）上的投影分别用相应的小写拉丁字母 a'、b'、c'……表示；空间点在侧面（W 面）上的投影分别用相应的小写拉丁字母 a''、b''、c''……表示。

如图 3-7（a）所示，将 A 点分别向相互垂直的 V、H、W 三个投影面投影，得到 a'、a、a'' 三个投影。为使三个投影画在一个平面上，将 H 面、W 面按箭头所指方向 [图 3-7（b）] 展开，使其与 V 面处于同一个平面，便得到点 A 的三面投影图，如图 3-7（c）所示。图中 a_X、a_{YH}、a_{YW}、a_Z 分别为点的投影连线与投影轴 X、Y、Z 的交点。

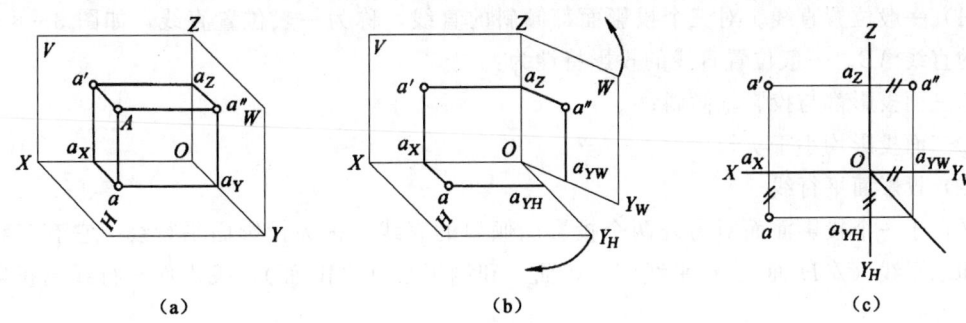

图 3-7　点的三面投影图
(a) 点的三面投影；(b) 点的三面投影的展开；(c) 点的三面投影图

通过点的三面投影图的形成过程，可以总结出点的投影规律：
（1）点的两面投影连线，必定垂直于相应的投影轴，即

$aa' \perp OX$,$a'a'' \perp OZ$,而 $aa_{YH} \perp OY_H$,$a''a_{YW} \perp OY_W$

(2) 点到投影轴的距离,等于空间点到相应的投影面的距离,即

① $a'a_X = a''a_Y = A$ 点到 H 面的距离 Aa;

② $aa_X = a''a_Z = A$ 点到 V 面的距离 Aa';

③ $aa_{YH} = a'a_Z = A$ 点到 W 面的距离 Aa''。

利用点的投影规律,可根据点的两个投影作出第三面投影。

2. 直线的投影

1) 直线的三面投影

直线的空间位置是由其上的任意两点确定的,直线的投影也可由其上的任意两点的投影来确定,如图 3-8(a)所示直线 AB 的投影。作出 A、B 两点的三面投影,然后将两点的同面投影连线而得到,如图 3-8(b)所示。

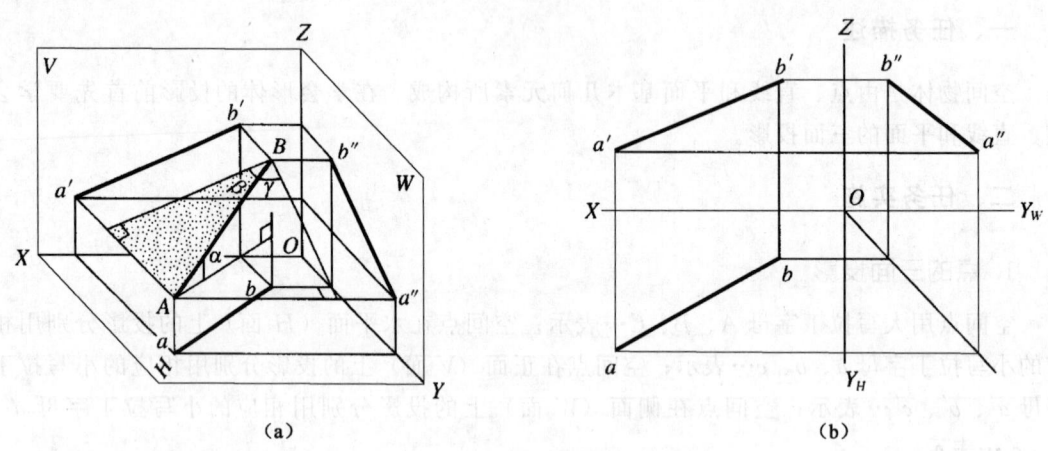

图 3-8 直线的三面投影

2) 各种位置直线及其投影特性

在三面投影面体系中,直线相对于投影面有三种位置:一般位置直线、投影面平行线、投影面垂直线,后两种直线又称为特殊位置直线。

(1) 一般位置直线。对三个投影面都倾斜的直线,称为一般位置直线,如图 3-8(a)所示的直线 AB。一般位置直线的投影特性为:

① 三面投影都与投影轴倾斜;

② 三面投影均小于实长。

(2) 投影面平行线

平行于一个投影面而对另外两个投影面倾斜的直线,称为投影面平行线。它有三种形式,即水平线(∥H 面)、正平线(∥V 面)和侧平线(∥W 面)。投影面平行线的投影特性见表 3-2。

(3) 投影面垂直线。垂直于一个投影面而同时平行于其他两个投影面的直线,称为投影面垂直线。它有三种形式,即铅垂线(⊥H 面)、正垂线(⊥V 面)和侧垂线(⊥W 面)。

投影面垂直线的投影特性,见表 3-3。

表 3-2 投影面平行线的投影特性

名称	水平线（∥H）	正平线（∥V）	侧平线（∥W）
轴测图			
投影图			
投影特性	(1) ab 反映实长； (2) $a'b'$∥X轴，$a''b''$∥Y_W轴	(1) $a'b'$ 反映实长； (2) ab∥X轴，$a''b''$∥Z轴	(1) $a''b''$ 反映实长； (2) $a'b'$∥Z轴，ab∥Y_H轴
	小结：(1) 在所平行的投影面上的投影反映实长，并倾斜于投影轴； 　　　(2) 其他投影平行于相应的投影轴，短于实长		

表 3-3 投影面垂直线的投影特性

名称	铅垂线（⊥H）	正垂线（⊥V）	侧垂线（⊥W）
轴测图			
投影图			
投影特性	(1) ab 积聚成点； (2) $a'b'$⊥X轴，$a''b''$⊥Y_W轴； (3) $a'b'$ 和 $a''b''$ 反映实长	(1) $a'b'$ 积聚成点； (2) ab⊥X轴，$a''b''$⊥Z轴； (3) ab 和 $a''b''$ 反映实长。	(1) $a''b''$ 积聚成点； (2) $a'b'$⊥Z轴，ab⊥Y_H轴； (3) ab 和 $a'b'$ 反映实长
	(1) 直线在它所垂直的投影面上的投影积聚成一点； (2) 直线的其他两个投影反映实长，且垂直于相应的投影轴		

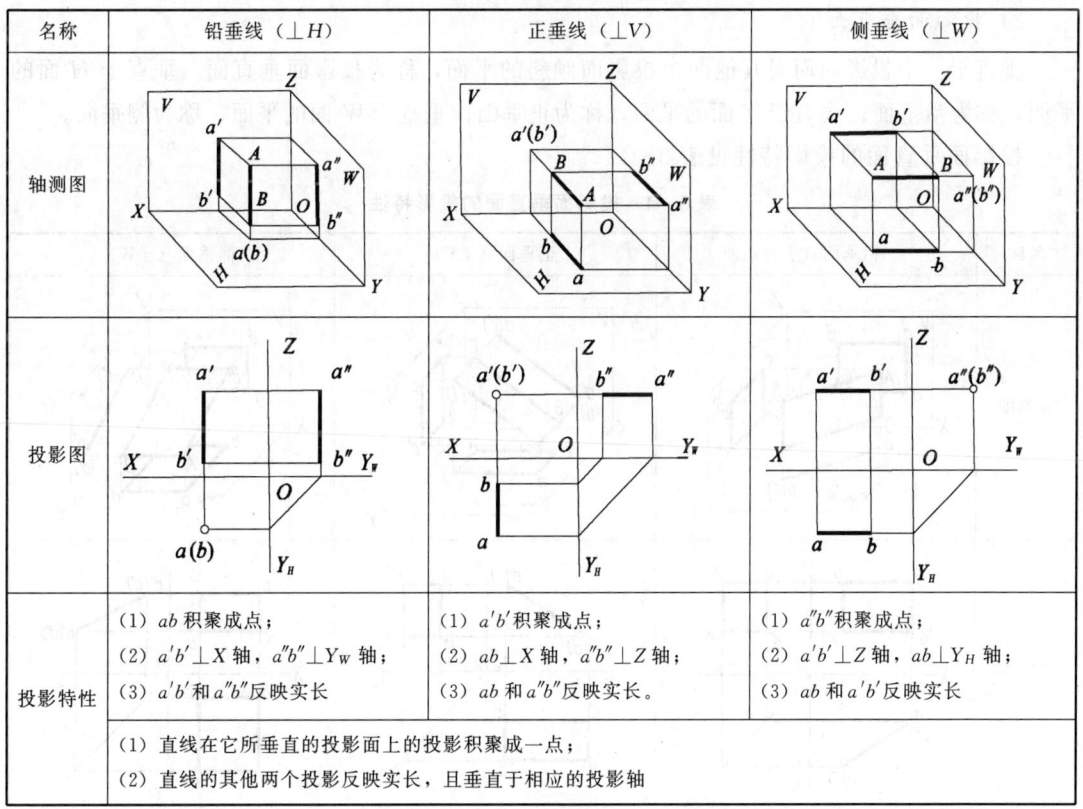

3. 平面的投影

平面在三投影面体系中有三种位置：一般位置平面、投影面垂直面、投影面平行面。后两种又称为特殊位置平面。

1) 一般位置平面

对三个投影面都倾斜的平面，称为一般位置平面，如图 3-9（a）所示。三角形平面 ABC 对三个投影面都是倾斜的，所以各面投影仍是三角形，但都不反映实形，而是小于实形的类似形。

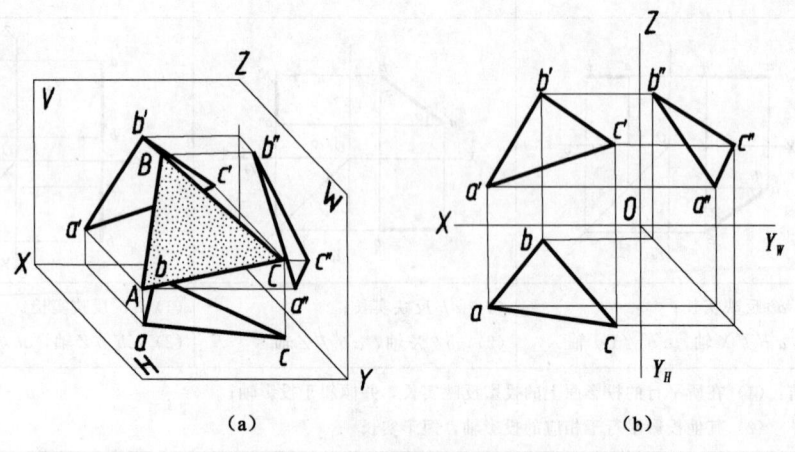

图 3-9 一般位置平面图形的投影

2) 投影面垂直面

垂直于一个投影面而对其他两个投影面倾斜的平面，称为投影面垂直面。垂直于 H 面的平面，称为铅垂面；垂直于 V 面的平面，称为正垂面；垂直于 W 面的平面，称为侧垂面。

投影面垂直面的投影特性见表 3-4。

表 3-4 投影面垂直面的投影特性

名称	铅垂面（⊥H）	正垂面（⊥V）	侧垂面（⊥W）
轴测图			
投影图			

续表

名称	铅垂面（⊥H）	正垂面（⊥V）	侧垂面（⊥W）
投影特性	(1) 水平投影积聚成直线； (2) 正面投影和侧面投影为原形的类似形	(1) 正面投影积聚成直线； (2) 水平投影和侧面投影为原形的类似形	(1) 侧面投影积聚成直线； (2) 正面投影和水平投影为原形的类似形
	小结：(1) 在所垂直的投影面上的投影，积聚成直线，倾斜于相应的投影轴； 　　　(2) 其他投影为小于实形的类似形		

3) 投影面平行面

平行于一个投影面而同时垂直于其他两个投影面的平面，称为投影面平行面。平行于 H 面的平面，称为水平面；平行于 V 面的平面，称为正平面；平行于 W 面的平面，称为侧平面。

投影面平行面的投影特性见表 3-5。

表 3-5　投影面平行面的投影特性

名称	水平面（∥H）	正平面（∥V）	侧平面（∥W）
轴测图			
投影图			
投影特性	(1) H 面投影反映实形； (2) V 面投影积聚成直线，且平行于 OX 轴；W 面投影积聚成直线，且平行于 OY_W 轴	(1) V 面投影反映实形； (2) H 面投影积聚成直线，且平行于 OX 轴；W 面投影积聚成直线，且平行于 OZ 轴	(1) W 面投影反映实形； (2) H 面投影积聚成直线，且平行于 OY_H 轴；V 面投影积聚成直线，且平行于 OZ 轴
	小结：(1) 平面在所平行的投影面上的投影反映实形； 　　　(2) 平面的其他两个投影均积聚成直线，且平行于相应的投影轴		

三、知识链接

1. 点的坐标

若将三投影面体系看成空间直角坐标系，则投影面、投影轴和投影原点相应地成为坐标面、坐标轴和坐标原点，点到投影面的距离等于相应的坐标值，如图 3-10 所示。

(1) 点到 W 面的距离等于 X 坐标。

(2) 点到 V 面的距离等于 Y 坐标。

(3) 点到 H 面的距离等于 Z 坐标。

点 A 坐标的规定书写形式为：A（X，Y，Z）。

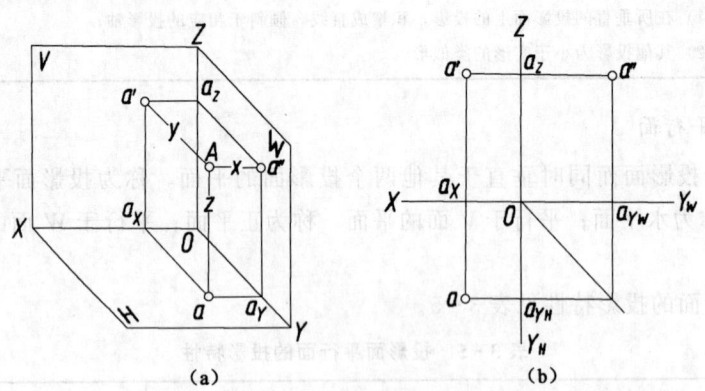

图 3-10 点的投影与坐标的关系
(a) 三投影面体系；(b) 三投影面相应的坐标值

2. 由点的两面投影求作第三面投影

【例 3-1】 已知点 A 的正面投影 a' 和侧面投影 a''，求作其水平投影 a。

作图步骤如图 3-11 所示。

(1) 过 a' 作 OX 轴的垂线，a 必在此垂线上。

(2) 过 a'' 作 OY_W 轴的垂线，与过 O 点的 45°斜线相交于一点，过交点再作 OX 轴的平行线，与过 a' 所作垂线相交即得 a，a 就是点 A 的水平投影。

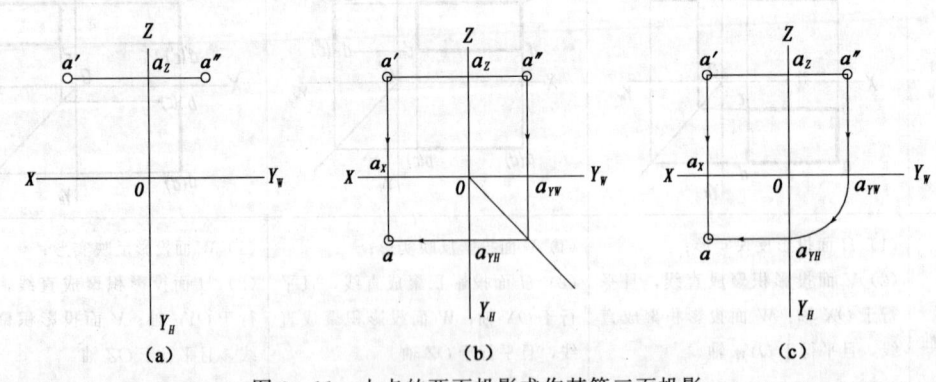

图 3-11 由点的两面投影求作其第三面投影

3. 由直线的两面投影求作第三面投影

【例 3-2】 已知直线 AB 的正面投影 $a'b'$ 和水平投影 ab，求作其侧面投影 $a''b''$，并判断该直线的空间位置。

作图步骤如图 3-12 所示。

(1) 根据"主、左视图高平齐""俯、左视图宽相等"的规律，求出点 A、B 的侧面投影 $a''b''$。

(2) 连接 $a''b''$ 即得线段 AB 的侧面投影，直线 AB 为正平线。

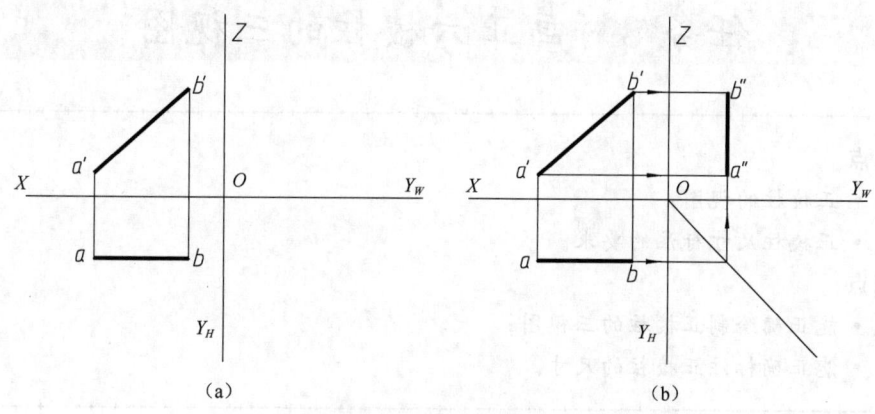

图 3-12 由直线的两面投影求作第三面投影

4. 由平面的两面投影求作第三面投影

【例 3-3】 已知平面图形的正面投影和水平投影，求作其侧面投影，并判断该平面的空间位置。

作图步骤如图 3-13 所示。

(1) 在六边形的正面投影上，按顺序标上字母 a'、b'、c'、d'、e'、f'，即为六个顶点的正面投影。

(2) 由于六边形的水平投影有积聚性，因此可直接求出六个顶点的水平投影 a、b、c、d、e、f。

(3) 由各点的正面投影和水平投影，可求出它们的侧面投影 a''、b''、c''、d''、e''、f''。

(4) 按顺序连接 a''、b''、c''、d''、e''、f''、a''，即得六边形的侧面投影，此平面为铅垂面。

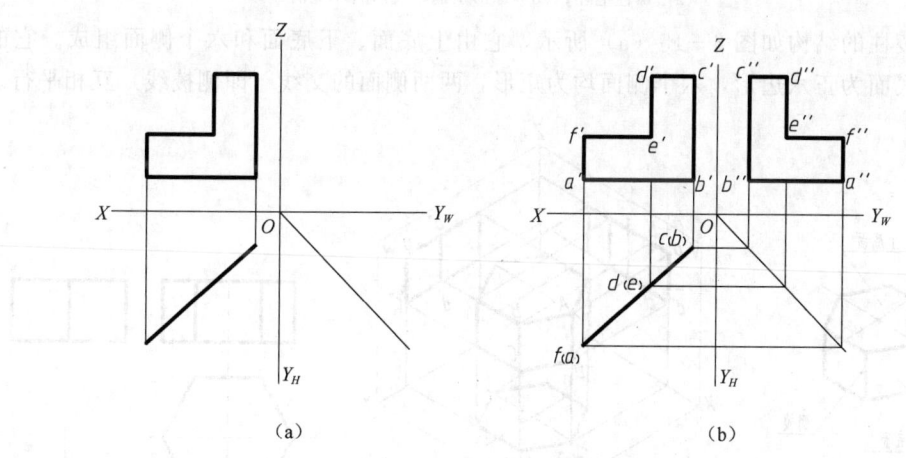

图 3-13 求平面图形的第三面投影

四、课堂思考

求直线和平面投影的关键是什么？

任务3 画正六棱柱的三视图

> **知识点**
> - 正棱柱的视图；
> - 正棱柱尺寸标注的要求。
>
> **技能点**
> - 能正确绘制正棱柱的三视图；
> - 能正确标注正棱柱的尺寸。

一、任务描述

机器零件不论其结构形状多么复杂，一般都可以看作是由一些棱柱、棱锥、圆柱、圆锥、圆球等基本几何体（简称基本体）堆积、挖切而成。这些基本体的表面有的是由若干平面围成，称为平面体。有的是由曲面或曲面与平面围成，称为曲面体，回转体是最常见的曲面体。常见的基本几何体与机件如图3-14所示。

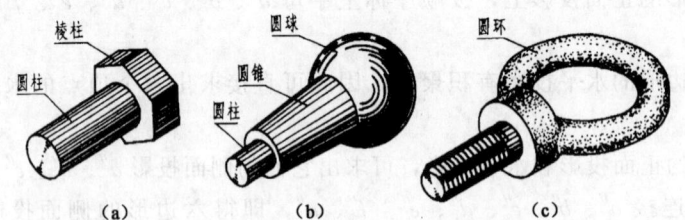

图3-14 常见的基本几何体与机件
(a) 螺栓毛坯；(b) 球形手柄；(c) 圆环手柄

正六棱柱的结构如图3-15（a）所示，它由上底面、下底面和六个侧面组成。它的上底面、下底面为正六边形，六个侧面均为矩形，两两侧面的交线（即侧棱线）互相平行。

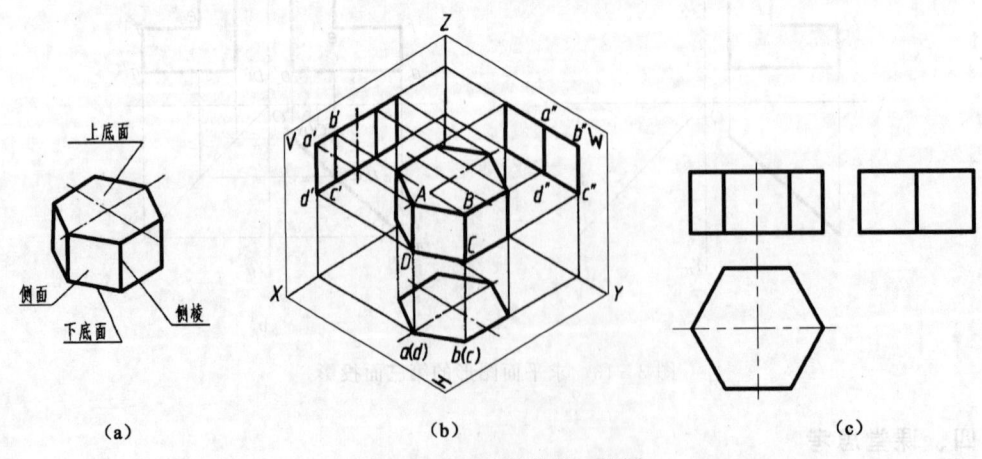

图3-15 正六棱柱的三视图
(a) 结构；(b) 三面投影体系；(c) 三视图

二、任务实施

如图 3-15（b）所示，将正六棱柱置于三面投影体系中，底面平行于 H 面，前后两平面平行于 V 面。画出该正六棱柱的三视图，如图 3-15（c）所示。作图方法和步骤见表3-6。

表 3-6 正六棱柱三视图的绘制方法和步骤

步骤	图示	步骤	图示
（1）布置图面，确定作图基准线（中心线、底面基准线等）		（3）根据六棱柱高，按投影关系画出主视图	
（2）画俯视图六边形		（4）根据主、俯视图，按投影关系画出左视图，并检查加深图线，完成作图	

三、知识链接

1. 正棱柱的尺寸标注

棱柱的棱线互相平行，常见的棱柱有三棱柱、四棱柱、五棱柱、六棱柱等。

正棱柱标注尺寸时除了标注高度尺寸外，一般还应标注出其底面的外接圆直径和正多边形的对边尺寸作为参考。但也可以根据需要标注成其他型式，如图 3-16 所示。

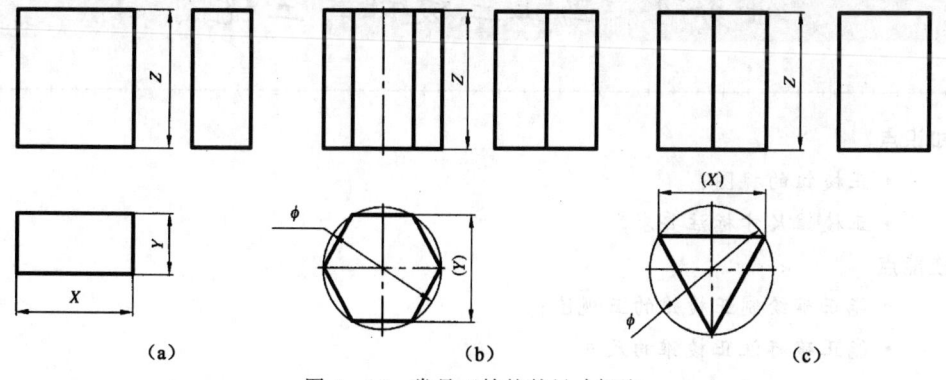

图 3-16 常见正棱柱的尺寸标注

2. 求正棱柱表面上点的投影

棱柱体表面上的点：在平面立体表面上取点时，必须首先确定该点是在平面立体的哪一个表面上，若点在某个表面上，则该点的投影必在该表面的各同面投影上；若该表面的投影可见，则该点的同面投影也可见；反之为不可见。

【例 3-4】 如图 3-17（a）所示已知正六棱柱侧面 ABCD 上点 M 的正面投影 m'，求其余两个投影。

由于侧面 ABCD 为铅垂面，可利用它的水平投影 abcd 的积聚性先求得 m，再根据 m' 和 m 求得 m''，如图 3-17（b）所示。由于点 M 在六棱柱的左前棱面上，因此，除水平投影重影之外，其正面投影与侧面投影均为可见。

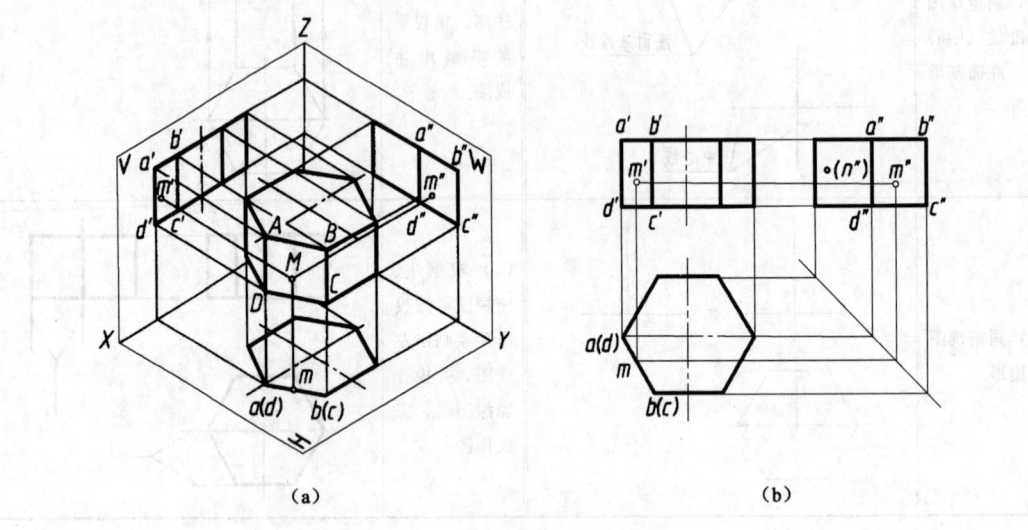

图 3-17 求正六棱柱表面上点的投影

四、课堂思考

正六棱柱需要标注哪些尺寸？

任务 4 画正三棱锥的三视图

知识点
- 正棱锥的视图；
- 正棱锥尺寸标注要求。

技能点
- 能正确绘制正棱锥的三视图；
- 能正确标注正棱锥的尺寸。

一、任务描述

棱锥的棱线交于一点,常见的棱锥有三棱锥、四棱锥、五棱锥等。

正三棱锥的结构如图 3-18（a）所示,它由底面和三个侧面组成。三棱锥的底面为正三角形,三个侧面均为等腰三角形,三条棱线交于一点（顶点 S）。如图 3-18（b）所示,将正三棱锥置于三面投影体系中,底面平行于 H 面,一条底边 AC 平行于 V 面,垂直于 W 面,画它的三视图,如图 3-18（c）所示。

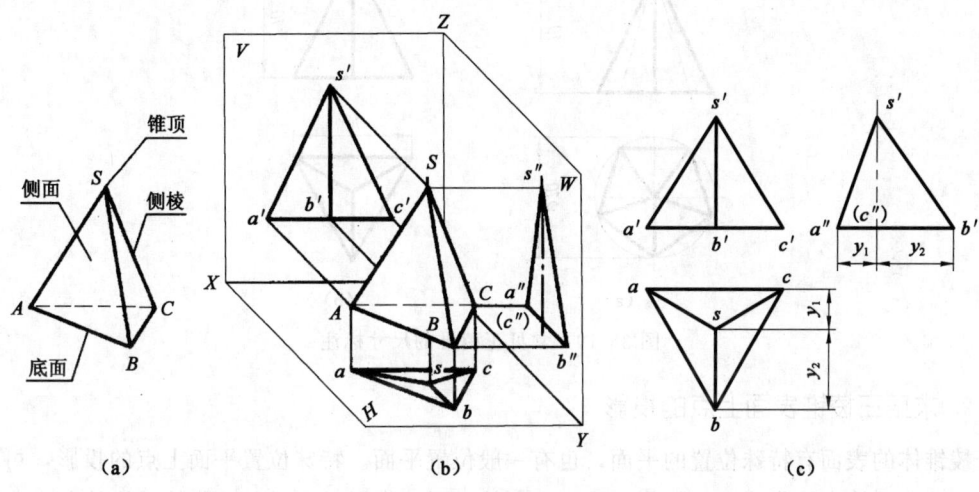

图 3-18 正三棱锥的三视图

二、任务实施

正三棱锥三视图的作图方法和步骤见表 3-7。

表 3-7 正三棱锥三视图的作图方法和步骤

步骤	图示	步骤	图示
（1）布置图面,画作图基准线		（3）根据三棱锥的高,按投影关系画出主视图	
（2）画俯视图		（4）根据主、俯视图按投影关系画出左视图,检查并加深图线,完成作图	

三、知识链接

1. 正棱锥的尺寸标注

正棱锥与正棱柱的尺寸标注相似，除了标注高度尺寸外，一般还应标注出其底面外接圆的直径，如图 3-19（a）所示，但也可以根据需要标注成其他形式，如图 3-19（b）所示。

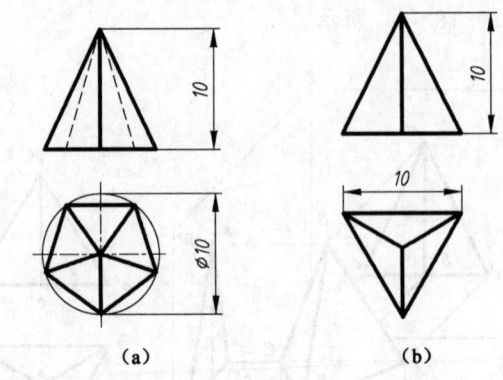

图 3-19 常见正棱锥的尺寸标注

2. 求正三棱锥表面上点的投影

棱锥体的表面有特殊位置的平面，也有一般位置平面。特殊位置平面上点的投影，可利用该平面的积聚性直接作图；一般位置平面上点的投影，则通过在平面上作辅助线的方法求得。

【例 3-5】 如图 3-20（a）所示，已知侧面 △SAB 上点 M 的正面投影 m′ 和侧面 △SAC 上点 N 的水平投影 n，试求点 M、N 的其余投影。

因棱面 △SAC 是侧垂面，它的侧面投影 s″a″c″ 具有积聚性，因此，n″ 必在 s″a″（c″）上，可直接由 n 作出 n″，再由 n″ 和 n 求出 n′。侧面 △SAB 是一般位置平面，要通过作辅助线的方法求得：过 m′ 作 s′1′，求出辅助线的水平投影 s1，然后根据直线上点的投影特性，求出其水平投影 m，再由 m′、m 求出侧面投影 m″。可见性判断如图 3-20（b）所示。

还可以通过作 AB 的平行线求点 M 的水平投影，即作 MⅡ∥AB，求得水平投影 m，再由 m′、m 求出侧面投影 m″。

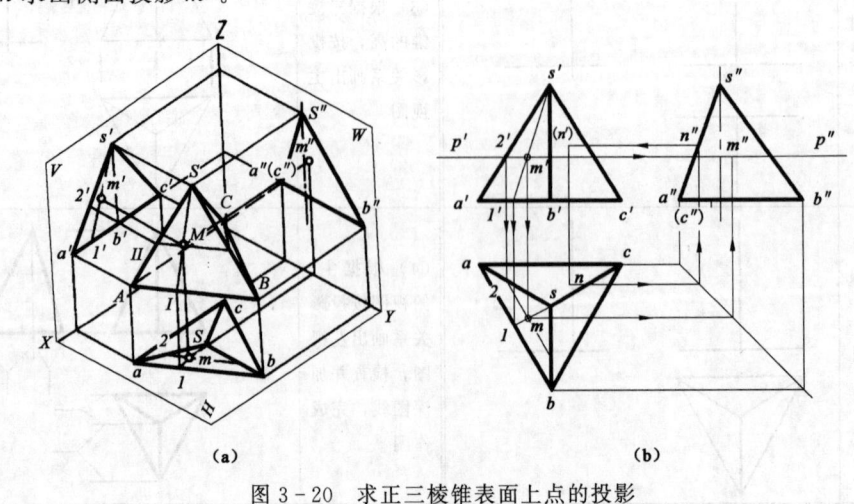

图 3-20 求正三棱锥表面上点的投影

四、课堂思考

正六棱锥体需要标注几个尺寸？

任务5 画圆柱的三视图

知识点
- 圆柱的视图；
- 圆柱尺寸标注要求。

技能点
- 能绘制圆柱的三视图；
- 能正确标注圆柱的尺寸。

一、任务描述

由一条母线（直线或曲线）绕轴线回转而形成的表面，称为回转面；由回转面或回转面与平面所围成的立体，称为回转体。

常见的回转体有圆柱、圆锥、圆球等。

如图3-21所示，圆柱面可看作由一条直母线 AA_1 围绕和它平行的轴线 OO_1 回转而成。母线转至任一位置时的线称为素线。圆柱面上有四条特殊的素线，如图3-22（a）所示，最左边的 AA_1 和最右边的 BB_1 两条素线把圆柱面分成前后两部分，最前边的 CC_1 和最后边的 DD_1 两条素线把圆柱面分成左右两部分。

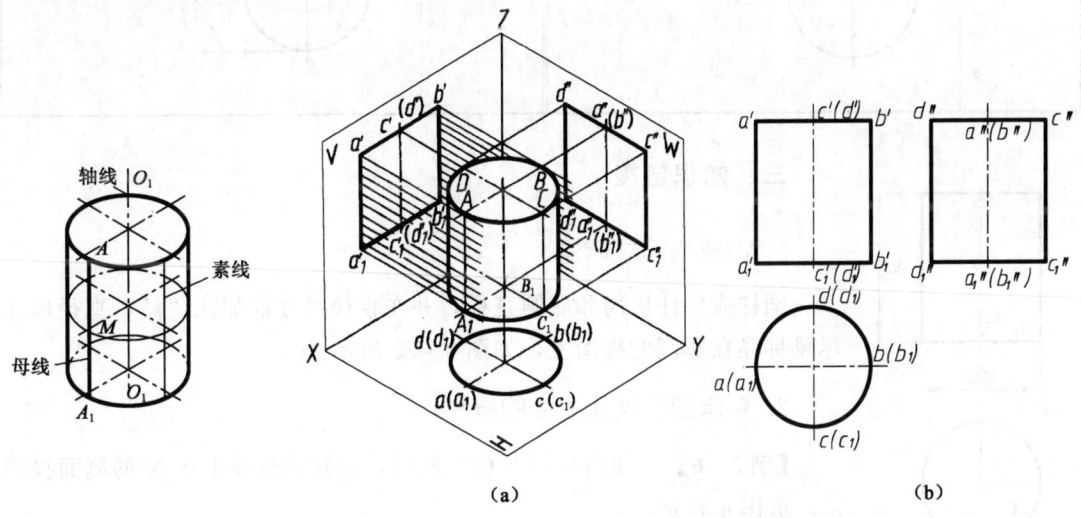

图3-21 圆柱面的形成　　　图3-22 圆柱的三视图

如图3-22（a）所示，圆柱是由上顶面圆、下底面圆、圆柱面所围成。将圆柱置于三面投影体系中，底面平行于 H 面，画它的三视图，如图3-22（b）所示。

二、任务实施

画圆柱三视图的作图方法和步骤见表3-8。

表3-8 圆柱三视图的作图方法和步骤

步骤	图示	步骤	图示
(1) 布置图面，画作图基准线（中心线、轴线、底面基准线等）	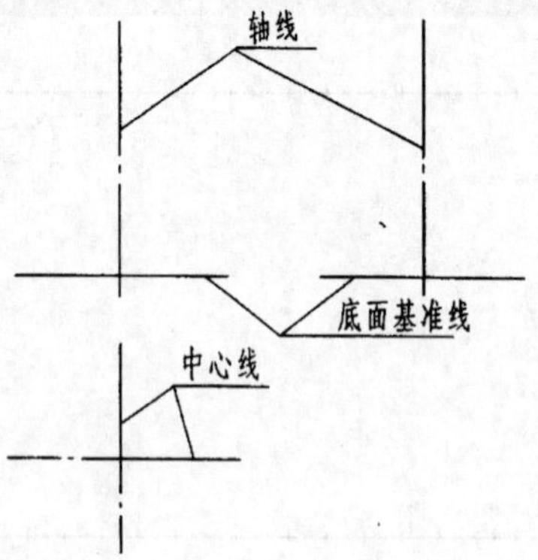	(3) 根据圆柱的高，按投影关系画出主视图	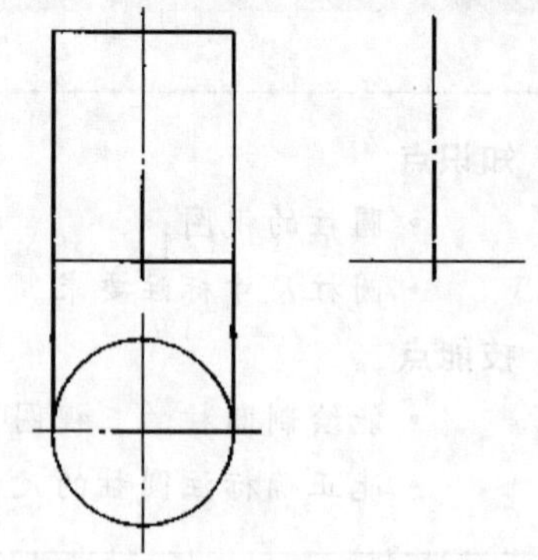
(2) 画俯视图	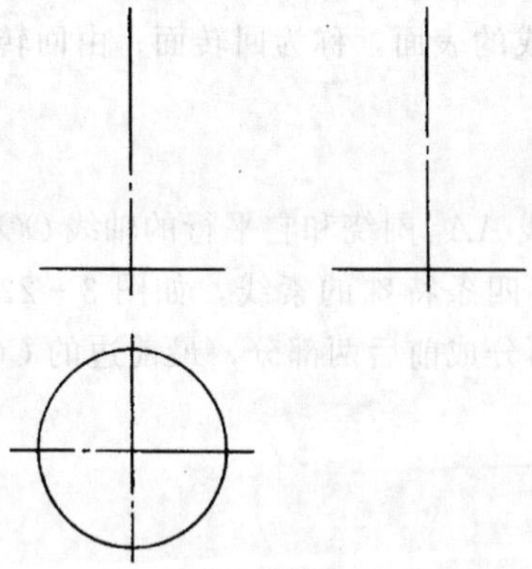	(4) 根据主、俯视图，按投影关系画出左视图，检查并加深图线，完成作图	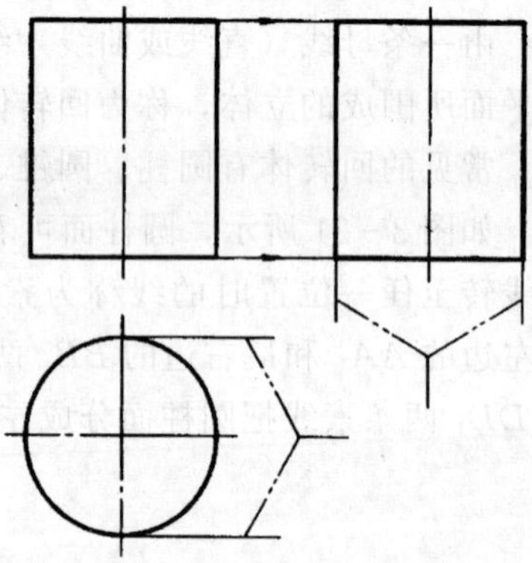

三、知识链接

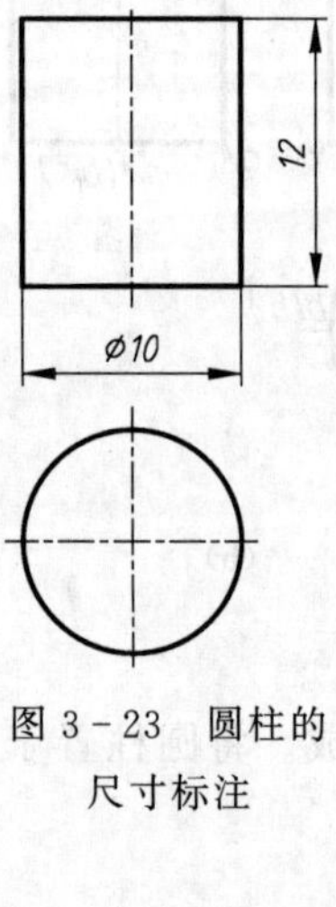

1. 圆柱的尺寸标注

圆柱应标注出高和底圆直径，并在直径尺寸前加注"ϕ"，直径尺寸尽量标注在非圆的视图上，如图3-23所示。

图3-23 圆柱的尺寸标注

2. 求作圆柱表面上点的投影

【例3-6】 如图3-24（a）所示，已知圆柱面上点N的侧面投影n''，求作n和n'。

如图3-24（b）所示，根据圆柱面的水平投影的积聚性和宽相等（l），作出n，由于n''是不可见的，则点N必定在右侧后半圆柱面上，故n必在水平投影圆的右侧后半圆周上，再由n、n''作出n'，由于点N

在后半圆柱面上，所以 n' 为不可见。

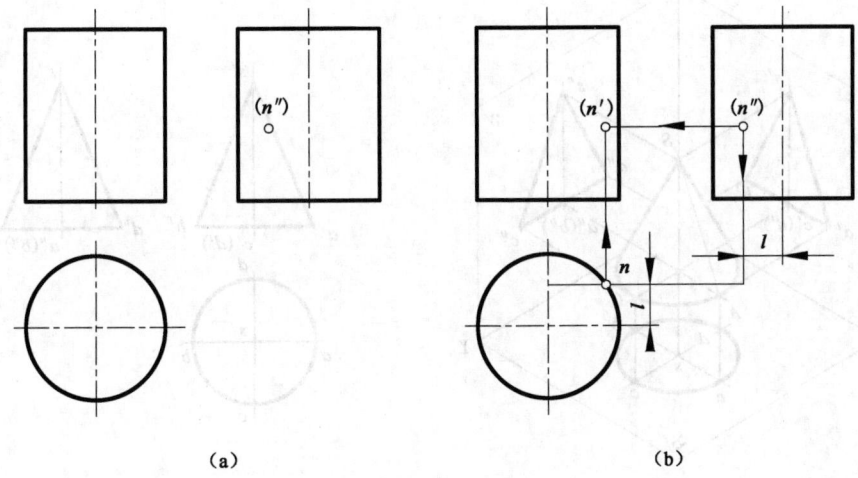

图 3-24 圆柱表面上点的投影

四、课堂思考

圆柱需要标注几个尺寸？

任务 6　画圆锥的三视图

知识点
- 圆锥的视图；
- 圆锥尺寸标注要求。

技能点
- 掌握画圆锥三视图的方法和步骤；
- 能正确标注圆锥的尺寸。

一、任务描述

如图 3-25 所示，圆锥面可看作是由一条直母线 SA 围绕着和它相交的轴线回转而成。圆锥由圆形底面和圆锥面所围成，画出它的三视图。

二、任务实施

画圆锥三视图的作图方法和步骤见图 3-26 和表 3-9。

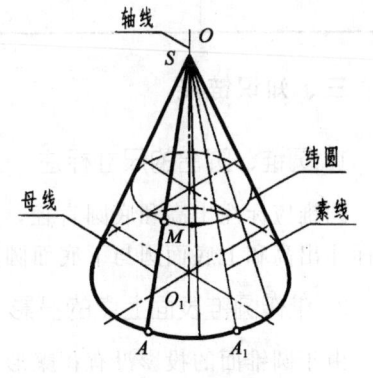

图 3-25 圆锥面的形成

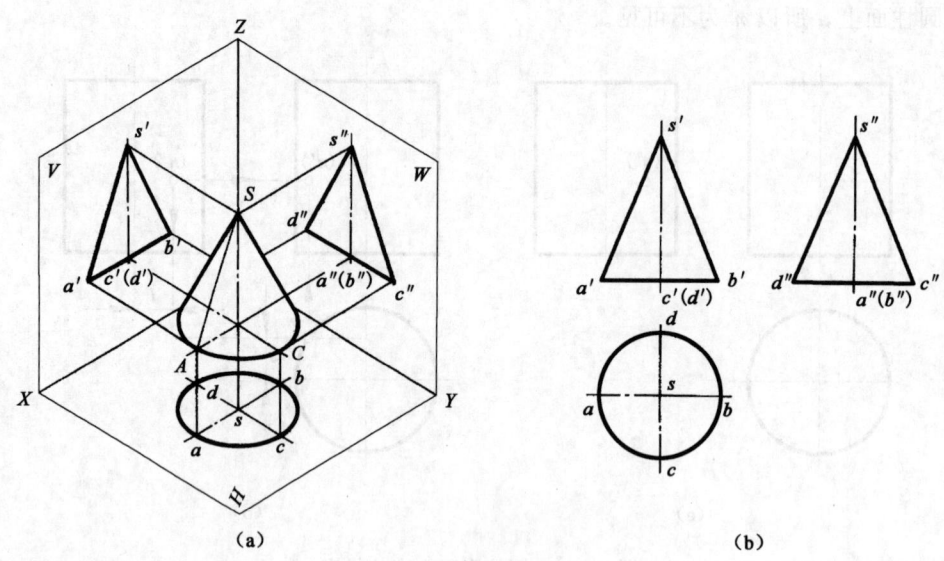

图 3-26 圆锥的三视图

表 3-9 圆锥三视图的作图方法和步骤

步骤	图示	步骤	图示
(1) 根据给定底圆直径绘制出俯视图——圆		(3) 根据三视图的投影规律绘出左视图——等腰三角形	
(2) 根据给定的高度绘出主视图——等腰三角形		(4) 完成圆锥体的三视图	

三、知识链接

1. 圆锥、圆台的尺寸标注

圆锥应标注出高和底圆直径,并在直径尺寸前加注"ϕ",如图 3-27(a)所示。圆台应标注出高和上底面圆与下底面圆直径,并在直径尺寸前加注"ϕ",如图 3-27(b)所示。

2. 求作圆锥表面上点的投影

由于圆锥面的投影没有积聚形,所以求作圆锥表面上点的投影时,必须用包含该点的辅助素线或辅助圆的方法作图。

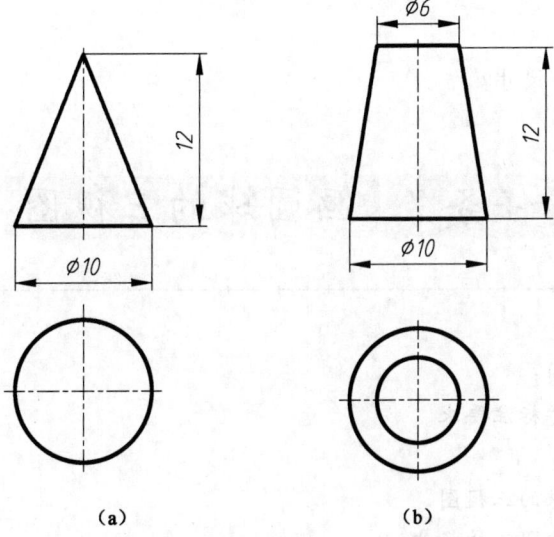

图 3-27 圆锥（圆台）的尺寸标注

图 3-28（a）所示，已知属于圆锥面的点 M 的正面投影 m'，求 m 和 m''。根据 M 点的位置和可见性，可判断点 M 在前、左半圆锥面上，因此，点 M 的三面投影均为可见。

作图方法：

(1) 辅助素线法。过锥顶 S 和点 M 作一辅助素线 SI，即在图 3-28（b）中连接 $s'm'$，并延长到与底面的正面投影相交于 $1'$，求得 $s1$ 和 $s''1''$；再由 m' 根据点属于线的投影规律，求出 m 和 m''。

(2) 辅助圆法。过点 M 在圆锥面上作垂直于圆锥轴线的水平辅助圆（该圆的正面投影积聚为一直线），即过 m' 所作辅助圆的正面投影 $1'2'$，以 s 为圆心，$1'2'$ 为直径画圆，得辅助圆的水平投影，如图 3-28（c）所示。过 m' 作 OX 轴的垂线，与辅助圆的交点即为 m，再根据 m' 和 m，求出 m''。

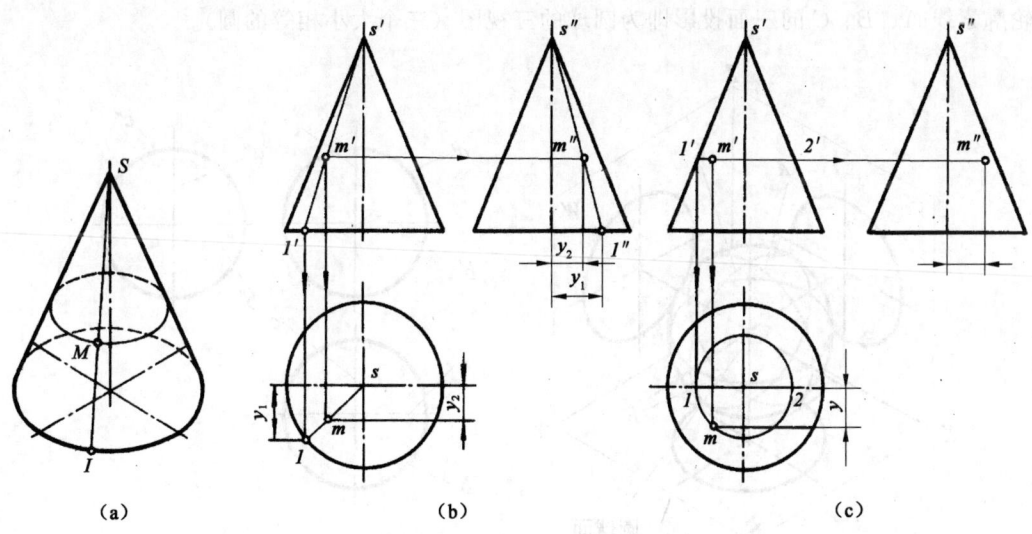

图 3-28 圆锥表面上点的投影
(a) 圆锥面；(b) 辅助素线法；(c) 辅助圆法

四、课堂思考

圆锥需要标注几个尺寸?

任务7　画圆球的三视图

知识点
- 圆球的视图;
- 圆球的尺寸标注要求。

技能点
- 能绘制圆球的三视图;
- 能正确标注圆球的尺寸。

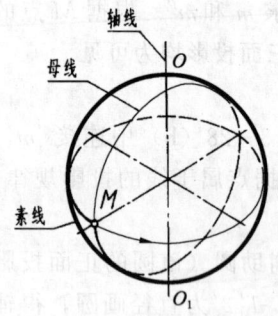

图 3-29　圆球面的形成

一、任务描述

如图 3-29 所示,圆球面可看作一圆(母线)围绕它的直径回转一周而成。球体是由一个圆球面围成。

二、任务实施

如图 3-30(a)所示,在圆球面上有三条特殊位置的素线:A、B、C,它们分别是前、后两半球的分界线,上、下两半球的分界线,左、右两半球的分界线。

如图 3-30(b)所示,从三个不同的角度看球:从前向后、从上向下、从左向右,三条轮廓素线 A、B、C 的三面投影即为圆球的三视图(三个大小相等的圆)。

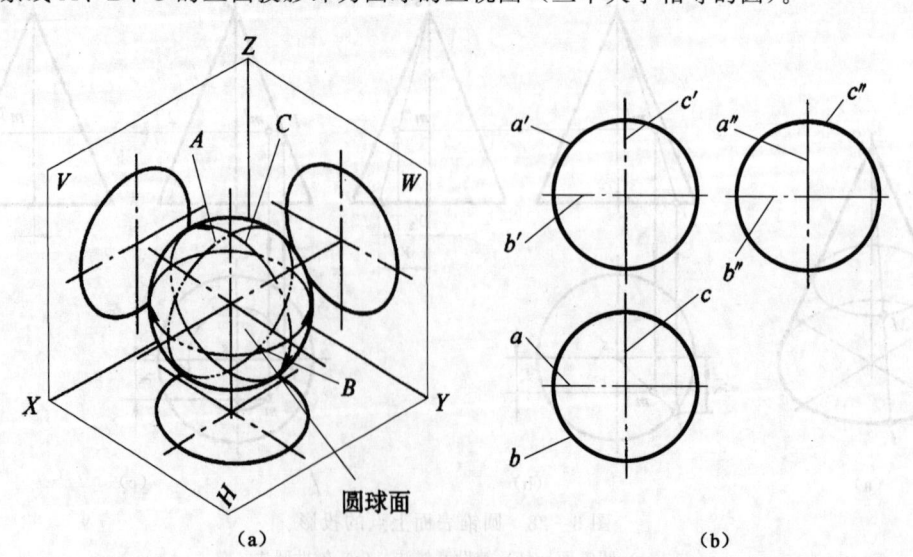

图 3-30　圆球的三视图

三、知识链接

1. 圆球的尺寸标注

球的直径尺寸，应在尺寸前加注符号"Sφ"，只用一个视图就可以将其形状和大小表示清楚，如图 3－31（a）所示。球的半径尺寸，应在尺寸前加注符号"SR"，如图 3－31（b）所示。

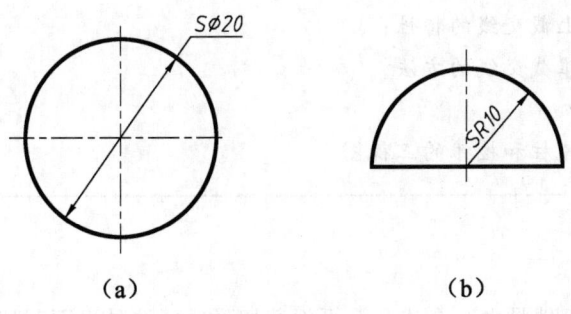

图 3－31 球的尺寸标注

2. 求作圆球面上点的投影（辅助圆法）

在圆球面上不能作出直线，所以只能用平行圆法来确定圆球面上点的投影。例如，已知球面上点 K 的正面投影 k'，如图 3－32（a）所示，求作 K 点的水平投影和侧面投影时，可过点 K 在球面上作平行于正面的圆求解。如图 3－32（a）所示，以 o' 为圆心，o'k' 为半径作正平圆的正面投影，再以 1'2' 为直径作出水平投影 12，因为 k' 可见，所以点 K 必在前半球面上。由 k'、K 可求出 (k")。因为点 K 在左半球面上，侧面投影可见。

如图 3－32（b）所示，为作辅助水平圆的方法求 K 点的投影。

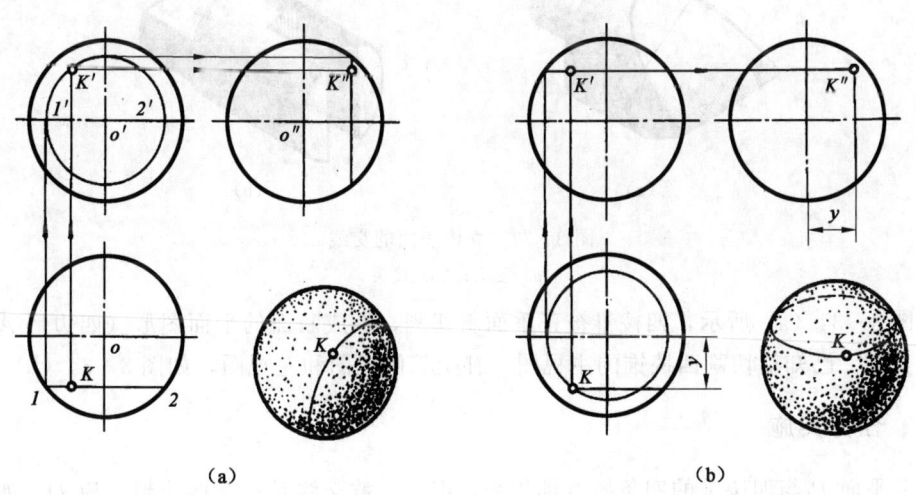

图 3－32 求圆球表面上点的投影

四、课堂思考

标注圆球半径和球直径的符号是什么？圆球需要标注几个尺寸？

任务8　画斜切正四棱锥的三视图

> **知识点**
> - 截交线的概念；
> - 棱柱和棱锥上截交线的特性；
> - 画棱柱和棱锥截交线的方法。
>
> **技能点**
> - 能绘制切割棱柱和棱锥的三视图。

一、任务描述

如图 3-33 所示，机件是由一个或几个平面截切形成。这种平面截切立体面而产生的表面交线，称为截交线。截切立体的平面称为截平面，截切后的立体称为截断体。由于立体的形状和截平面的位置不同，因此截交线的形状也各不相同，但它们都具有下面的两个基本性质（求截交线的依据）：

（1）共有性。截交线既在截平面上，又在立体表面上，所以截交线是截平面和立体表面的共有线，截交线上的点都是截平面与立体表面上的共有点。

（2）封闭性。截交线一定是一个封闭的平面图形。

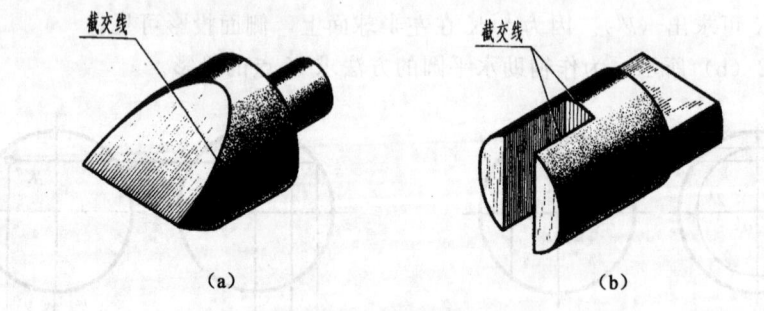

图 3-33　立体表面的交线
(a) 触头；(b) 接头

如图 3-34（a）所示，四棱锥被正垂面斜切割，形成断面的平面图形（四边形 ABCD）即为截交线。已知被切割四棱锥的主视图，补全其俯视图和左视图，如图 3-34（b）所示。

二、任务实施

因截平面 P 与四棱锥的四条棱线都相交，因此，截交线是一个四边形 ABCD，如图 3-34（a）所示，它的各顶点是截平面与四棱锥的棱线的交点，它的边是截平面与四棱锥表面的交线。

该截平面 P 是正垂面，它的正面投影有积聚性，截交线的正面投影重合在积聚性的投影上，故只需求截交线的水平投影和侧面投影。其作图方法及步骤见表 3-10 所示。

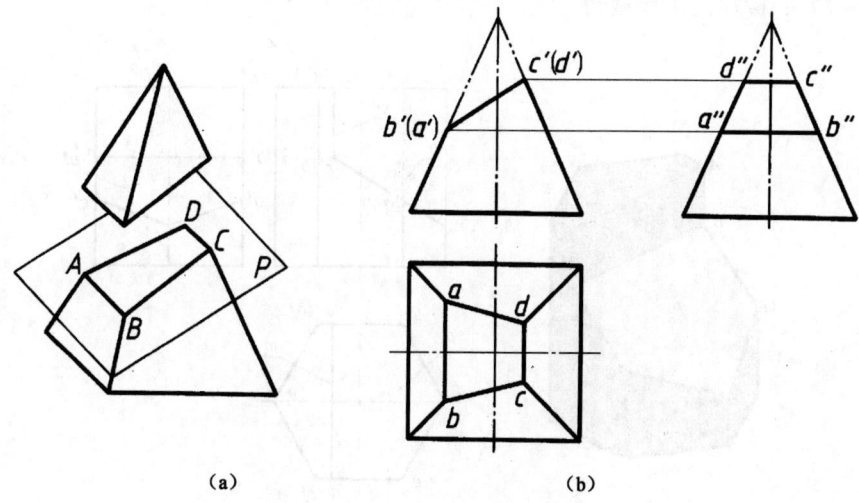

(a)   (b)

图 3-34 斜切正四棱锥的截交线

表 3-10 斜切正四棱锥的作图方法和步骤

步骤	图示	步骤	图示
(1) 利用截平面的积聚性投影，先找出截交线各顶点的正面投影 a'、b'、c'、d'	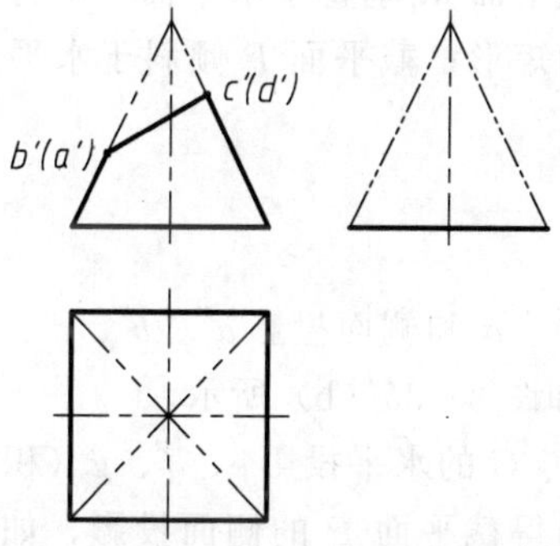	(3) 依次连接各顶点的同面投影，即为截交线的俯视图和左视图	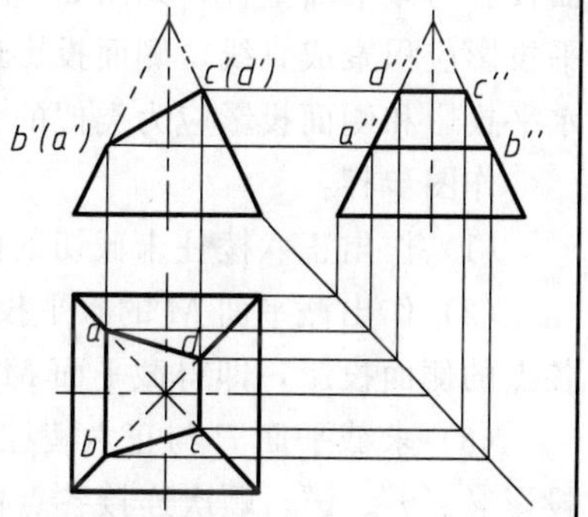
(2) 根据直线上点的投影特性，求出各顶点的侧面投影 a''、b''、c''、d''和水平投影 a、b、c、d	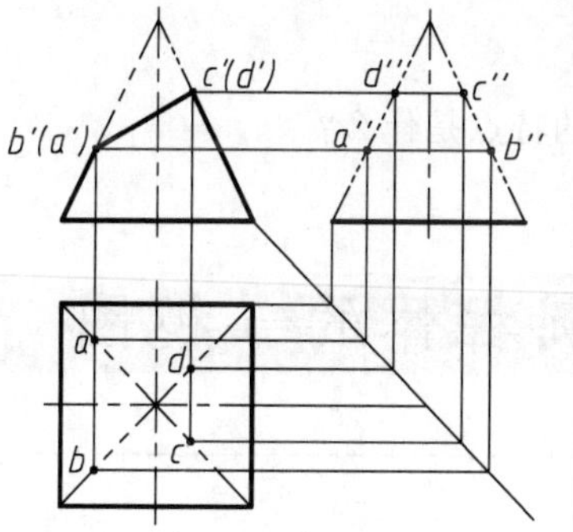	(4) 完成截交线的三视图	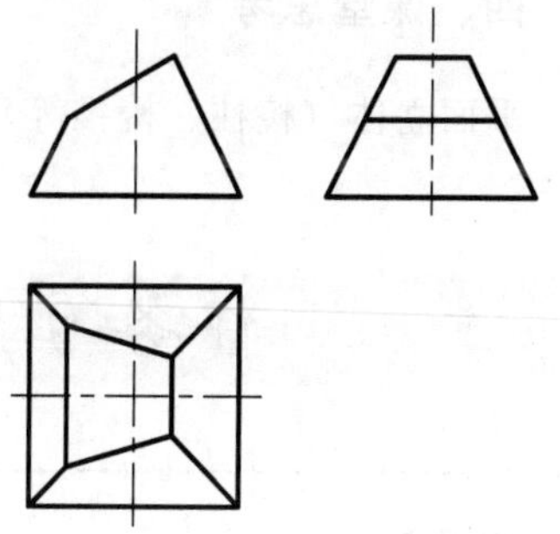

三、知识链接

棱柱表面可产生多种截交线形式，下面以图 3-35 为例，说明截切棱柱形成截交线的特点与求法。

【例3-7】 棱柱的多面截切。

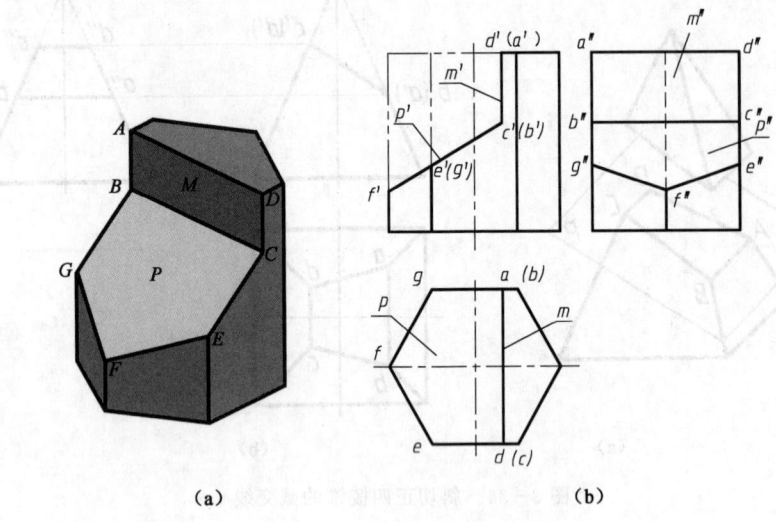

(a)　　　　　　　　　(b)

图3-35　六棱柱表面的截交线

分析：由正面投影可知，正六棱柱被一个侧平面M和一个正垂面P截切，截交线的正面投影与截平面重合，如图3-35（a）所示。截平面M垂直于水平面、平行于侧面，故水平投影应积聚成直线，侧面投影应为反映实形的矩形；截平面P倾斜于水平面和侧面，故水平投影和侧面投影应为类似的多边形。

作图步骤：

(1) 作出正六棱柱未截切的侧面投影。

(2) 作出截平面M的水平投影a、(b)、(c)、d和侧面投影a″、b″、c″、d″。顺次连接各点的侧面投影，即得截平面M的侧面投影，如图3-35（b）所示。

(3) 求截平面P与正六棱柱侧棱交点E、F、G的水平投影e、f、g（积聚性）和侧面投影e″、f″、g″，顺次连接各点的侧面投影，即得截平面P的侧面投影，如图3-35（b）所示。

四、课堂思考

平面立体（棱柱、棱锥等）产生的截交线的特点是什么？

任务9　画切口圆柱体的三视图

知识点

- 圆柱上截交线的种类；
- 画圆柱体截交线的方法。

技能点

- 能绘制切割圆柱体的三视图。

一、任务描述

如图 3-36 所示，圆柱被侧平面 P 和水平面 R 左右对称的切去两部分。侧平面 P 与圆柱面的交线为平行于圆柱轴线的直线，水平面 R 与圆柱面的交线为圆弧。交线的正面投影与水平投影为已知，需要作出其侧面投影。

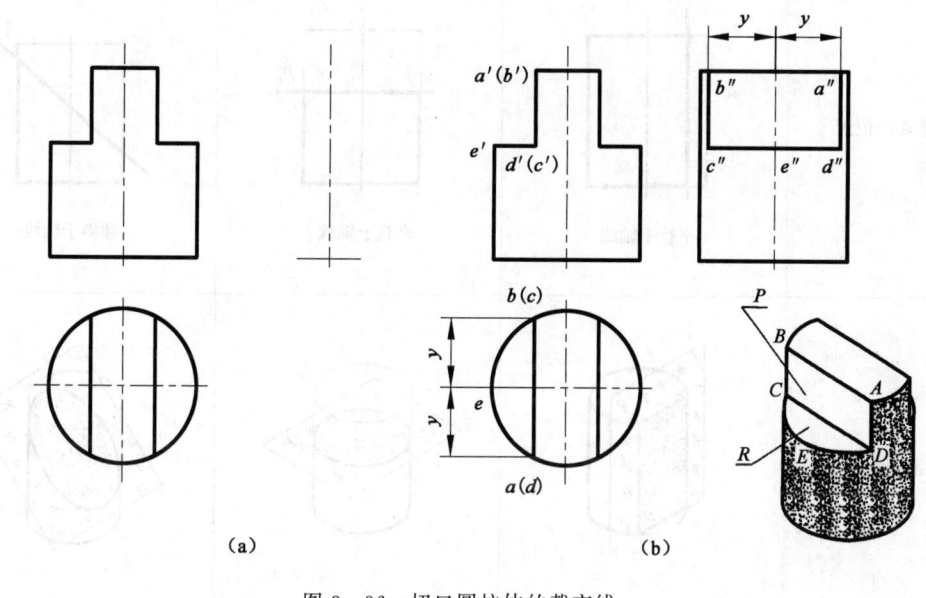

图 3-36 切口圆柱体的截交线

二、任务实施

具体作图步骤如下：

（1）画出完整圆柱的左视图 [图 3-36（a）]。

（2）画出切口部分交线的侧面投影：

①作平面 P 的交线 [图 3-36（b）]。平面 P 与圆柱面的交线为铅垂线 AD 及 BC，与平面 R 的交线为正垂线 DC，与圆柱顶面的交线为正垂线 AB，由它们组成矩形 ABCD 侧平面。由其正面投影 a'（b'）（c'）d' 及水平投影 ab（c）（d）求得其侧面投影 $a''b''c''d''$，其中线段 $a''d''$ 和 $b''c''$ 之间的宽度 y 可以从俯视图中量取。

②作平面 R 的交线。平面 R 与圆柱面的交线为圆弧，它与正垂线 DC 形成一个水平面。其正面投影积聚成线段 $e'd'$（c'），水平投影反映该面实形，侧面投影积聚成线段 $c''e''d''$。

（3）整理左视图的轮廓线，并判断可见性。

形成切口时，截平面没有通过圆柱轴线，因此，圆柱左视方向轮廓素线的侧面投影仍应完整画出，并且线段 $c''e''d''$ 也不应与圆柱轮廓素线的投影相交。左视图中的图线均可见。

三、知识链接

回转体的截交线一般为封闭的平面曲线，也可能是由曲线与直线围成的平面图形或平面多边形，其几何形状取决于截平面与回转体轴线的相对位置。求回转体的截交线，就是求截平面与回转体表面的共有点，也就是求截平面与回转面上一系列素线（特别是特殊位置素线）的交点，以及与回转体上平面（底面）的交点。一般情况下，这些点可采用辅助素线法求出，当截平面或回转面的投影有积聚性时，则可利用积聚性的投影直接求出。

截平面与圆柱轴线的相对位置不同时，圆柱表面可产生三种截交线形式，见表 3-11。

表 3-11 圆柱表面的截交线

截平面的位置	平行于轴线	垂直于轴线	倾斜于轴线
空间形状			
截交线的形状	矩形	圆	椭圆

【例 3-8】 圆柱的多面截切。

如图 3-37 所示，一圆柱被正垂面 M 和侧平面 P 斜切割，截交线为两相交的平面图形：矩形和椭圆的一部分。已知圆柱被截切后的正面投影，求作其水平投影和侧面投影。

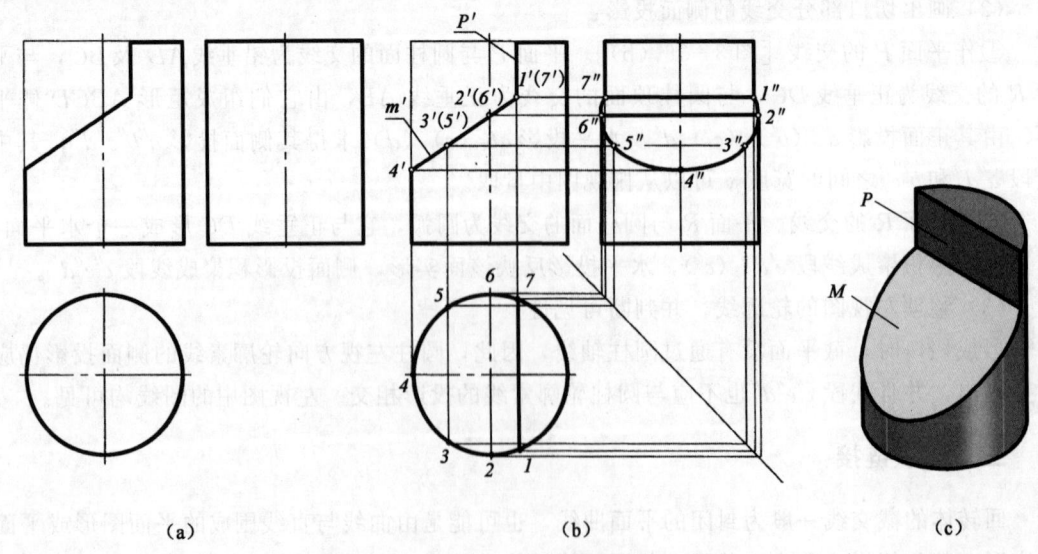

图 3-37 圆柱体截交线
(a) 未截切的三视图；(b) 截切后的三视图；(c) 实物图

分析：如图3-37（c）所示圆柱被正垂面 M 和侧平面 P 截切，其中平面 M 与圆柱轴线倾斜，切口为椭圆的一部分，其水平投影积聚在圆周上，侧面投影为椭圆的类似形；平面 P 与圆柱轴线平行，切口应为矩形，其水平投影积聚成一直线，为平行相应的投影轴，侧面投影为矩形的真实投影。

作图步骤：

（1）画出圆柱未被截切时的完整左视图，如图3-37（a）所示。

（2）求出侧平面 P 的水平投影1、7，然后根据平面投影特性求出其侧面投影（矩形），如图3-37（b）所示。

（3）求正垂面 M 与圆柱表面的特殊位置交点。由于椭圆 M 的水平投影积聚在圆周的左半部分，可知椭圆的最前点2、最后点6，再根据 M 的正面投影知椭圆的最高点为1′和7′、最低点为4′。按照圆柱表面取点的方法，可以求出上述五点的侧面投影。

（4）求正垂面 M 与圆柱表面的一般位置交点。为了较准确作图，在圆柱表面再找出至少2～3个一般位置点，如3点和5点，利用圆柱表面及切口的正面投影的积聚性，直接找出其正面投影3′和5′及水平投影3和5，再利用点的投影规律，求出侧面投影3′和5′。

（5）用曲线板依次连接侧面所求各点，即得椭圆的侧面投影。

（6）检查擦去多余图线。由于正垂面截切圆柱时，将圆柱的最前和最后轮廓线截掉，故该段的侧面投影为多余线条，应擦去。

四、课堂思考

截交线的特点是什么？

任务10　画切割圆锥体的三视图

知识点
- 圆锥体截交线的种类；
- 画圆锥体截交线的方法。

技能点
- 能绘制切割圆锥体的三视图。

一、任务描述

如图3-38（a）所示，圆锥被正平面截切，已知其主视图，补画全其俯视图和左视图。

二、任务实施

分析：因为截平面 P 为正平面，与圆锥的轴线平行，所以截交线为一直线和双曲线围成的封闭平面图形。其水平投影和侧面投影分别积聚为直线，只需求出正面投影。

作图方法和步骤如下：

（1）求特殊点。点 A 为最高点，它在最前素线上，故根据 a″直接作出 a 和 a′，点 B、C

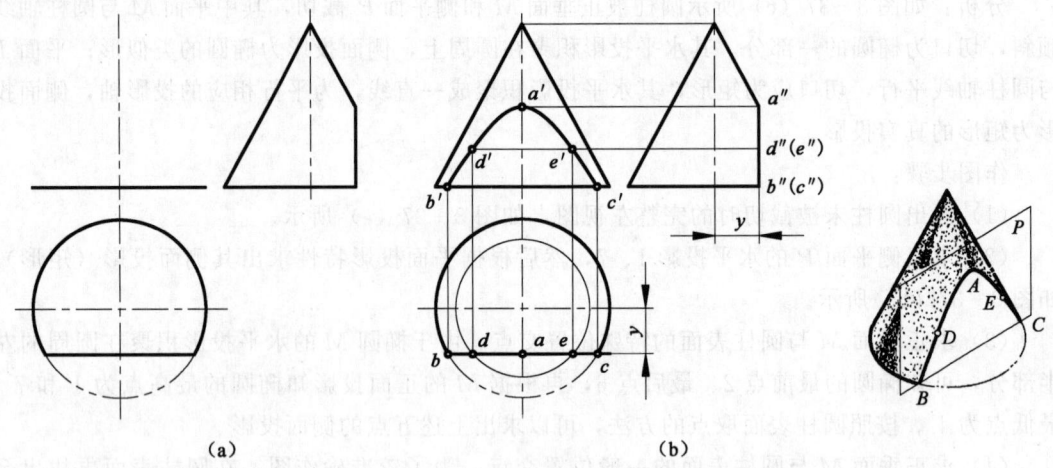

图 3-38 圆锥体的截交线

为最低点,也是最左、最右点,其水平投影 b、c 在底圆的水平投影上,据此可求出 b'、c'。

(2) 求一般点。可利用辅助圆法(也可用辅助素线法),即在正面投影 a' 与 b'、c' 之间画一条与圆锥轴线垂直的水平线,与圆锥最左、最右素线的投影相交,以两交点之间的长度为直径,在水平投影中画一圆,它与截交线的积聚性投影——直线相交于 d 和 e,据此求出 d'、e'。

(3) 依次将 b'、d'、a'、e'、c' 连成光滑的曲线,即为截交线的正面投影,如图 3-38 (b) 所示。

三、知识链接

圆锥表面可产生五种截交线,见表 3-12。

表 3-12 圆锥表面的截交线

截平面位置	垂直于轴线 $\theta=90°$	过锥顶	平行于一条素线 $\theta=\alpha$	倾斜于轴线 $\theta>\alpha$	平行于轴线或倾斜于轴线 $\theta=0°$ 或 $\theta<\alpha$
空间形状					
截交线形状	圆	等腰三角形	抛物线和直线围成的平面图形	椭圆	双曲线和直线围成的平面图形

四、课堂思考

正立的圆锥被水平面所截，截切位置不同，产生的截交线有什么变化？

任务11 画切槽半球截交线的投影

> **知识点**
> - 球体截交线的特性；
> - 画球体截交线的方法。
>
> **技能点**
> - 能绘制切割球体的三视图。

一、任务描述

如图3-39所示，由于半圆球被两个对称的侧平面 P_1、P_2 和一个水平面 Q 截切，两个侧平面与球面的截交线各为一段平行于侧面的圆弧，而水平面与球面的截交线为两段水平的圆弧。其正面投影与截平面的正面投影重合（已知）；只需求作其水平投影和侧面投影。作图的关键是确定各段圆弧的半径。

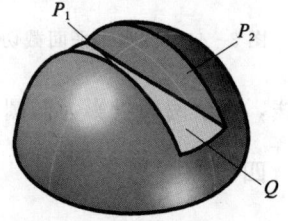

图3-39 切槽半球的截交线

二、任务实施

作图步骤如下：

(1) 画出完整半球的俯视图和左视图，如图3-40(a)所示。
(2) 画出切槽部分交线的水平投影和侧面投影，如图3-40(b)所示。

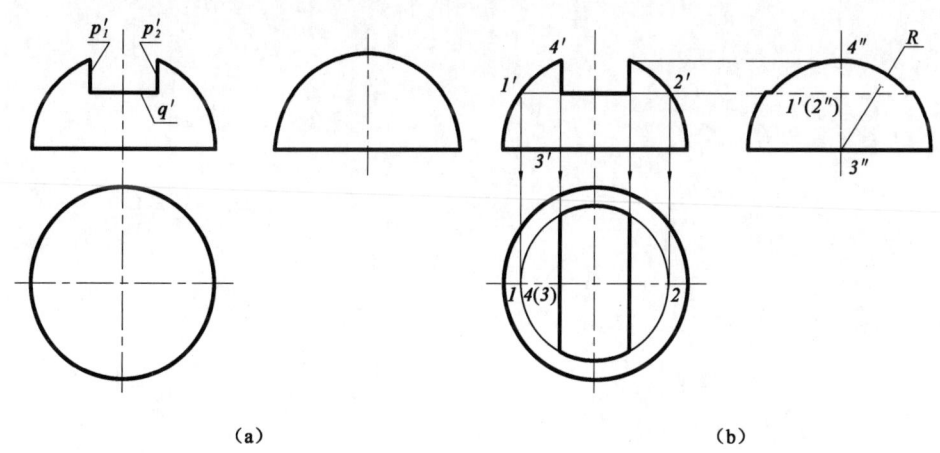

(a)　　　　　　　　　　　(b)

图3-40 切槽半球的俯视图和左视图

①作平面 Q 的交线。平面 Q 与球面的交线为直径等于 $1'2'$ 的圆，其水平投影反映实形，

侧面投影则积聚成直线。

②作平面 P_1、P_2 的交线。平面 P_1、P_2 与球面的交线为半圆，其侧面投影反映实形，半径 R 等于 $3'4'$，其水平投影积聚成直线。

(3) 整理左视图轮廓线，并判断可见性。

球面左视方向轮廓线因切槽被切掉一段，因此，其侧面投影只画槽底以下部分。此外，槽的底面被球面遮住部分应画虚线。俯视图和左视图中的其余图线均可见。

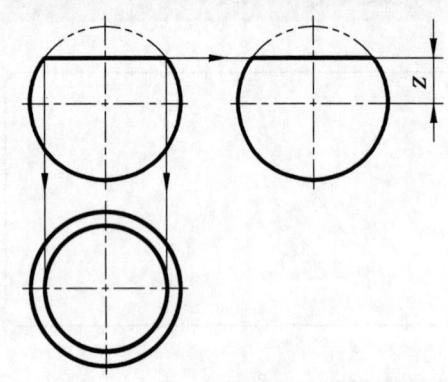

图 3-41 球被水平面截切的截交线

三、知识链接

圆球被任意方向的平面截切，其截交线都是圆。由于截交线的相对位置不同，其截交线的投影可能为直线、圆或椭圆。

当截平面与投影面平行时，截交线在所平行的投影面上的投影为一圆，其余两面投影积聚为直线，如图 3-41 所示。该直线的长度等于圆的直径，其直径的大小与截平面至球心的距离 Z 有关。

当截平面与一投影面垂直且与另两个投影面倾斜时，截交线在所垂直的投影面上的投影积聚为一直线，其余两面投影为椭圆。

四、课堂思考

球体的截交线是什么形状？

模块四

轴测图

用正投影法绘制的三视图，能准确表达物体的形状，但缺乏立体感。

轴测图直观性强，常用来帮助想象物体的空间形状，培养空间想象能力。工程上常用的是正等轴测图和斜二等轴测图两种。

轴测图是用平行投影的原理绘制的一种单面投影图。由于用轴测图可表达物体的三维形状，比正投影图直观，但度量性差，所以常把它作为辅助性的图样来使用。

任务1　绘制正六棱柱的正等轴测图

> 知识点
> - 正等轴测图的概念；
> - 正六棱柱正等轴测图的画图方法和步骤。
>
> 技能点
> - 能画出平面立体的正等轴测图；
> - 能徒手绘制复杂平面立体叠加或截切的正等轴测图。

一、任务描述

根据图4-1所示的正六棱柱的主、俯视图，绘制图4-2所示的正六棱柱的正等轴测图。

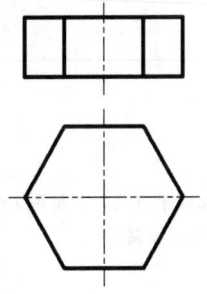

图4-1　正六棱柱的
　　　　主、俯视图

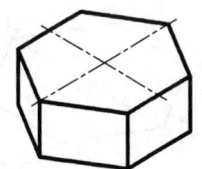

图4-2　正六棱柱的
　　　　正等轴测图

二、任务实施

由图 4-1 和图 4-2 所示,正六棱柱的顶面、底面均为水平的正六边形。在轴测图中,顶面可见,底面不可见,宜从顶面画起,且使坐标原点与顶面正六边形中心重合。

正六棱柱正等轴测图的作图方法和步骤见表 4-1。

表 4-1 正六棱柱正等轴测图的作图方法和步骤

步骤	作图方法图示	作图说明
1	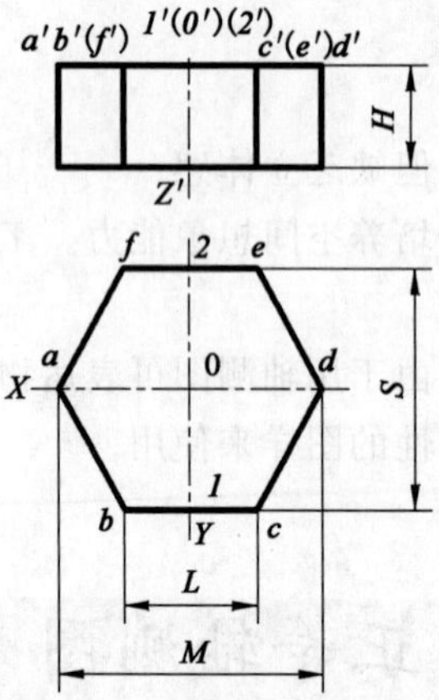	在视图上确定坐标
2	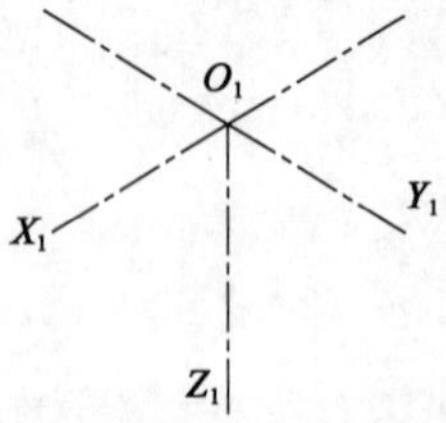	在适当位置作轴测轴 O_1X_1,O_1Y_1,O_1Z_1,使三个轴间角均等于 120°
3	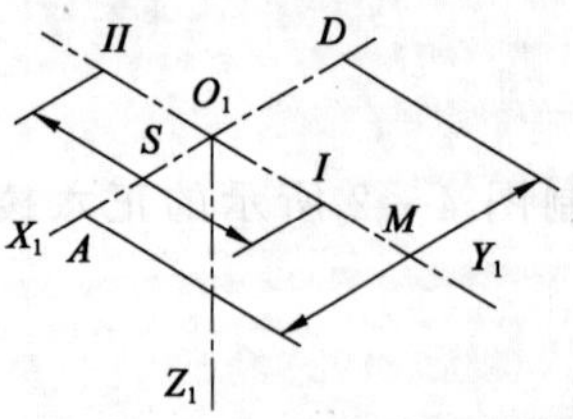	根据正六边形对角距 M 沿 O_1X_1 量取 $M/2$,作点 A、D,根据对边距 S,沿 O_1Y_1 量取 $S/2$ 作 I、II,得到点 A、D、I、II
4	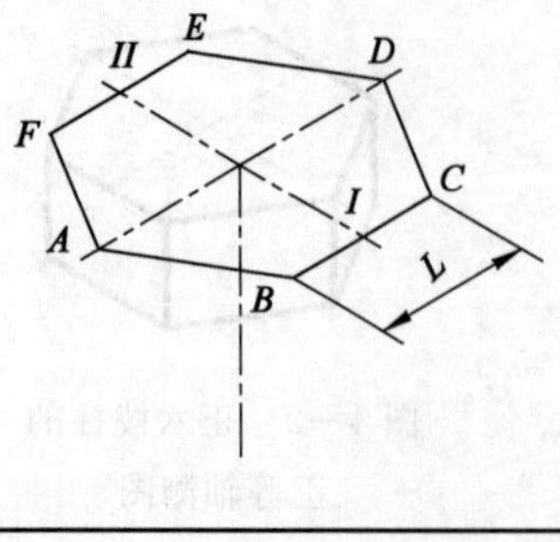	过 I、II 两点作 O_1X_1 轴的平行线,并量取 $L/2$ 得到点 B、C、E、F,顺次连线,完成顶面轴测图

步骤	作图方法图示	作图说明
5		过 A、B、C、F 各点向下作直线平行于 O_1Z_1，分别截取棱线的高度为 H，定出底面上的点，并顺次连线，擦去作图线，加深轮廓线，完成作图

三、知识链接

1. 轴测图的基本知识

1) 轴测图的形成

如图 4-3 所示，将物体连同直角坐标系，沿不平行于任一坐标面的方向（S 投影方向），用平行投影法将其投射在单一投影面（P 面）上所得的具有立体感的图形，称为轴测投影或轴测图。P 面称为作轴测投影面。这样的图形能同时反映出物体长、宽、高三个方向的形状，具有立体感。

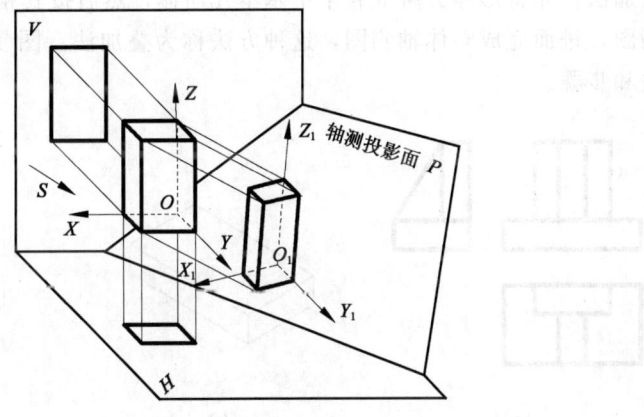

图 4-3 轴测图的形成

2) 轴测轴

空间直角坐标系中的三根坐标轴 OX、OY、OZ 在轴测投影面上的投影 O_1X_1、O_1Y_1 和 O_1Z_1，称为轴测轴。

3) 轴间角

轴测投影图中，轴测轴之间的夹角，称为轴间角。轴间角分别是 $\angle X_1O_1Y_1$、$\angle X_1O_1Z_1$ 和 $\angle Y_1O_1Z_1$。

4) 轴向伸缩系数

投影轴上的单位长度在轴测轴上的投影长度与相应投影轴上的单位长度的比值，称为轴向伸缩系数。OX、OY、OZ 轴上的伸缩系数分别用 p_1、q_1 和 r_1 表示，即 $p_1 = O_1X_1/OX$，

$q_1=O_1Y_1/OY$，$r_1=O_1Z_1/OZ$。

2. 轴测图的基本性质

（1）物体上与坐标轴平行的线段，它的轴测投影必与相应的轴测轴平行。

（2）物体上相互平行的线段，它们的轴测投影也相互平行。

3. 正等轴测图的概念

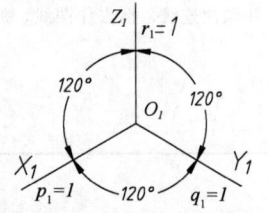

图 4-4 正等轴测图的轴间角和简化轴向伸缩系数

如图 4-3 所示，使轴测投影面 P 与物体上三根坐标轴等角度倾斜，然后用正投影将物体投射到 P 面上，所得到的轴测图称为正等轴测图，简称正等测图。如图 4-4 所示，正等测图的轴间角 $\angle X_1O_1Y_1=\angle X_1O_1Z_1=\angle Y_1O_1Z_1=120°$，轴向伸缩系数 $p_1=q_1=r_1\approx 0.82$。

轴测图不管画得是大还是小，都能帮助看图者了解零件的形状，为了作图方便，将正等轴测图的轴向伸缩系数简化为 $p_1=q_1=r_1=1$。

4. 正等轴测图的画法

机械中的零件一般都是由平面体和回转体组合而成，因此要画它们的轴测图，只要研究平面体和回转体轴测图的画法即可。平面体正等轴测图的画法如下：

（1）坐标法。坐标法即按每个点的坐标进行绘图的方法，见表 4-1。

（2）叠加法。先将形体分解成若干个基本几何体，然后按其相对位置逐个画出各基本几何体的轴测图，进而完成整体轴测图，这种方法称为叠加法。图 4-5 为用叠加法画正等轴测图的方法和步骤。

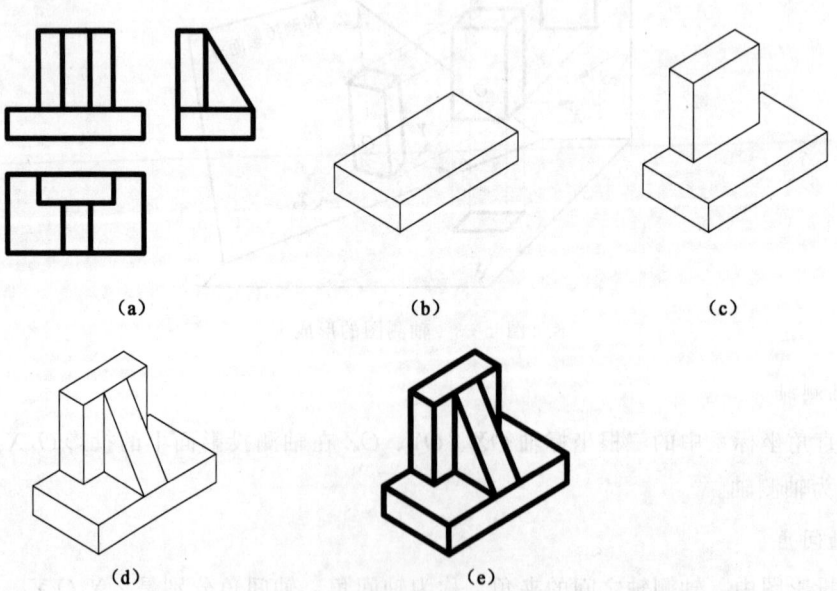

图 4-5 用叠加法画正等轴测图

(a) 视图；(b) 画底板；(c) 画后立板；(d) 画肋板；(e) 描深完成全图

（3）截切法。先画出完整的基本几何体的轴测图，然后按其结构特点逐个地切去多余的部分，进而完成形体的轴测图，这种方法称为截切法。图 4-6 为用截切法画正等轴测图的方法和步骤。

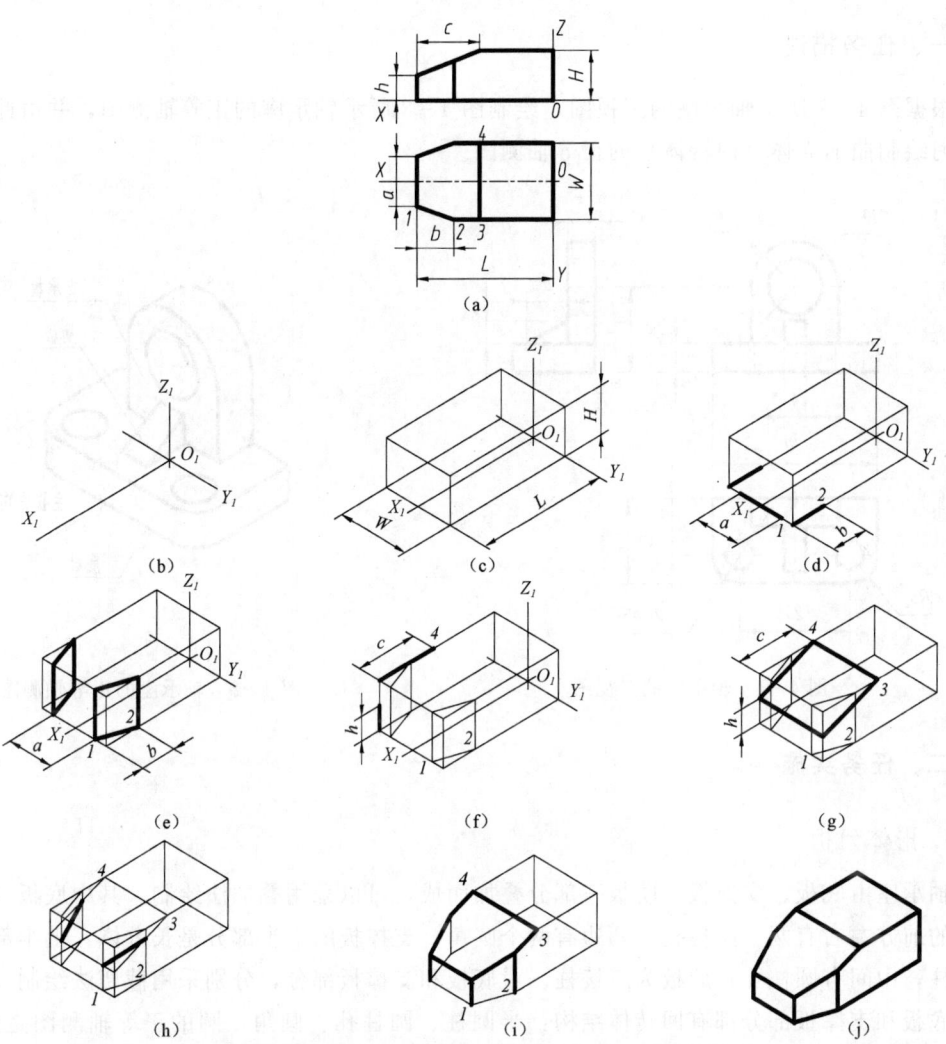

图 4-6 用截切法画正等轴测图的方法和步骤

(a) 视图；(b) 画轴测轴；(c) 画整体；(d)(e)(f)(g)(h) 画截切部分；(i) 整理；(j) 检查加深

四、课堂思考

平面立体正等轴测图的作图方法和步骤是怎样的？

任务2　绘制轴承座的正等轴测图

知识点
- 画组合形体正等轴测图的方法和步骤。

技能点
- 能画曲面立体的正等轴测图；
- 能徒手绘制复杂曲面立体叠加或切割形体的正等轴测图。

一、任务描述

根据图 4-7 所示轴承座的三视图，绘制图 4-8 所示轴承座的正等轴测图，并由此来研究如何绘制曲面立体（回转体）的正等轴测图。

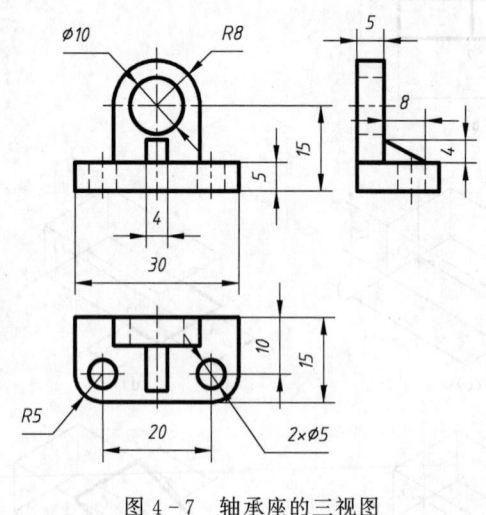

图 4-7 轴承座的三视图　　　　　图 4-8 轴承座的正等轴测图

二、任务实施

1. 形体分析

轴承座由底板、支撑板、肋板三部分叠加而成，可以采用叠加法绘制。其中底板（长方体）的前方左右有两个圆柱孔，两边有两个圆角；支撑板的下半部分是长方体，上半部分是半圆柱，中间有圆柱孔；肋板为三棱柱。对底板和支撑板部分，分别采用截切法绘制。

底板和支撑板部分都有回转体结构：半圆柱、圆柱孔、圆角，圆的正等轴测图是椭圆。因此，绘制圆的正等轴测图——椭圆是完成任务的关键问题。

2. 作图方法和步骤

作图方法和步骤如图 4-9 所示。

（1）建立如图 4-9（a）所示坐标及坐标原点；画轴测轴，O_1X_1，O_1Y_1，O_1Z_1，使三个轴间角均等于 120°，绘制底板；在高度方向上，确定支撑板圆孔中心，轴测图中前后椭圆中心为 O_2 和 O_3，如图 4-9（b）所示。

（2）画支撑板，采用四心近似画法画出支撑板圆柱形部分椭圆，绘制底板和支撑板交线上的 1、2、3、4 四个点，如图 4-9（c）所示；画出支撑板圆柱形部分椭圆右侧切线，整理支撑板。按画椭圆方法绘制支撑板圆孔可见部分，如图 4-9（d）所示。

（3）沿着 X_1、Y_1 和 Z_1 轴，画肋板长度、宽度和高度方向上的轮廓线，完成肋板的外轮廓，如图 4-9（e）所示。

（4）绘制底板上圆孔的可见部分，如图 4-9（f）所示。

（5）画底板上的圆角及底板圆角部分椭圆右侧切线，如图 4-9（g）所示。

（6）整理描深，完成图形，如图 4-9（h）所示。

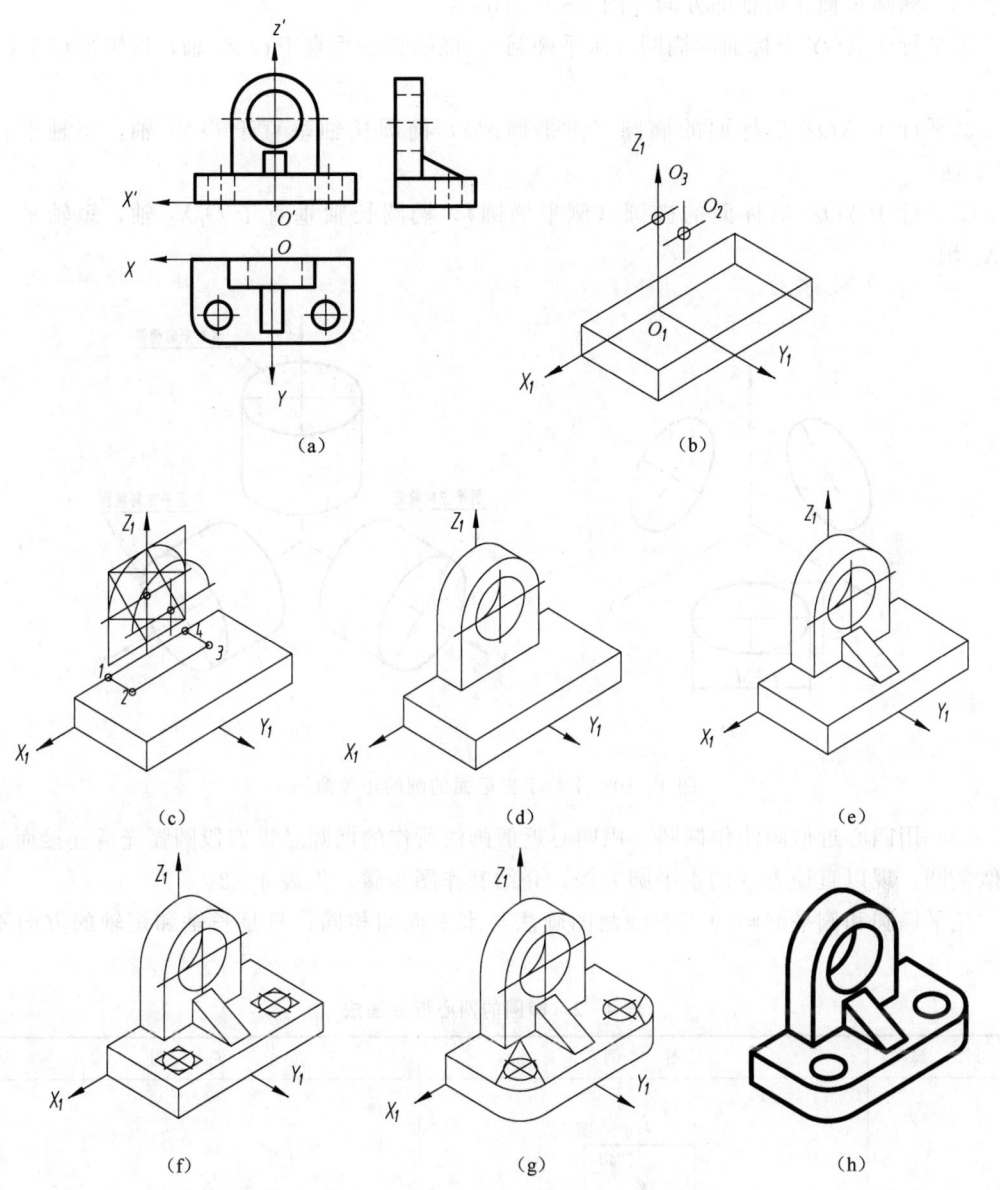

图 4-9 轴承座正等轴测图的画图方法和步骤
(a) 定坐标；(b) 画轴测图及底板（长方体）；(c) 画支撑板；(d) 整理支撑板及画圆孔；(e) 画肋板；
(f) 画底板上圆孔；(g) 画底板上的圆角；(h) 整理描深全图

三、知识链接

1. 圆的正等轴测图

在物体的三个坐标面（或平行面）上的圆，其正等轴测图是椭圆。椭圆长轴和短轴的大小、方向及近似画法如下：

（1）椭圆长轴、短轴的大小：采用简化系数时，长轴 ≈ $1.22d$，短轴 ≈ $0.7d$（d 为圆的直径），如图 4-10（a）所示。

(2) 椭圆长轴、短轴的方向 [图 4-10 (b)]：

①平行于 XOY 坐标面的椭圆（水平椭圆），椭圆长轴垂直于 O_1Z_1 轴，短轴平行于 O_1Z_1 轴；

②平行于 XOZ 坐标面的椭圆（正平椭圆），椭圆长轴垂直于 O_1Y_1 轴，短轴平行于 O_1Y_1 轴；

③平行于 YOZ 坐标面的椭圆（侧平椭圆），椭圆长轴垂直于 O_1X_1 轴，短轴平行于 O_1X_1 轴。

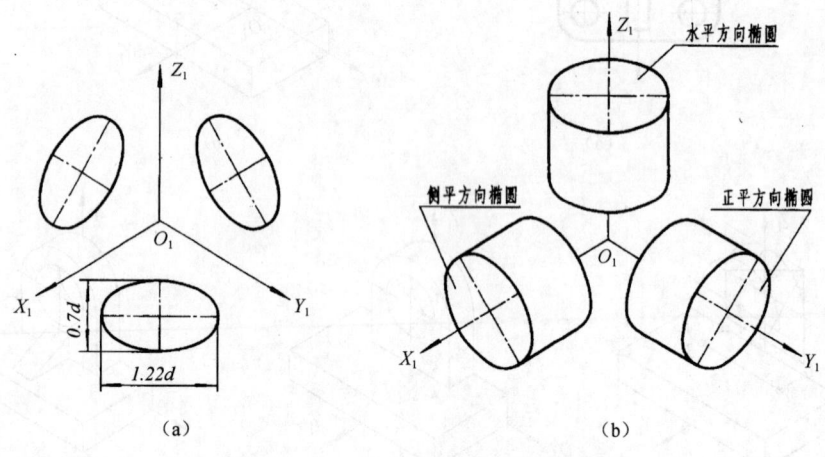

图 4-10 平行于坐标面的圆的正等测图

(3) 用四心近似画法作椭圆。用四心近似画法所作的椭圆是以四段圆弧光滑连接而成的近似椭圆。现以直径为 ϕ 的水平圆为例，介绍其作图步骤，见表 4-2。

正平椭圆和侧平椭圆的正等轴测图画法与水平椭圆相同，只是长轴和短轴的方向不同而已。

表 4-2 椭圆的四心近似画法

步骤	图例	说明
1		找出水平圆的坐标原点与坐标轴，作水平圆的外切正方形，得到点 1、2、3、4
2		定椭圆中心 O_1，并作轴测轴 O_1X_1、O_1Y_1，按圆的直径 ϕ 截取 1、2、3、4 点

续表

步骤	图 例	说 明
3	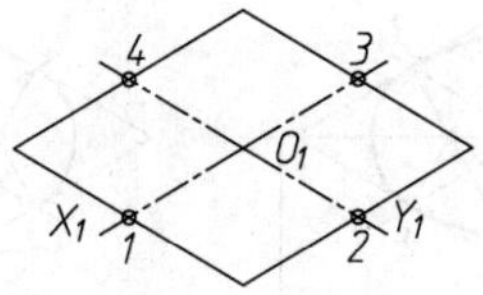	过 1、2、3、4 点分别作 O_1X_1、O_1Y_1 轴的平行线,得一菱形,菱形的对角线即为椭圆长、短轴的位置
4	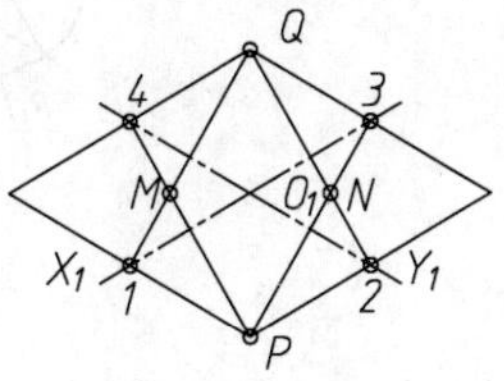	将 1、2、3、4 四点与菱形对角线短边顶点 Q、P 连线,得 M、N 两点
5	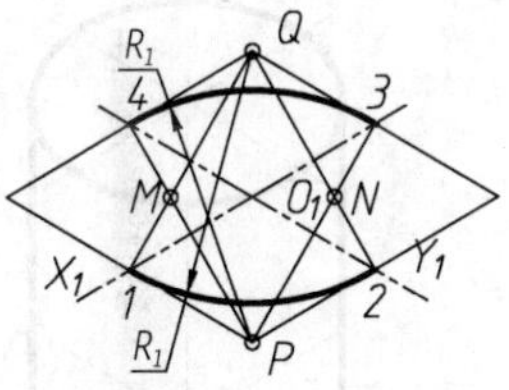	分别以菱形对角线短边顶点 Q、P 为圆心,R_1 为半径画两段大圆弧
6	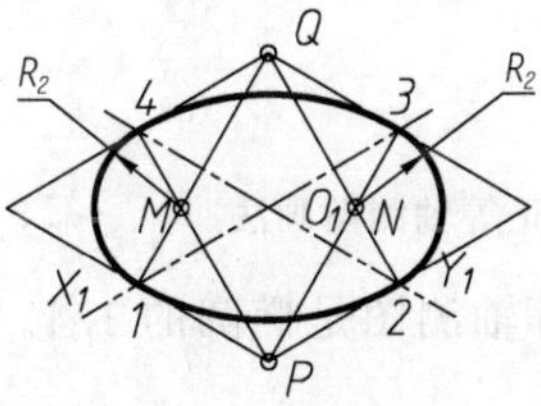	分别以 M、N 两点为圆心,R_2 为半径画两段小圆弧,完成椭圆

2. 圆柱的正等轴测图

圆柱的正等轴测图的作图方法和步骤如下:

(1) 将坐标原点 O 定在圆柱上表面的圆心上,找出各坐标轴,如图 4-11 (a) 所示。

(2) 作圆柱的上表面(水平椭圆),如图 4-11 (b) 所示。

(3) 根据圆柱高度 h 将坐标原点 O_1 下移,得到下表面的圆心 O_1',绘制下表面,如图 4-11 (c) 所示。

(4) 作上、下两个椭圆的外公切线,如图 4-11 (d) 所示。

(5) 检查、整理、描深,如图 4-11 (e) 所示。

3. 圆角的正等轴测图画法

图 4-12 (a) 所示为带圆角的平板。圆角是圆的一部分,平行于坐标面上的圆角可看

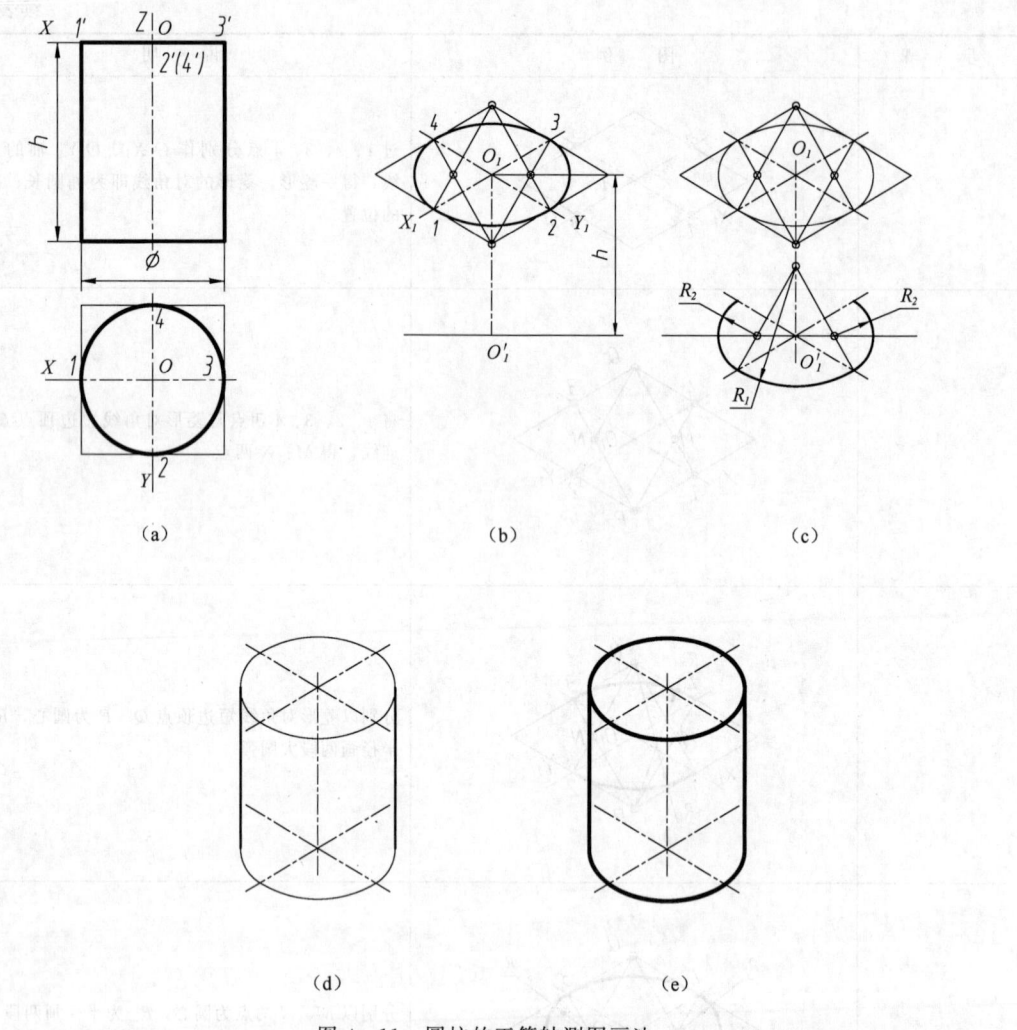

图 4-11 圆柱的正等轴测图画法

成是平行于坐标面上的圆的 1/4，因此，其正等轴测图是椭圆的 1/4。但通常不画出整个椭圆而采用简化画法。

(1) 画出平板不带圆角时的正等轴测图，如图 4-12 (b) 所示。

(2) 根据圆角半径 R，在平板上表面的边上找出切点 1、2、3、4；过切点分别作相应边的垂线，得交点 O_1、O_2，如图 4-12 (b) 所示。

(3) 以 O_1 为圆心，$O_1 1 = O_1 2$ 为半径作圆弧 $\overparen{12}$；再以 O_2 为圆心，$O_2 3 = O_2 4$ 为半径作圆弧 $\overparen{34}$，即得平板上表面圆角的正等轴测图，如图 4-12 (b) 所示。

(4) 将圆心 O_1、O_2 下移平板高度 H，得平板下表面圆角的圆心，再以画上表面圆角相同的半径画圆弧，即得平板下表面圆角的正等轴测图，如图 4-12 (c) 所示。

(5) 作平板右端上下两个表面小圆弧的公切线，整理加深即得带圆角平板的正等轴测图，如图 4-12 (d) 所示。

四、课堂思考

四心圆法作椭圆的方法和步骤是怎样的？

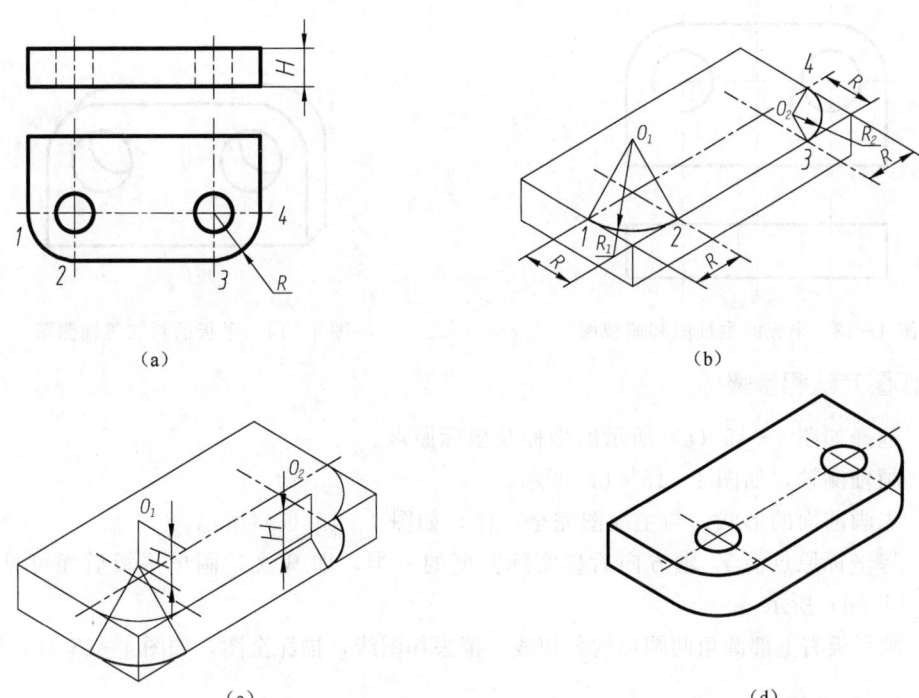

图 4-12 圆角的正等轴测图画法
(a) 带圆角的平板；(b) 画不带圆角的正等测图；(c) 下表面圆角的正等测图；(d) 整理描深全图

任务3　绘制平板的斜二等轴测图

> **知识点**
> - 斜二等轴测图的概念；
> - 画平板的斜二等轴测图的方法和步骤。
>
> **技能点**
> - 能画出简单带有圆柱形体的斜二等轴测图。

一、任务描述

图 4-13 所示是平板的主视图和俯视图，图 4-14 所示是平板的斜二等轴测图。下面研究如何绘制平板的斜二等轴测图。

二、任务实施

1. 形体分析

平板的基本结构为长方体，上部切成圆角，从前表面向后钻两个圆柱孔。按截切法绘制。

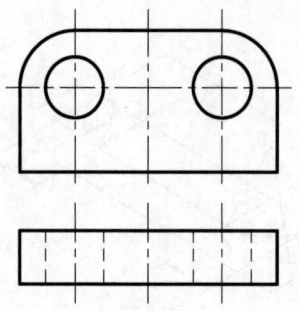

图 4-13 平板的主视图和俯视图

图 4-14 平板的斜二等轴测图

2. 作图方法和步骤

（1）选择如图 4-15（a）所示的坐标及坐标原点。

（2）画轴测轴，如图 4-15（b）所示。

（3）先画前面的形状，与主视图完全一样，如图 4-15（c）所示。

（4）将坐标原点沿 Y_1 轴方向后移实际宽度的一半，即 $W/2$，画出平板后面可见形状，如图 4-15（d）所示。

（5）画平板右上部圆角两圆弧的公切线，擦去作图线，描深全图，如图 4-15（e）所示。

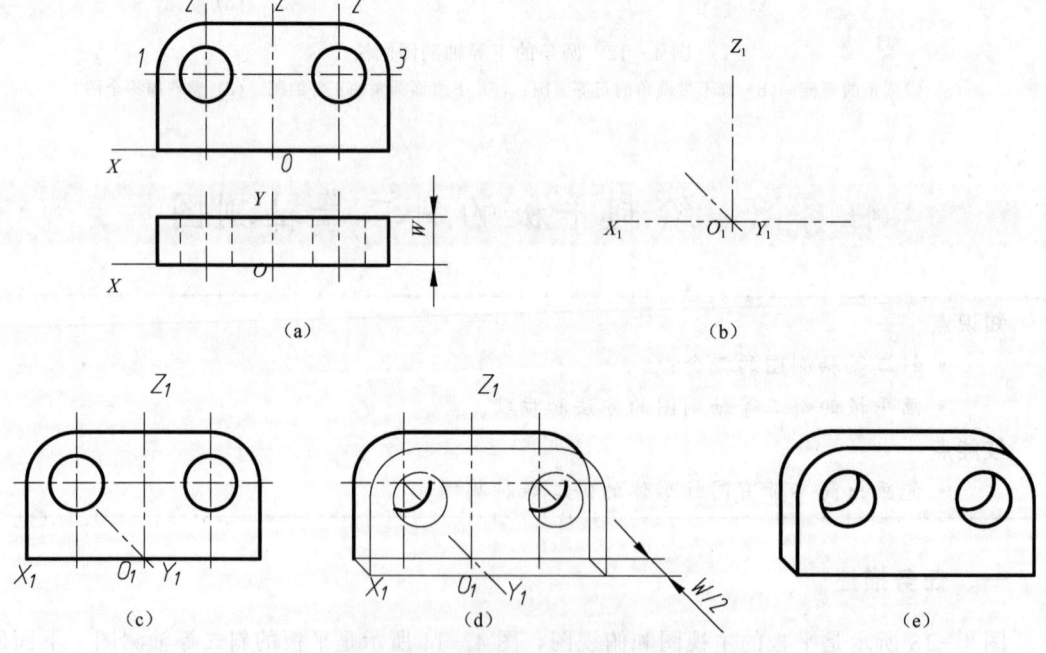

图 4-15 平板的斜二等轴测图画法

(a) 选择坐标及坐标原点；(b) 画轴测轴；(c) 画平板前表面；(d) 坐标原点 O_1 后移 $W/2$，画平板后表面；(e) 画出公切线，描深全图

三、知识链接

1. 斜二等轴测图的概念

如果使 XOZ 坐标面平行于轴测投影面，采用斜投影法，当所选择的斜投射方向使 O_1Y_1

轴与 O_1X_1 轴的夹角为 $135°$，并使 O_1Y_1 轴的轴向伸缩系数为 0.5 时，这种轴测图称为斜二等轴测图，简称斜二测。

2. 斜二等轴测图的轴间角和轴向伸缩系数

如图 4-16 所示，斜二等轴测图轴间角 $\angle X_1O_1Z_1 = 90°$，$\angle Y_1O_1Z_1 = \angle X_1O_1Y_1 = 135°$，轴向伸缩系数 $p_1 = r_1 = 1$，$q_1 = 0.5$。

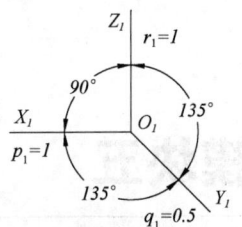

图 4-16 斜二等轴测图的轴间角和轴向伸缩系数

3. 斜二等轴测图的画法

由于斜二等轴测图 XZ 轴的轴向伸缩系数 $p_1 = r_1 = 1$，因此物体上凡是平行于坐标面 XOZ 的形状都能反映实形。当物体某一方向的形状比较复杂，特别是有圆或圆弧时，采用斜二等轴测图比较简单方便。

斜二等轴测图的画法与正等测图画法相似，要注意的是 Y 方向的伸缩系数 $q_1 = 0.5$，画图时，沿 Y_1 方向的长度应取物体上实际长度的一半。

4. 正等轴测图与斜二等轴测图立体感比较

下面以图 4-17 所示带切口正方体为例，比较其正等轴测图与斜二等轴测图。斜二等轴测图的立体感较强。

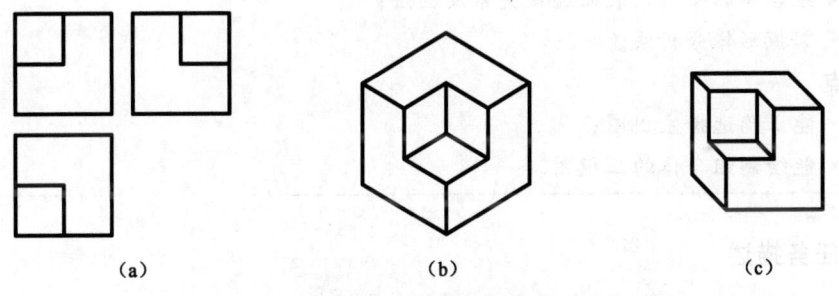

(a)   (b)   (c)

图 4-17 正等轴测图与斜二等轴测图立体感比较
(a) 带切口正方体的三视图；(b) 正等轴测图；(c) 斜二等轴测图

四、课堂思考

斜二等轴测图常使用在什么场合？

模块五

组合体的视图

由两个或两个以上的基本几何体所组成的物体，称为组合体。

任务1　绘制轴承座的三视图

> **知识点**
> - 组合体的概念，表面连接关系及画法；
> - 掌握形体分析法。
>
> **技能点**
> - 能正确选择主视图；
> - 能绘制组合体的三视图。

一、任务描述

图 5-1（a）所示为轴承座的轴测图，绘制该轴承座的三视图，如图 5-2 所示。

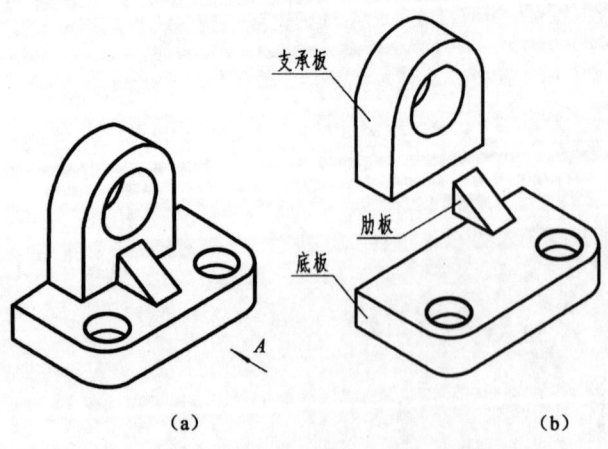

图 5-1　轴承座的形体分析图
(a) 轴承座的轴测图；(b) 轴承座各部分的分解

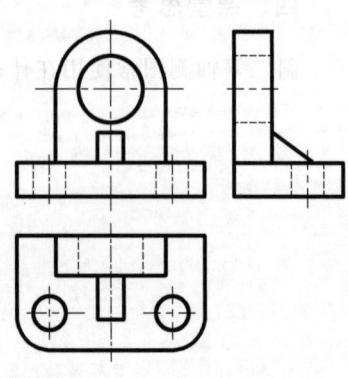

图 5-2　轴承座的三视图

二、任务实施

1. 形体分析

如图 5-1 所示,轴承座可分解成底板、支撑板和肋板三部分。各部分的相对位置如图 5-1(a)所示,而底板上的两个圆孔及前面的两个圆角,可以看成在底板(四棱柱体)上挖去两个圆柱体和切去两个圆角形成。同样支撑板上的圆孔也可看成在支撑板上挖去一个圆柱体形成。

2. 选择视图

主视图应明显地显示形体的形状特征、各部分形体间的位置关系,还要兼顾其他视图的清晰性。同时,为了画图方便,主要平面与投影面还应平行。图 5-1(a)所示 A 向视图基本符合上述要求,因此作为主视图。

3. 选择比例

为反映轴承座真实大小,以 1∶1 的绘图比例绘制其三视图。

4. 绘制三视图

轴承座的画图步骤见表 5-1。

表 5-1 轴承座三视图的画法与步骤

步骤	图例	步骤	图例
(1) 布置图面,画各视图的中心线和基准线	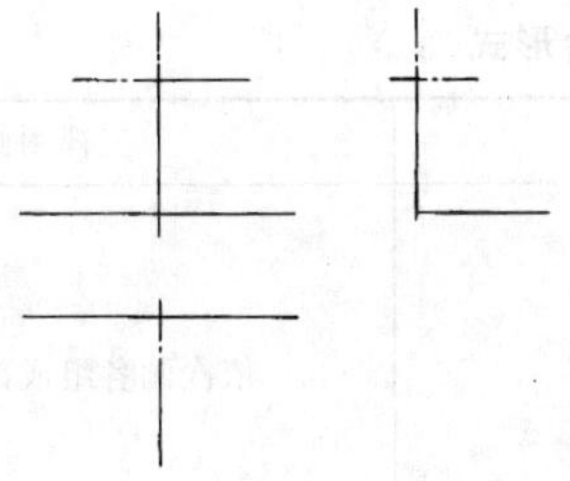	(2) 画底板的三视图(先画主视图)	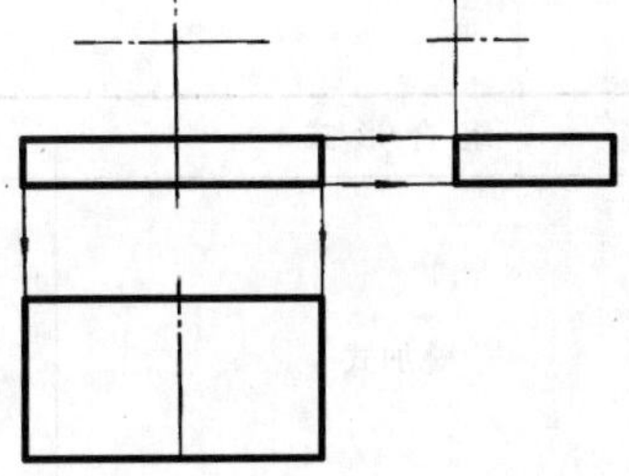
(3) 画支撑板的三视图(先画主视图)	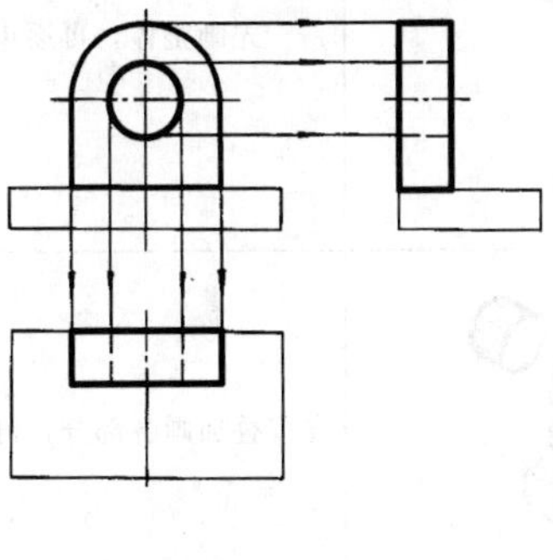	(4) 画肋板的三视图(先画左视图)	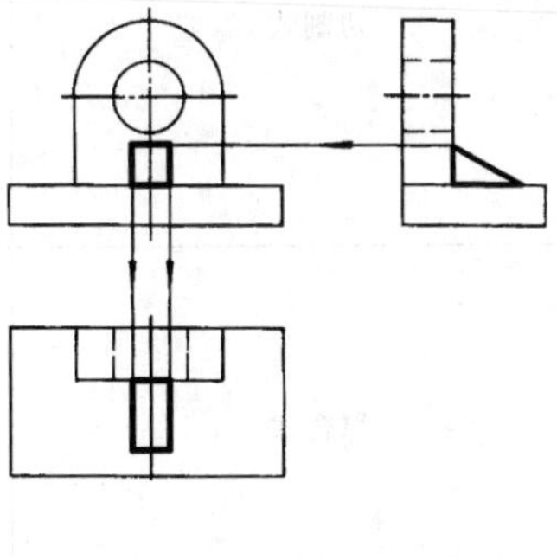

续表

步骤	图例	步骤	图例
(5) 画底板的圆角和通孔（先画俯视图）	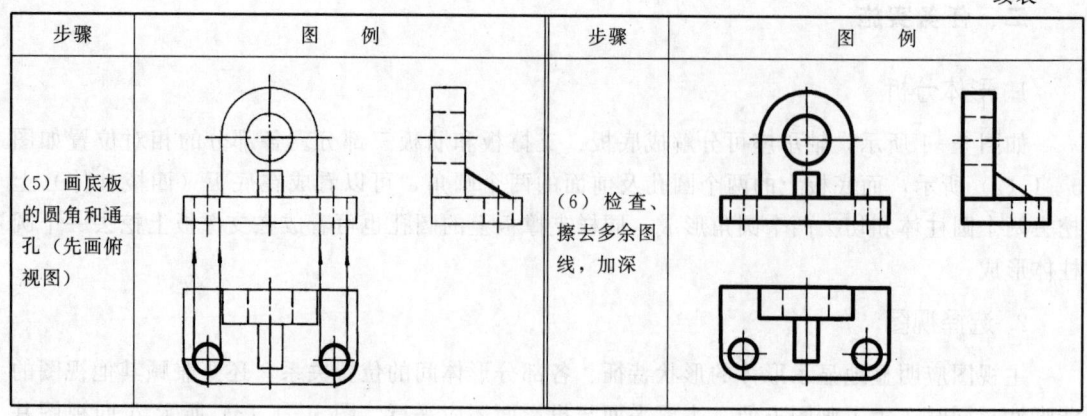	(6) 检查、擦去多余图线，加深	

三、知识链接

1. 形体分析法

画组合体视图时，可以先假想地把组合体分解成若干个基本几何体，按其相对位置逐个画出基本几何体的投影，再综合考虑，即可得到整个组合体的视图。这样，一个复杂的问题被分解成几个简单的问题加以解决，使组合体的画图、看图得到简化。这种将组合体分解成若干基本几何体，并弄清各部分的形状、相互位置和组合形式的方法，称为形体分析法。形体分析法是组合体画图、看图和尺寸标注的基本方法。

2. 组合体的组合形式

组合体各部分的组合形式可分为三种，见表 5-2 所示。

表 5-2 组合体的组合形式

组合形式	图例	三视图画法
叠加式		依次画各组成部分的视图
切割式		先画整体，再逐步切，逐步画
综合式		先按叠加画各部分，再逐步切，画局部

3. 各部分间表面连接关系

组合体各部分的表面连接关系见表 5-3。

表 5-3 组合体的表面连接关系

连接关系	图 例	画 法
平齐		两表面平齐（共面），无分界线
不平齐		两表面不平齐（不共面）有分界线
相切		两形体表面相切，平面与曲面光滑过渡，在主、左视图上相切处不应画线，俯视图画到相切处
相交		两形体表面相交，平面与曲面出现明显的交线，在主、左视图上相交处应画线，俯视图出现交点

四、课堂思考

对于叠加式和切割式组合体画图方法有哪些技巧?

任务2　绘制正交两圆柱的相贯线

知识点
- 相贯线的概念及画法;
- 熟悉相贯线的各种特殊情况。

技能点
- 能运用简化画法绘制简单的相贯线。

一、任务描述

两立体表面相交时形成的交线,称为相贯线。在实际中,常见的是两曲面立体相交时求相贯线的问题,如图5-3所示。

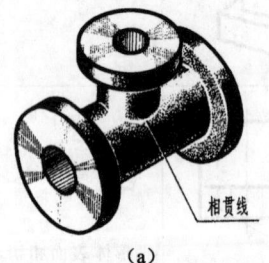
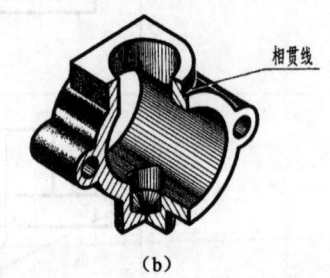

图5-3　相贯线实例
(a) 三通管;(b) 阀体

由于相交两回转体的形状、大小和相对位置不同,相贯线的形状也不同,但所有相贯线都具有下列基本性质:

(1) 相贯线是两回转体表面的共有线,也是两回转体表面的分界线,所以,相贯线上所有的点都是两回转体表面的共有点。

(2) 相贯线一般是封闭的空间曲线,在特殊情况下可以是平面曲线或直线。

根据相贯线是两回转体表面共有线的性质,所以,求作相贯线的问题,实质上是求作两相交回转体表面上一系列共有点。只要作出一系列共有点的投影,并依次将同面投影连接成光滑曲线,即得到所求相贯线的投影。

下面绘制如图5-4(a)所示正交两圆柱产生相贯线的三面投影。

二、任务实施

相交两圆柱体的轴线正交,且轴线垂直于基本投影面时,相贯线的两面投影具有积聚性,此时可按"二求三"的方法作出共有点的第三面投影,可利用投影积聚性直接作图。

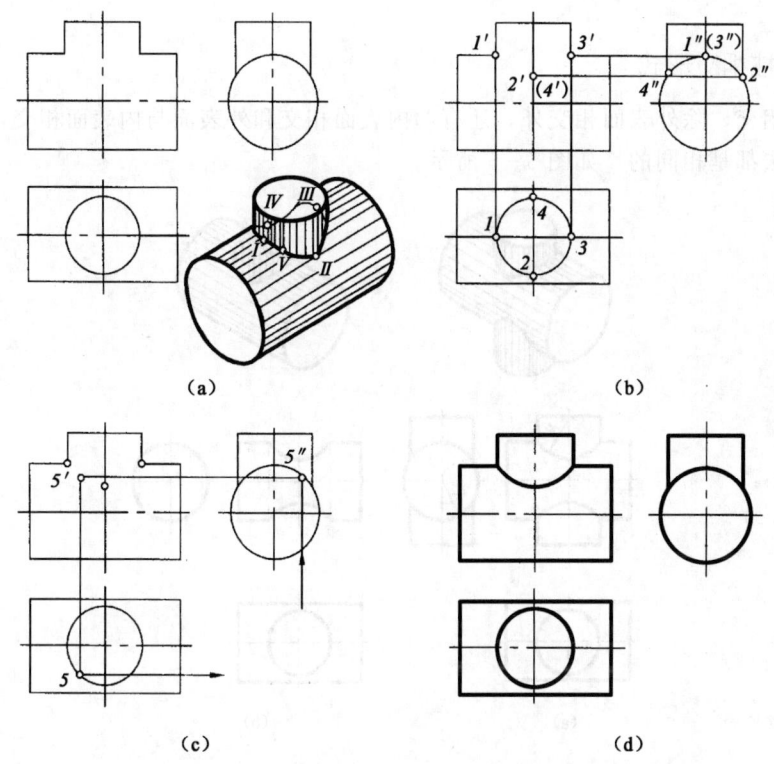

图 5-4 正交两圆柱的相贯线
(a) 分析；(b) 作特殊点；(c) 作一般点；(d) 光滑连接各点

1. 形体分析

大、小两圆柱轴线垂直相交，其轴线分别与侧面、水平面垂直。它们的交线是一条封闭的空间曲线，如图 5-4（a）所示。

根据大、小圆柱轴线的位置，大圆柱面的侧面投影和小圆柱面的水平投影都具有积聚性。因此，相贯线的水平投影和小圆柱面的水平投影重影，是一个圆；相贯线的侧面投影和大圆柱面的侧面投影重影，是一段圆弧，只需再作出相贯线的正面投影。

2. 作图

(1) 作特殊点（轮廓线上的点）。为了作图正确、简捷，首先必须作出相贯线上的特殊点，如图 5-4（b）所示，由于大圆柱的最高轮廓线和小圆柱交于 Ⅰ、Ⅲ 两点，而小圆柱的左、右、前、后四条轮廓线和大圆柱面交于 Ⅰ、Ⅲ、Ⅱ、Ⅳ 四点，因此相贯线在轮廓线上共有 Ⅰ、Ⅱ、Ⅲ、Ⅳ 四个点。这些点的水平投影 1、2、3、4 和侧面投影 1″、2″、3″、4″ 都可以直接求出，由此，已知两面投影，按"二求三"的方法作出它们的第三面投影，即正面投影 1′、2′、3′、4′。

(2) 作一般点。与作截交线一样，可根据连接的需要作出适当数量的一般点，如图 5-4（c）所示。作一般点时，可先在相贯线的水平投影上取一点 5，再根据宽相等作出 5″，然后求出 5′。同样的方法还可以作出很多个点。

(3) 光滑连接各点，1′、2′、3′、4′、5′……如图 5-4（d）所示，即得到相贯线的正面投影。

3. 两圆柱相交形式

两圆柱相交，除外表面相交外，还有两内表面相交和外表面与内表面相交，其交线的形状和作图方法都是相同的，如图 5-5 所示。

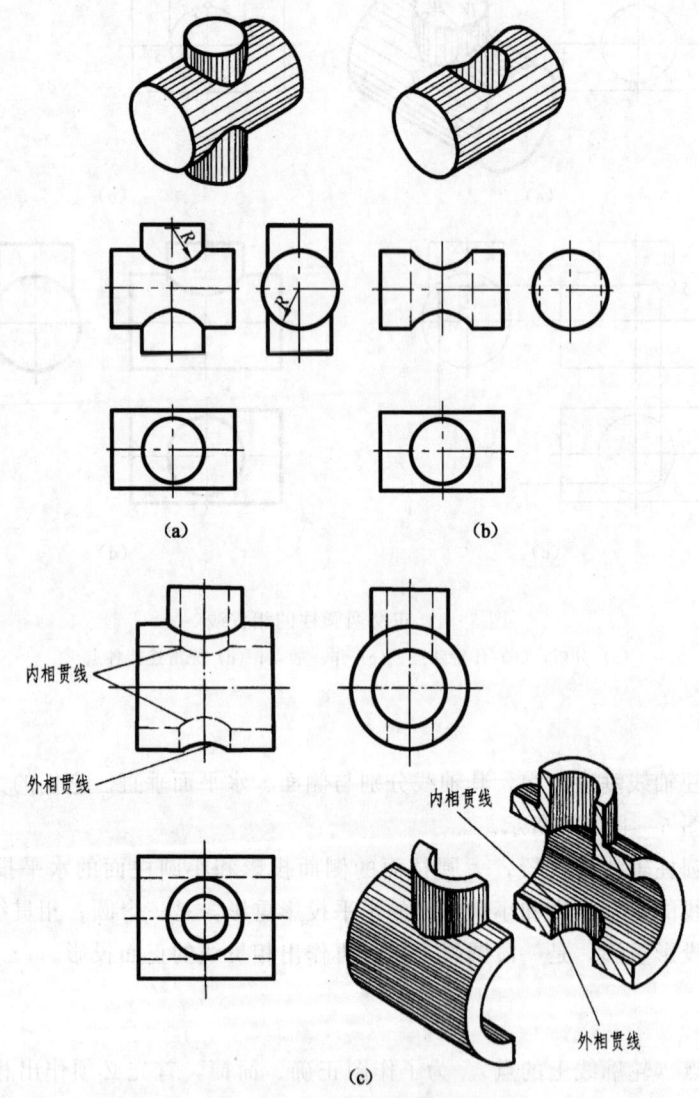

图 5-5　两圆柱相交的三种形式
(a) 外表面相交；(b) 内表面与外表面相交；(c) 两内表面相交

三、知识链接

1. 辅助平面法求相贯线（圆柱与圆锥台正交）

当两回转体的相贯线不能（或不便于）用积聚性直接求出时，需用辅助平面法求解。辅助平面法是求相贯线上共有点的常用方法，它是利用"三面共点"的原理作图。如图 5-6

所示，作辅助水平面 P，因辅助水平面 P 与圆柱体轴线平行，与圆锥台轴线垂直，所以辅助水平面 P 与圆柱体表面的截交线是矩形，与圆锥台表面的截交线是圆，则两截交线的交点 A、B、C、D 即为圆柱体、圆锥台表面的共有点，也是辅助水平面 P 上的点，即三面共点。作若干个辅助平面即可求出圆柱体和圆台表面一系列共有点。

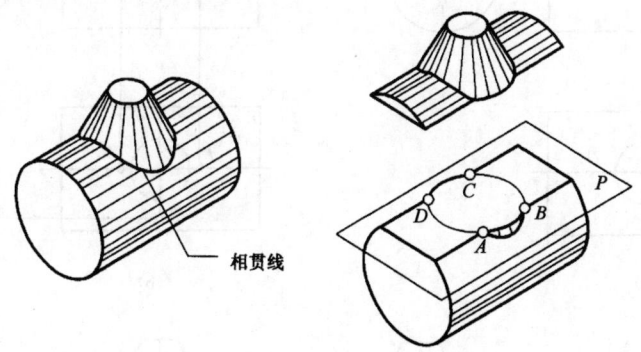

图 5-6 辅助平面法求相贯线上的点

辅助平面的选取原则是方便作出相贯线上的点，因此，应选与两回转体的截交线的投影为最简图形（直线或圆）。辅助平面法作图步骤为：先选取合适的辅助平面，后分别求出辅助平面与两回转体的截交线，再求出两截交线的交点，即相贯线上的点，如图 5-6 所示。垂直相贯的圆柱和圆锥台的三面投影如图 5-7 所示。

1) 形体分析

由于两轴线垂直相交，相贯线是一条前后、左右对称的封闭的空间曲线。其侧面投影为圆弧，需作出水平投影和正面投影。

2) 作图

(1) 作特殊点，如图 5-7 (b) 所示。根据侧面投影 $1''$、$3''$、$(5'')$、$7''$ 可作出正面投影 $1'$、$3'$、$5'$、$(7')$ 和水平投影 1、3、5、7。其中 1、5 点是相贯线上的最左、最右（也是最高）点，3、7 点是相贯线上的最前、最后（也是最低）点。

(2) 求一般点，如图 5-7 (c) 所示。在最高点和最低点之间作辅助平面 P（水平面），它与圆锥面的交线是圆，与圆柱面的交线是两平行直线，它们的交点 2、4、6、8 即为相贯线上的点。

(3) 光滑连接，如图 5-7 (d) 所示。判别可见性，顺序光滑连接各点的同面投影，即为所求的相贯线的投影。

2. 相贯线的特殊情况

在一般情况下，两回转体的相贯线是封闭的空间曲线。但是，在一些特殊情况下，也可能是平面曲线（圆或椭圆）或直线。它们往往可以直接判别，简化作图。下述两种情况为平面曲线。

1) 两回转体共轴

如图 5-8 (a) 所示，回转体的母线绕着同一轴旋转时，两母线交点的运动轨迹——圆，就是两回转体的相贯线。图 5-8 (b) 所示的手柄，圆台把手和主体球相交的相贯线是垂直于把手轴线的圆，其正面投影为直线，水平投影为圆。

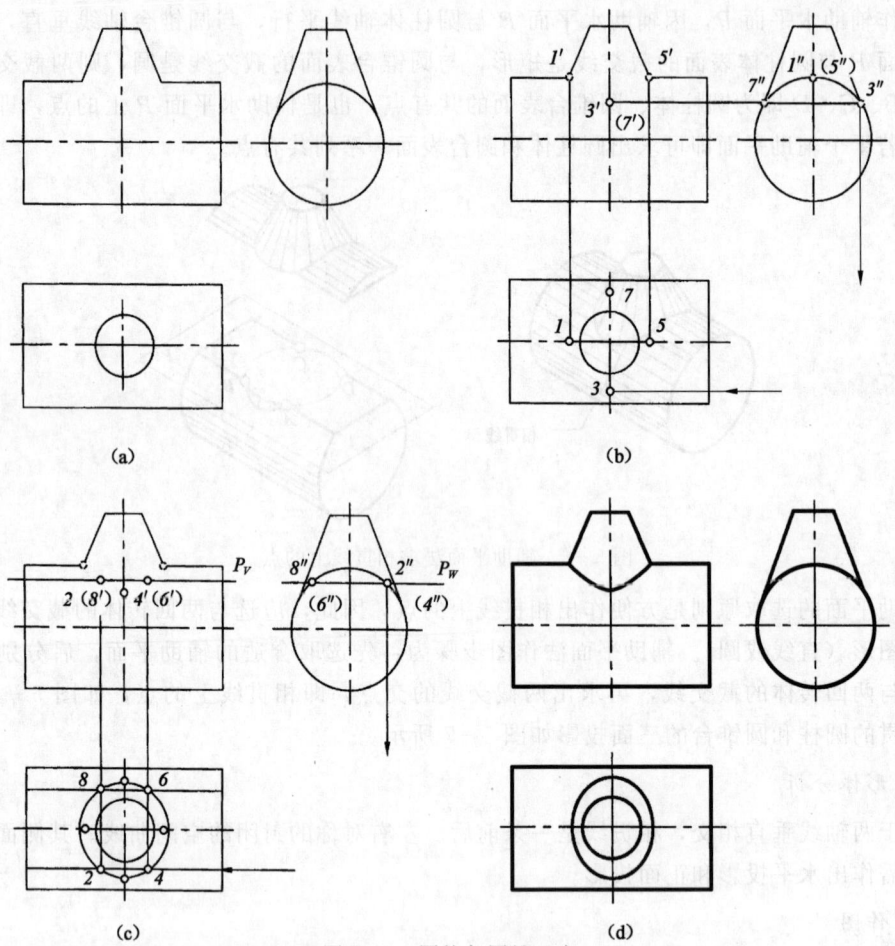

图 5-7 圆柱与圆锥正交
(a) 分析；(b) 作特殊点；(c) 作一般点；(d) 光滑连接各点

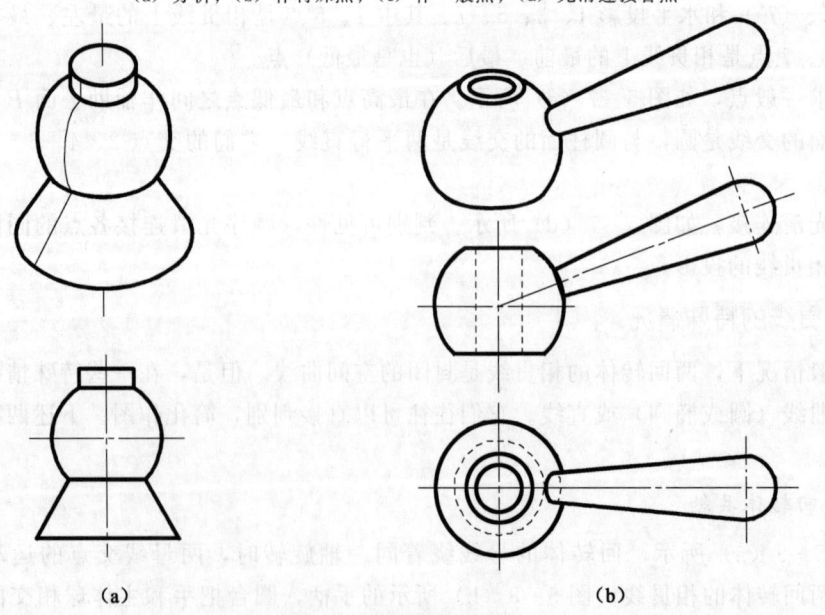

图 5-8 两回转体共轴
(a) 台座；(b) 手柄

2) 正交两圆柱等径

当正交的两个圆柱的直径相等时,相贯线为两个相交的平面图形椭圆,如图 5-9 所示。

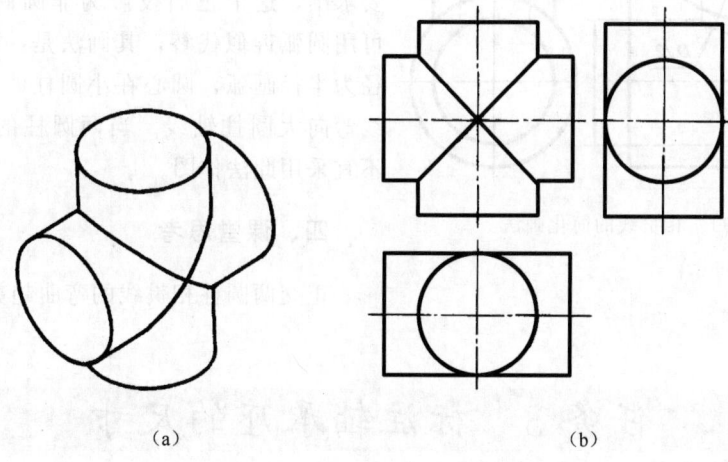

图 5-9 两等径圆柱正交

当两圆柱轴线正交、直径相等,直立圆柱只有上半段时,相贯线是两段相等的半椭圆弧,如图 5-10 (a) 所示。直立圆柱只有上半段,水平圆柱只有左半段时,相贯线是一个完整的椭圆,如图 5-10 (b) 所示。圆柱与圆锥正交,圆柱只有左半段,圆锥只有下半段时,相贯线是一个完整的椭圆,如图 5-10 (c) 所示。

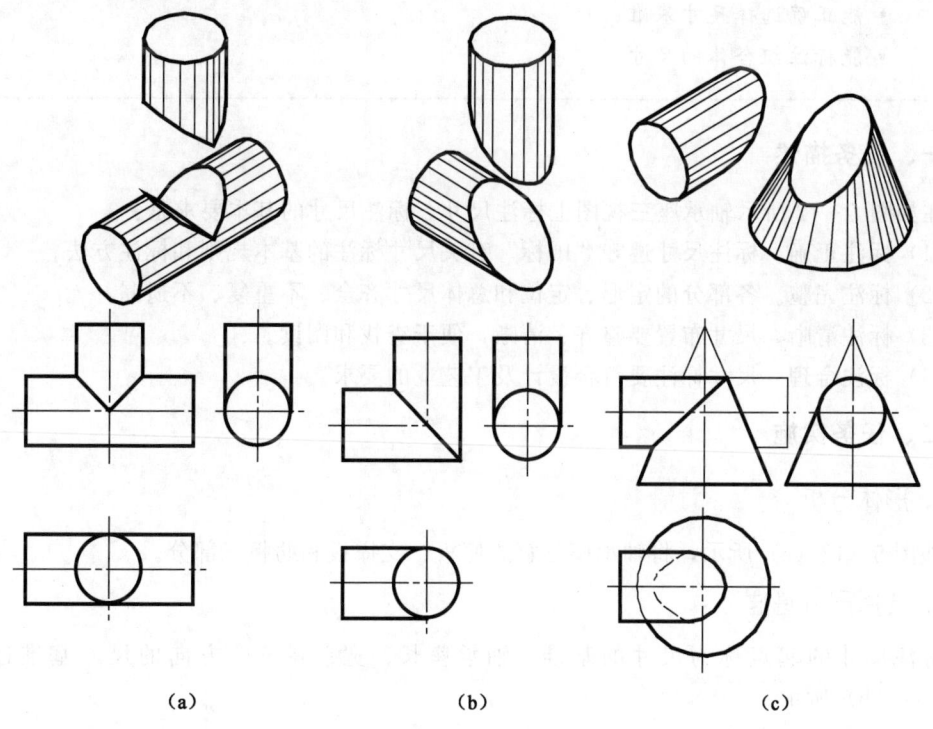

图 5-10 两回转体正交的特殊情况

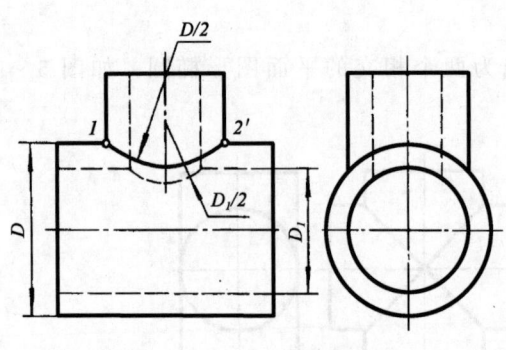

图 5-11 相贯线的简化画法

3. 相贯线的简化画法

当两正交圆柱的直径不同时（图 5-11），侧面和水平面投影具有积聚性，而正面投影需要求出，这个正面投影为非圆曲线，画图时，可用圆弧近似代替，其画法是：以大圆柱的半径为半径画弧，圆心在小圆柱的轴线上，圆弧线弯向大圆柱轴线。当两圆柱的直径相近时，不宜采用此法作图。

四、课堂思考

正交两圆柱相贯线的弯曲趋势是什么？

任务 3　标注轴承座的尺寸

知识点
- 组合体尺寸标注的基本要求；
- 尺寸基准和定形、定位及总体尺寸的概念。

技能点
- 能正确选择尺寸基准；
- 能标注组合体的尺寸。

一、任务描述

在如图 5-12 所示轴承座三视图上标注尺寸。标注尺寸的基本要求是：
(1) 标注正确。标注尺寸遵守"国标"有关尺寸标注的基本规则和标注方法。
(2) 标注完整。各部分的定形、定位和总体尺寸齐全、不重复、不遗漏。
(3) 标注清晰。尺寸布置要整齐、清晰，便于查找和阅读。
(4) 标注合理。尺寸标注要符合设计及工艺上的要求。

二、任务实施

1. 形体分析

如图 5-12（a）所示，将轴承座分解成底板、支撑板和肋板三部分。

2. 选择尺寸基准

标注尺寸的起点称为尺寸的基准。轴承座长、宽、高三个方向的尺寸基准选择如图 5-12（b）所示。

3. 标注尺寸

逐个标出各组成部分的定形尺寸、定位尺寸和总体尺寸。标注尺寸的方法与步骤见表 5-4。

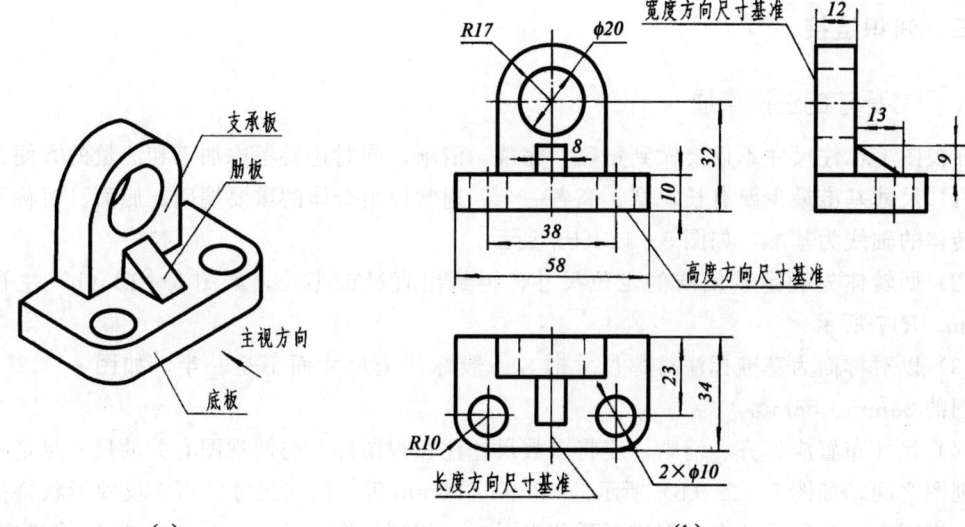

图 5-12 轴承座的尺寸分析
(a) 轴承座的分解；(b) 轴承座的尺寸

表 5-4 轴承座标注尺寸的方法和步骤

步骤	图例	步骤	图例
(1) 标注底板的定形、定位尺寸	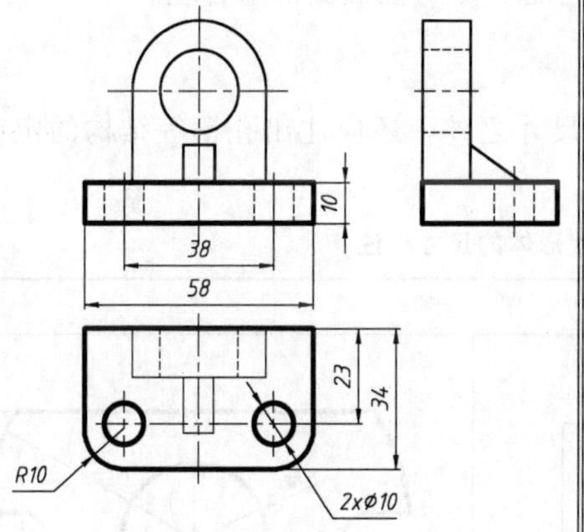	(2) 标注支撑板的定形、定位尺寸	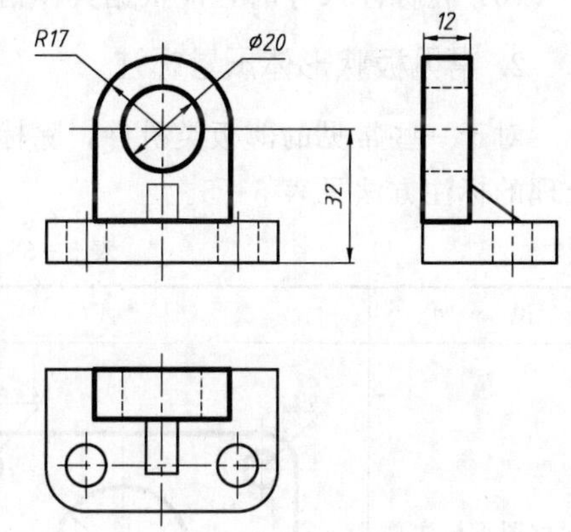
(3) 标注肋板的定形尺寸	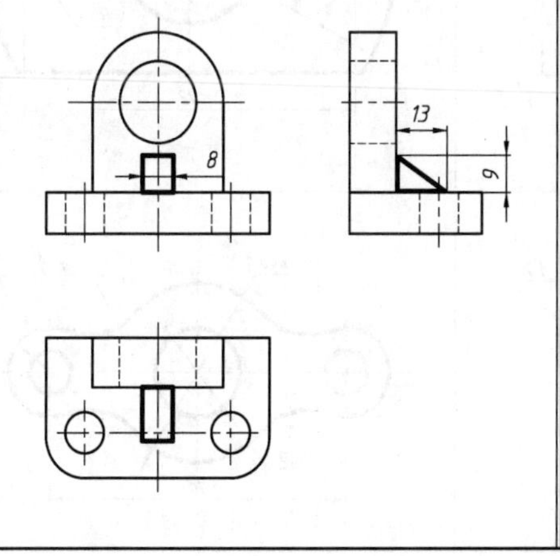	(4) 标注轴承座的总体尺寸：总长、总宽、总高	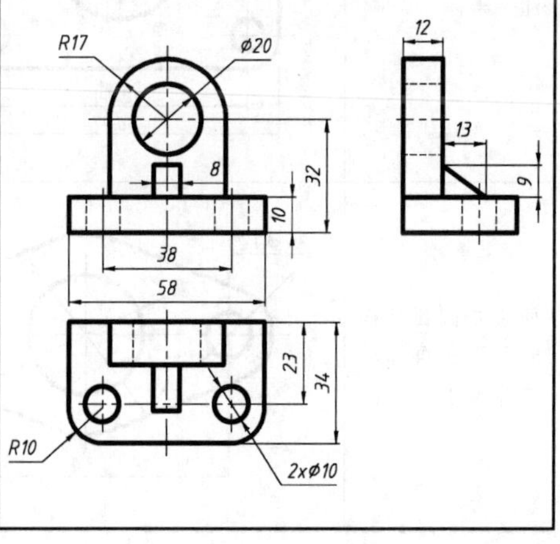

三、知识链接

1. 尺寸标注的注意事项

在视图上标注尺寸不仅要做到正确、完整、清晰，同时还要考虑加工和测量的方便。

(1) 尺寸基准最少要有长、宽、高各一个，通常以组合体的重要端面、底面、对称平面和回转体的轴线为基准，如图 5-12 (b) 所示。

(2) 回转体先确定其轴线的定位尺寸，再给出直径或半径，如图 5-12 (b) 主视图 ϕ20mm、R17 所示。

(3) 以对称面为基准标注对称尺寸时，一般标注全尺寸而不是一半，如图 5-12 (b) 主视图的 38mm、58mm。

(4) 尺寸布置应整齐、清晰，应将多数尺寸注在视图外，与两视图有关的尺寸尽量配置在两视图之间，如图 5-12 (b) 所示的 38mm、58mm 等；应将尺寸注写在反映形状特征最明显的视图上，半径标注在积聚成圆弧的视图上，相同的圆角只注一次，不在 R 前加数目，相同的直径需加数目，如图 5-12 (b) 的 R10mm 和 2×ϕ10mm，同轴回转体的直径尺寸最好注在非圆视图上。

(5) 相同方向上的尺寸应按大尺寸在外、小尺寸在内的方法注写，如图 5-12 (b) 所示主视图中的 38mm、58mm，以避免出现尺寸线与尺寸界限相交的情况。

(6) 在标注尺寸时，应根据具体情况综合考虑，尽可能做到清晰合理。

2. 常见板状形体尺寸标注

对于一些常见的薄板类机件，除标注定形尺寸之外，还应注出孔槽等结构的定位尺寸。合理的标注方法见表 5-5。

表 5-5 常见板状形体的尺寸标注

说 明	图 例
对称图形标注总体尺寸，不能标注一半 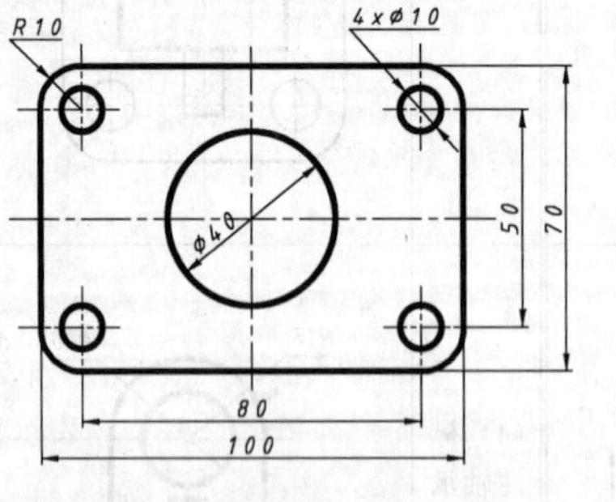 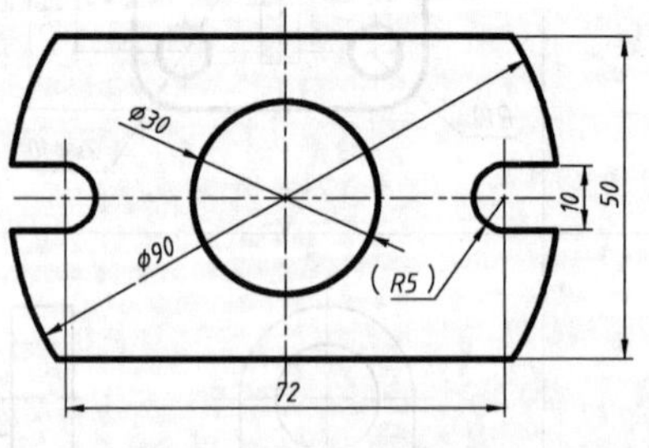	
两边是圆弧结构时，不必再标注总体尺寸 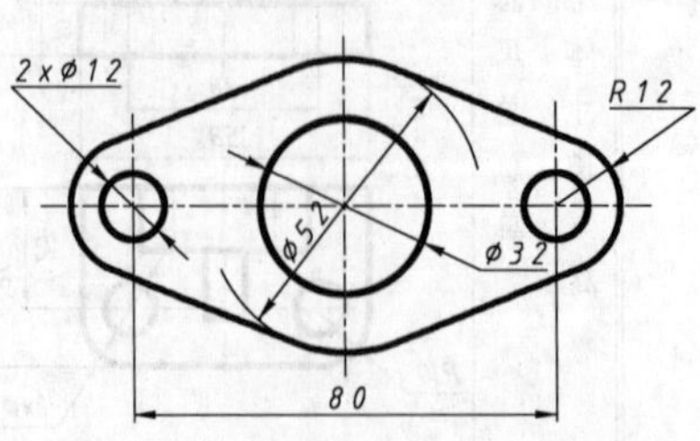 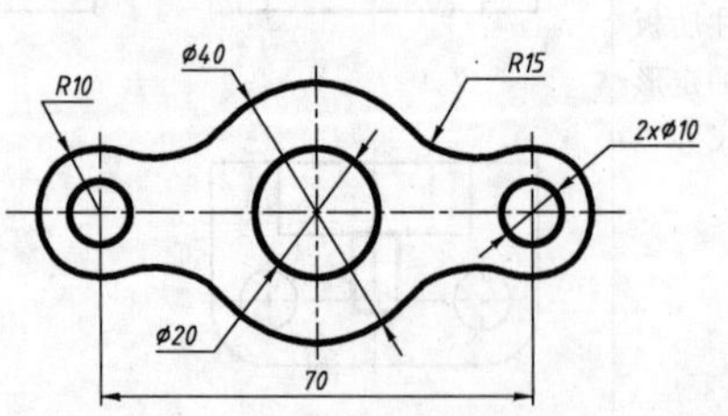	

续表

说明	图例
均匀分布圆,要标注其圆心定位尺寸	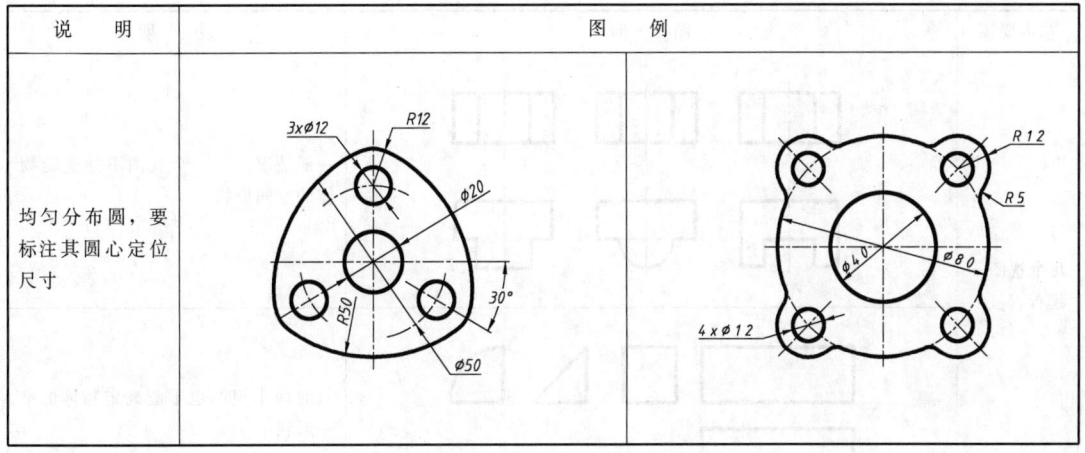

四、课堂思考

怎样做到尺寸标注完整?

任务4　识读支架的三视图

> **知识点**
> * 视图中线框和图线的含义。
>
> **技能点**
> * 能应用形体分析法和线面分析法,识读组合体的视图;
> * 善于抓特征视图,构思物体的空间形状。

一、任务描述

读图是画图的逆过程,读图的基本方法有形体分析法和线面分析法。

用形体分析法识读如图 5-13 所示支架的三视图。

二、任务实施

1. 掌握读图的基本要领

读图的基本要领见表 5-6。

2. 读支架的三视图

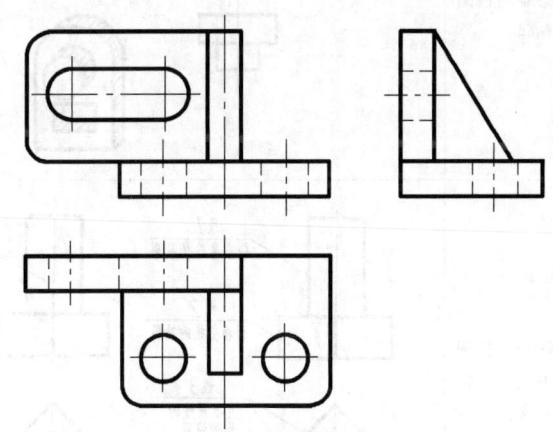

图 5-13　支架的三视图

形体分析法是读组合体视图的主要方法,将组合体分成三个线框,逐个进行分析,想象出各部分形体的形状,再综合想象整体形状,具体步骤见表 5-7。

表 5-6 组合体读图的基本要领

基本要领	图例	说明
几个视图一起看	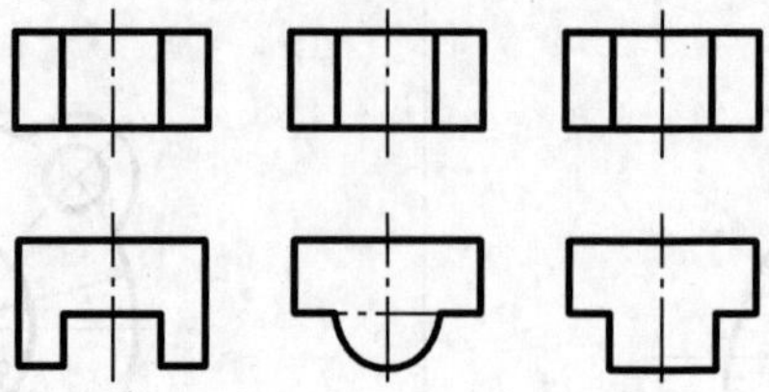	一般情况下，一个视图不能确定物体的空间形状
	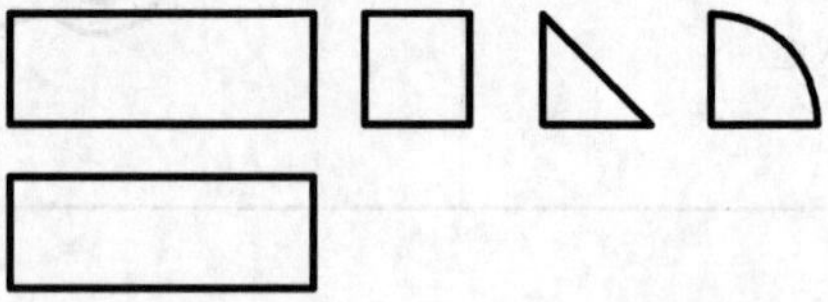	有时两个视图也不能确定物体的唯一形状
从形状特征明显的视图看起	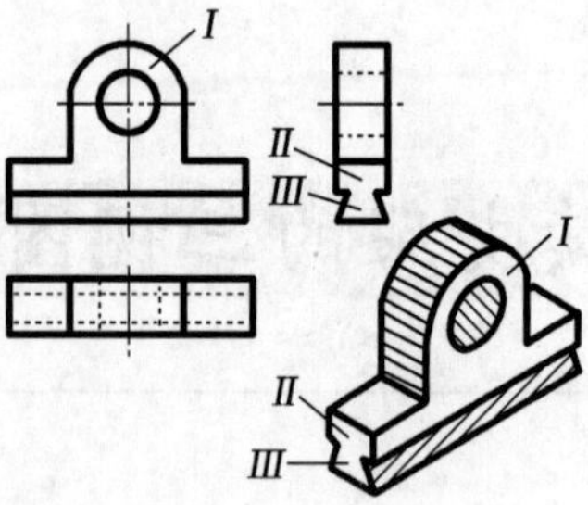	形体 I 从形状特征最明显主视图看起，形体 II、III 从形状特征最明显的左视图看起
从位置特征明显的视图看起	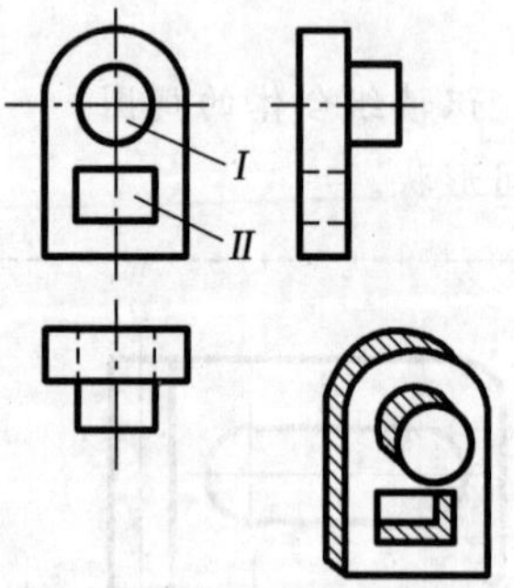	I、II 两部分的位置特征在左视图中明显，从左视图看起
善于分析图中线与线框的含义	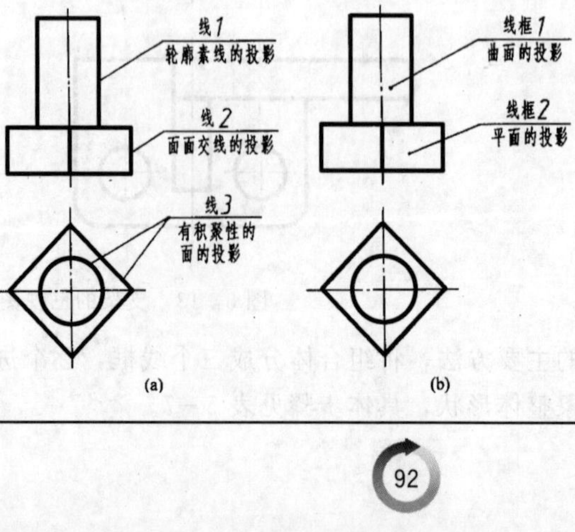 （a） 线1 轮廓素线的投影 线2 面面交线的投影 线3 有积聚性的面的投影 （b） 线框1 曲面的投影 线框2 平面的投影	视图中图线的含义可能是：①回转体轮廓素线的投影；②两表面交线的投影；③有积聚性的平面或曲面的投影 视图中每一封闭线框必定是不与该投影面垂直的一个面（平面、曲面、平面与曲面相切组成的面等）

表 5-7　读支架三视图方法和步骤

步骤	图例	读图说明
1		根据支架三视图，将主视图划分为Ⅰ、Ⅱ、Ⅲ三个线框
2		找出线框Ⅰ的对应投影，从俯视图看起，三个视图联合起来想象出其空间形状为水平摆放的长方体，前方左右挖切出两个圆柱，切出两圆角
3		找出线框Ⅱ的对应投影，从主视图看起，三个视图联合起来想象出其空间形状为竖直摆放的长方体，中间挖去一环形槽，左侧上下有两圆角
4		找出线框Ⅲ的对应投影，从左视图看起，三个视图联合起来想象出其空间形状为竖直摆放的三棱柱，三角形底面平行于侧面
5		将想象出的三块形体，按相互位置组合，综合想象出支架的整体形状

三、知识链接

1. 线面分析法

形体分析法是从"体"的角度将物体分析为由一些基本几何体叠加,往往适合于看叠加型组合体。对于切割型组合体,看图时,通常还要从"线和面"的角度对其进行细致的分析。线面分析法首先要弄清楚视图中线框和图线的含义。

任何形状比较复杂的物体,不但可以看成由一些简单形体所组成,也可以看成由线(直线或曲线)和面(平面和曲面)所组成。用线面分析法读图,就是根据一个线框可以是物体上一个面的投影,不同的线框代表不同的面这一原理,把组合体的视图划分成若干线框,然后分析每个线框所表示的表面形状,进而想象出物体的整体形状。

下面以图5-14所示物体为例,说明线面分析法读图的具体方法。读图步骤见表5-8。

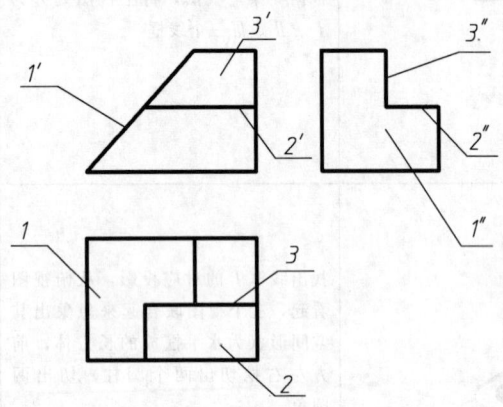

图5-14 用线面分析法读图

表5-8 用线面分析法读图步骤

步骤	图 例	读 图 说 明
1		根据主视图分析,形体由长方体切割形成,左上角斜切,前方有缺口
2		找出线框1的对应投影,三个视图联合起来想象出其空间形状为垂直于正面的六边形平面
3		找出线框2的对应投影,三个视图联合起来想象出其空间形状为平行于水平面的长方形平面

续表

步骤	图例	读图说明
4		找出线框 3' 的对应投影，三个视图联合起来想象出其空间形状为平行于正面的梯形平面
5		体形状：左上角被平面 1 斜切，右前方被平面 2、3 切割

2. 补画组合体所缺的第三视图

给出物体的两面视图求第三视图，是读图和画图的一种综合练习，它是在读图的基础上进行的。通常，给定的两个视图已经能够完全确定物体的形状，否则第三视图会有多种答案。

下面以图 5-15 所给轴承座的两面视图为例说明第三面视图的求法。

1) 形体分析

由反映形状特征较多的主视图，将轴承座分为底板Ⅰ、长方块Ⅱ和肋板Ⅲ、Ⅳ四个部分，轴承座可看成由这四部分叠加而成，如图 5-16（a）所示。其中底板Ⅰ可看成由一个长方体在其后下方切去一长方块形成，并在其上部钻了两个小圆孔，如图 5-16（b）所示，而长方块Ⅱ的上部挖去一个半圆槽，如图 5-16（c）所示；肋板为左、右对称两三角块，如图 5-16（d）所示。

2) 作图

按相对位置分别补画Ⅰ、Ⅱ、Ⅲ、Ⅳ四部分的俯视图，其作图步骤如图 5-15 所示。

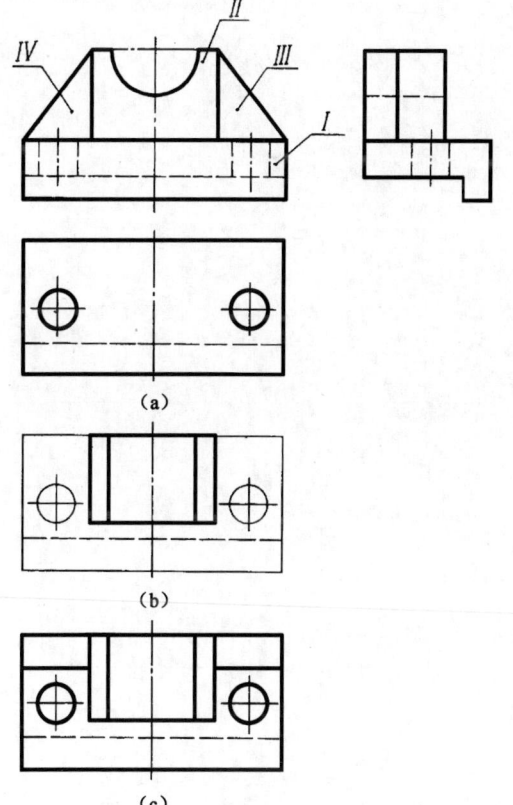

图 5-15 补画轴承座的俯视图
(a) 画底板Ⅰ的俯视图；(b) 画长方块Ⅱ的俯视图；(c) 画肋板Ⅲ和Ⅳ的俯视图，并检查加深，完成作图

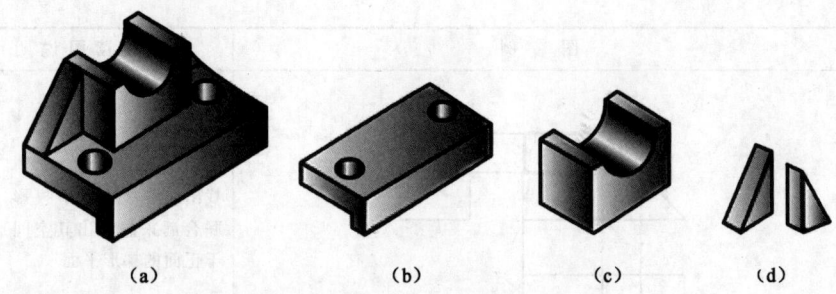

图 5-16 补画轴承座俯视图的分析
(a) 轴承座完整形状；(b) 底板；(c) 长方块；(d) 肋板

四、课堂思考

形体分析法和线面分析法主要用于识读何种组合方式的视图？

模块六

图样画法

生产实践中，当机件结构和形状比较复杂时，如果仍用三视图，就难于把它们的结构形状完整清晰地表达出来。为此，在国家标准 GB/T 4458.1—2002《机械制图　图样画法　视图》、GB/T 4458.6—2002《机械制图　图样画法　剖视图和断面图》、GB/T 16675.2—2012《技术制图　简化表示法　第二部分：尺寸注法》等中，规定了各种图样画法——视图、剖视图、断面图、局部放大图及简化画法等。本模块重点介绍一些常用的图样画法。

任务1　识读定位块的视图

知识点
- 基本视图的名称和配置关系；
- 基本视图的投影规律；
- 向视图的配置。

技能点
- 能由基本视图转换成向视图；
- 标注向视图。

一、任务描述

为完整、清晰地表达结构形状复杂的机件，有时需要从机件的前、后、上、下、左、右六个方向反映机件的结构形状，如图6-1所示。在三面投影体系的基础上，增加三个投影面，构成一个正六面投影体系，这六个面称为基本投影面。物体向基本投影面投射所得的视图，称为基本视图，如图6-2所示是定位块的轴测图。识读如图6-3所示定位块的基本视图。

二、任务实施

如图6-4所示，将定位块放置于正六面体中，沿六个基本投射方向，分别向六个投影面投射，得到六个基本视图。增加的三个基本视图的名称和投射方向规定如下：

(1) 右视图——由右向左投射所得的视图，反映物体的高度和宽度；

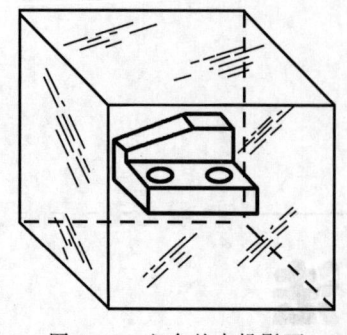
图 6-1 六个基本投影面

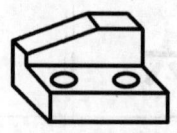
图 6-2 定位块的轴测图

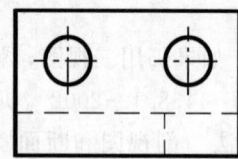

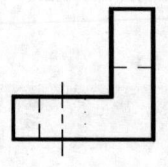 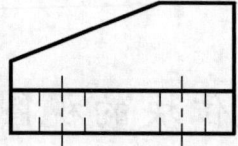 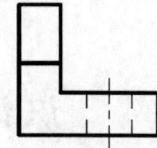 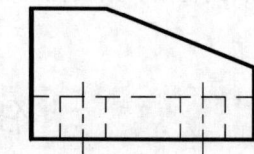

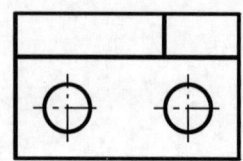

图 6-3 定位块的基本视图

(2) 仰视图——由下向上投射所得的视图，反映物体的长度和宽度；
(3) 后视图——由后向前投射所得的视图，反映物体的长度和高度。

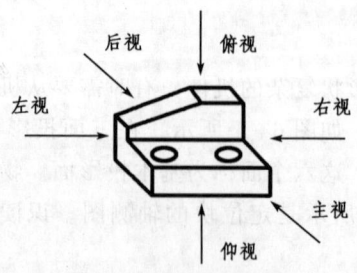

图 6-4 基本视图的投射方向

按如图 6-5 所示的方法把六个基本投影面展开在同一平面，形成定位块的六个基本视图。在同一张图纸内按图 6-3 所示位置配置基本视图时，一律不标注视图名称。

六个基本视图的投影规律符合三视图的三等规律：主、俯、仰、后视图长对正；主、左、右、后视图高平齐；俯、左、右、仰视图宽相等。

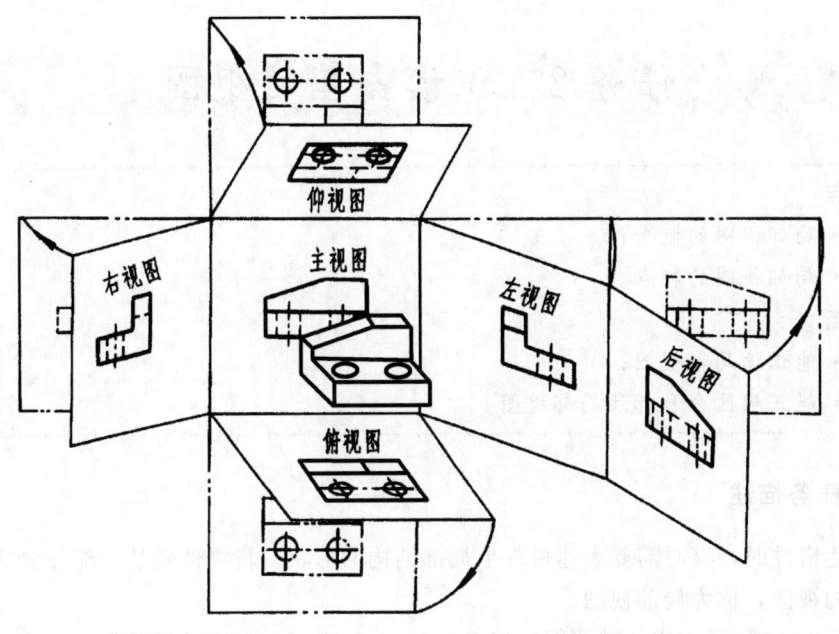

图 6-5 定位块基本视图的展开

三、知识链接

向视图如图 6-6 所示，A、B、C 三个方向的投影是定位块的向视图。

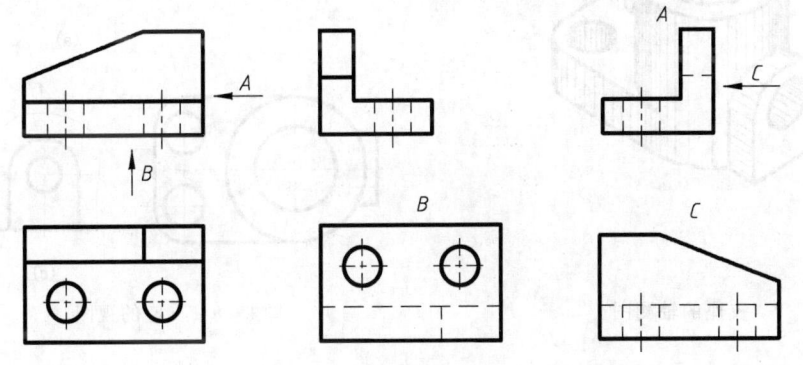

图 6-6 定位块的向视图

向视图是一种可以自由配置的视图，可根据需要，将某个方向的视图配置在图纸的任何位置上；在向视图上方标注"X"（"X"可为大写拉丁字母 A，B，C……），在相应视图（一般为主视图）附近用箭头指明投影方向，并标注相同的字母，如图 6-6 所示。

绘图时如不便于按图 6-3 配置基本视图时，可采用向视图的型式配置。

四、课堂思考

(1) 六个基本视图的图形与摆放位置有什么特点？

(2) 基本视图与向视图的区别是什么？

任务2　识读支座的视图

知识点
- 局部视图的概念；
- 局部视图的特点。

技能点
- 能识读局部视图；
- 能正确区分和标注局部视图。

一、任务描述

在表达机件时，有时需要表达机件上局部结构的形状。将机件的某一部分向基本投影面投射所得的视图，称为局部视图。

参考图6-7所示支座的轴测图，识读如图6-8所示支座的局部视图。

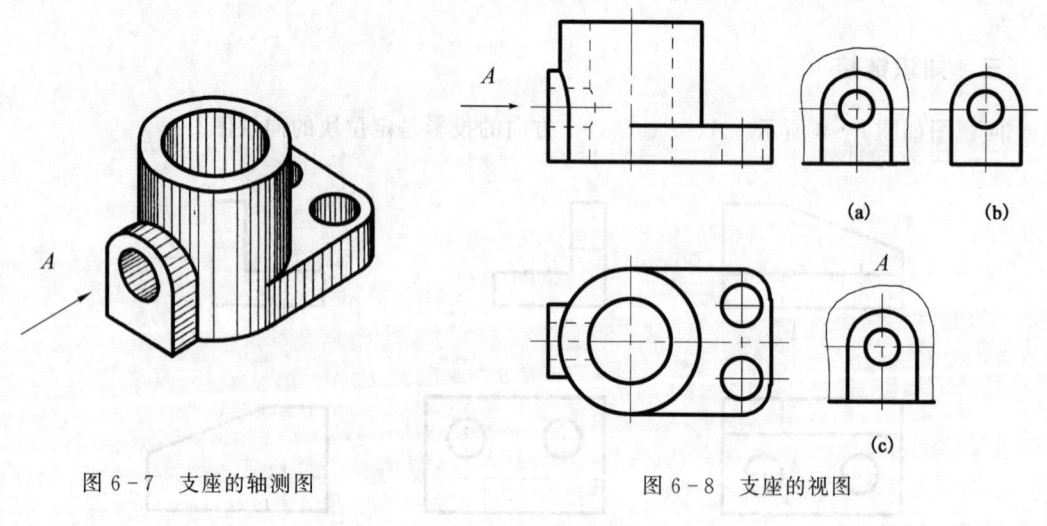

图6-7　支座的轴测图　　　　图6-8　支座的视图

二、任务实施

如图6-8（a）所示，支座的主视图和俯视图是完整的视图，左视图是不完整的视图。主、俯两视图已把机件的主要结构表达清楚，但左侧凸台形状不够清晰，若再画出一个完整的左视图，则大部分属于重复表达。

在主、俯视图的基础上，左视只画出其中的一部分——A向局部视图。如图6-8（a）所示，用波浪线绘制出断裂边界，仅表达支座左侧凸台局部的结构形状，节省了左视图，从而使图形重点突出，左侧凸台形状更加清晰。

三、知识链接

绘制与识读局部视图注意事项：

(1) 画局部视图时，一般在局部视图的上方用大写的拉丁字母标注视图的名称"X"，在相应视图的附近用箭头指明投影方向，并注上相同的字母，如图 6-8（c）所示。当局部视图按基本视图配置，中间又没有其他图形隔开时，可省略标注，如图 6-8（a）所示。

(2) 局部视图的断裂边界应以波浪线表示，如图 6-8（a）所示；当所表示的局部结构是完整的，且外轮廓线又成封闭时，波浪线可省略不画，如图 6-8（b）所示。

四、课堂思考

局部视图的优点是什么？

任务3　识读弯板的视图

> **知识点**
> - 斜视图的概念；
> - 斜视图的特点。
>
> **技能点**
> - 能识读斜视图；
> - 能正确标注斜视图。

一、任务描述

有时机件上具有倾斜的结构，不平行于任何基本投影面，在基本视图中不能反映该部分的实形，给画图和读图带来困难。如图 6-9 所示弯板右半部分倾斜于水平面，水平投影不能反映其实际形状。

这时可选择一个新的辅助投影面，如图 6-9 所示，使它与机件上倾斜部分平行（且垂直与某一基本投影面）。然后，将机件上的倾斜部分向新的辅助投影面投射，再将新投影面旋转到与其垂直的基本投影面重合的位置，即可得到反映该部分实形的视图，如图 6-10 所示。这种将机件向不平行于任何基本投影面的平面投射所得的视图，称为斜视图。

斜视图主要反映机件上倾斜结构的实形，其余部分省略不画。

识读如图 6-10 所示弯板的视图。

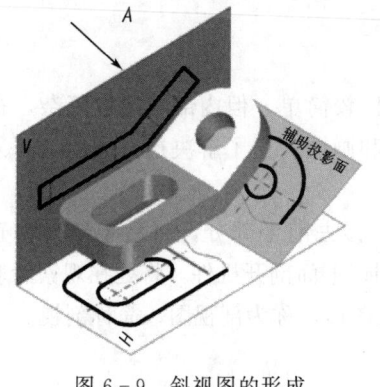

图 6-9　斜视图的形成

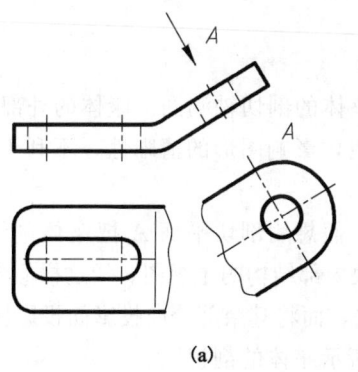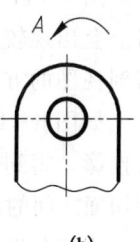

(a)　　　　　　　　　(b)

图 6-10　弯板的视图

二、任务实施

如图 6-10（a）所示，弯板的主视图反映了水平和倾斜两部分的厚度和位置，结合局部的俯视图和 A 向斜视图反映清楚了左侧水平部分中间有个环形孔，右侧倾斜部分的外形和圆孔的形状及位置。因为右侧倾斜部分不平行于基本投影面，所以采用斜视图反映其实形。斜视图只反映该物体上倾斜结构的实形，其余部分省略不画。斜视图的断裂边界用波浪线或双折线表示，如图 6-10（b）所示。

三、知识链接

绘制与识读斜视图的注意事项：

（1）画斜视图时，必须在斜视图的上方用大写的拉丁字母标注视图的名称，在相应视图的附近用箭头指明投影方向，并标注上相同的字母，如图 6-10（a）所示。

（2）斜视图一般按投影关系配置，必要时也可配置在其他适当位置。在不致引起误解时，允许将图形旋转，但需画出旋转符号。注意表示视图名称的大写拉丁字母应靠近旋转符号的箭头端，如图 6-10（b）所示。

四、课堂思考

机件的结构和形状在什么情况下采用斜视图？

任务 4　识读座体的剖视图

> **知识点**
> - 剖视图的概念；
> - 剖视图的种类；
> - 常用材料的剖面符号。
>
> **技能点**
> - 能识读剖视图；
> - 能绘制简单的剖视图。

一、任务描述

图 6-11 所示是座体的剖切轴测图。座体的外部结构比较简单，但内部结构较复杂，视图上会出现较多的虚线，影响图形的清晰性，不利于读图和画图。为了解决这一问题，可采用剖视图的方法。

如图 6-11 所示，假想用剖切平面 A 把座体剖切开，移去前半部分，将后半部分向正面投影，得到可以反映内部结构的主视图。像这样假想用剖切平面剖开机件，将处在观察者和剖切面之间的部分移去，而将其余部分向投影面投影所得的图形，称为剖视图，简称剖视。

识读如图 6-12 所示座体的剖视图。

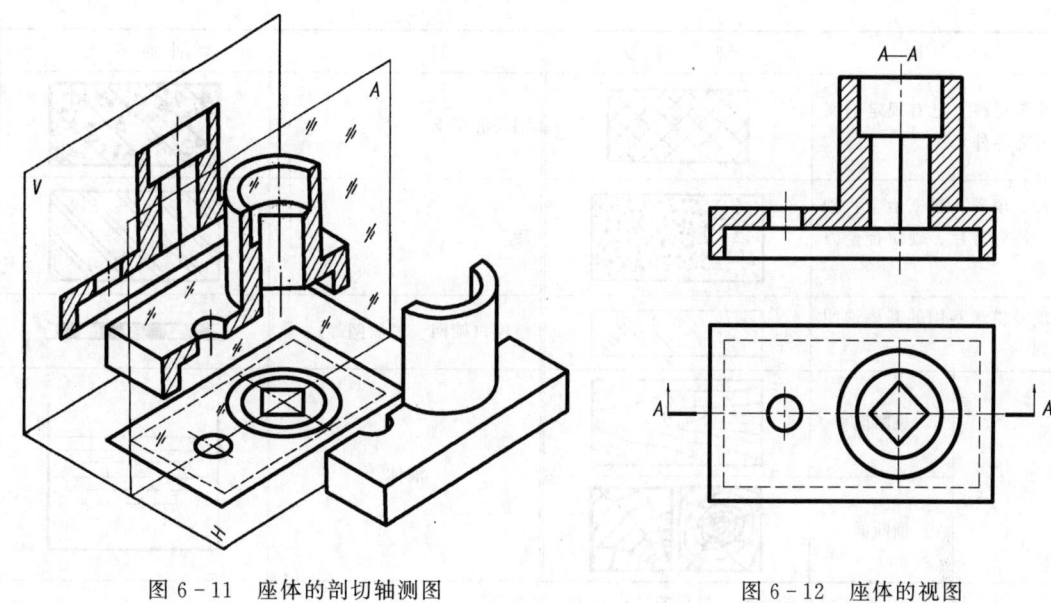

图 6-11 座体的剖切轴测图　　　　　图 6-12 座体的视图

二、任务实施

如图 6-12 所示，主视图采用剖视图表达，即假想用剖切平面 A（A 为正平面），通过座体前后方向的对称平面，把座体全部剖切开，形成对称的两部分。移去挡住视线的前半部分，将余下的后半部分向正面投影，得到座体的剖视图。剩下的后半部分，清晰地表达了座体的内部结构形状。

结合完整的俯视图，可以看出座体外形为：底部为长方体，右上部为圆柱体；圆柱体内部下方为方孔，长方体下方为方槽，左上方是圆孔结构。

三、知识链接

1. 剖面符号

剖切面与物体的接触部分称为剖面区域，应按规定画上剖面符号。表 6-1 为各种材料的剖面符号。

表 6-1　剖面区域表示法（GB 4457.5—2013）

材　料	剖面符号	材　料	剖面符号
金属材料（已有规定剖面符号者除外）		木质胶合板（不分层数）	
线圈绕组元件		基础周围的泥土	
转子、电枢、变压器和电抗器等的叠钢片		混凝土	

续表

材 料	剖面符号	材 料	剖面符号
非金属材料（已有规定剖面符号者除外）		钢筋混凝土	
型砂、填砂、粉末冶金、砂轮、陶瓷刀片、硬质合金刀片等		砖	
玻璃及供观察用的其他透明材料		格网（筛网、过滤网等）	
木材 纵断面		液体	
木材 横断面			

注：1. 剖面符号仅表示材料的类型，材料的名称和代号另行注明。
　　2. 叠钢片的剖面线方向，应与束装中叠钢片的方向一致。
　　3. 液面用细实线绘制。

2. 绘制剖视图应注意的问题

（1）选好剖切面的位置。为使剖视图能充分反映机件的实形，剖切平面一般通过机件的对称面或内部孔槽等结构的轴线，并平行于相应的投影面，如图 6-12 所示平面 A。

（2）机件取剖视后，剖切面后面可见轮廓线应全部画出，不要遗漏，如图 6-13 所示。

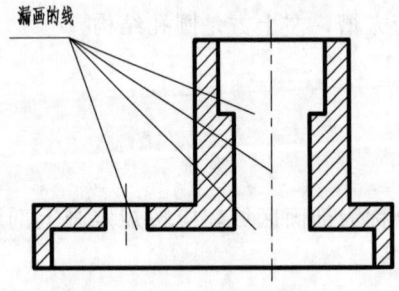

图 6-13　剖视图注意事项

（3）由于剖视图是假想剖开机件，因此，当机件的一个视图画成剖视图后，其他视图应完整画出，如图 6-12（b）所示俯视图。

（4）机件取剖视后，已经表达清楚的结构，在剖视图和其他视图中的虚线可省略不画。对尚未表达清楚的结构形状的虚线仍应保留，如图 6-14 所示。

（5）剖面线的画法：国标规定，当不需要在剖面区域中表示材料的类别时，可采用通用剖面线表示，如图 6-15 所示。

在同一金属零件的零件图中，剖视图的剖面线，应画成间隔相等、方向相同，而且与水平方向成 45°的平行细实线，如图 6-15（a）所示。

当图形中的主要轮廓线与水平线成 45°时，该图形的剖面线应画成与水平成 30°或 60°的平行细实线，其倾斜方向仍与其他图形的剖面线一致，如图 6-15（b）所示。

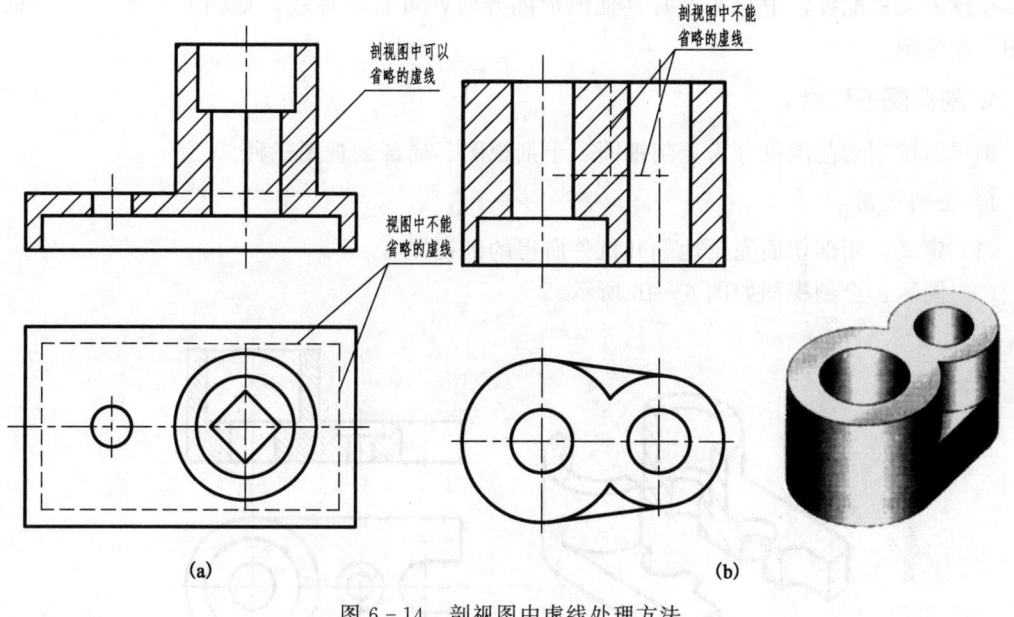

图 6-14 剖视图中虚线处理方法

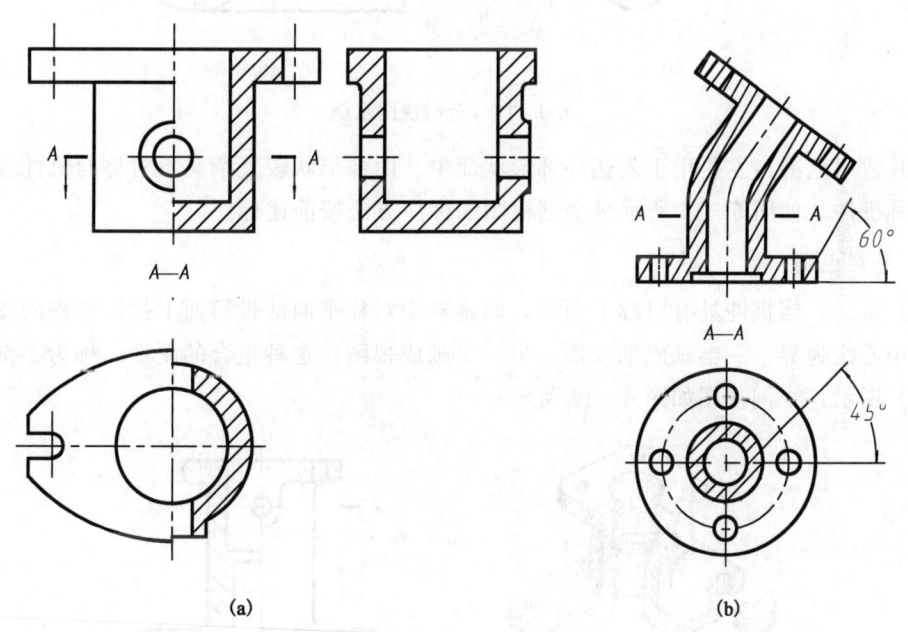

图 6-15 剖面线的画法
(a) 45°剖面线；(b) 30°或60°剖面线

3. 剖视图的标注

（1）一般在剖视图的上方用大写拉丁字母标注剖视图的名称"$X—X$"，在相应的视图上用剖切符号（粗短线，线长 4～6mm，线宽 1.5d）表示剖切位置，用箭头表示投影方向，并标注相同的字母，如图 6-15（a）俯视图所示。

（2）省略标注。当剖视图按投影关系配置，中间又没有其他图形隔开时，可以省略箭头，如图 6-15（b）俯视图所示；如果单一剖切面通过机件的对称面或基本对称面，且剖视图按投影关系配置，中间又没有其他图形隔开时，可省略标注，如图6-15（a）中的主视图、左视图。

4. 剖视图的种类

剖视图按剖切范围可分为全剖视图、半剖视图、局部剖视图三种。

1）全剖视图

（1）定义：用剖切面完全地剖开机件所得的剖视图。

（2）图示：全剖视图如图6-16所示。

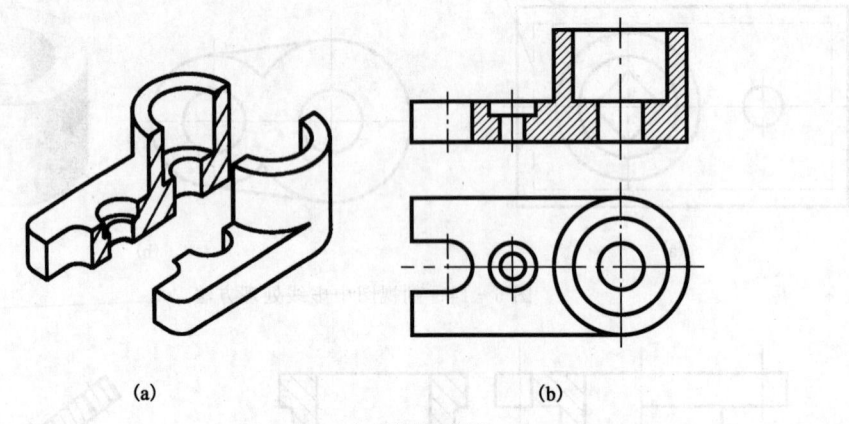

图6-16 全剖视图示例

（3）适用范围：主要用于表达外部形状简单、内部形状较复杂又不对称的机件或外形简单的对称机件，如图6-16所示。全剖视图的标注方法按前述标注。

2）半剖视图

（1）定义：当机件具有对称平面时，向垂直于对称平面的投影面上投影所得的图形，可以对称中心线为界，一半画成剖视图，另一半画成视图，这种组合的图形，称为半剖视图。

（2）图示：半剖视图如图6-17所示。

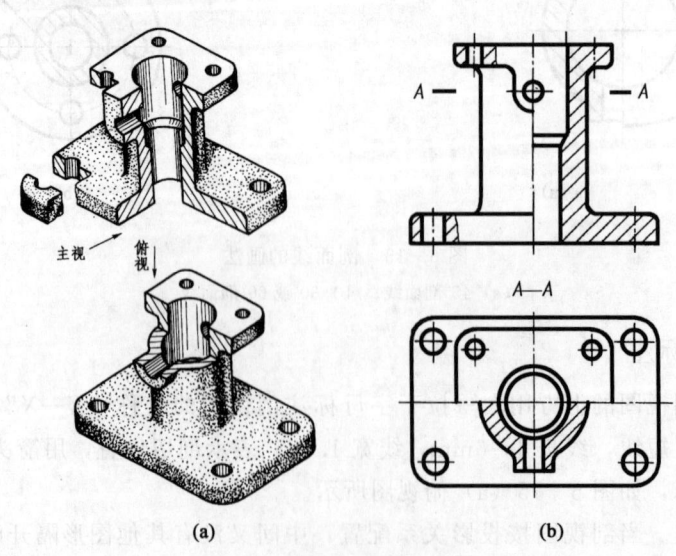

图6-17 半剖视图示例

（3）适用范围：主要用于内外结构形状均对称，并都需要表达的机件。当机件的形状接近对称，且不对称部分另有图形表达时，也可采用半剖视图，如图 6-18 所示。

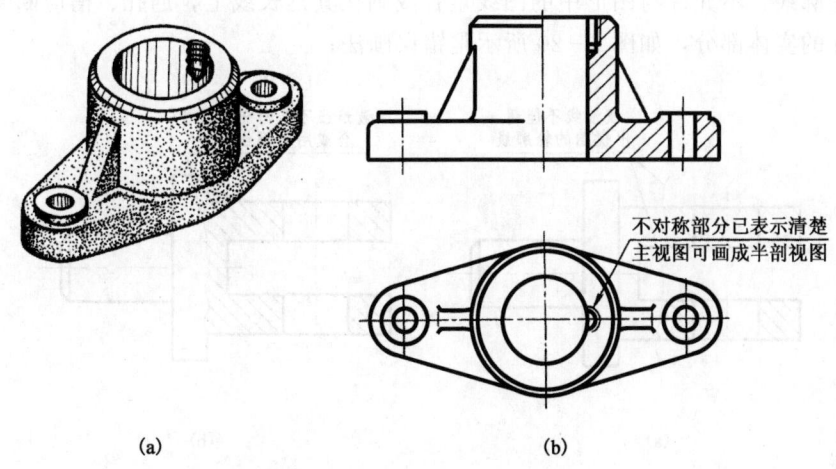

图 6-18 基本对称半剖视图示例

（4）绘制半剖视图注意事项：

①半个剖视和半个视图应以点画线为界；

②半个视图中，一般不画表示机件内部结构的虚线，用细点画线表示孔、槽的中心位置，半个剖视图中未表达清楚的结构，可在半个视图中作局部剖视图，如图 6-17（b）主视图所示；

③半剖视图的标注方法与全剖视图的标注方法相同。

3）局部剖视图

（1）定义：用剖切面局部地剖开机件所得的剖视图，称为局部剖视图。

（2）图示：局部剖视图如图 6-19 所示。

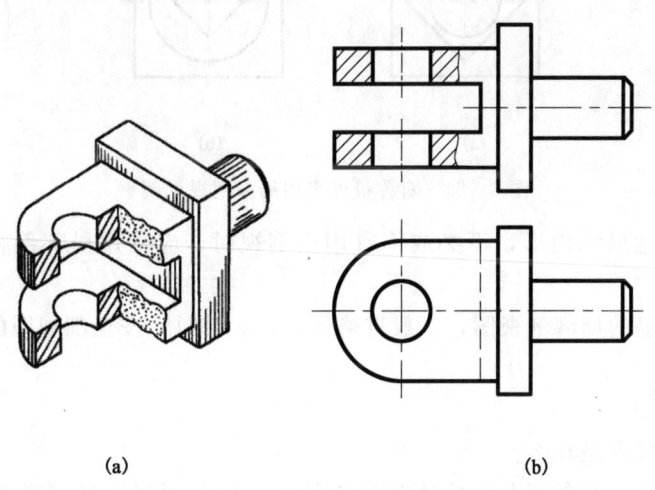

图 6-19 局部剖视图示例

（3）适用范围：当机件有一些局部的内部结构形状尚未表达清楚，而又没有必要作全剖视和半剖视时，可采用局部剖视图。

(4) 绘制局部剖视图注意事项：

①局部剖视图的视图部分与剖视部分用细波浪线（或细双折线）分界，该波浪线不能超出视图的轮廓线，不允许与图形中的图线重合或画在其延长线上，遇孔、槽应断开，波浪线应画在机件的实体部分，如图 6-20 所示是错误画法；

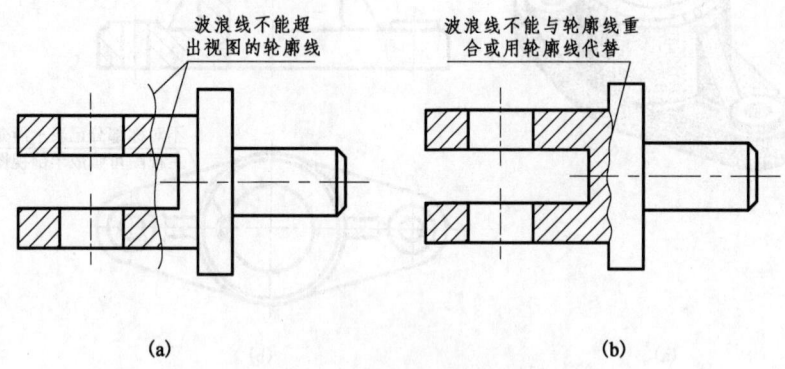

图 6-20　局部剖视图错误画法

②对称机件的轮廓线与对称中心线重合时，不宜用半剖视图，应采用局部剖视图，如图 6-21 所示；

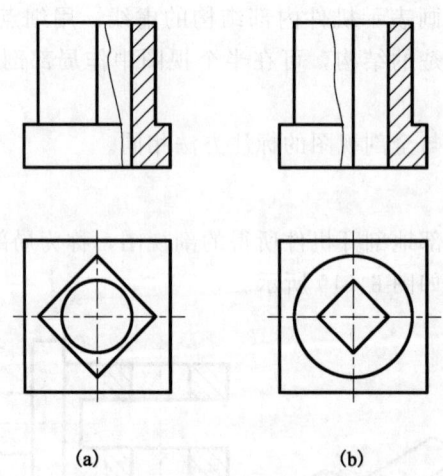

图 6-21　对称机件采用局部剖视示例

③机件上需表达局部内形，不必或不宜用全剖视时，应采用局部剖视图，如图 6-19 所示；

④剖切位置明显的局部剖视图，一般省略标注，必要时，按全剖视图的型式标注。

四、课堂思考

（1）剖视图的特点是什么？

（2）内外结构均对称的机件，需表达内外结构，何时不能用半剖视图，只能用局部剖视图？

任务5　识读弯头的剖视图

知识点
- 剖切面的种类。

技能点
- 能识读多个剖切面的视图。

一、任务描述

剖视图能否清楚的表达机件内外形状，选择恰当的剖切面非常重要。国家标准规定了可以用下列几种剖切面剖开机件：单一剖切面、几个平行的剖切面、几个相交的剖切面。图6-22（a）所示为假想用不平行于基本投影面的单一平面（但垂直于基本投影面）剖开机件上的倾斜部分的轴测图。

识读图6-22（b）所示弯头的剖视图。

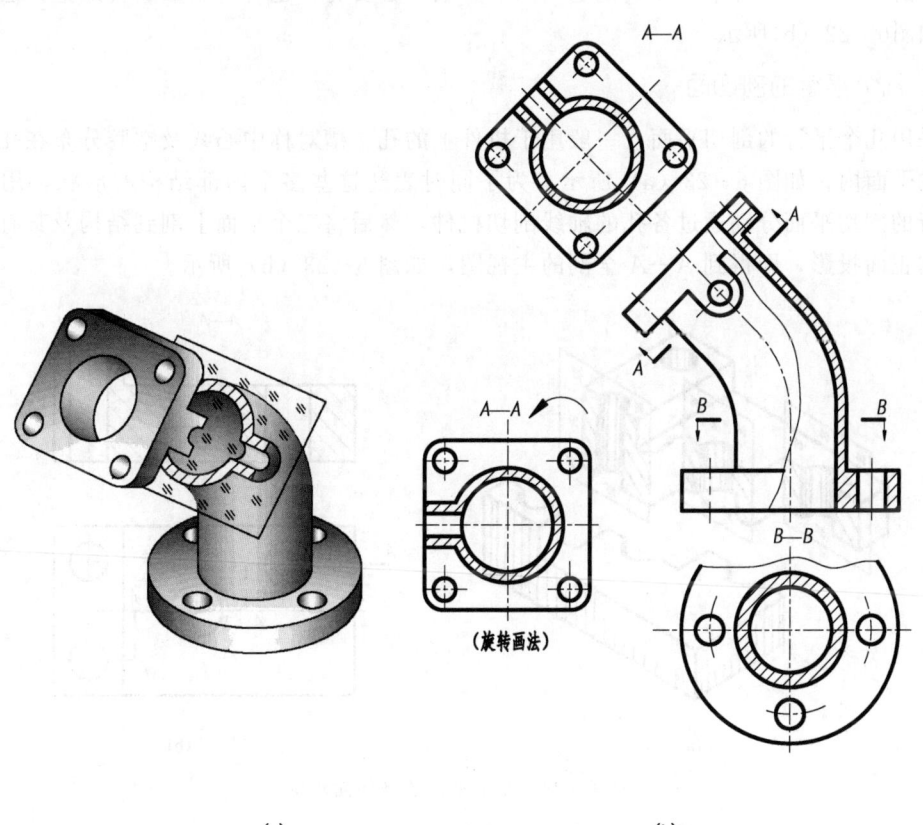

(a)　　　　　　　　　(b)

图6-22　单一剖切面示例

二、任务实施

如图6-22（b）所示，弯头的主视图采用局部剖视图、俯视图为B—B全剖的画法，清晰地表达了弯头的主体内外结构和壁厚。主视图的左上方配有A—A单一剖切视图。A—A剖切符号注明剖切面A的位置。剖切面A垂直于正面，平行于倾斜的内部结构。剖切面过左上角孔的轴线切开机件，移去观察者与剖切平面中间的部分（右下部分），将剩下的截断体左上部分的断面，自右下方向左上方垂直于断面方向进行投影，得到如图6-22（b）所示的A—A单一剖视图，图中清晰地反映了倾斜部分的内部结构。

三、知识链接

1. 单一剖切面

（1）平行于基本投影面的单一剖切面。前面介绍的全剖、半剖、局部剖视图，都是用平行于基本投影面的单一剖切平面剖开机件得到的。

（2）不平行于基本投影面的单一剖切面。这种剖切面主要用于表示机件上倾斜部分内部结构形状，如图6-22所示。画这种剖视图时，剖视图需按图6-22（b）所示标注。表示投影方向的箭头应垂直剖切面，字母一律水平注写。剖视图一般应按投影关系配置在剖切符号相对应的位置上，也可平移在其他适当的位置上，必要时，也可将图形旋转配置，但必须标注，如图6-22（b）所示。

2. 几个平行的剖切面

采用几个平行的剖切平面，一般用于机件上的孔、槽对称中心线及空腔分布在几个互相平行的平面内，如图6-23（a）所示。为了同时表达这些多个内部结构的形状，用三个互相平行的剖切平面分别通过各孔的轴线剖切机件，然后将三个平面上剖到结构及其有关部分同时向正面投影，即得到A—A全剖的主视图，如图6-23（b）所示。

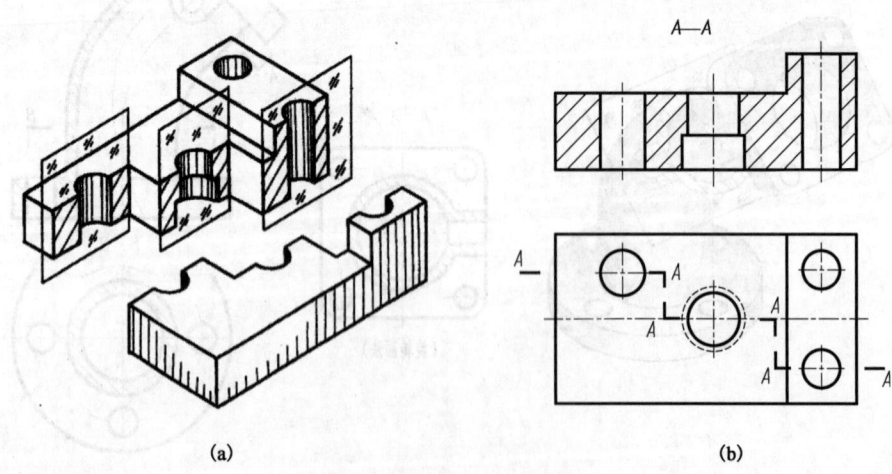

图6-23 几个平行的剖切面示例

采用几个平行的剖切平面，应注意以下几点：

（1）由于剖切是假想的，剖视图上不能画出剖切平面转折处的投影，同时剖切符号不与图形轮廓线重合，如图6-24（a）所示。

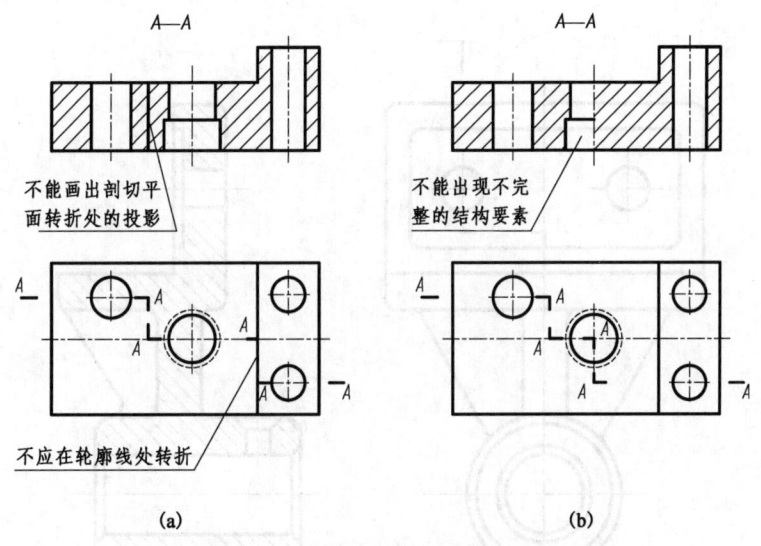

图 6-24 几个平行的剖切面常见错误示例

（2）采用这种方法画剖视图时，在图形内不应出现不完整的要素，如图 6-24（b）所示。仅当两个要素在图形上具有公共对称中心线或轴线时，可以各画一半，此时应以对称中心线或轴线为界，如图 6-25（b）所示。

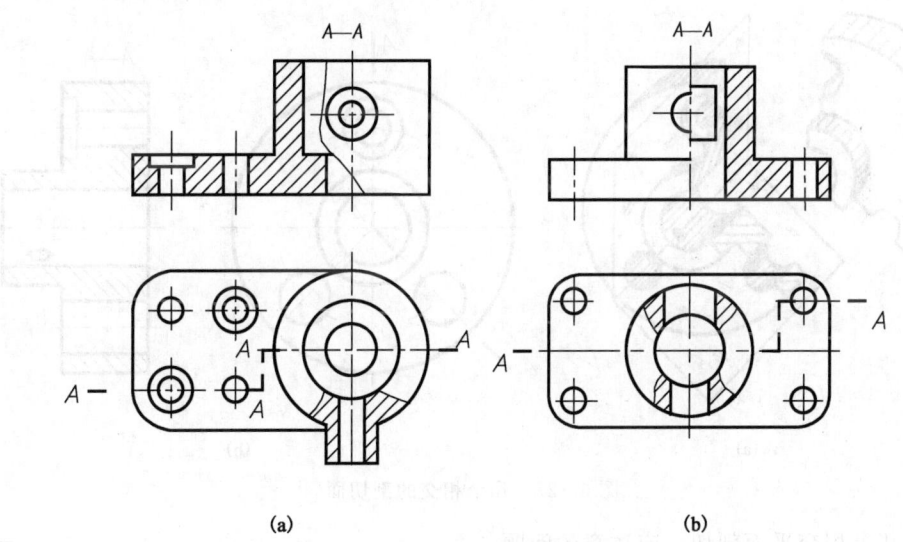

图 6-25 几个平行的剖切面的局部剖视图和半剖视图

（3）用几个平行的剖切平面，也可获得局部剖视图或半剖视图，如图 6-25 所示。

（4）采用这种方法绘制剖视图必须标注。在剖切平面起讫和转折处要用剖切符号表示剖切位置，并标注相同的大写拉丁字母，在起讫处用箭头表示投影方向，如图 6-26 所示，在剖视图的上方标注名称"$X-X$"；当剖视图按投影关系配置，中间又没有其他图形隔开时，可省略箭头。当转折处位置有限又不致引起误解时，允许省略字母，如图 6-25（b）所示。

3. 几个相交的剖切面（交线垂直于某一投影面）

当机件上的孔、槽等结构沿机件的某一回转轴线分布时，可采用几个相交于回转轴线的剖切面剖开机件，以表达其形状，如图 6-27 所示。

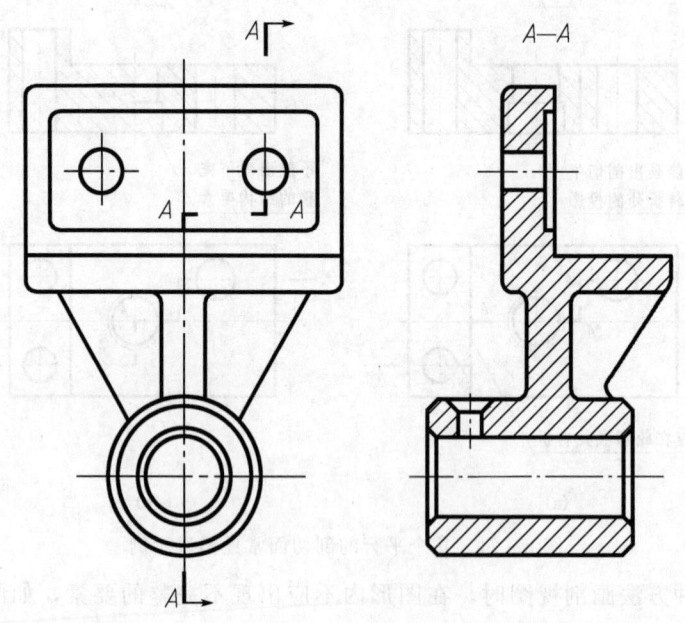

图 6-26 几个平行的剖切平面标注示例

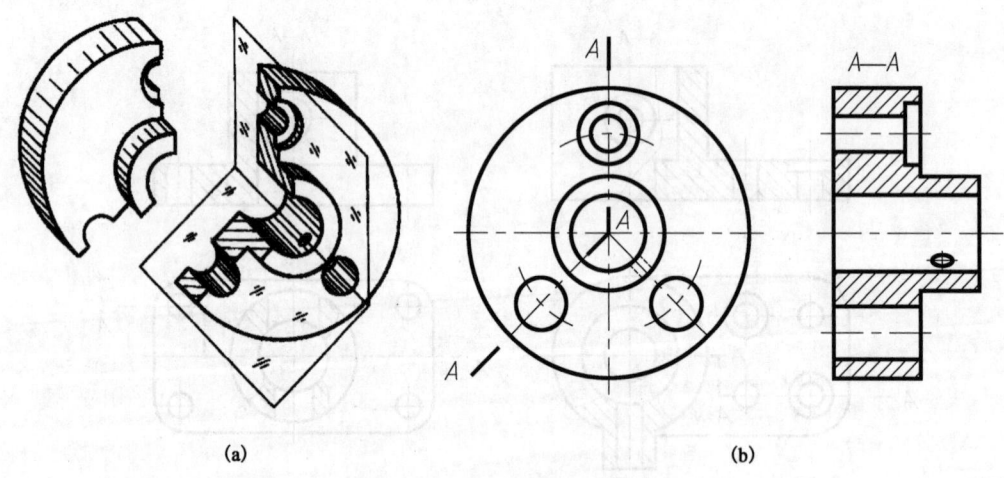

图 6-27 几个相交的剖切面

采用几个相交平面剖切，应注意的问题：

（1）采用这种方法画剖视图时，先假想按剖切位置剖开机件，然后将被剖切平面剖开的结构及其有关部分旋转到与选定的投影面平行，再进行投影。

（2）在剖切面后的其他结构，一般仍按原来位置投影，如图 6-27（b）和图 6-28 所示小孔。当剖切后产生不完整的要素时，应将此部分按不剖绘制，如图 6-29 所示。

（3）此种剖视图必须标注，其标注方法与几个平行平面剖切的剖视图相同。采用几个相交的剖切面，也可获得半剖视图或局部剖视图。

四、课堂思考

用几个相交的剖切面剖切机件形成剖视图时，倾斜剖切部分是先投影还是先旋转？

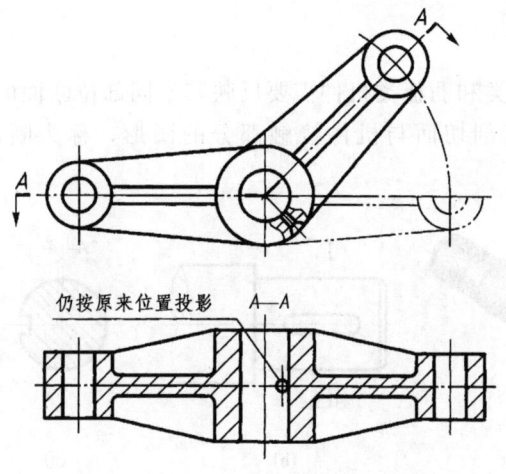

图 6-28 剖切面后面结构的画法

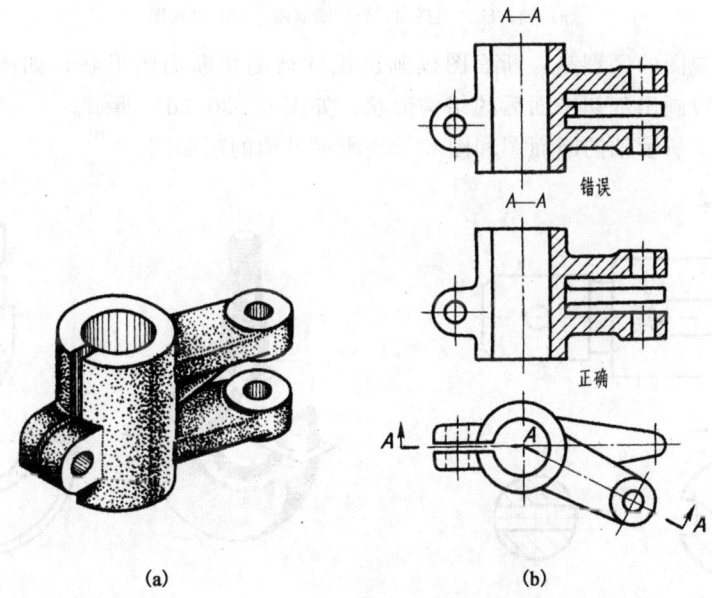

图 6-29 剖切后不完整结构的画法

任务6 识读轴和吊钩的断面图

知识点
- 断面图的概念；
- 断面图的种类。

技能点
- 能识读断面图；
- 能正确区分断面图的种类。

一、任务描述

有些轴类、架类、杆类和肋板类机件需要反映其不同部位断面的形状,假想用剖切面将机件的某处切断,仅画出剖切面与机件接触部分的图形,称为断面图,简称断面,如图6-30所示。

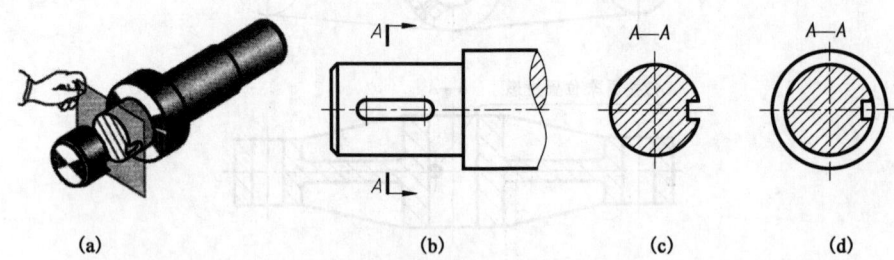

图 6-30 断面图与剖视图的区别
(a) 轴;(b) 主视图;(c) 断面图;(d) 剖视图

断面图和剖视图的区别是:断面图仅画出机件被剖切断面的形状,如图6-30(c)所示;而剖视图还应画出剖切平面后的结构形状,如图6-30(d)所示。

识读图6-31所示轴的断面图和图6-32所示吊钩的断面图。

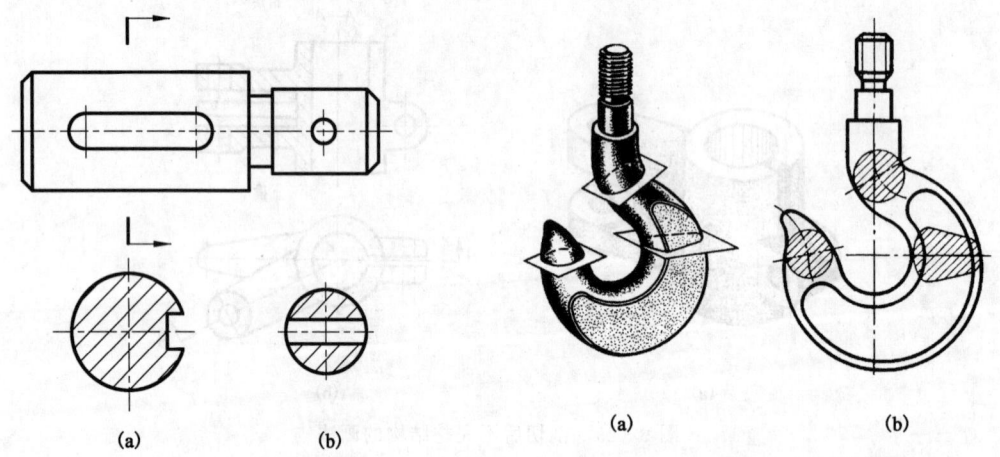

图 6-31 轴的断面图(移出断面)　　　　图 6-32 吊钩的断面图(重合断面)
　　　　　　　　　　　　　　　　　　　　(a) 吊钩的立体图;(b) 吊钩的视图

二、任务实施

断面图分为移出断面和重合断面两种。

如图6-31所示为两个断面图,它反映了轴上键槽的深度和销孔的情况,该两个断面图画在视图的外面,称为移出断面图。移出断面图的轮廓线用粗实线绘制。

如图6-32所示为三个画在视图内的断面图,这样画在视图之内的断面图,称为重合断面图,轮廓线用细实线绘制。这样直接画在剖切面处的断面图真实地反映出吊钩三处断面的实际形状。注意:当视图中的轮廓线与重合断面的图形重叠时,视图中的轮廓线仍连续画出,不可间断。

三、知识链接

1. 断面图的画法

(1) 移出断面图应尽量配置在剖切线上或剖切符号的延长线上,如图 6-31 所示,也可按投影关系配置,如图 6-30(c) 所示,或放在其他适当位置上。

(2) 当剖切面通过回转面形成的孔或凹坑的轴线时,这些结构应按剖视图绘制,如图 6-33 所示。

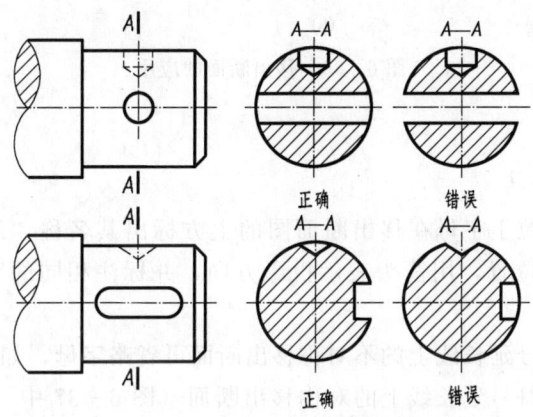

图 6-33 按剖视图绘制的断面图示例(一)

(3) 当剖切面通过非圆孔,会导致完全分离的剖面区域时,则这些结构应按剖视图绘制,如图 6-34 所示。

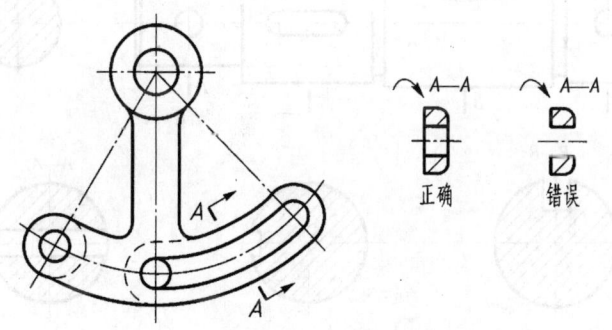

图 6-34 按剖视图绘制的断面图示例(二)

(4) 用两个或多个相交剖切平面剖切得出的移出断面,中间一般应断开,如图 6-35 所示。为反映断面实形,剖切平面一般应与被剖部分的轮廓线垂直,如图 6-36 所示。

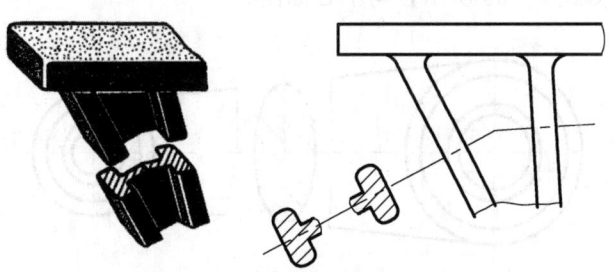

图 6-35 相交剖切面的移出断面图

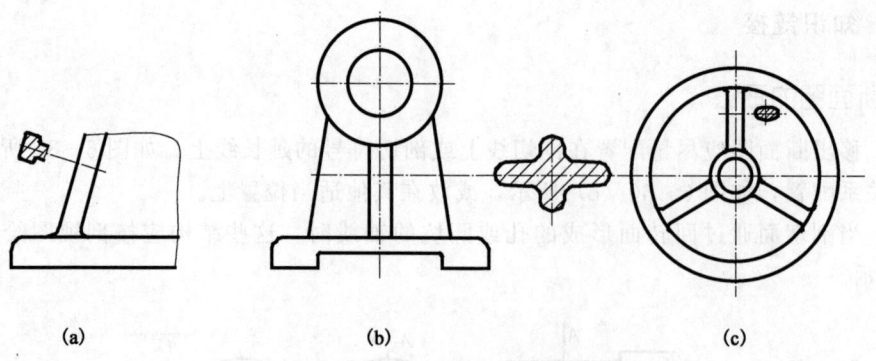

图 6-36 移出断面的应用

2. 断面图的标注

1) 移出断面图的标注

(1) 一般应用大写拉丁字母在移出断面图的上方标出其名称 "X—X"，在相应的视图上用剖切符号表示剖切位置，用箭头表示投影方向，并标注相同的字母，如图 6-30 中的 A—A 断面图。

(2) 配置在剖切符号延长线上的不对称移出断面可省略字母，如图 6-31 (a) 所示。

(3) 不配置在剖切符号延长线上的对称移出断面（图 6-37 中 A—A 断面），以及按投影关系配置的对称移出断面（图 6-37 C—C 断面），均可省略箭头。

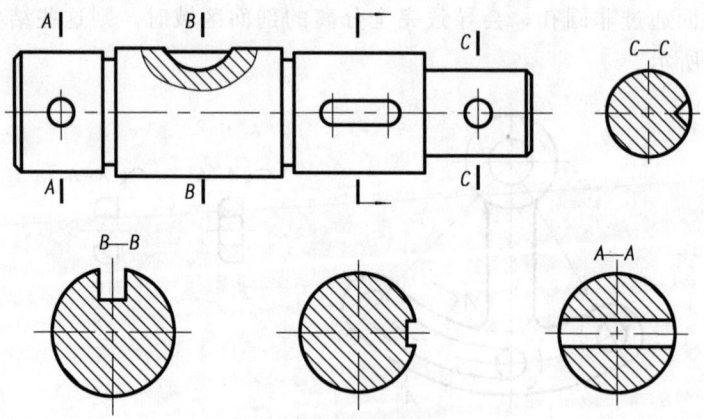

图 6-37 移出断面图的标注

(4) 配置在剖切线延长线上的对称移出断面，如图 6-31 (b) 所示，以及配置在视图中断处的移出断面，如图 6-38 所示，均不必标注。

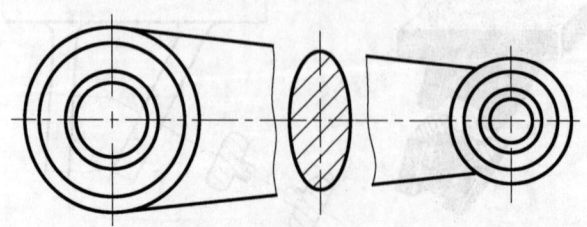

图 6-38 画在视图中断处的断面图

2）重合断面图的标注

（1）不对称的重合断面图应标注，要画出剖切符号和箭头，以表明剖切位置和投影方向，可省略字母，如图 6-39（b）所示。

（2）对称重合断面图不必标注，如图 6-39（c）所示。

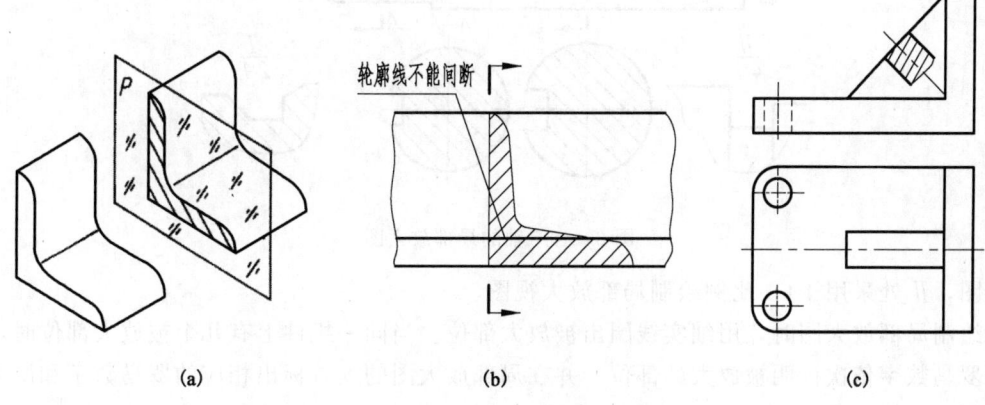

图 6-39　重合断面图的省略标注

四、课堂思考

断面图与剖视图区别是什么？

任务 7　识读轴的局部放大图

知识点
- 局部放大图的概念；
- 局部放大图的画图。

技能点
- 能识读或标注局部放大图；
- 能正确运用局部放大图。

一、任务描述

有些机件的部分结构细小，为使图形清晰，可采用局部放大的方法，将机件的部分结构用大于原图形所采用的比例画出，这种的图形称为局部放大图。

识读如图 6-40 所示轴的局部放大图。

二、任务实施

如图 6-40 所示，图中 I 处和 II 处的退刀槽和沟槽结构形状比较小，原图中表达不清楚其结构形状，且不便于标注尺寸，所以采用局部放大图。I 处采用 2∶1 比例绘制局部放大

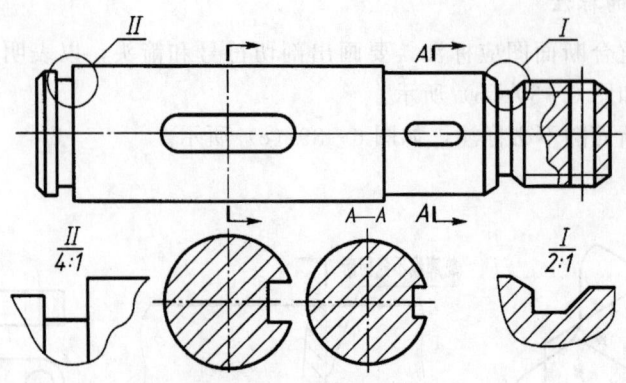

图 6-40 轴的局部放大图

剖视图，Ⅱ处采用4∶1比例绘制局部放大视图。

绘制局部放大图时，用细实线圈出被放大部位。当同一机件上有几个被放大部位时，必须用罗马数字依次标明被放大的部位，并在局部放大图的上方标出相应的罗马数字和所采用的比例。

三、知识链接

绘制局部放大图应注意的问题：

（1）局部放大图可画成视图、剖视图、断面图等，它与被放大部位的表达方式无关。局部放大图应尽量配置在被放大部位的附近，如图6-40所示。

（2）当机件上被放大的部位仅一个时，在局部放大图的上方只需注明所采用的比例，如图6-41所示。

（3）同一机件上不同部位的局部放大图，当图形相同或对称时，只需画出一个局部放大图，如图6-42所示。

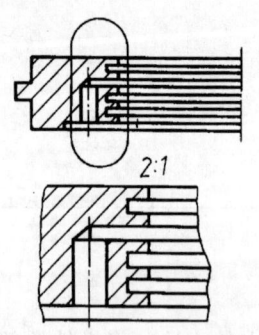
图 6-41 局部放大图示例（一）

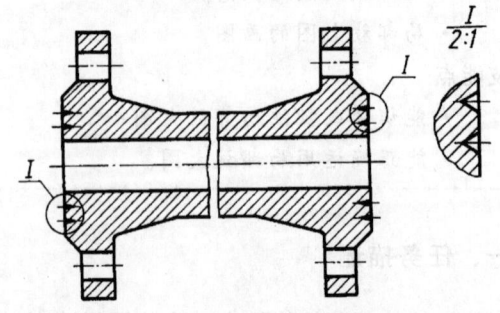
图 6-42 局部放大图示例（二）

（4）必要时可用几个图形来表达同一个被放大的部位，如图6-43所示。

四、课堂思考

局部放大图的特点是什么？

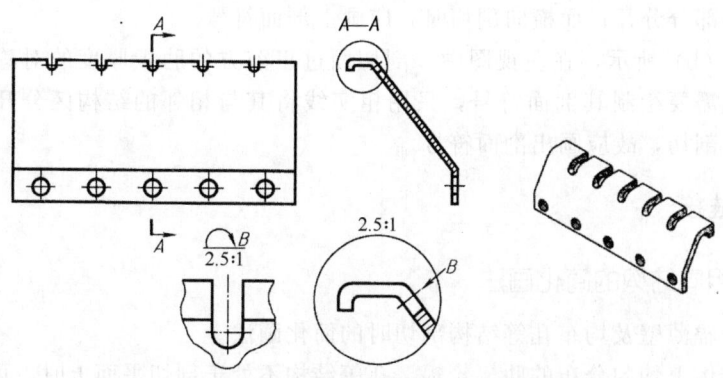

图 6-43 用几个图形表达同一被放大的部位

任务 8　识读轴承座的视图

知识点
- 简化画法的概念；
- 常见机件的简化画法。

技能点
- 能识读常见机件的简化画法。

一、任务描述

为使绘图简便，国家标准规定了一些常见机件结构的简化画法和规定画法。

图 6-44（a）所示为轴承座。轴承座的视图中，左视图的肋板的画法采用了规定画法。

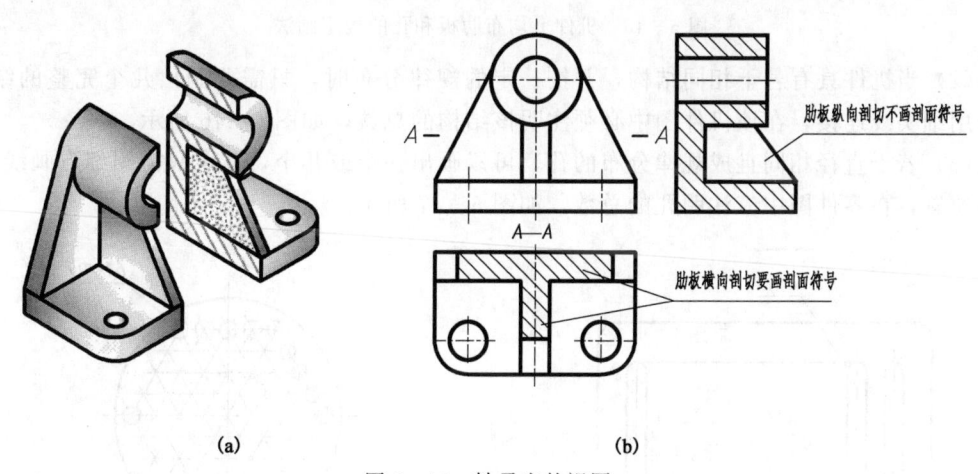

(a)　　　　　　　　　　(b)

图 6-44　轴承座的视图

二、任务实施

根据国标规定，机件上的筋、轮辐等如按纵向剖切时，这些结构都不画剖面符号，用粗实线将它与相邻部分分开；而横向剖切时，应画上剖面符号。

如图 6-44（b）所示，在左视图中，剖切面过正前方的肋板厚度的对称面，是纵向剖切，故左视图不需要绘制其剖面符号，只用粗实线将其与相邻的结构区分开来；在俯视图中，肋板是横向剖切，故应画出剖面符号。

三、知识链接

1. 机件上相同结构的简化画法

（1）筋、轮辐薄壁及均布孔等结构剖切时的简化画法。

当机件回转体上均匀分布的肋、轮辐、孔等结构不处于剖切平面上时，可将这些结构旋转到剖切平面上画出，并对均布孔只需画出一个，其余的用细点画线表明其中心位置，如图 6-45 所示。

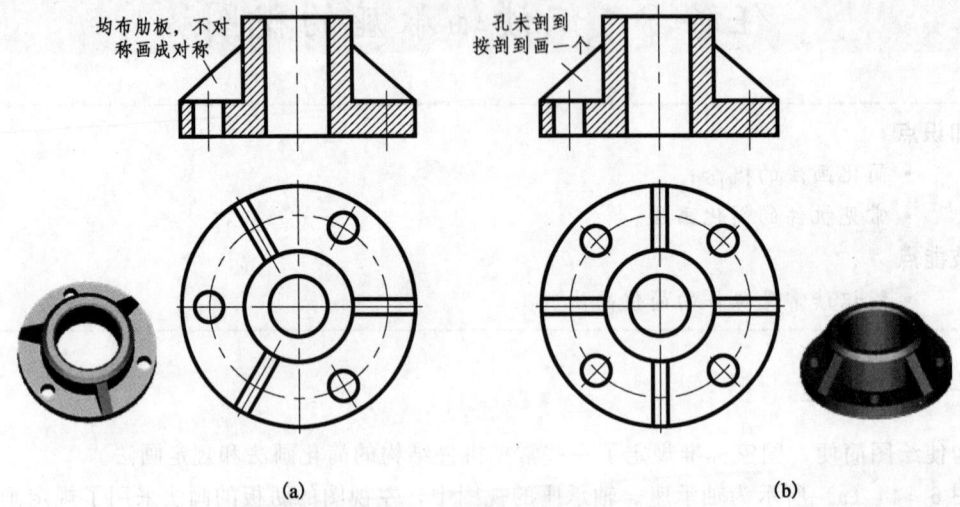

图 6-45　机件上均布肋板和孔的规定画法

（2）当机件具有若干相同结构，并按一定的规律分布时，只需要画出几个完整的结构，其余用细实线连接，在该机件图中必须注明该结构的总数，如图 6-46 所示。

（3）若干直径相同且成规律分布的孔，可以画出一个或几个，其余只需用细点画线表示中心位置，在零件图中应注明孔的总数，如图 6-47 所示。

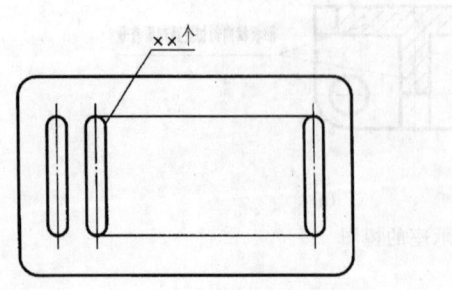 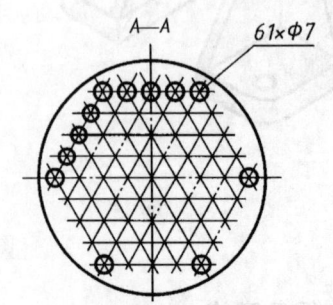

图 6-46　相同结构要素的简化画法　　　图 6-47　成规律分布的等径孔的简化画法

(4) 滚花的表示法。

网状物、编织物或机件上的滚花部分可在轮廓线附近用粗实线完全地或部分地示意画出，如图 6-48 所示。

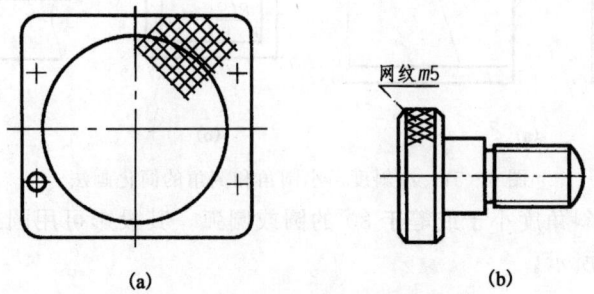

图 6-48 网状物与滚花的表示法
(a) 网状物的表示法；(b) 滚花的表示法

(5) 圆柱形法兰和类似机件上均匀分布的孔可按图 6-49 方法表示（由零件外向该法兰端面投影）。

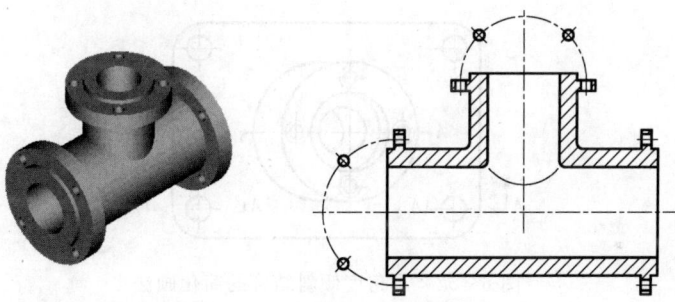

图 6-49 均布孔的简化画法

2. 机件上较小结构的简化画法

(1) 机件上较小结构，如在一个图形中已经表达清楚时，其他图形可简化或省略，如图 6-50 所示。

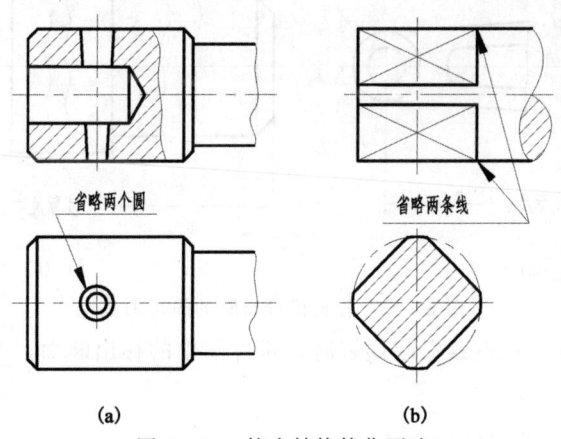

图 6-50 较小结构简化画法

(2) 在不致引起误解时，零件图中的小斜度、小圆角、锐边的小倒圆或 45° 的小倒角允许省略不画，但必须注明尺寸或在技术要求中加以说明，如图 6-51 所示。

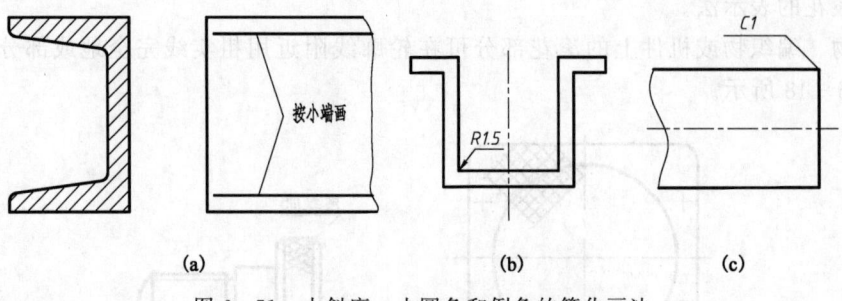

图 6-51 小斜度、小圆角和倒角的简化画法

(3) 与投影面倾斜角度小于或等于 30°的圆或圆弧，其投影可用圆或圆弧代替真实投影的椭圆，如图 6-52 所示。

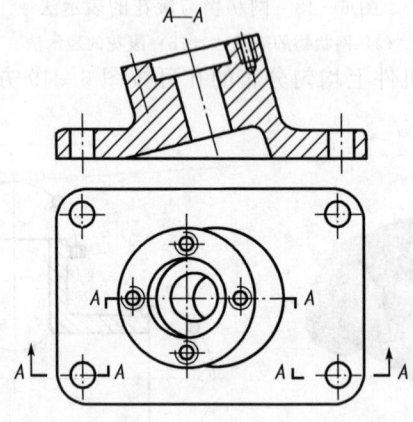

图 6-52 小角度倾斜结构的简化画法

3. 省略的简化画法

(1) 较长机件的简化画法。较长的机件（轴、杆等）沿长度方向的形状一致或按一定的规律变化时，可断开后缩短绘制，但尺寸应按机件实际设计尺寸标注，如图 6-53 所示。

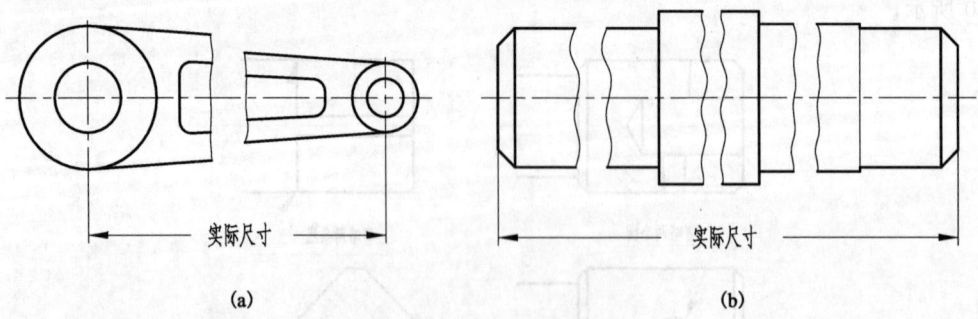

图 6-53 较长机件折断的简化画法

(2) 省略剖面符号。在不致引起误解时，机件图中的移出断面，允许省略剖面符号，如图 6-54 所示。

4. 回转体零件上平面的表示方法

回转体零件上的平面在图形中不能充分表达时，可用平面符号（两条相交的细实线）表示，如图 6-55 所示。

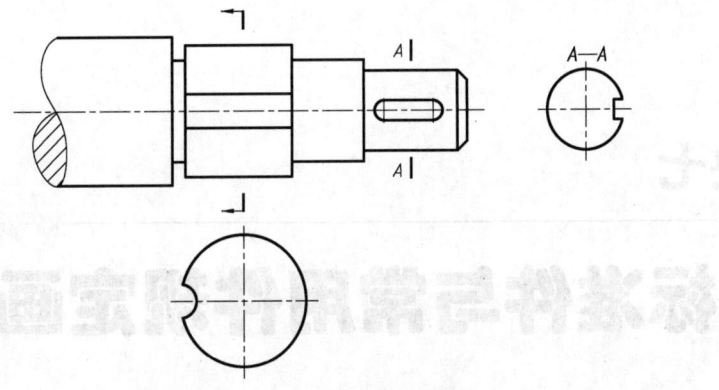

图 6-54 省略剖面符号画法

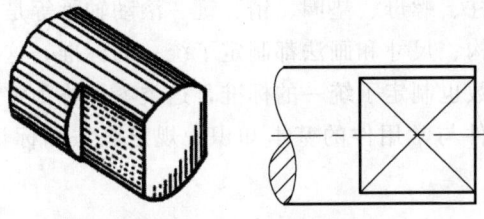

图 6-55 平面的表示方法

5. 零件上对称结构和局部视图画法

零件上对称结构和局部视图可按图 6-56、图 6-57、图 6-58 绘制。

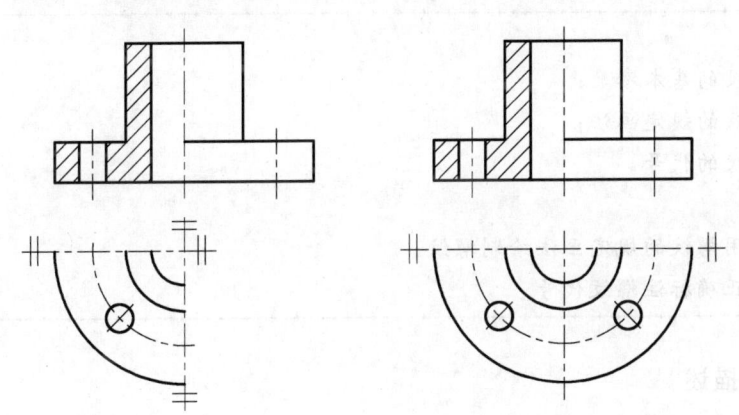

图 6-56 对称结构简化画法

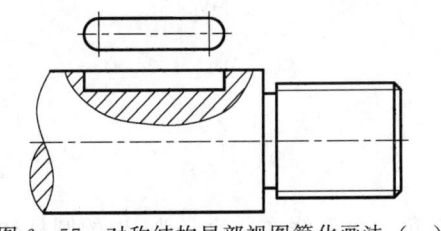

图 6-57 对称结构局部视图简化画法（一）

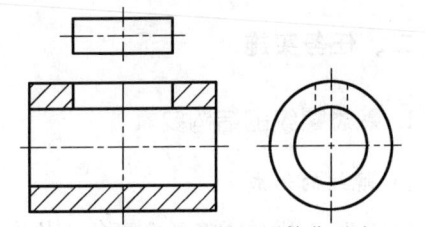

图 6-58 对称结构局部视图简化画法（二）

四、课堂思考

简化画法的种类有哪些？

模块七

标准件与常用件规定画法

螺栓、螺钉、双头螺柱、螺母、垫圈、销、键、滚动轴承等是机器上的常见零部件，国家标准对这些零部件的结构、尺寸和画法都制定了统一的标准，这类零部件称为标准件。齿轮、弹簧等零件的部分参数也制定了统一的标准，这类零件称为常用件。

本模块主要介绍标准件与常用件的基本知识、规定画法和标记，以及有关标准的查用方法。

任务1 螺纹的规定画法和标注

知识点
- 螺纹的基本参数；
- 螺纹的规定画法；
- 螺纹的代号。

技能点
- 能用螺纹的规定画法绘制螺纹；
- 能正确标注螺纹代号。

一、任务描述

螺纹紧固件是一种最常用的标准件，本任务要求掌握螺纹的规定画法和标注方法。

二、任务实施

1. 熟悉螺纹的结构要素

1) 螺纹的形成

如图7-1所示，将一个直角边长度为 πd_2 的直角三角形绕在一直径为 d_2 的圆柱体上，并使其较长的直角边与圆柱体的底面重合，则直角三角形的斜边在圆柱体上形成一条空间曲线，即螺旋线，λ角为螺旋升角。

一个与轴线共面的平面图形（三角形、梯形等），绕圆柱面做螺旋运动，则得到一圆柱

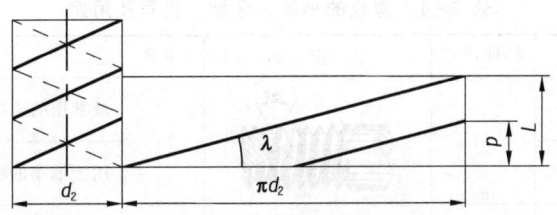

图 7-1 螺旋线的形成

螺旋体，称为螺纹，如图 7-2（a）所示。制在圆柱体外表面上的螺纹称为外螺纹，如图 7-2（b）所示。制在圆柱体内表面上的螺纹称为内螺纹，如图 7-2（c）所示。内螺纹可以用丝锥攻，如图 7-2（d）所示。

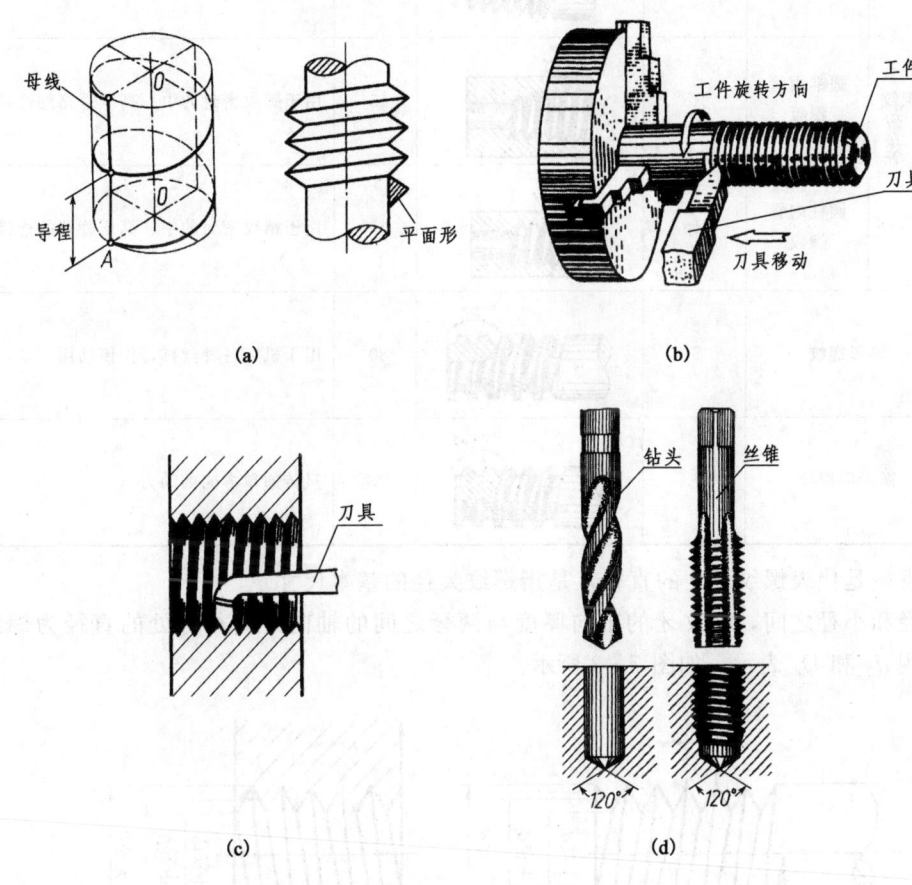

图 7-2 螺纹的形成
(a) 螺纹形成；(b) 车外螺纹；(c) 车内螺纹；(d) 攻丝

2) 螺纹的结构要素

(1) 牙型。在通过螺纹轴线的剖面上，螺纹的轮廓形状为牙型。常见的牙型有三角形、梯形和锯齿形。螺纹的种类、牙型、代号及用途见表 7-1。

(2) 螺纹直径：

① 螺纹大径是指外螺纹牙顶圆的直径 d，或内螺纹牙底圆的直径 D；

② 螺纹小径是指外螺纹牙底圆的直径 d_1，或内螺纹牙顶圆的直径 D_1。

表7-1 螺纹的种类、牙型、代号及用途

螺纹的种类			特征代号	外 形 图	牙型	用 途
连接螺纹	普通螺纹	粗牙	M		60°	最常用的连接螺纹
		细牙				用于细小的精密或薄壁件连接
	管螺纹	非螺纹密封的管螺纹	G		55°	用于水管、油管、气管等薄壁管子的连接
		圆锥外管螺纹	R		55°	用于螺纹密封的中、高压管路的连接
		圆锥内管螺纹	Rc		55°	用于螺纹密封的中、高压管路的连接
		圆柱内管螺纹	Rp		55°	用于螺纹密封的中、高压管路的连接
传动螺纹	梯形螺纹		Tr		30°	用于机床各种丝杠,作传动用
	锯齿形螺纹		B		3°	只传递单方向的动力

公称直径是代表螺纹尺寸的直径,是指螺纹大径的基本尺寸。

在大径和小径之间,螺纹牙的轴向厚度与两牙之间的轴向距离相等处的直径为螺纹中径,分别用 d_2 和 D_2 表示,如图7-3所示。

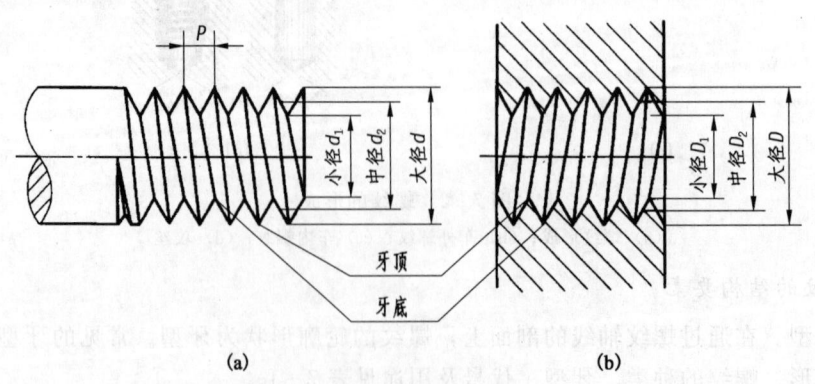

图7-3 螺纹的直径
(a) 外螺纹;(b) 内螺纹

(3)线数。螺纹有单线和多线之分,如图7-4所示。沿一条螺旋线形成的螺纹称为单线螺纹;沿两条或两条以上在轴向等距分布的螺旋线所形成的螺纹称为多线螺纹。线数用 n

来表示。

(4) 螺距和导程。螺纹上相邻两牙在中径线上对应两点之间的轴向距离 p 称为螺距。同一条螺纹上相邻两牙在中径线上对应两点之间的轴向距离 L 称为导程。对于单线螺纹，螺距等于导程，即 $L=P$；对于多线螺纹，导程等于线数乘以螺距，即 $L=nP$，如图 7-4 所示。

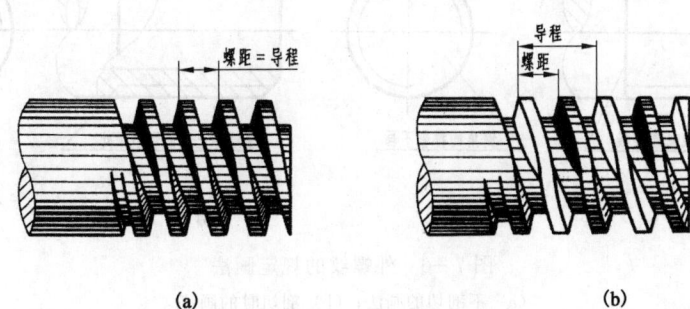

图 7-4 螺纹的线数、导程和螺距
(a) 单线螺纹；(b) 双线螺纹

(5) 旋向。螺纹有左旋和右旋两种，判别方法如图 7-5 所示。工程上常使用右旋螺纹。

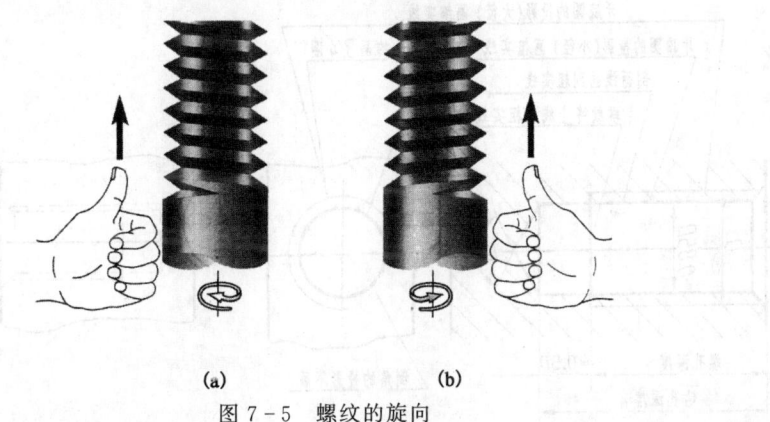

图 7-5 螺纹的旋向
(a) 左旋；(b) 右旋

螺纹的牙型、大径、螺距、线数和旋向为螺纹五要素，只有这五个要素都相同的外螺纹和内螺纹才能互相旋合。牙型、大径和螺距符合标准的螺纹为标准螺纹；牙型不符合标准的螺纹为非标准螺纹。机件中常用的螺纹大都是标准螺纹。

2. 掌握螺纹的规定画法

国家标准 (GB/T 4459.1—1995) 对螺纹的画法做了详细规定。

1) 外螺纹的规定画法

如图 7-6 (a) 所示，螺纹大径画粗实线，小径画细实线，$d_1=0.85d$，终止线画粗实线。在投影为圆的视图上，大径画粗实线圆，小径画细实线 3/4 圆，倒角圆省略不画。

当需要表示螺纹收尾时，尾部的牙底用与轴线成 30°角的细实线绘制。

外螺纹需要剖切的画法如图 7-6 (b) 所示，螺纹终止线仍然用粗实线绘制。

2) 内螺纹的规定画法

在剖视图中，螺纹小径画粗实线，大径画细实线，终止线画粗实线。剖面线需画到粗实

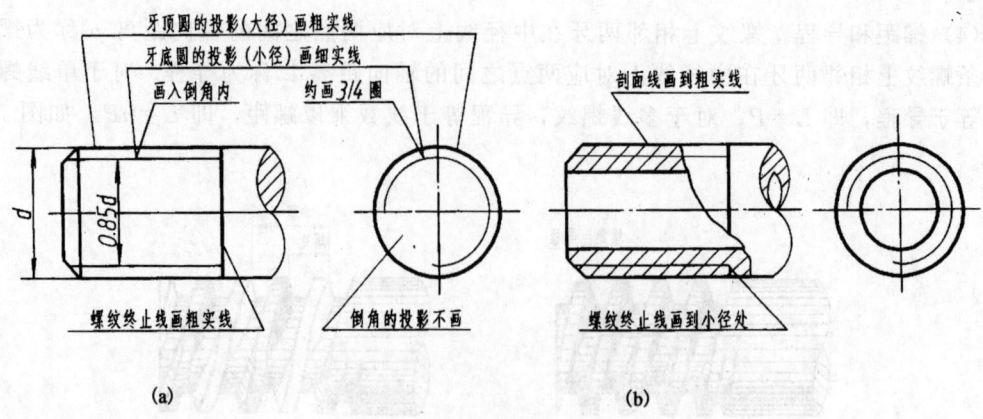

图 7-6 外螺纹的规定画法
(a) 不剖切的画法；(b) 剖切时的画法

线处，如图 7-7（a）所示。

内螺纹未被剖切时，所有表示螺纹的图线均画成虚线，如图 7-7（b）所示。

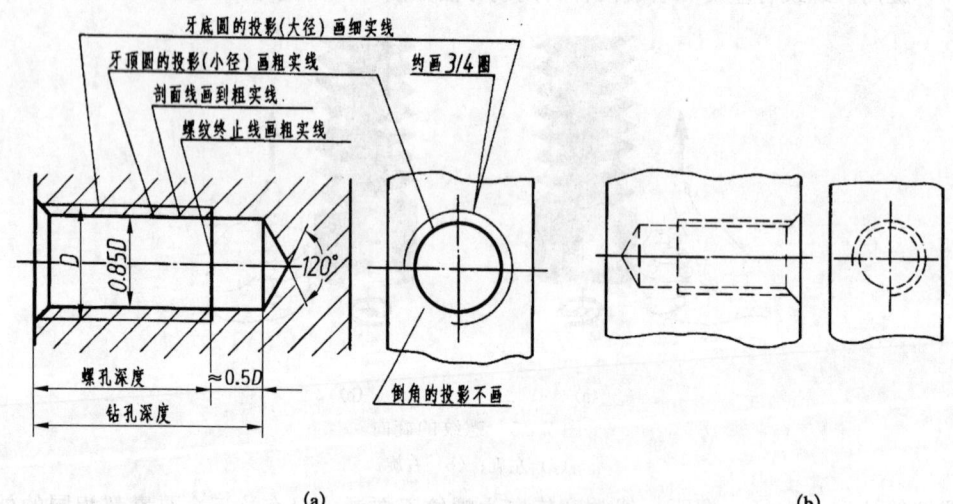

图 7-7 内螺纹的规定画法
(a) 剖切时的画法；(b) 不剖切的画法

在投影为圆的视图上，小径画粗实线圆，大径画细实线 3/4 圆，孔口倒角圆省略不画。一般不通的钻孔深度比螺纹长度要长约 0.5D，锥角 120°一般不需标注。

3）螺纹连接的规定画法

当内外螺纹连接时常用剖视画出，其画法规定如下：

旋合部分按外螺纹画，其余部分按各自的规定画法画出；表示大、小径的粗实线和细实线应分别对齐，画在一条直线上，如图 7-8 所示。

3. 识读螺纹的标注

螺纹的画法不能分清螺纹的种类，也不能表达螺纹的尺寸及精度等。因此，要求按照国家标准规定对螺纹进行标注。

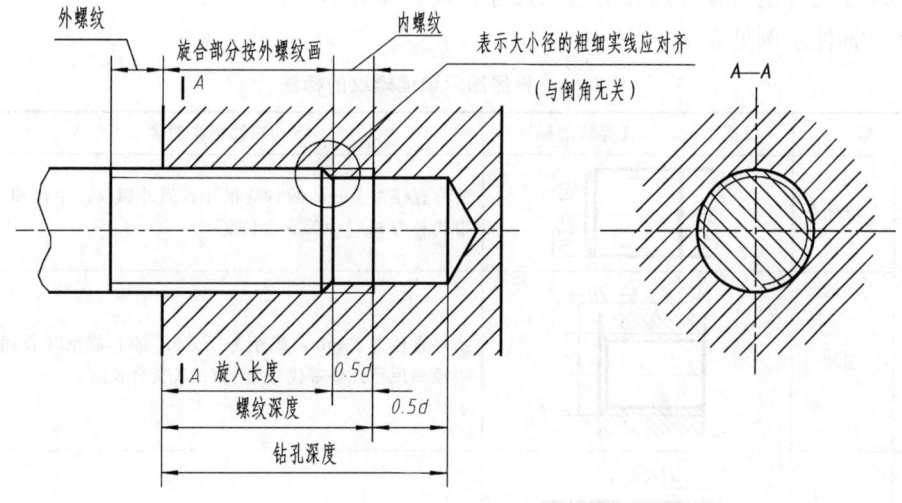

图 7-8　螺纹连接的规定画法

1) 普通螺纹的标注

普通螺纹的标注型式：

螺纹特征代号－公称直径×螺距（导程/线数）—旋向—公差带代号—旋合长度代号

(1) 普通粗牙螺纹的螺距可省略不标注，其代号以 M 表示。

(2) 右旋螺纹不标注旋向，左旋螺纹需标注代号"LH"。

(3) 螺纹公差带代号是指中径和顶径的公差代号，由数字和字母组成。

(4) 旋合长度代号是指螺纹旋入的长度，一般分短、中、长三种，分别用 S、N、L 表示，中等旋合长度可省略不标。在图中，不论是内螺纹还是外螺纹，均在螺纹大径上以尺寸标注，见表 7-2 所示。

2) 梯形螺纹的标注

梯形螺纹的标注与普通螺纹的标注基本相同，其螺纹代号以 Tr 表示，标出导程和螺距，见表 7-2。

3) 锯齿形螺纹的标注

锯齿形螺纹的标注与普通螺纹的标注基本相同，其螺纹代号以 B 表示，见表 7-2。

4) 管螺纹的标注

管螺纹牙型角有 55°和 60°两种。石油生产中常使用的油管、抽油杆及钻杆螺纹就是 60°的管螺纹。

管螺纹的标注型式：

螺纹代号－尺寸代号－公差带代号－旋向

管螺纹标注遵循以下规定：

(1) 非密封性圆柱管螺纹代号为 G，外螺纹有 A、B 两种公差等级，公差等级代号标注在尺寸代号之后，内螺纹公差等级只有一种，故可以省略标注，如 G1/2A-LH。密封性圆柱管螺纹代号为 Rp；密封性圆锥外管螺纹代号为 R，密封性圆锥内管螺纹代号为 Rc。

(2) 所有管螺纹均以引线标注，引线指向管螺纹的大径。

(3) 右旋螺纹不标注旋向，左旋螺纹标注代号 LH。

(4) 尺寸代号是指管件通孔的近似尺寸,以英寸为单位。

管螺纹标注示例见表7-2。

表7-2 根据图示识读螺纹的标注

序	号	根据图示,识读螺纹的标注	螺纹标注的含义
普通螺纹	粗牙	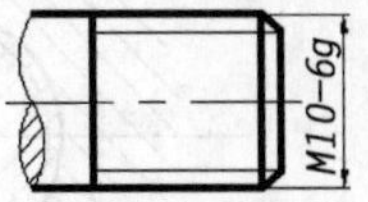 M10-6g	公称直径为10mm的右旋粗牙普通外螺纹,中径和顶径公差带代号为6g,中等旋合长度
	细牙	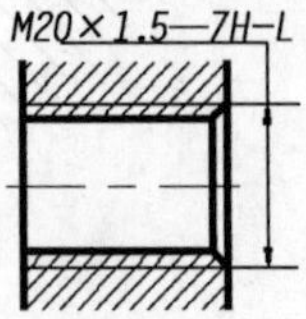 M20×1.5-7H-L	公称直径为20mm,螺距为1.5mm的右旋细牙普通内螺纹,中径和顶径公差带代号为7H,长旋合长度
管螺纹	圆柱管螺纹	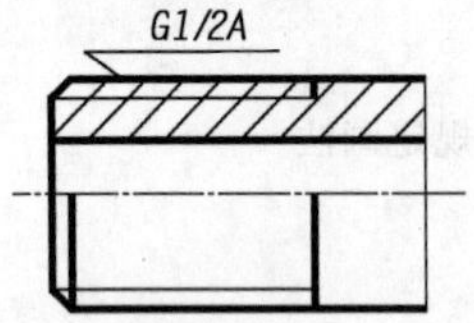 G1/2A	尺寸代号为1/2,非密封,A级精度圆柱外管螺纹
	圆锥管螺纹	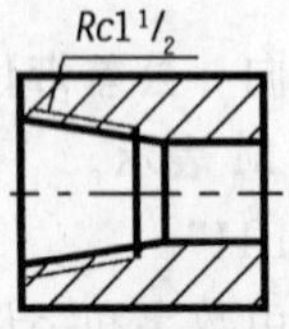 Rc1½	尺寸代号为1½,用螺纹密封的圆锥内管螺纹
梯形螺纹		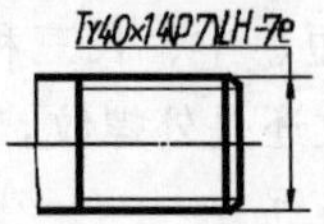 Tr40×14P7LH-7e	公称直径为40mm,导程为14mm,螺距为7mm的双线、左旋梯形外螺纹,中径公差带代号为7e
锯齿形螺纹		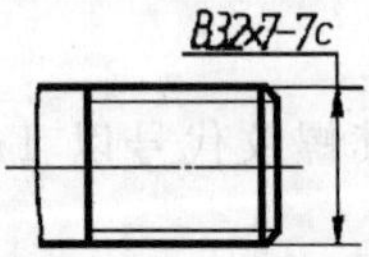 B32×7-7c	公称直径为32mm,螺距为7mm的单线右旋锯齿形外螺纹,中径公差带为7c

三、课堂思考

螺纹有哪些种类及用途?如何进行标注?

任务2 螺纹紧固件的规定画法

知识点
- 螺纹紧固件的比例画法和查表画法。

技能点
- 能绘制螺纹紧固件的连接图;
- 能对螺纹紧固件进行标注。

一、任务描述

已经标准化的螺纹紧固件，虽然一般并不需要单独画出它们的零件图，但由于在零件连接中被广泛应用，在装配图中画它们的机会很多，因此，必须熟练掌握其画法。绘制紧固件的方法，分为比例画法和查表画法两种。本任务主要应用比例画法绘制螺纹紧固件。

二、任务实施

以下用比例画法绘制螺栓连接、螺柱连接及螺钉连接视图。

1. 绘制螺栓连接

螺栓连接用来连接不太厚，并钻成通孔的零件。连接时将螺栓穿过被连接两个零件的光孔（孔直径按 $1.1d$ 画出），套上垫圈，然后用螺母紧固。画螺栓连接图，应根据紧固件的标记，按其相应标准的各部分尺寸绘制。但为了方便作图，通常可按其各部分尺寸与螺栓大径 d 的比例关系近似地画出，这就是比例画法，如图 7-9 所示。

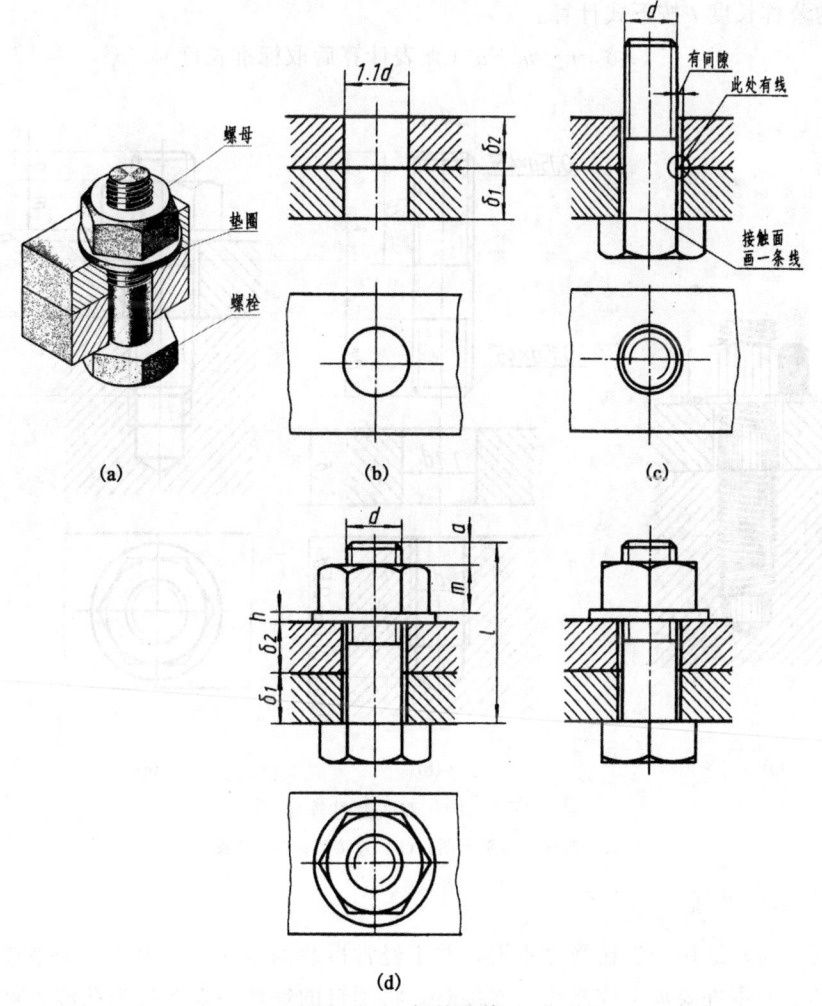

图 7-9 螺栓连接

(a) 螺栓连接；(b) 在被连接件上钻出通孔，孔径 $\approx 1.1d$；(c) 将螺栓穿入两连接件的通孔；

(d) 套上垫圈，拧上螺母

螺栓的公称长度 $l \geqslant \delta_1 + \delta_2 + h + m + a$（查表计算后取最短的标准长度）。

根据螺纹公称直径 d 按下列比例作图：

$h = 0.15d$ $m = 0.8d$ $a = 0.3d$

2. 绘制螺柱连接

当两个被连接的零件中，有一个较厚、不易加工成通孔时，可采用双头螺柱连接，螺柱两端均制有螺纹。连接前，先在较厚的零件上制造出螺孔，在另一个零件上加工出通孔，将螺柱的一端全部旋入螺孔内，再在另一端套上制出通孔的零件，加上垫圈，拧紧螺母，即完成了螺柱连接。螺柱连接和螺栓连接一样，通常采用比例画法，图 7-10 所示为其连接图的画法。

螺柱旋入端的长度与被连接件材料有关：

(1) 钢、青铜旋入端的长度 $b_m = d$（GB/T 897—1988）；
(2) 铸铁旋入端的长度 $b_m = 1.25d$（GB 898—1988）；
(3) 铝合金旋入端的长度 $b_m = 1.5d$（GB 899—1988）；
(4) 铝旋入端的长度 $b_m = 2d$（GB/T 900—1988）。

螺柱的公称长度 l 按下式计算：

$$l \geqslant \delta + h + m + a\ (查表计算后取标准长度)$$

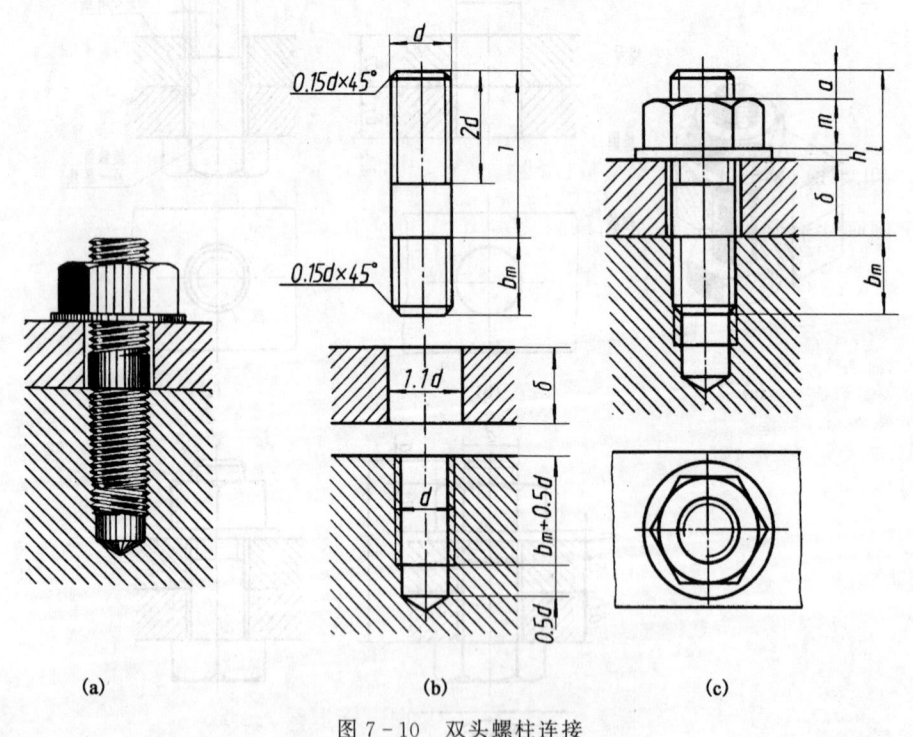

图 7-10 双头螺柱连接
(a) 螺柱连接轴测图；(b) 连接前；(c) 连接后

3. 绘制螺钉连接

螺钉连接通常适用于连接受力不大，并不经常拆装的零件。其中的一个被连接件要制成螺孔，而其余的零件要加工成光孔。连接时，将螺钉的螺杆一端穿过光孔旋入被连接件的螺孔中，即可将零件连接起来。螺钉连接的比例画法，如图 7-11 所示。俯视图（反映圆的视图）中一字形槽相对于水平方向向右倾斜 45°。

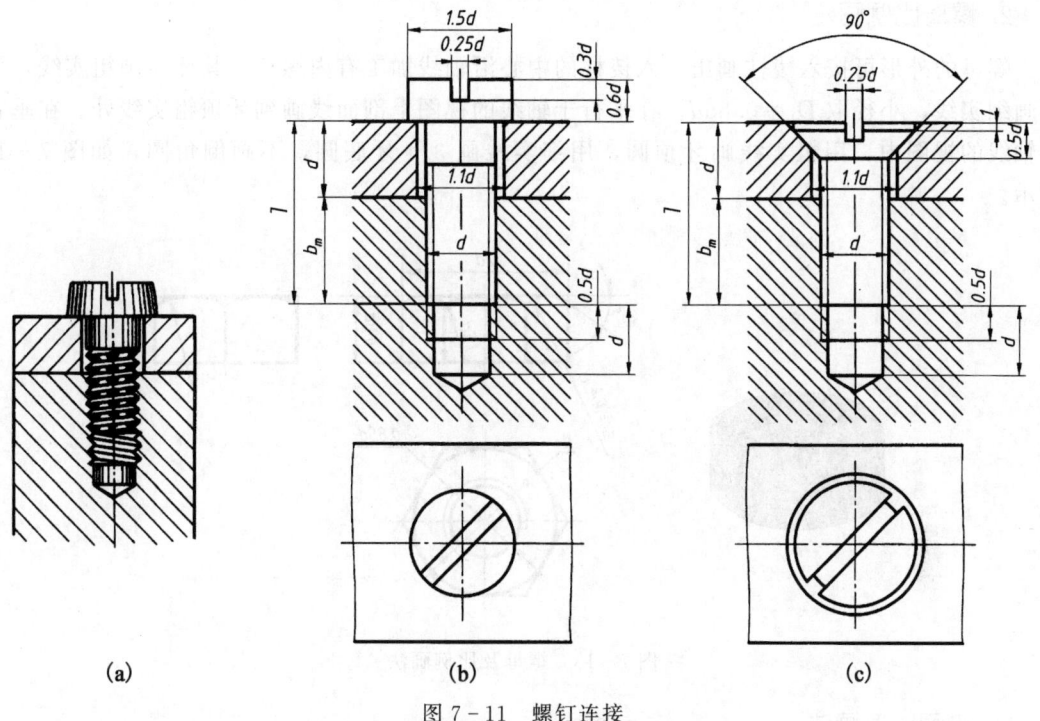

图 7-11 螺钉连接
(a) 螺钉连接轴测图；(b) 圆柱头螺钉连接视图；(c) 沉头螺钉连接视图

三、知识链接

用比例画法绘制螺栓、螺母和垫圈的视图。

1. 螺栓比例画法

螺栓的头部近似为六棱柱，可按六棱柱画出，圆柱体上加工外螺纹，外螺纹牙顶用粗实线绘制，牙底用细实线绘制，小径取 $d_1=0.85d$。在平行于螺纹轴线的视图上，螺纹终止线用粗实线绘制，表示螺纹牙底的细实线画入倒角。在垂直于轴线的视图上，牙底圆只画 3/4 圈，不画倒角圆，如图 7-12 所示。

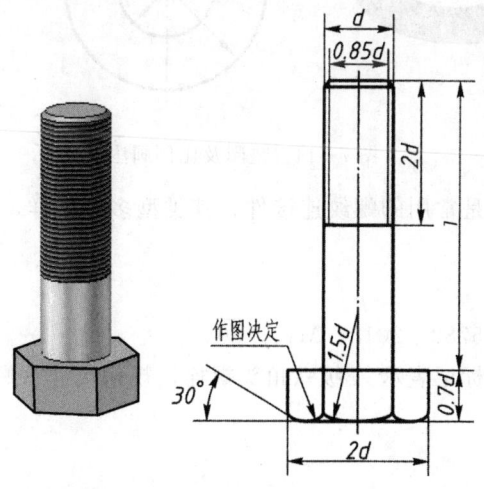

图 7-12 螺栓及比例画法

2. 螺母比例画法

螺母的外形可按六棱柱画出，六棱柱的中心沿轴线加工有内螺纹，其牙顶画粗实线，牙底画细实线，小径取 $D_1=0.85d$。在平行于轴线的视图上剖面线画到牙顶粗实线处。在垂直于轴线的视图中，用粗实线画牙顶圆，用细实线画 3/4 牙底圆，不画倒角圆，如图 7-13 所示。

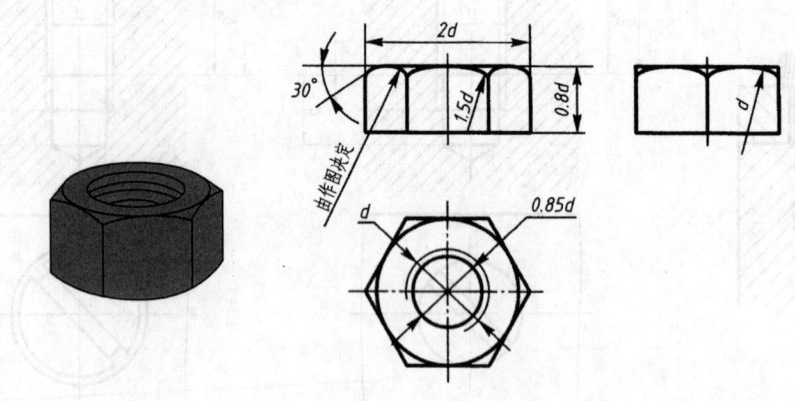

图 7-13 螺母及比例画法

3. 垫圈比例画法

垫圈的内圆直径取 $1.1d$（d 为垫圈的公称尺寸，是指与其配合使用的螺栓的公称直径），外圆直径取 $2.2d$，厚度取 $0.15d$，如图 7-14 所示。

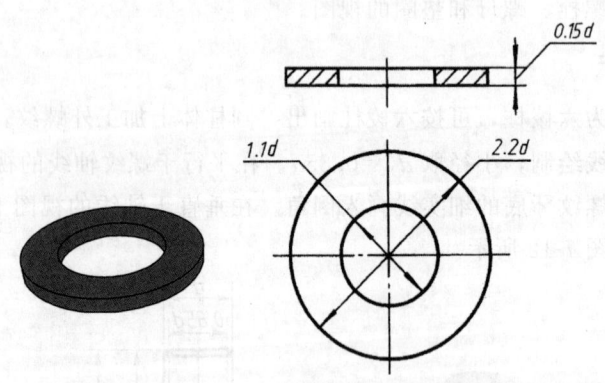

图 7-14 垫圈及比例画法

螺栓、螺母和垫圈都是常用的螺纹连接件，其类型多种多样，识读螺栓、螺母和垫圈的标记如下：

（1）读螺栓的标记。

示例：螺栓 GB/T 5782—2016 $M10\times80$。

查附录表 4 可知，该标记表示 A 级六角头螺栓，规格尺寸（螺纹大径 d）为 10mm，螺栓杆长度为 80mm。

（2）读螺母的标记。

示例：螺母 GB/T 6170—2015 $M10$。

查附录表 7 可知，该标记表示 I 型六角螺母，产品等级为 A 级，规格尺寸（螺纹大径 D）为 10mm。

（3）读垫圈的标记。

示例：垫圈　GB/T 97.1—2002　10。

查附录表 8 可知，该标记表示平垫圈，产品等级为 C 级，公称尺寸为 10mm。

四、课堂思考

（1）读螺栓的标记。示例：螺栓　GB/T 5782—2016　$M12\times 80$。

（2）常用螺纹紧固件有几种？应用在什么场合？

任务 3　键和销

知识点
- 键和销的种类及用途；
- 键和销连接的规定画法。

技能点
- 能绘制键和销的连接图。

一、任务描述

键为标准件，是用来连接轴上的带轮、齿轮、链轮等零件的，起传递扭矩的作用。在被连接的轴上和轮毂孔中制出键槽，先将键装入轴的键槽内，再对准（齿轮）轮毂孔中的键槽（该槽是穿通的），将它们装配在一起，便可达到连接目的，如图 7-15 所示。

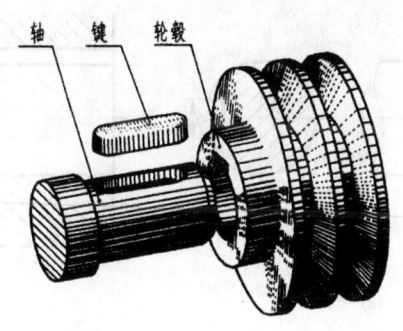

图 7-15　键连接

二、任务实施

键为标准件，常用的键有普通平键、半圆键及钩头楔键等，见表 7-3。

表 7-3 键及其标注示例

序号	名称（标准号）	图 例	标记示例
1	普通平键 GB/T 1096—2003		键 $b \times L$ GB/T 1096—2003
2	半圆键 GB/T 1099.1—2003		键 $b \times d_1$ GB/T 1099.1—2003
3	钩头型楔键 GB/T 1565—2003		键 $b \times L$ GB/T 1565—2003

1. 普通平键连接绘制

1) 键槽的画法

根据轴的直径 d，轮毂宽度 B，查附录表 9 确定键及键槽的尺寸，然后画出视图，如图 7-16 所示。

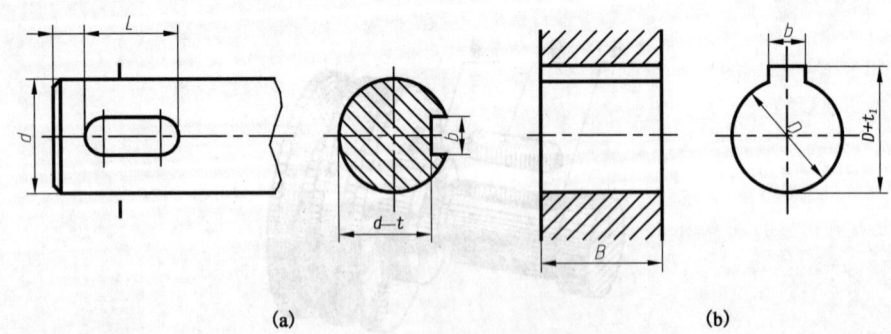

图 7-16 键槽的画法
(a) 轴上键槽；(b) 孔上键槽

2) 普通平键连接画法

尺寸求出后，绘制键连接的视图，如图 7-17 所示。画图时要注意以下几点：

（1）由于普通平键的侧面是工作表面，连接时与键槽接触，按规定接触面应画一条直线。

（2）键在安装时应首先嵌入轴上的键槽中，因此，与轴上键槽的底面也是接触表面，也应画一条直线。

(3) 键的顶端与轮毂孔上键槽顶面之间有间隙，应画两条线。

(4) 纵向剖切时，键按不剖处理；横向剖切时，键应画剖面线。

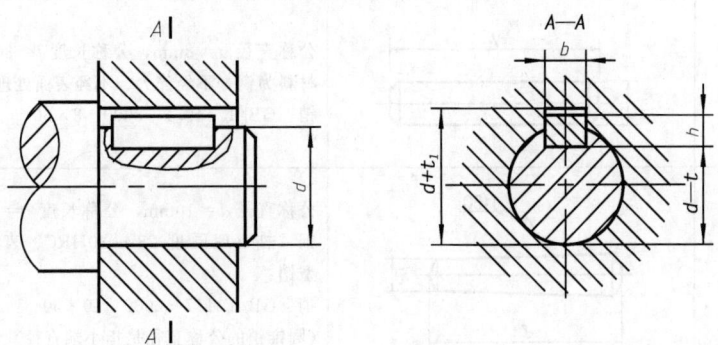

图 7-17 普通平键连接图

2. 半圆键连接绘制

半圆键也是一种常用的键连接，其结构尺寸和标记参见 GB/T 1099.1—2003。半圆键及连接图的画法如图 7-18 所示，其画法原理与普通平键相同。

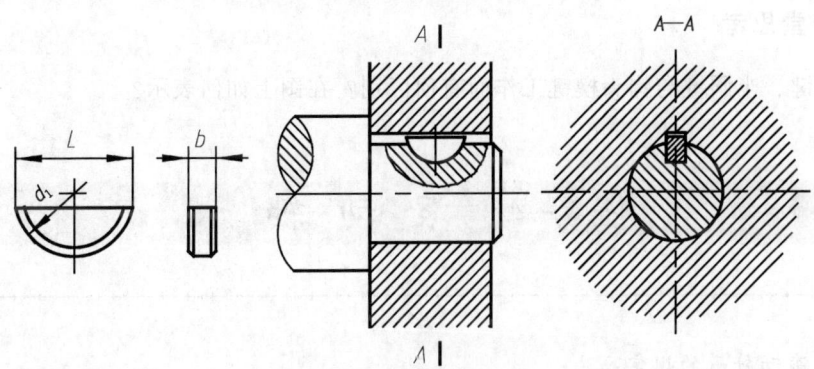

图 7-18 半圆键及连接图

三、知识链接

销是标准件，常用的销有圆柱销、圆锥销和开口销。在机器中常用作定位、连接和锁紧。图 7-19 所示为销的连接图。在装配图中的画法应遵循机械制图的有关规定，当剖切平面通过销的轴线时，销按未剖绘制。

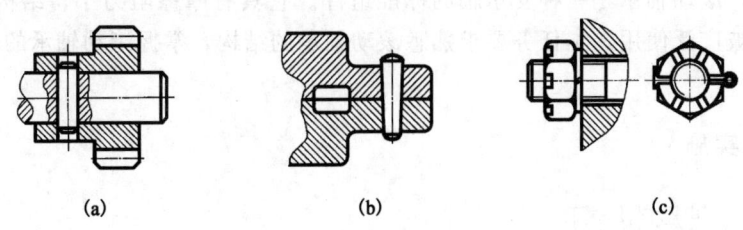

图 7-19 销连接图
(a) 圆柱销连接；(b) 圆锥销连接；(c) 开口销连接

表 7-4 为常用销的类型及标记。

表 7-4 销的类型及标记

名称及标准号	图 例	标记示例
圆柱销 GB/T 119.1—2000	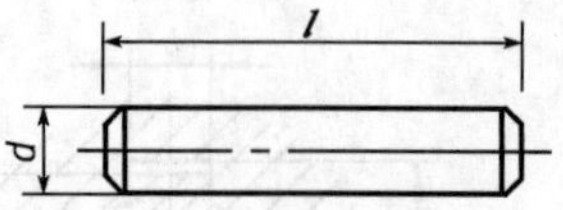	公称直径 $d=8$mm，公称长度 $l=30$mm，公差为 $m6$，材料为钢，不经淬火、不经表面处理的圆柱销： 销 GB/T 119.1—2000 8×30
圆锥销 GB/T 117—2000	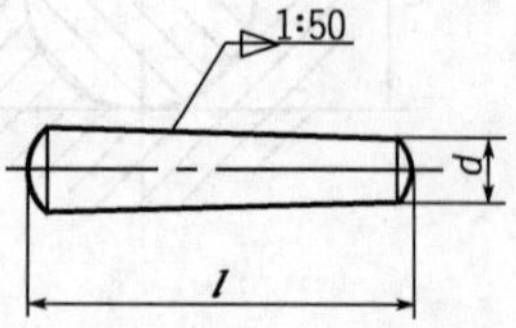	公称直径 $d=10$mm，公称长度 $l=60$mm，材料为 35 钢，热处理硬度 28～30HRC、表面氧化处理的 A 型销： 销 GB/T 117—2000 10×60 （圆锥销的公称直径是指小端直径）
开口销 GB/T 91—2000	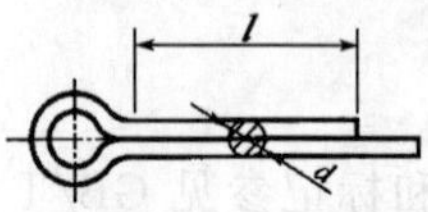	公称直径 $d=5$mm，公称长度 $l=50$mm，材料为低碳钢，不经表面处理的开口销： 销 GB/T 91—2000 5×50

四、课堂思考

普通平键、半圆键与钩头楔键工作面有何区别？在图上如何表示？

任务 4 滚动轴承

知识点
- 滚动轴承的规定画法；
- 滚动轴承的标记。

技能点
- 能按规定画法，绘制滚动轴承的视图。

一、任务描述

在机器中，滚动轴承是一种支承轴的标准组件。它具有摩擦阻力小、结构紧凑等优点，在机器设备中被广泛使用。本任务要求熟悉滚动轴承的结构，掌握滚动轴承的标记与绘制滚动轴承的视图。

二、任务实施

1. 了解滚动轴承的结构

滚动轴承的种类很多，但从结构上看，一般都由内圈、外圈、滚动体及保持架等四部分组成，如图 7-20 所示。外圈安装在机座的孔内，一般固定不动；内圈安装在轴上，随轴一起转动。图 7-21 所示为三种常用的滚动轴承。

图 7-20 滚动轴承的结构

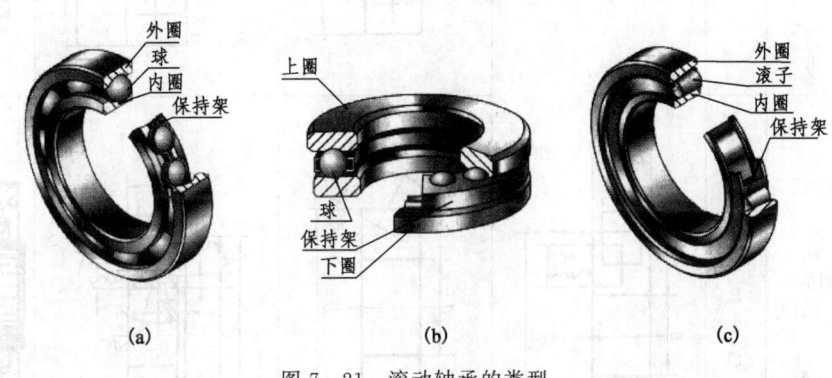

图 7-21 滚动轴承的类型
(a) 深沟球轴承 60000；(b) 推力球轴承 50000；(c) 圆锥滚子轴承 30000

2. 熟悉滚动轴承的表示方法

国家标准规定的滚动轴承的表示方法有三种，即通用画法、特征画法和规定画法。在同一图样中一般只采用一种画法。常用滚动轴承的画法见表 7-5。

（1）通用画法。在剖视图中，当不需要确切的表达滚动轴承的外形轮廓、载荷特性和结构特征时，可用矩形线框及位于线框中央的十字形符号表示。十字符号不应与矩形线框相接触。

（2）特征画法。在剖视图中，如需要较形象地表达滚动轴承的结构特征时，可采用在矩形线框内画出其结构要素符号表示结构特征。

（3）规定画法。在滚动轴承的产品图样、产品样本及说明书等图样中，采用规定画法绘制。在装配图中，规定画法一般采用剖视图绘制在轴的一侧，另一侧按通用画法绘制。

无论是哪种画法，应遵循以下规定：

①各种线框、外形轮廓线均用粗实线绘制；

②矩形线框或外框轮廓大小应与滚动轴承的外形尺寸相一致，并应与所属图样采用同一比例；

③采用规定画法绘制滚动轴承剖视图时，其滚动体不画剖面线，其各圈可画成方向和间隔相同的剖面线。

表 7-5　常用滚动轴承的表示法

名称标准代号	查表主要数据	画法			装配示意图
		简化画法		规定画法	
		通用画法	特征画法		
深沟球轴承 (GB/T 276—2013)	D d B		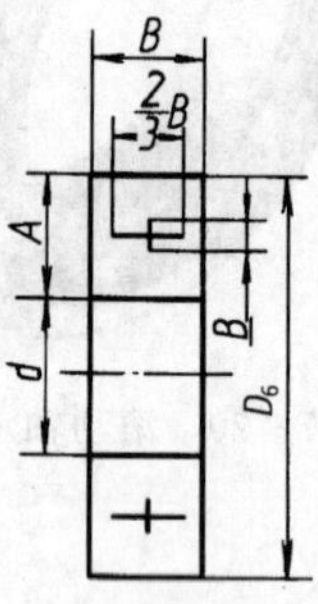	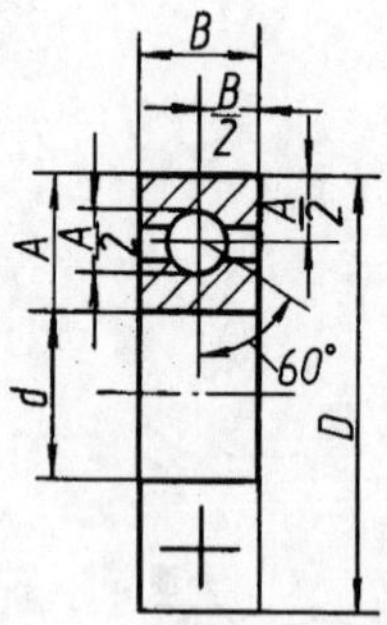	
圆锥滚子轴承 (GB/T 297—2015)	D d B T C	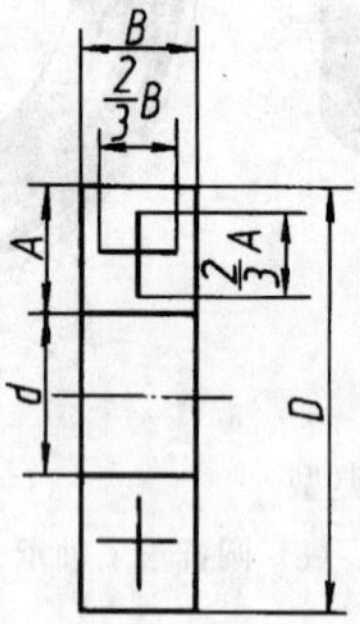	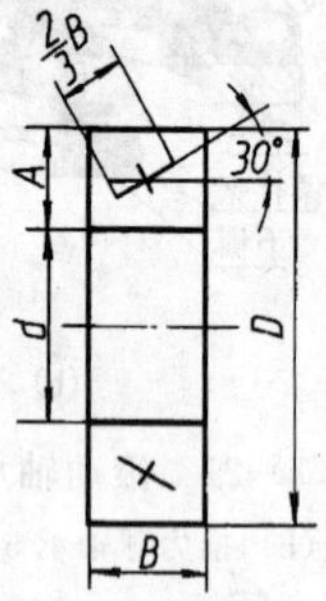	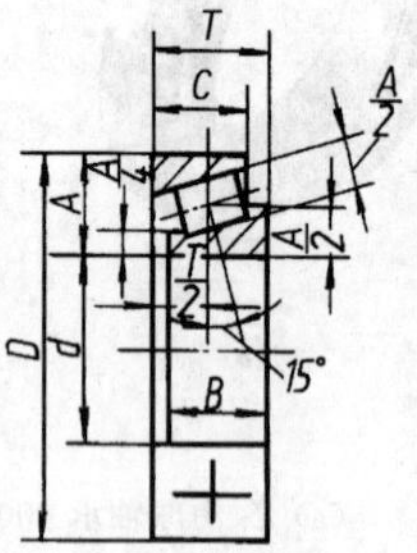	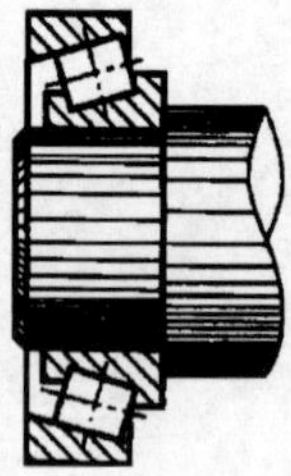
推力球轴承 (GB/T 301—2015)	D d T		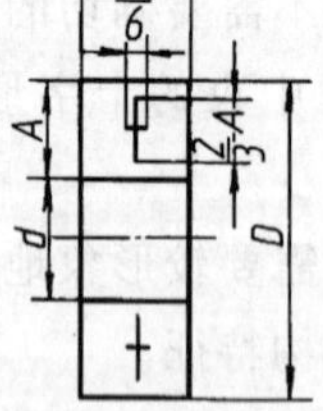	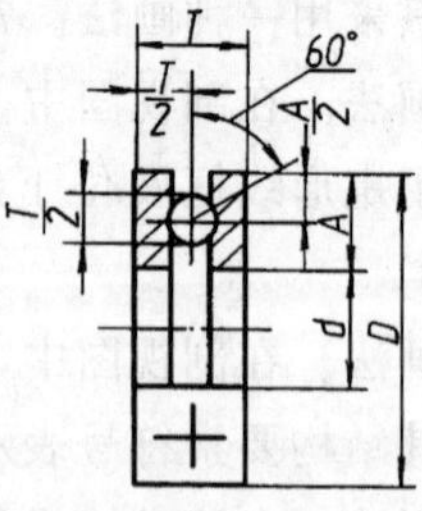	

3. 识别滚动轴承的代号与标记，并绘制滚动轴承的视图

1) 识读滚动轴承的代号和标记

查附录表 12 可知：滚动轴承"GB/T 276—2013　6208"的代号与标记中"GB/T 276—2013"是深沟球轴承的国家标准代号，"6208"是滚动轴承的代号，查表可得该滚动轴承的有关尺寸，如：轴承宽度 $B=18\text{mm}$，内径 $d=40\text{mm}$，外径 $D=80\text{mm}$。

2）绘制滚动轴承的视图

绘制滚动轴承视图的步骤如下：

（1）绘制内外圈的轮廓线，如图 7-22（a）所示。

（2）绘制滚动体，如图 7-22（b）所示。国家标准规定：滚动体上不画剖面线。

（3）绘制内外圈剖切后的视图，如图 7-22（c）所示。

（4）用通用画法画轴承的另一半，如图 7-22（d）所示。国家标准规定：规定画法一般只用在图的一侧，在图的另一侧应按通用画法绘制。

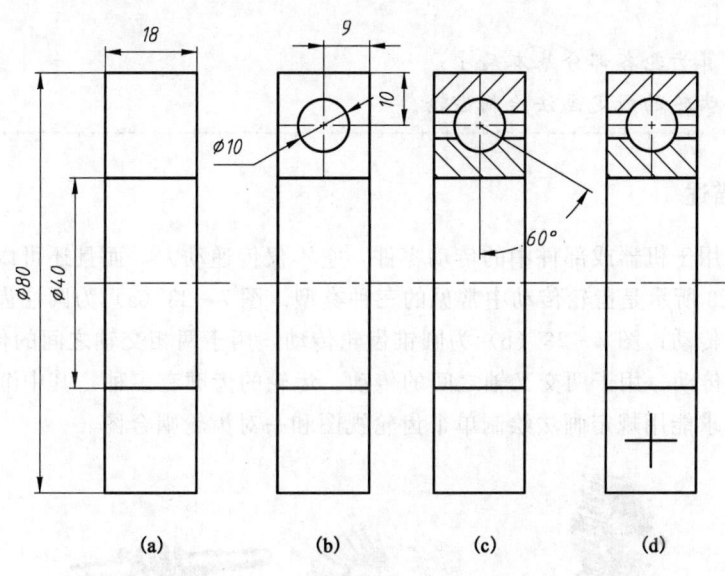

图 7-22 绘制滚动轴承视图的步骤

三、知识链接

滚动轴承的代号和标记：滚动轴承的代号，可查阅 GB/T 272—2017、GB/T 271—2017，当游隙为基本组和公差等级为 G 级时，滚动轴承常用基本代号表示，基本代号的书写顺序是：轴承类型代号，尺寸系列代号，外径系列代号，内径代号。

（1）轴承类型代号：如 6 表示深沟球轴承，3 表示圆锥滚子轴承，5 表示推力球轴承。

（2）尺寸系列代号：由轴承的宽（高）度系列代号（一位数字）和外径系列代号左右排列组成。

（3）内径代号：当内径小于 20mm，即尺寸代号 00、01、02、03 分别表示内径 $d=$ 10mm、12mm、15mm、17mm；当内径尺寸在 20～480mm（22mm、28mm、32mm 除外）范围内时，则内径尺寸＝代号×5mm；当内径尺寸大于或等于 500mm 及 22mm、28mm、32mm 时，用公称直径的毫米数值直接表示，但在与尺寸系列之间用"/"分开，如：深沟球轴承 62/22，$d=$22mm。

四、课堂思考

在滚动轴承的代号中，滚动轴承的直径如何表示？

任务5 齿 轮

知识点
- 齿轮各部分基本尺寸计算；
- 齿轮的规定画法。

技能点
- 能计算齿轮各部分基本尺寸；
- 能用齿轮的规定画法绘制齿轮。

一、任务描述

齿轮是广泛用于机器或部件中的传动零件，它不仅传递动力，而且还可以改变转数和回转方向。图7-23所示是齿轮传动中常见的三种类型。图7-23（a）为圆柱齿轮传动，用于两平行轴之间的传动；图7-23（b）为圆锥齿轮传动，用于两相交轴之间的传动；图7-23（c）为蜗轮蜗杆传动，用于两交叉轴之间的传动。齿轮的齿廓有多种，其中渐开线齿廓应用最广。本任务要求能用规定画法绘制单个齿轮视图和一对齿轮啮合图。

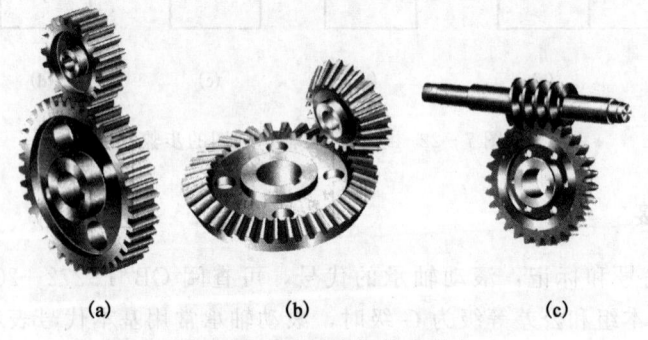

图7-23 常见齿轮传动形式
(a) 圆柱齿轮传动；(b) 圆锥齿轮传动；(c) 蜗轮蜗杆传动

二、任务实施

1. 绘制单个齿轮的视图

图7-24所示为直齿圆柱齿轮，参数为：模数2.5mm，齿数18，齿坯宽度尺寸为16mm，绘制其齿轮的视图。

单个直齿圆柱齿轮的规定画法如下所述。

1) 尺寸计算

(1) 分度圆直径：$d=mz=2.5\times 18=45$ （mm）。

(2) 齿顶圆直径：$d_a=m(z+2)=2.5\times(18+2)=50$ （mm）。

(3) 齿根圆直径：$d_f=m(z-2.5)=2.5\times(18-2.5)=38.75$ （mm）。

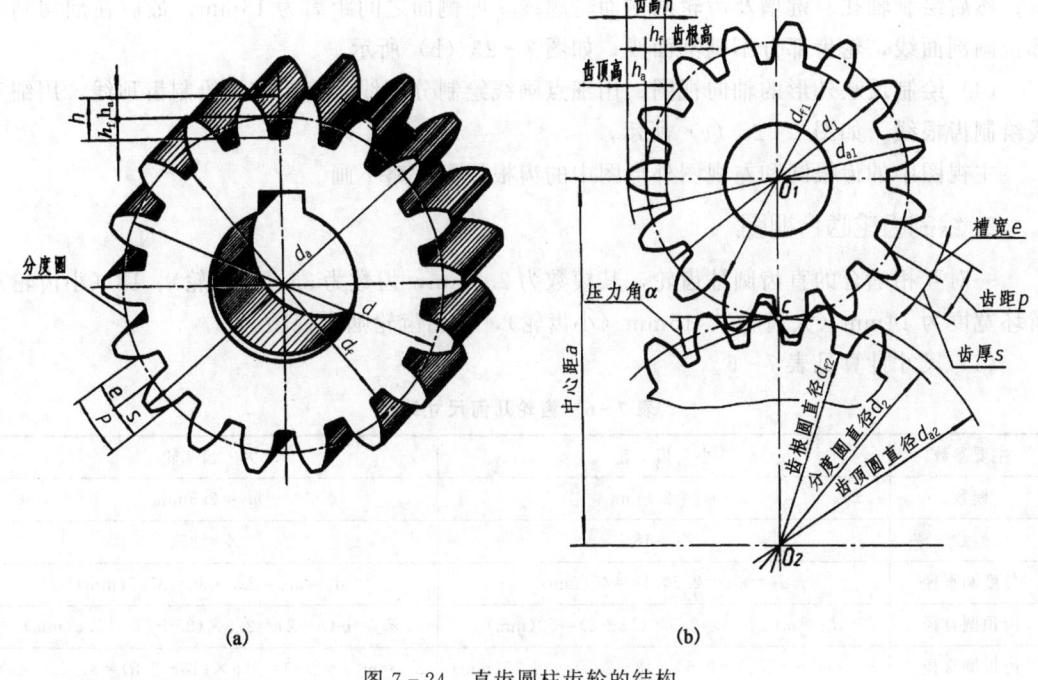

图 7-24 直齿圆柱齿轮的结构

2) 绘制齿轮的视图

（1）绘制中心线。用细点画线绘制。

（2）绘制齿轮端面视图。用细点画线绘制分度圆，用粗实线绘制齿顶圆，用细实线绘制齿根圆，如图 7-25（a）所示。

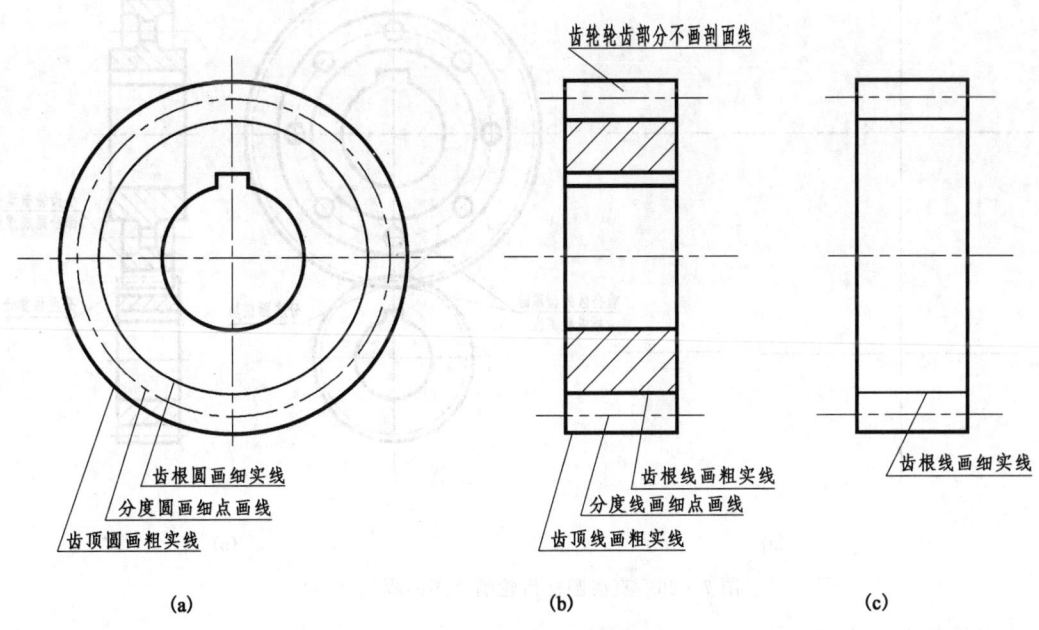

图 7-25 直齿圆柱齿轮的画法
(a) 端面视图；(b) 轴向剖视图；(c) 轴向外形图

(3) 绘制全剖的轴向视图。首先用细点画线绘制分度线,用粗实线绘制齿顶线和齿根线;然后绘制轴孔、键槽及齿轮两侧面轮廓线,两侧面之间距离为16mm;最后在剖切到的部位画剖面线,轮齿部分不画剖面线,如图7-25(b)所示。

(4) 绘制反映外形的轴向视图。用细点画线绘制分度线,用粗实线绘制齿顶线,用细实线绘制齿根线,如图7-25(c)所示。

主视图中的齿根圆和左视图外形图中的齿根线可省略不画。

2. 绘制齿轮啮合视图

一对互相啮合的直齿圆柱齿轮,其模数为2.5mm,齿数为35(大齿轮)、18(小齿轮),齿坯宽度为14mm(大齿轮)、16mm(小齿轮),绘制齿轮啮合视图。

(1) 尺寸计算见表7-6。

表7-6 齿轮几何尺寸计算

主要参数	小 齿 轮	大 齿 轮
模数	$m_1=2.5$mm	$m_2=2.5$mm
齿数	$Z_1=18$	$Z_2=35$
分度圆直径	$d_1=mz=2.5×18=45$(mm)	$d_2=mz=2.5×35=87.5$(mm)
齿顶圆直径	$d_{a1}=m(z+2)=2.5×(18+2)=50$(mm)	$d_{a2}=m(z+2)=2.5×(35+2)=92.5$(mm)
齿根圆直径	$d_{f1}=m(z-2.5)=2.5×(18-2.5)=38.75$(mm)	$d_{f1}=m(z-2.5)=2.5×(18-2.5)=81.25$(mm)
齿坯宽度	$B_1=16$mm	$B_2=14$mm
中心距	$a=m/2(z_1+z_2)=2.5/2(18+35)=66.25$(m)	

(2) 绘制齿轮啮合视图(轴向全剖视图),如图7-26和图7-27所示。

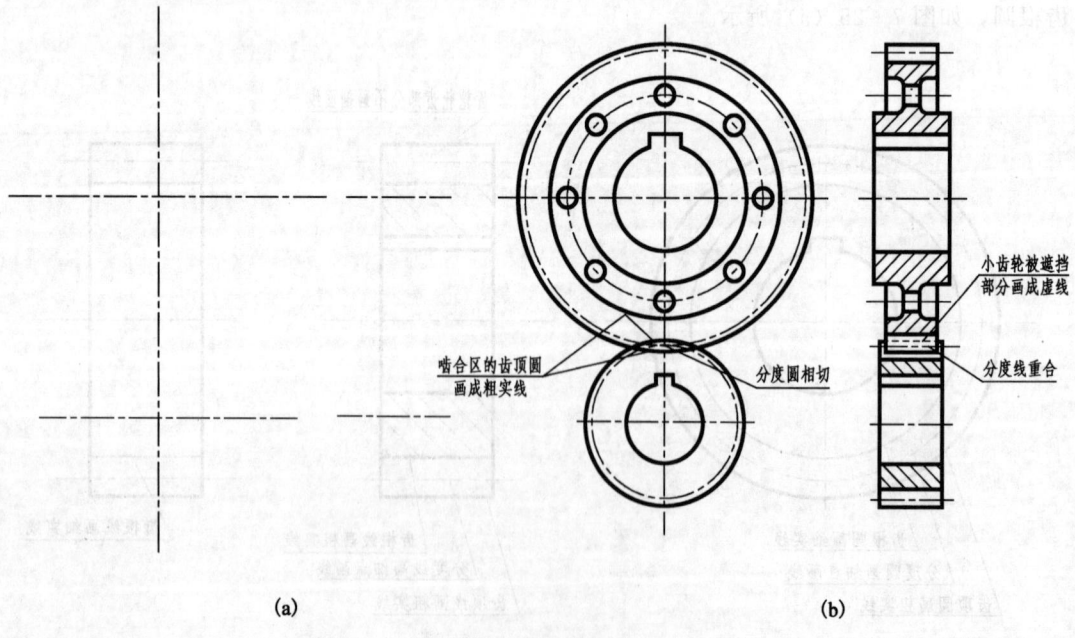

图7-26 直齿圆柱齿轮啮合图的画法(一)

① 绘制中心线;
② 分别绘制两齿轮的视图;

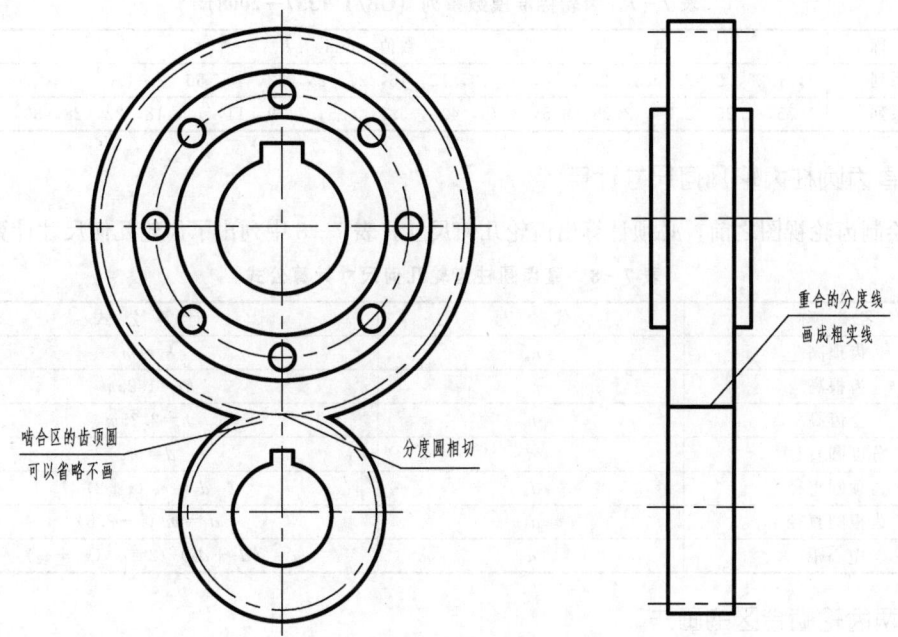

图 7-27 直齿圆柱齿轮啮合图的画法（二）

③将齿轮的轴向视图中小齿轮被大齿轮遮挡的部分齿顶线画成细虚线，或者将大齿轮被小齿轮遮挡分部分齿顶线画成细虚线。

(3) 绘制齿轮啮合图（外形图）。

绘制步骤与图 7-26 相同，其图形如图 7-27 所示。在主视图上啮合区内的齿顶圆可以不画，在左视图上重合的分度线画成粗实线，大小齿轮的齿坯厚度按同一尺寸绘制。

三、知识链接

1. 直齿圆柱齿轮各部分名称及参数

(1) 分度圆。分度圆是设计和制造齿轮时，进行各部分尺寸计算的基准圆，其直径为 d。

(2) 齿距和齿厚。分度圆上相邻两齿廓对应点之间的弧长为分度圆齿距，以 p 表示；每个齿廓在分度圆上的弧长为分度圆齿厚，以 s 表示。

(3) 齿顶圆。通过齿轮齿顶部的圆，其直径为 d_a。

(4) 齿根圆。通过齿轮齿根部的圆，其直径为 d_f。

(5) 齿顶高。分度圆到齿顶圆的径向距离，用 h_a 表示。

(6) 齿根高。分度圆到齿根圆的径向距离，用 h_f 表示。

(7) 全齿高。从标准齿轮齿顶圆到齿根圆之间的径向距离，用 h 表示。

(8) 中心距。两圆柱齿轮轴线之间的径向距离，用 a 表示。

(9) 模数。若以 z 表示轮齿数，则分度圆周长为：$\pi d = pz$，如令 $p/\pi = m$，则 $d = mz$，其中 m 就是齿轮的模数，两齿轮啮合时模数必须相等。模数是设计、制造齿轮的重要参数。模数表示轮齿的大小和齿轮承载能力的高低，为便于设计、加工，模数已经标准化，常见模数值见表 7-7。

表 7-7 齿轮标准模数系列（GB/T 1357—2008）

名 称	数值，mm
第一系列	1，1.25，2，2.5，3，4，5，6，8，10，12，16，20，25，32，40，50
第二系列	1.75，2.25，2.75，3.25，3.5，3.75，4.5，5.5，6.5，7，9，11，14，18，22，28，30，36，45

2. 直齿圆柱齿轮几何尺寸计算

在绘制齿轮视图之前，必须计算出齿轮几何尺寸，表 7-8 中列出了齿轮几何尺寸计算公式。

表 7-8 直齿圆柱齿轮几何尺寸计算公式

名 称	代 号	计 算 公 式
齿顶高	h_a	$h_a = m$
齿根高	h_f	$h_f = 1.25m$
全齿高	h	$h = 2.25m$
分度圆直径	d	$d = mz$
齿顶圆直径	d_a	$d_a = m(z+2)$
齿根圆直径	d_f	$d_f = m(z-2.5)$
中心距	a	$a = (d_1 + d_2)/2 = m(z_1 + z_2)/2$

3. 两齿轮啮合区的画法

在剖视图中，啮合区的投影如图 7-28 所示。齿顶和齿根之间应留有 0.25m 的间隙，被遮挡的齿顶线画虚线，也可省略不画。

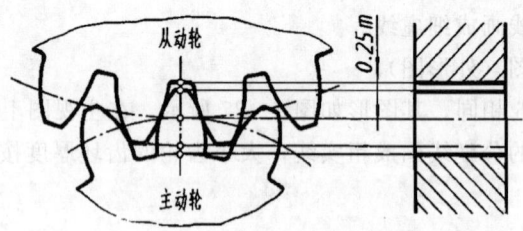

图 7-28 齿轮啮合区画法

四、课堂思考

(1) 什么是齿轮的模数？模数有什么意义？
(2) 如何计算直齿圆柱齿轮的各部分尺寸，其两齿轮啮合区在视图中如何表达？

任务6 弹 簧

知识点
- 圆柱螺旋压缩弹簧尺寸计算公式；
- 圆柱螺旋压缩弹簧的规定画法。

技能点
- 能计算圆柱螺旋压缩弹簧各部分的基本尺寸；
- 能绘制圆柱螺旋压缩弹簧。

弹簧是机器中常用的零件，具有功能转换特性，可用于减震、测力、夹紧和储存能量等多种场合。

弹簧的种类很多，如图 7-29 所示。本任务只介绍常用的圆柱螺旋压缩弹簧各部分的名称和规定画法。

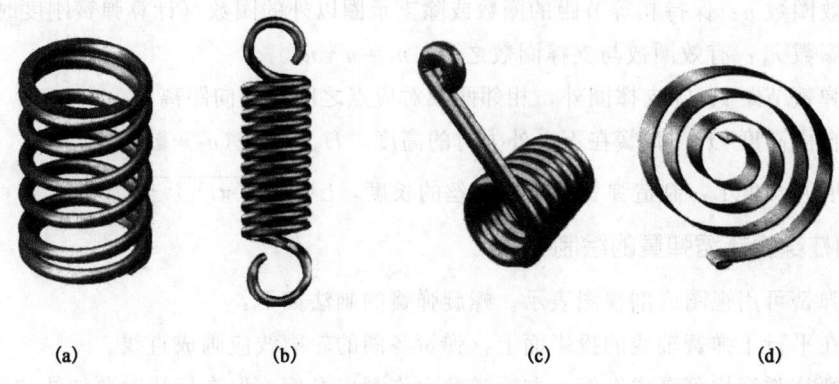

图 7-29 常见弹簧种类

(a) 圆柱螺旋压缩弹簧；(b) 拉伸弹簧；(c) 扭转弹簧；(d) 平面蜗卷弹簧

一、任务描述

熟悉圆柱螺旋压缩弹簧各部分名称，计算弹簧几何尺寸；绘制圆柱螺旋压缩弹簧的视图。

二、任务实施

1. 圆柱螺旋压缩弹簧各部分尺寸计算

弹簧各部分的名称及尺寸关系如图 7-30 所示。

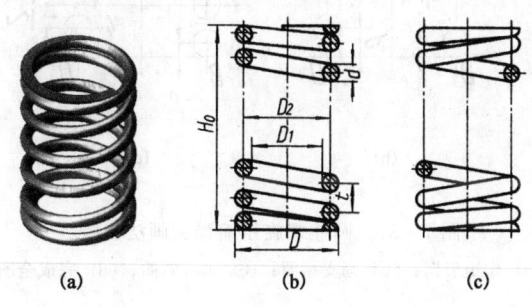

图 7-30 圆柱螺旋压缩弹簧

(1) 弹簧丝直径 d：制造弹簧的钢丝直径。

(2) 弹簧直径：

①弹簧外径 D：弹簧的最大直径；

②弹簧内径 D_1：弹簧的最小直径；

③弹簧中径 D_2：弹簧的平均直径，$D_2 = \dfrac{D_1 + D}{2} = D - d = D_1 + d$。

(3) 圈数：

①支撑圈数 n_2：为使弹簧工作时受力均匀，增加弹簧的平稳性，弹簧两端通常并紧、磨平。并紧、磨平的各圈只起支承作用，故称支承圈。支承圈数有 2.5 圈，2 圈，1.5 圈三种，常用的是 2.5 圈。此时，两端各并紧 1/2 圈，磨平 3/4 圈（即每一端的支承圈数为 $1\frac{1}{4}$ 圈）。

②有效圈数 n：保持相等节距的圈数或除支承圈以外的圈数（计算弹簧刚度时的圈数）。

③总圈数 n_1：有效圈数与支撑圈数之和，$n_1 = n + n_2$。

(4) 弹簧节距 t：除支撑圈外，相邻两圈对应点之间的轴向距离。

(5) 自由高度 H_0：弹簧在不受外力时的高度，$H_0 = nt + (n_2 - 0.5)d$。

(6) 展开长度 L：制造弹簧时展开钢丝的长度，$L = n_1 \sqrt{(\pi D_2)^2 + t^2}$。

2. 圆柱螺旋压缩弹簧的绘制

螺旋弹簧可用视图或剖视图表示。螺旋弹簧的画法如下：

(1) 在平行于弹簧轴线的投影面上，弹簧各圈的轮廓线应画成直线。

(2) 螺旋弹簧均可画成右旋，左旋弹簧允许画成右旋，但在标注时要加注"左"字。

(3) 四圈以上的弹簧，中间各圈可省略不画，而用通过中径线的点画线连接起来。

圆柱螺旋压缩弹簧的作图步骤如图 7-31 所示。

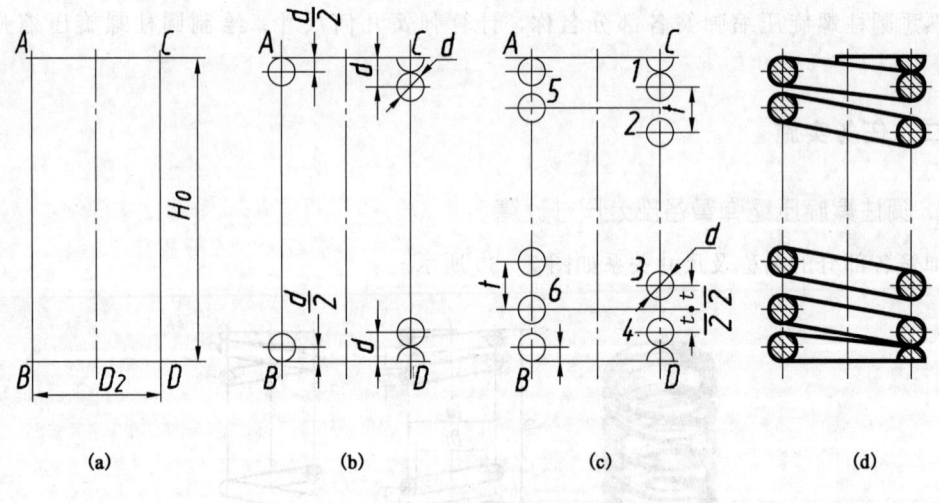

图 7-31 圆柱螺旋压缩弹簧画法步骤

(a) 作矩形框；(b) 画支撑圈；(c) 画有效圈；(d) 完成全图

三、知识链接

在装配图中弹簧的画法：

(1) 弹簧各圈取省略画法后，其后面结构按不可见处理。可见轮廓线只画到弹簧钢丝的断面轮廓或中心线上，如图 7-32（a）所示。

(2) 弹簧丝直径≤2mm 的断面可用涂黑表示，如图 7-32（b）所示。

(3) 弹簧丝直径＜1mm 时，可采用示意画法，如图 7-32（c）所示。

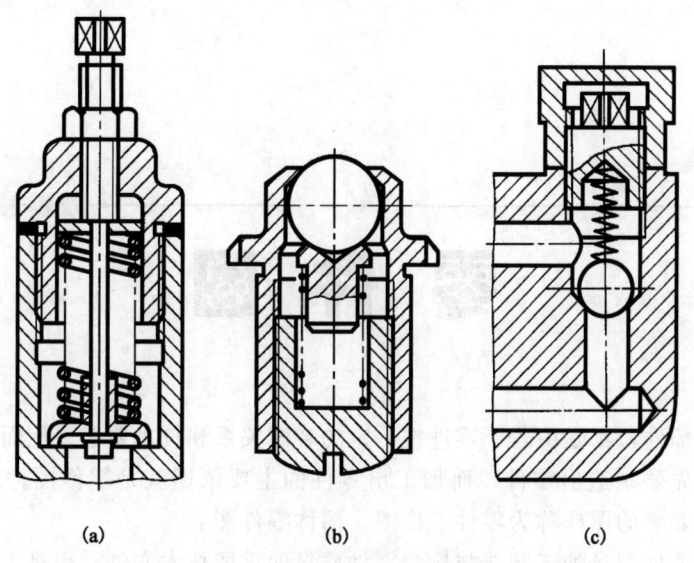

图 7-32 装配图中圆柱螺旋压缩弹簧的规定画法

四、课堂思考

如何区分弹簧的支撑圈数 n_2、有效圈数 n、总圈数 n_1。

模块八

零件图

任何机器或部件，都是由若干零件按一定的装配关系和技术要求装配而成的。要制造出机器或部件，首先要制造出零件，而加工出零件的主要依据就是零件图。表达零件结构形状、大小及技术要求的图样称为零件工作图，简称零件图。

在生产中，零件图是加工制造与检验零件质量的重要技术文件，也是工程界进行技术交流的重要技术资料。

任务1　识读轴承座的零件图

知识点
- 零件图的作用与内容；
- 尺寸基准的概念和分类；
- 在零件图上标注尺寸的基本原则和标注方法。

技能点
- 分析零件结构形状和视图表达方法；
- 选择基准，合理地标注零件图的尺寸。

一、任务描述

图8-1所示是轴承座的轴测图，图8-2所示是轴承座的零件图。下面以此为例说明零件图的视图和尺寸。

图8-1　轴承座的轴测图

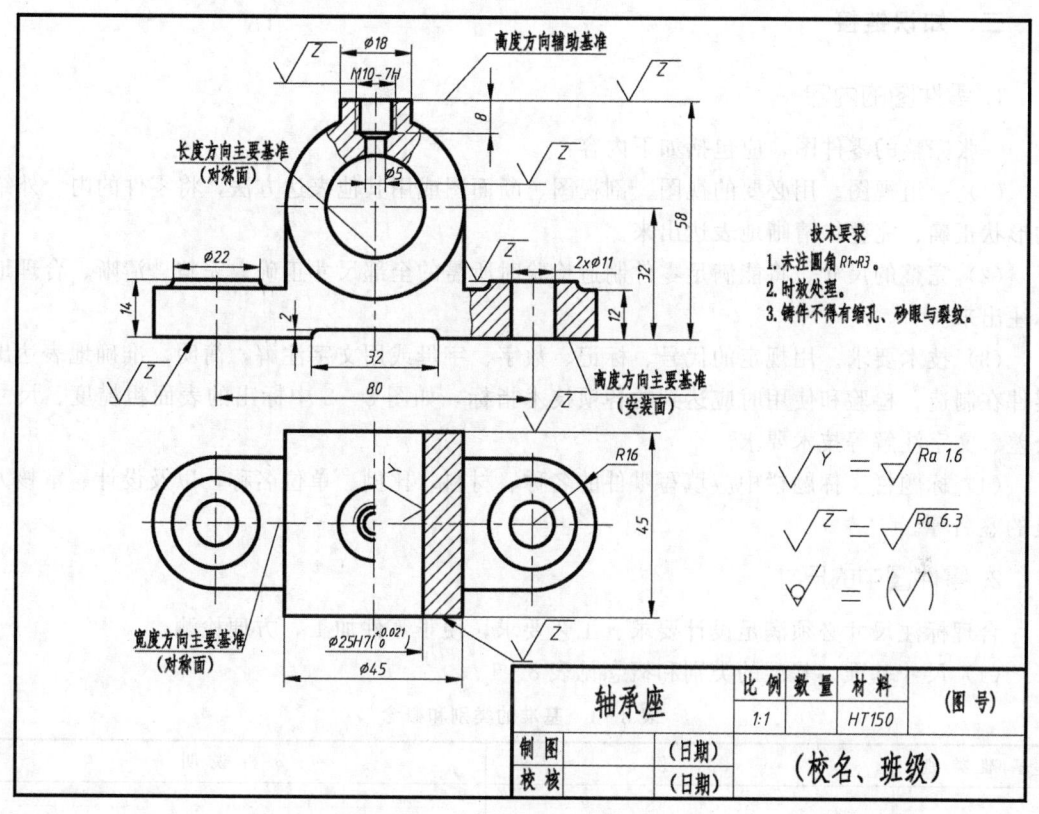

图 8-2 轴承座的零件图

二、任务实施

1. 识读图形，想象零件结构形状

从图 8-2 可以看出，轴承座采用了主、俯两个视图来表达。主视图采用局部剖，主要表达了轴承座外部结构形状；通过上部和右下方两处局部剖视表达了螺孔 M10-7H 和底板左右两个安装孔 $2×\phi 11$mm 的内部结构；俯视图采用的是半剖，主要表达了底板的外部形状 R16；通过半剖表达了中间圆筒 $\phi 45$mm、圆柱孔 $\phi 25$mm 的形状及轴承座顶部凸台的结构。

2. 分析尺寸和基准，明确各部分形状大小

1) 分析尺寸

从图 8-2 中可以看出，总体（外形）尺寸分别为总长 80mm+2×R16、总宽 45mm 和总高 58mm，定位尺寸为中心高 32mm、螺孔定位尺寸 8mm 和底板安装孔 2×$\phi 11$mm，左右定位尺寸 80mm，其余全部为定形尺寸。

2) 分析尺寸基准

因轴承座左右、前后对称，长度和宽度方向主要基准分别为其左右对称面、前后对称面；高度方向主要基准为下底面（安装面），高度方向辅助基准为上顶面。

三、知识链接

1. 零件图的内容

一张完整的零件图，应包括如下内容：

（1）一组视图。用必要的视图、剖视图、断面图或用其他表达方法，将零件的内、外结构形状正确、完整、清晰地表达出来。

（2）完整的尺寸。将能满足零件制造检验时所需的全部尺寸正确、完整、清晰、合理地标注出来。

（3）技术要求。用规定的代号、标记、数字、字母或用文字注解，简明、准确地表达出零件在制造、检验和使用时应达到的各项技术指标，如图8-2中标出的表面粗糙度、尺寸公差、文字注解等技术要求。

（4）标题栏。标题栏中应填写零件的名称、材料、比例、单位名称，以及设计、审核人员的签名等。

2. 零件图中的尺寸

合理标注尺寸必须满足设计要求、工艺要求，便于零件加工，方便检测。

（1）尺寸基准。基准的类别和概念见表8-1。

表8-1 基准的类别和概念

基准类别	图 例	分析说明
设计基准 工艺基准	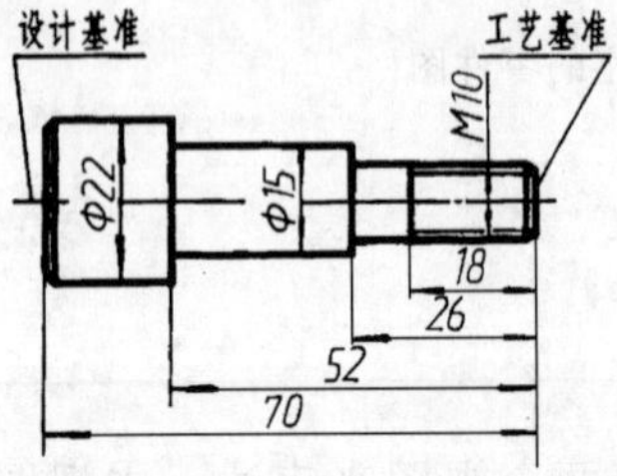 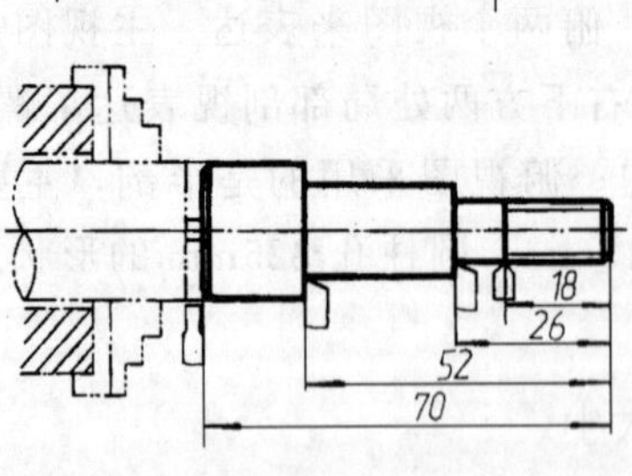	设计基准：根据零件在机器中的位置和作用，为保证其使用性能而选定的基准 工艺基准：为便于加工和测量而选定的基准 (1) 左图中的轴线和 $\phi 22$ 右端面分别为径向和轴向设计基准； (2) 左图所示轴，在车削过程中，为了便于定位车刀的最终车削位置，选其右端面为工艺基准，以此标注轴向尺寸；为保证轴的轴线与车床主轴轴线同轴旋转，采用轴线进行定位，这样轴线既是设计基准，又是工艺基准
主要基准 辅助基准	主要基准：在零件的某一方向起主要作用的基准，用来确定零件的主要尺寸 辅助基准：起辅助作用的基准	阶梯轴左端 $\phi 22$ 的右端面为主要轴向基准，阶梯轴 $\phi 15$ 的右端为轴向辅助基准
前后、左右和 上下方向基准	如图8-2所示：长度方向基准（左右）； 高度方向基准（上下）； 宽度方向基准（前后）	(1) 长、宽、高三个方向基准如图8-2所示； (2) 通常基准位置：零件上配合面、重要端面、安装底面、主要加工面、对称平面、回转面的轴线等

（2）尺寸标注原则见表 8-2。

表 8-2　尺寸标注原则

标注原则	尺寸标注图例	分析说明
重要尺寸必须直接标出	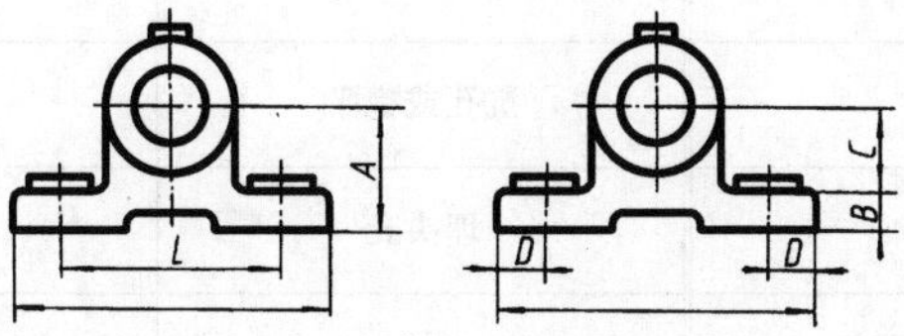 (a) 正确　　(b) 不合理	轴承座中重要尺寸：孔的中心高 A，安装孔的间距尺寸 L，一定直接注出，若间接求得，会造成误差的积累
避免注成封闭尺寸链	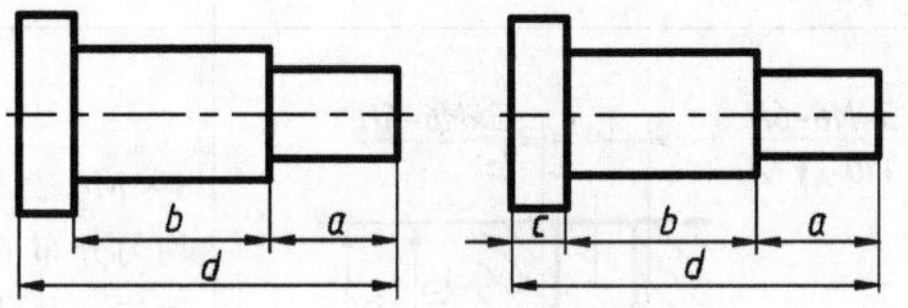 (a) 正确　　(b) 不合理	尺寸头尾相接、加工精度相互影响，为避免出现封闭尺寸链，应选一个不重要的尺寸不标注，使所有的加工误差都积累到不标尺寸上
符合加工顺序要求	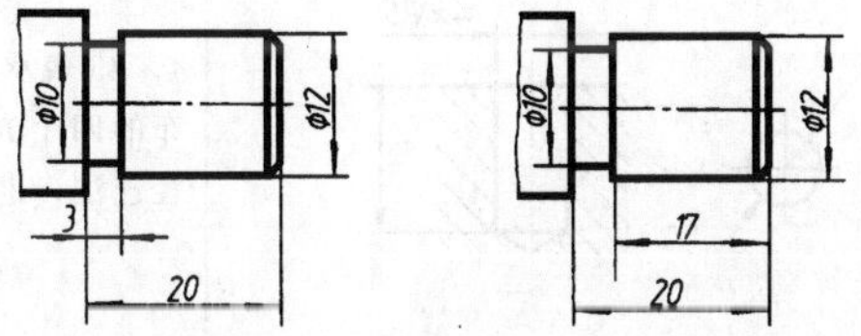 (a) 便于加工　　(b) 不便于加工	阶梯轴的轴向尺寸标注应符合加工顺序，同时方便测量；图 (b) 的标注法则不符合加工顺序的要求
标注尺寸便于测量	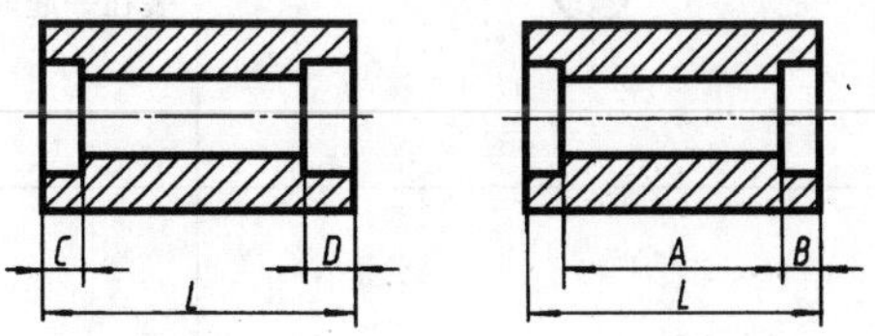 (a) 便于测量　　(b) 不便于测量	对所标注尺寸，要考虑到在加工过程中测量是否方便，如图 (a) 中所标注尺寸分别比图 (b) 中所标示注尺寸便于测量

3. 零件上常见的孔的尺寸标注

零件上常用的符号、缩写词和零件上常见孔的尺寸标注见表 8-3 和表 8-4。

表 8-3 常用的符号和缩写词

名　　称	符号或缩写词	名　　称	符号或缩写词
直径	ϕ	45°倒角	C
半径	R	深度	↓
球直径	$S\phi$	沉孔或锪平	⊔
球半径	SR	埋头孔	∨
厚度	t	均布	EQS
正方形	□	—	—

表 8-4 零件上常见孔的尺寸标注

零件结构类型		标注方法	说　　明
螺孔	一般孔	3×M6-6H↓10 孔↓12 ／ 3×M6-6H↓10孔↓12 ／ 3×M6-6H 10 12	3×M6 表示公称直径为 6mm，均匀分布的三个螺纹孔，可以旁注，也可以直接注出，螺孔深 10mm，钻孔深 12mm
光孔	一般孔	4×φ5↓10 ／ 4×φ5↓10 ／ 4×φ5 10	4×φ5 表示直径为 5mm 均匀分布的四个光孔，孔深可以与孔径连注，也可以分开注出
光孔	锥销孔	锥销孔φ5 配作 ／ 锥销孔φ5 配作	φ5 为锥销孔相配的圆锥小头直径，锥销孔通常是相邻两零件装在一起时配作加工的
沉孔	锥形沉孔	6×φ7 ∨φ13×90° ／ 6×φ7 ∨φ13×90° ／ φ13 6×φ7	6×φ7 表示直径为 7mm 均匀分布的六个孔，锥形部分的尺寸可以旁注，也可以直接注出

续表

零件结构类型		标注方法	说明
沉孔	柱形沉孔		通孔直径为φ6，柱形沉孔直径为φ10，深度为3.5mm，均需标注
	锪平面		锪平面φ16处地深度不需标注，一般锪平面到不出现毛面为止

四、课堂思考

尺寸标注中C和EQS代表什么含义？

任务2　识读活动钳身的零件图

知识点
- 掌握表面粗糙度的概念、评定参数和代号；
- 掌握表面粗糙度在零件图上的标注方法和确定 Ra 值。

技能点
- 能识读零件图中表面粗糙度的代号；
- 能在零件图中正确标注表面粗糙度代号。

一、任务描述

根据图8-3所示平口钳中活动钳身轴测图，识读图8-4所示活动钳身零件图中的技术要求——表面粗糙度。

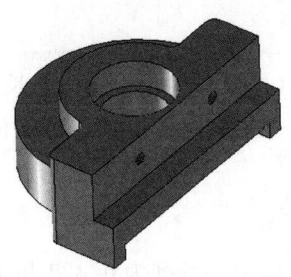

图8-3　活动钳身的轴测图

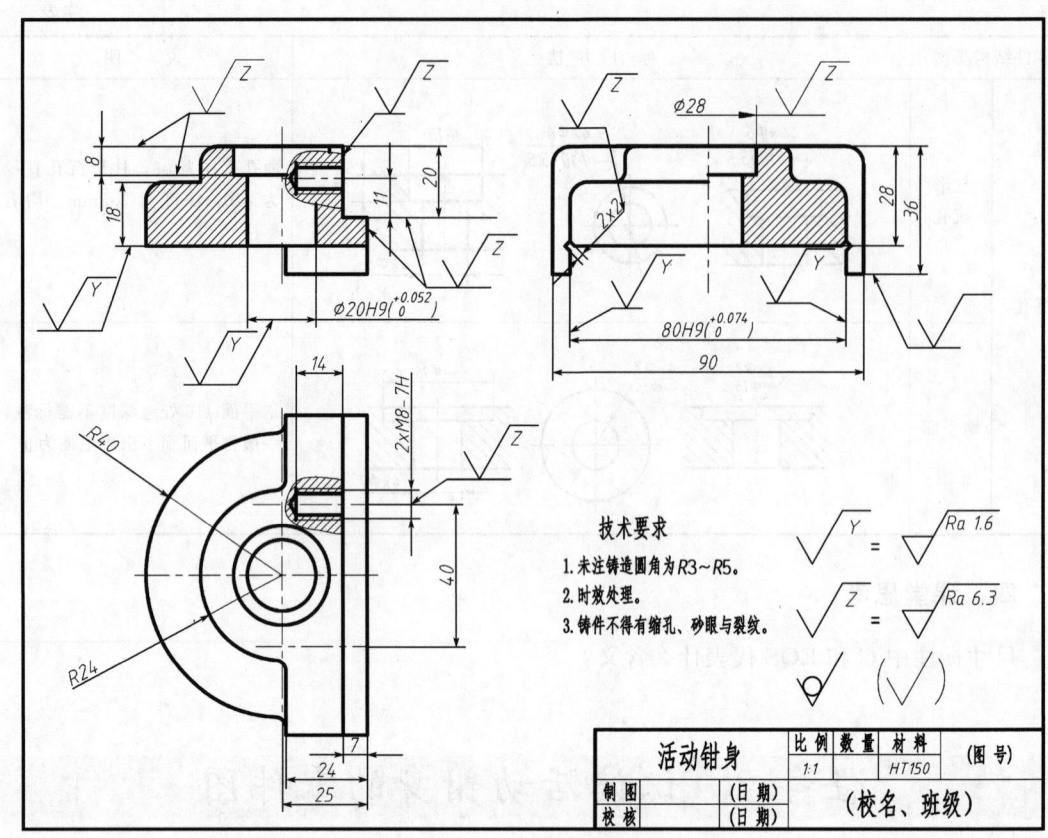

图8-4 活动钳身的零件图

二、任务实施

1. 识读视图表达方法，想象零件结构形状

从图8-4可以看出，活动钳身用了主、俯、左三个视图来表达。主视图采用全剖，主要表达了活动钳身阶梯孔 $\phi 28$mm 和 $\phi 20$mm 的内部结构；也清楚地表达了右上角宽度为7mm深度为20mm缺口的形状。俯视图采用的是局部剖，主要表达了活动钳身主体外部形状半径为 $R40$ 和 $R24$ 半个圆柱和 $2 \times M8-7H$ 螺孔深度。左视图采用半剖，将活动钳身内孔及外部形状均进一步表达清楚，并清楚地表达了槽80H9的结构形状。

2. 分析尺寸和基准

1) 分析尺寸

从图8-4中可以看出，总体（外形）尺寸分别为总长 $R40+25$mm、总宽90mm和总高36mm，定位尺寸为螺孔高度定位11mm、螺孔中心距定位40mm和右侧台阶定位25mm，其余全部为定形尺寸。

2) 分析尺寸基准

因活动钳身是回转体，长度方向主要基准为孔 $\phi 28$ 和 $\phi 20$ 的轴线；宽度方向主要基准为前后对称面；高度方向主要基准为上顶面。

3) 识读零件图的表面粗糙度

因活动钳身为铸件，除配合面如孔 $\phi20H9$ 和槽 $80H9$ 等表面粗糙度为 $Ra1.6$，以及接触面表面粗糙度要求为 $Ra6.3$，其余表面均为未加工毛坯面。

三、知识链接

1. 表面粗糙度评定参数

表面粗糙度的评定参数见表8-5。

表8-5 表面粗糙度的评定参数

说　明	图　例
经过加工后的零件表面，看似光滑，但在显微镜下观察，就会发现零件实际表面具有微观的峰和谷； 表面粗糙度是指零件加工表面上具有较小间距和峰谷所组成的微观几何形状特征	表面粗糙度示意图
轮廓算术平均偏差 Ra（常用），μm （值越大表面越粗糙）	$Ra = \dfrac{1}{n}\sum\limits_{i=1}^{n}\|y_i\|$
轮廓最大高度 Rz，μm （值越大表面越粗糙）	

2. 表面粗糙度数值与加工方法

表面粗糙度数值与加工方法见表8-6。

表8-6 表面粗糙度 Ra 的数值与加工方法

Ra，μm	表面特征	加 工 方 法	应 用 举 例
50，25，12.5	粗面	粗车、粗铣、粗刨、钻孔、锯断以及铸、锻、轧制等	多用于粗加工的非配合表面，如机座底面、轴的端面、倒角、钻孔、键槽非工作面，以及铸、锻件的不接触面等
6.3，3.2，1.6	半光面	精车、精铣、精刨、铰孔、刮研、拉削（钢丝）等	较重要的接触面和一般配合表面，如键槽和键的工作面、轴套及齿轮的端面、定位销的压入孔表面

续表

Ra, μm	表面特征	加工方法	应用举例
0.8, 0.4, 0.2	光面	精铰、精磨、抛光等	要求较高的接触面和配合面，如齿轮工作面、轴承的重要表面、圆锥销孔等
0.1, 0.05, 0.025	镜面	研磨、超级精密加工等	高精度的配合表面，如要求密封性能好的表面、精密量具的工作表面等

3. 表面粗糙度的符号、代号及画法

表面粗糙度符号、代号及其意义见表 8-7；表面粗糙度符号、代号画法见表 8-8。

表 8-7 表面粗糙度符号、代号及其意义

	符号与代号	意义及说明
符号	∨	基本符号，表示表面可用任何方法获得，当不加注明粗糙度参数值或有关说明时，适用于简化代号标注
	∀	基本符号加一短画，表示表面是用去除材料的方法获得，例如，车、铣、钻、磨、剪切、抛光、腐蚀、电火花加工、气割等
	∀（带圆）	基本符号加一小圆，表示表面是用不去除材料的方法获得，例如，铸、锻、冲压变形、冷轧、粉末、冶金等，或者是用于保持原供应状况的表面（包括保持上道工序的状况）
	（三种类别加横线）	在三种类别符号的长边上均可加一横线，用于标注有关参数和说明
	（三种类别加小圆）	在三种类别符号的长边上均可加一小圆，表示所有表面具有相同的表面粗糙度要求
代号	Ra 3.2（基本符号）	用任何方法获得的表面粗糙度，Ra 的上限值为 3.2μm
	Ra 3.2（去除材料）	用去除材料的方法获得的表面粗糙度，Ra 的上限值为 3.2μm
	Ra 3.2（不去除材料）	用不去除材料的方法获得的表面粗糙度，Ra 的上限值为 3.2μm
	URa 3.2 LRa 1.6	用去除材料的方法获得的表面粗糙度，Ra 的上限值为 3.2μm，下限值为 1.6μm
	Rz 200	用去除材料的方法获得的表面粗糙度，Rz 的上限值为 200μm

表8-8 表面粗糙度符号、代号的画法

粗糙度代号及符号的比例画法	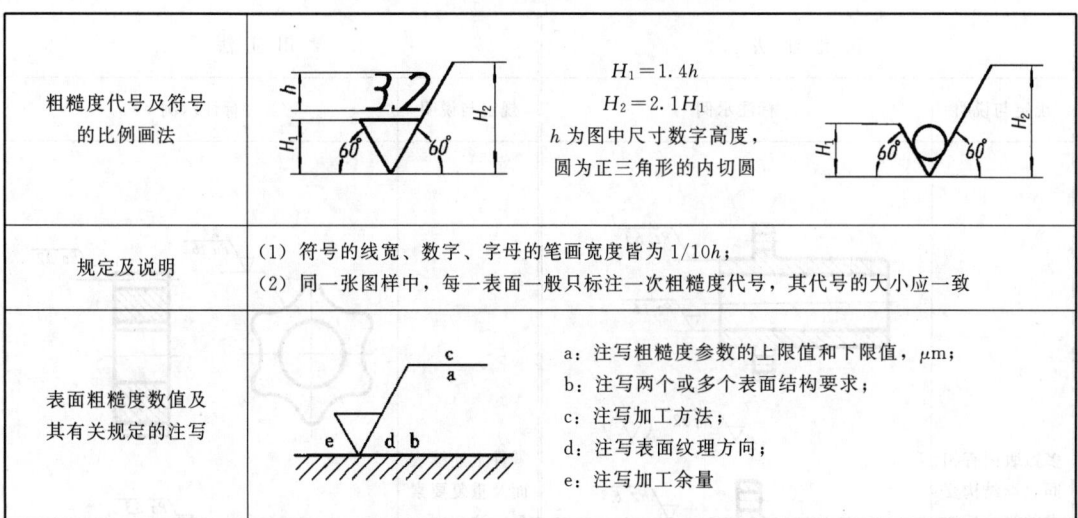 $H_1=1.4h$ $H_2=2.1H_1$ h 为图中尺寸数字高度，圆为正三角形的内切圆
规定及说明	(1) 符号的线宽、数字、字母的笔画宽度皆为 $1/10h$； (2) 同一张图样中，每一表面一般只标注一次粗糙度代号，其代号的大小应一致
表面粗糙度数值及其有关规定的注写	a：注写粗糙度参数的上限值和下限值，μm； b：注写两个或多个表面结构要求； c：注写加工方法； d：注写表面纹理方向； e：注写加工余量

4. 表面粗糙度代号的标注

表面粗糙度代号的标注示例、简化注法及常用零件结构要求的注法见表8-9和表8-10。

表8-9 表面粗糙度代号的标注示例

规定与说明	标注示例	规定与说明	标注示例
标注在轮廓线上		标注在形位公差的框格上方	
标注在指引线上		标注在圆柱特征的延长线上，或带箭头的指引线上	
标注在特征尺寸的尺寸线上		标注在圆柱表面上	

表 8-10 表面粗糙度的简化、常用注法

简化注法		常用注法	
规定与说明	标注示例	规定与说明	标注示例
多数表面有相同表面结构要求的简化标注	（图示：Rz 6.3、Rz 1.6、Ra 3.2 (√)，Rz 6.3、Rz 1.6，√Ra 3.2 (√Rz 1.6 √Rz 6.3)）（在标题栏附近标注）	零件上连续表面及重复要素只标注一次	（图示：抛光 Ra 1.6、Ra 3.2、Ra 6.3、Ra 6.3、Ra 1.6）
用带字母的完整符号的简化标注法	（图示：√z = √(U Rz 1.6 / L Ra 0.8)，√y = √Ra 3.2）	不连续表面的标注法	（图示：Ra 12.5）
多个表面有共同要求的简化标注法	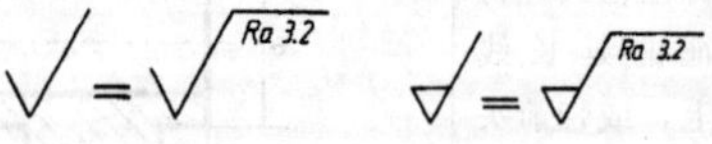 √ = √Ra 3.2 √ = √Ra 3.2 (a)未指定工艺方法 (b)要求去除材料 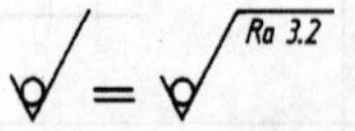 √ = √Ra 3.2 (c)不允许去除材料	螺纹工作表面的标注法	（图示：Ra 1.6、M8×1-6h、Ra 1.6）

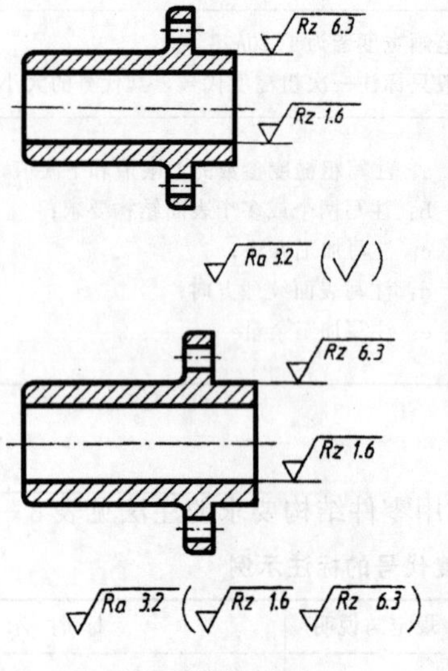

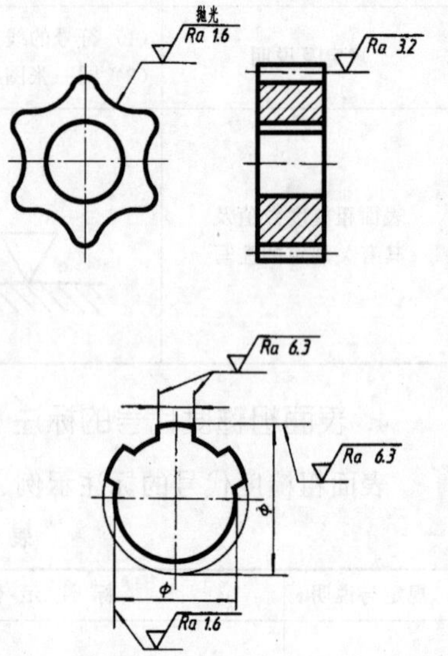

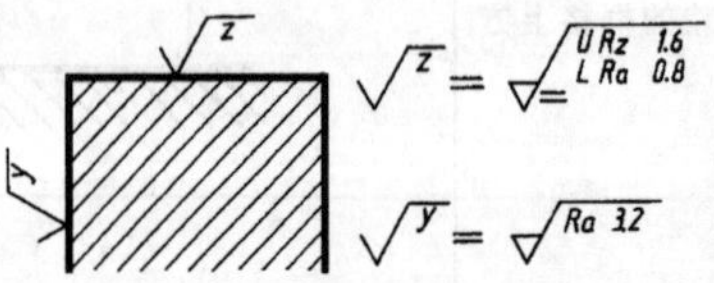

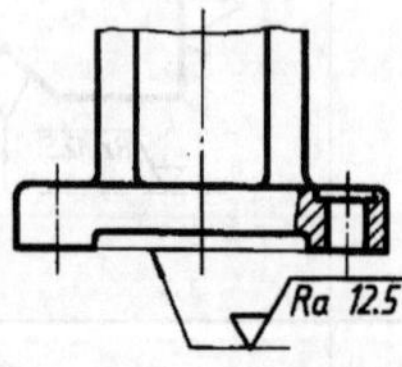

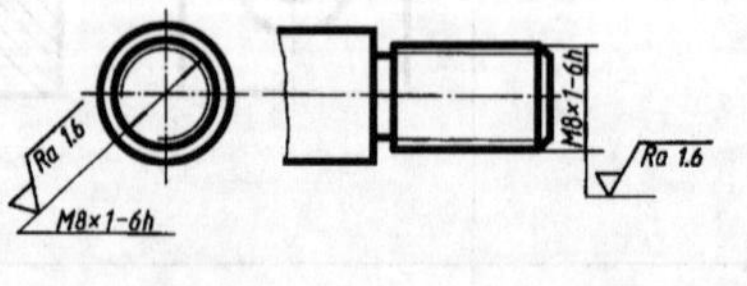

四、课堂思考

在图 8-4 所示活动钳身的零件图中，未标注表面的表面粗糙度代号是什么？

任务3　识读丝杠的零件图

知识点
- 形位公差的概念、代号、标注方法。

技能点
- 根据零件对形位公差的要求，正确地进行标注；
- 能识读零件图中的形位公差。

一、任务描述

根据图8-5所示丝杠的轴测图，识读图8-6所示丝杠零件图中的技术要求——形位公差。

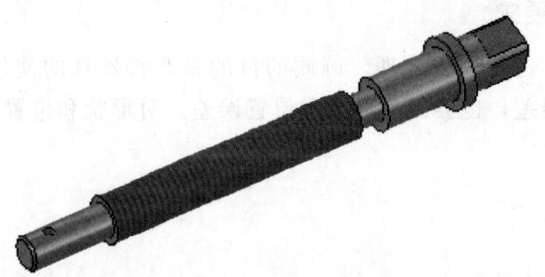

图8-5　丝杠的轴测图

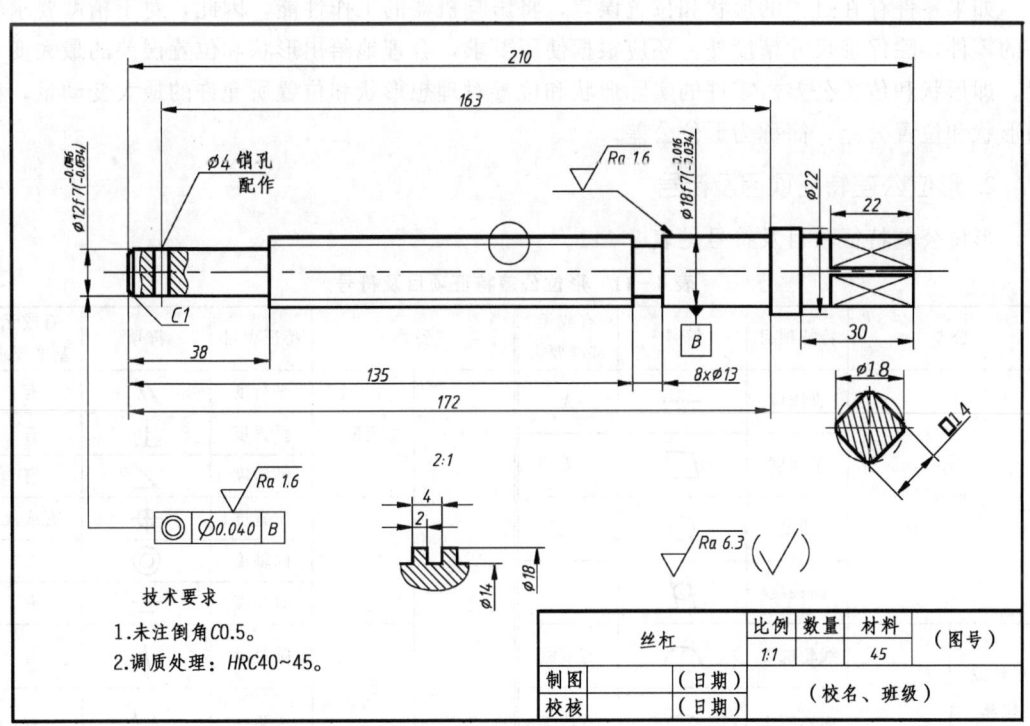

图8-6　丝杠的零件图

二、任务实施

1. 分析结构形状,识读视图表达方法

1) 概括了解

从标题栏中了解该零件的名称为丝杠,是部件平口钳中的主要零件,采用 1∶1 的绘图比例、材料为 45 号钢,零件主体结构为回转体。

2) 分析结构形状

零件左端有定位销孔;中间有带动螺母、活动钳身左右移动的矩形螺纹;右端有用扳手转动丝杠的方形结构。

3) 分析视图表达

该丝杠共有三个视图:主视图反映丝杠的基本形状;移出断面图反映右端方形结构的形状与尺寸;局部放大图反映矩形螺纹的结构与尺寸。

2. 掌握分析技术要求

该零件根据需要,进行调质处理。调质的目的是改善丝杠的使用性能。零件加工过程中,不仅会产生尺寸误差,也会出现形状和位置误差。对形状和位置的控制由形状和位置公差来实现。

三、知识链接

1. 形位公差的基本概念

如果零件存在过大的形状和位置误差,将影响机器的工作性能,因此,对于精度要求较高的零件,除保证尺寸精度外,还应根据使用要求,合理地给出形状和位置误差的最大变动量,即形状和位置公差。零件的实际形状和位置对理想形状和位置所允许的最大变动量,称为形状和位置公差,简称为形位公差。

2. 形位公差特征项目及符号

形位公差特征项目及符号见表 8-11。

表 8-11 形位公差特征项目及符号

公差		特征项目	符号	有或无基准要求	公差		特征项目	符号	有或无基准要求
形状		直线度	—	无	位置	定向	平行度	∥	有
		平面度	□	无			垂直度	⊥	有
		圆度	○	无			倾斜度	∠	有
		圆柱度	⌭	无		定位	位置度	⌖	有或无
形状或位置	轮廓	线轮廓度	⌒	有或无			同轴度	◎	有
		面轮廓度	⌒	有或无			对称度	=	有
						跳动	圆跳动	↗	有
							全跳动	⌰	有

3. 形位公差代号在图样上的标注

形位公差在图样中是用代号的形式标注的,当采用代号标注不便时,也可用简练的文字说明。

1) 形位公差代号

形位公差代号由形位公差框格及带箭头指引线、形位公差特征项目符号、公差值和其他有关符号、基准符号等组成,如图 8-7 所示。

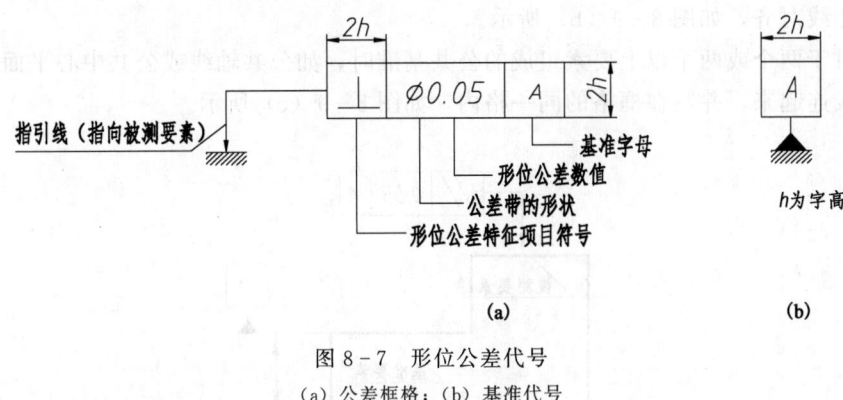

图 8-7 形位公差代号
(a) 公差框格;(b) 基准代号

形位公差框格由两格或多格组成,用细实线绘制,水平或竖直放置,框格的字高与图样中尺寸数字等高,如图 8-7(a) 所示。

基准符号由基准字母、正方形、实心三角形和连线组成,如图 8-7(b) 所示。

2) 被测要素的标注

用带箭头的指引线将框格与被测要素相连时,指引线的箭头应指向公差带宽度或直径方向,并按以下方式标注:

(1) 当公差涉及轴线、中心平面或由带尺寸要素确定的点时,则箭头必须与尺寸线的延长线重合,如图 8-8(a) 所示。

(2) 当公差涉及轮廓线或表面时,将箭头指向被测要素的轮廓线或轮廓线的延长线上,但必须与尺寸线明显地错开,如图 8-8(b) 所示。

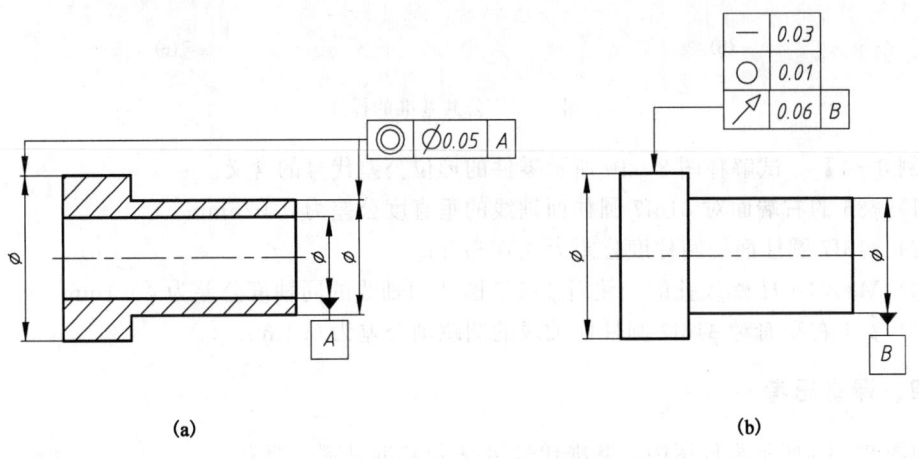

图 8-8 形位公差的简化标注

(3) 当多个被测要素具有相同的形位公差要求时,可以从一个框格内同一端引出多个指引箭头,如图 8-8 (a) 所示;当同一个被测要素具有多项形位公差要求时,可以在一个指引线上画出多个形位公差框格,如图 8-8 (b) 所示。

3) 基准要素的标注

(1) 当基准要素是轮廓线或表面时,基准符号中的连线一定与尺寸线明显地错开,如图 8-9 (a) 所示。

(2) 当基准要素是轴线、中心平面或由带尺寸的要素确定的点时,则基准符号中的连线一定与尺寸线对齐,如图 8-9 (b) 所示。

(3) 对于两个或两个以上要素组成的公共基准时,如公共轴线或公共中心平面,其基准字母用横线连起来,并写在框格的同一格内,如图 8-9 (c) 所示。

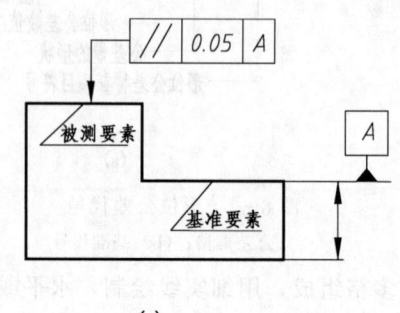

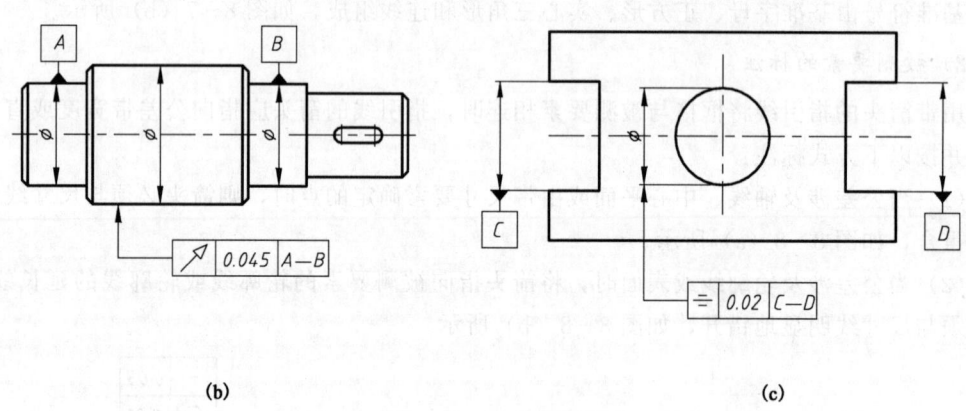

图 8-9 公共基准的标注

【例 8-1】 试解释图 8-10 所示零件的形位公差代号的含义。

(1) $\phi 36$ 的右端面对 $\phi 16f7$ 圆柱面轴线的垂直度公差为 0.025mm。

(2) $\phi 16f7$ 圆柱面的圆柱度公差为 0.005mm。

(3) M8×1-6H 螺纹孔的轴线对 $\phi 16f7$ 圆柱面轴线的同轴度公差为 $\phi 0.1$mm。

(4) $\phi 14$ 右端面对 $\phi 16f7$ 圆柱面轴线的圆跳动公差为 0.1mm。

四、课堂思考

如图 8-10 所示零件图中,基准代号 A 表示基准是哪一要素?

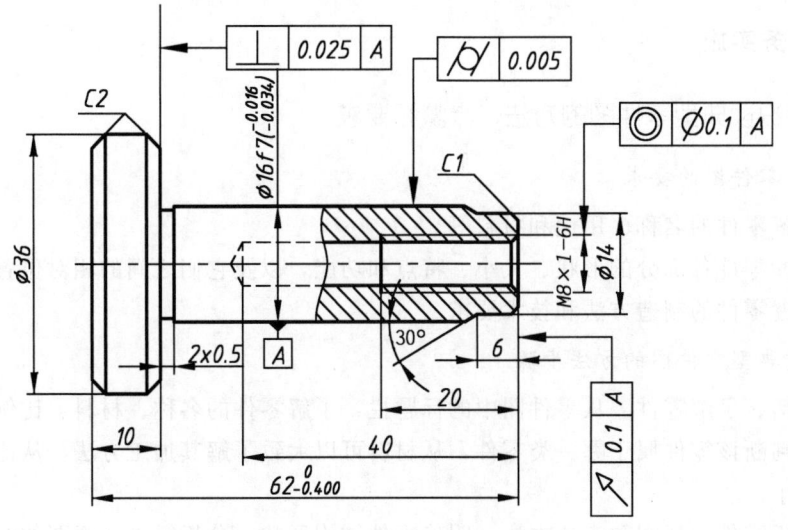

图 8-10 形位公差代号标注的读解

任务4 识读轴套、轮盘类典型零件图

> **知识点**
> - 公差与配合的概念。
>
> **技能点**
> - 能识读中等复杂程度的轴套、轮盘类零件图。

一、任务描述

零件图是制造和检验零件的依据,识读典型零件图其目的就是根据零件图想象零件的结构和形状,了解零件的尺寸和技术要求。

零件的形状是多种多样的,读零件图时,应根据零件在机器或部件中的位置、作用以及与其他零件的关系,通过综合归纳从中找出读图规律和方法。表 8-12 为常见的轴类和轮盘类的典型零件。

表 8-12 轴类和轮盘类零件的结构特点

类 别	图 例		零件特点
轴套类	传动轴	套筒	大部分表面为圆柱面,其上常有键槽、销孔、退刀槽、倒角、螺纹等结构
轮盘类	手轮	端盖	多数形状为短粗回转体,一般为铸锻毛坯加工而成,其上常有轮辐、轴孔、键槽、螺纹孔等结构

二、任务实施

1. 掌握识读典型零件图的方法、步骤和要求

1) 识读零件图的要求

(1) 了解零件的名称、用途和材料等。

(2) 掌握零件各部分的形状、大小、特点和功能,以及它们之间的相对位置。

(3) 掌握零件的制造方法和技术要求。

2) 识读典型零件图的方法步骤

(1) 概括、了解零件。从零件图中的标题栏,了解零件的名称、材料、比例等内容;从零件名称可判断该零件属于哪一类零件,从材料可以大致了解其加工方法,从比例可估计零件的实际大小。

(2) 分析零件的视图和表达方法,明确零件结构形状。分析零件各视图的配置以及视图之间的关系。先看主视图,再看其他视图,运用形体分析法和线面分析法读懂零件各部分结构,想象零件形状。读图的一般顺序是先整体后局部,先简单后复杂,先外形后内部,最后分析细小结构。

(3) 分析尺寸和技术要求。分析零件的长、宽、高三个方向的尺寸基准,从基准出发查各部分的定形尺寸和定位尺寸。分析尺寸的加工精度、要求及其作用。联系零件结构形状和尺寸,分析各视图上所标注的尺寸公差、形位公差和表面粗糙度等技术要求。

(4) 综合归纳,了解零件全貌。零件图表达了零件的结构形状、尺寸和精度等内容,它们之间是相互关联的,读图时,将视图、尺寸和技术要求综合起来考虑才能对零件的形状有一个完整的认识。

2. 识读轴零件图

轴类零件是最常见的一种零件,主要起支承和传递动力的作用。套类零件常装配在轴上,起定位、传动或连接等作用。

图 8-11 所示为传动轴的零件图,下面以此为例分析识读轴套类零件图的方法和步骤。

1) 概括了解零件

看标题栏知,零件的名称为轴,属轴套类零件,材料是 45 钢,绘图比例 1:1(与实物大小相等)。粗略看图可知,视图数量不多,图形不复杂。

2) 分析零件的视图和表达方法

图 8-11 所示一共采用了四个视图:其中主视图为基本视图,反映传动轴的主体形状和位置关系,即由若干段直径不等圆柱、圆台组成及它们的位置关系;反映了两个 A 型键槽和一个退刀槽等结构形状及轴向位置;两个移出断面图,表达了左、右两个键槽在宽度方向上的形状和深度;一个局部放大图表达了宽 2、深 1 的退刀槽的具体结构形状和大小。此外,该零件两端各有一个尺寸大小为 C2 的倒角。

根据传动轴的表达方法,可归纳出轴套类零件的表达方法:

(1) 轴套类零件一般多在车床和磨床上加工,其主视图按加工位置选择,即轴线水平放置,用一个基本视图加上一系列的直径尺寸 ϕ 就能清楚表达各段形状和位置;以及细小结构

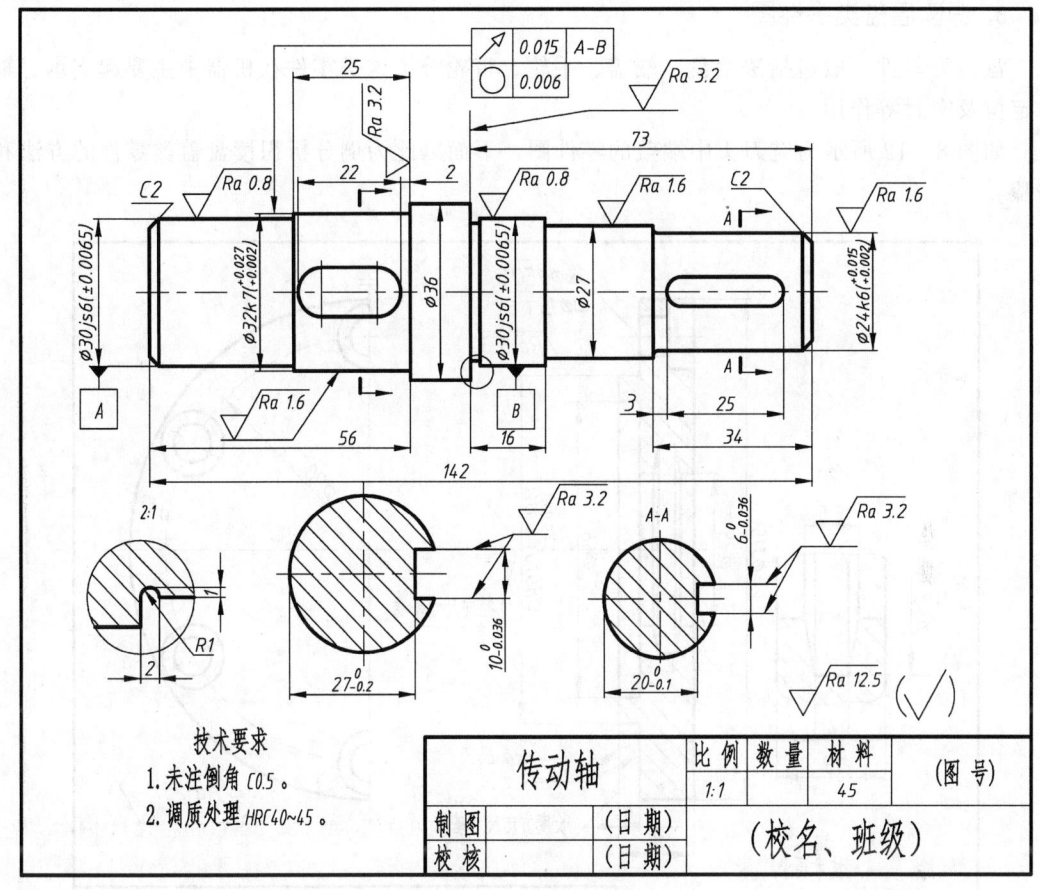

图 8-11 传动轴的零件图

的位置。

(2) 用断面图、局部剖视图、局部放大图等表达键槽、沟槽、小孔等细小结构;

(3) 套类零件常采用全剖、半剖或局部剖来表达清楚其内部结构。

3) 分析尺寸

轴套类零件的基本形体主要是同轴的回转体,常以轴线作为径向方向的设计基准,由此注出 $\phi 30 mm$、$\phi 32 mm$、$\phi 36 mm$、$\phi 24 mm$ 等。常以重要的端面($\phi 36 mm$ 右轴肩)作为轴向方向的主要基准,注出重要尺寸 16mm。以轴的右端面作为轴向第一辅助基准标注尺寸 34mm、总长 142mm,以及与主要基准的联系尺寸 73mm,以轴的左端面为轴向第二辅助基准标注 56mm,以 $\phi 36 mm$ 左轴肩为轴向第三辅助基准标注 25mm、键槽的定位尺寸 2mm、3mm。两个键槽的深度尺寸 27mm 和 20mm 都是以圆柱的最后素线作为工艺基准标注出。

4) 分析技术要求

传动轴的径向尺寸 $\phi 30 js6$ (± 0.0065)、$\phi 32 k7$ ($^{+0.027}_{+0.002}$)、$\phi 24 k7$ ($^{+0.015}_{+0.002}$),都标注有极限偏差,说明这几段圆柱与相关零件有配合关系,因而对表面粗糙度有较高要求,Ra 值分别为 $0.8 \mu m$、$1.6 \mu m$、$1.6 \mu m$。特别是 Ra 为 $0.8 \mu m$ 的圆柱面,采用磨削方法才能得到。$\phi 32 k7$ ($^{+0.027}_{+0.002}$) 的圆柱表面对轴线 $A-B$ 有较高径向圆跳动和圆度要求,公差值分别为 0.015mm 和 0.006mm。

3. 识读盘盖类零件图

盘盖类零件一般包括法兰盘、端盖、手轮、带轮等。这类零件在机器中主要起支承、轴向定位及密封等作用。

如图 8-12 所示为铣刀头中端盖的零件图，下面以此为例分析识读盘盖类零件的方法和步骤。

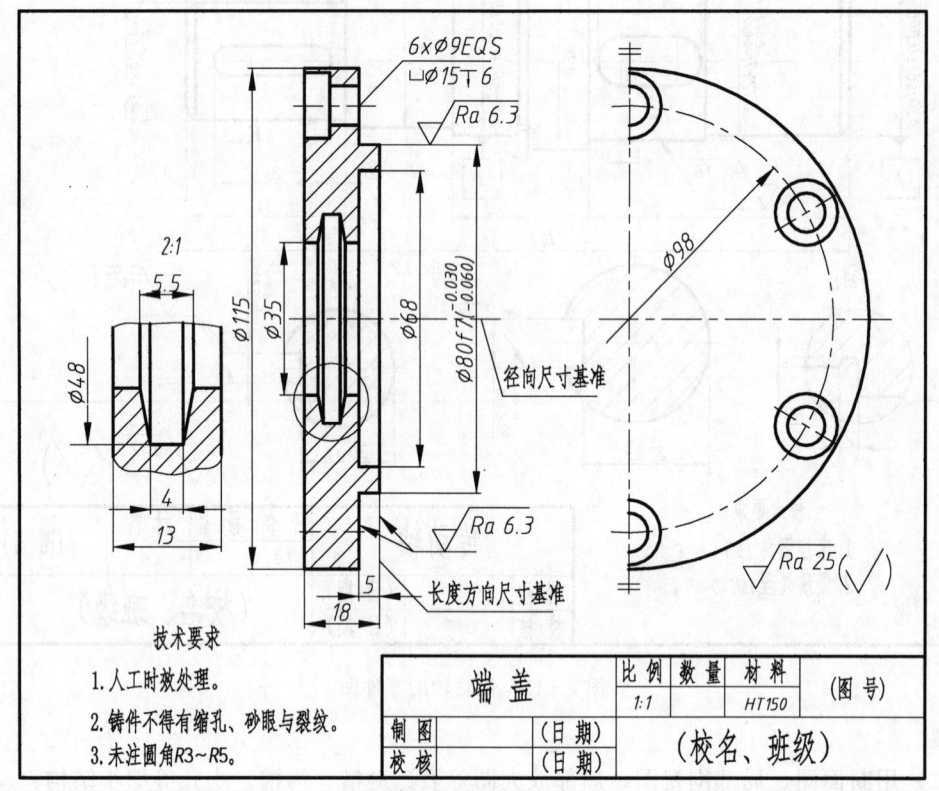

图 8-12 端盖的零件图

1) 概括了解零件

看标题栏可知，零件为端盖，材料为铸铁 HT150，属于铸造件，只有三个视图，图形不复杂，容易看懂其结构形状。

2) 分析零件的视图和表达方法

端盖的主视图采用全剖视图，表达孔 $\phi 68$mm 和 $\phi 35$mm、密封槽、沉孔及配合尺寸 $\phi 80f7$ 等结构的形状及相对位置，轴线水平安放符合加工位置原则，又符合其工作位置原则。左视图采用对称机件的简化画法，主要表达 6 个沉孔的均布情况。局部放大图表达密封槽的结构形状和位置。

分析端盖的表达方案，可总结出盘盖类零件的表达方法：

(1) 盘盖类零件主要在车（磨）床上加工，所以按加工位置原则和形位特征原则选择主视图，即轴线水平安放；

(2) 盘盖类零件一般用主视图和左视图（或右视图）两个视图来表达，主视图采用全剖表达内部结构，左视图表达外形轮廓及其上的孔、肋、轮辐的分布情况；

(3) 有时还采用局部放大图、断面图表达细小结构。

3) 分析尺寸

盘盖类零件的主体多为回转体，常以其轴线作为径向尺寸基准，标出 $\phi80f7$、$\phi68mm$、$\phi35mm$、$\phi115mm$ 等，并尽可能地注在非圆的主视图上。长度方向的主要尺寸基准是重要的右端面，由此注出 5mm 和 18mm。密封槽的尺寸标注请读者自行分析。

4) 掌握分析技术要求

端盖为铸件，必须进行人工时效处理，清除内应力，以避免零件在加工后变形影响使用性能。在所有尺寸中，$\phi80f7$ 精度最高，属于配合尺寸。端盖的所有表面都要求加工，但表面粗糙度要求较高的表面有 $\phi80f7$ 表面及其右端面、$\phi115mm$ 右端面，Ra 值均为 $6.3\mu m$。其余各表面 Ra 均为 $25\mu m$。

三、知识链接

1. 零件的互换性

在一批相同的零件中任意取一件，不经修配就能顺利地装配到机器上，并能达到规定的技术性能要求，零件的这种性质称为互换性。

互换性是现代工业进行大规模生产的重要措施之一。为使零件具有互换性，必须确保零件的几何形状及其相对位置、尺寸、表面粗糙度等技术要求有一致性。对尺寸而言，一致性并不要求每个零件都制成一个特定不变的尺寸，而是限定在一个满足使用要求的范围内变动。这样，为了达到尺寸的一致性，就产生了"公差与配合"制度，下面以图 8-13 所示的圆孔为例，对公差与配合的有关知识进行介绍。

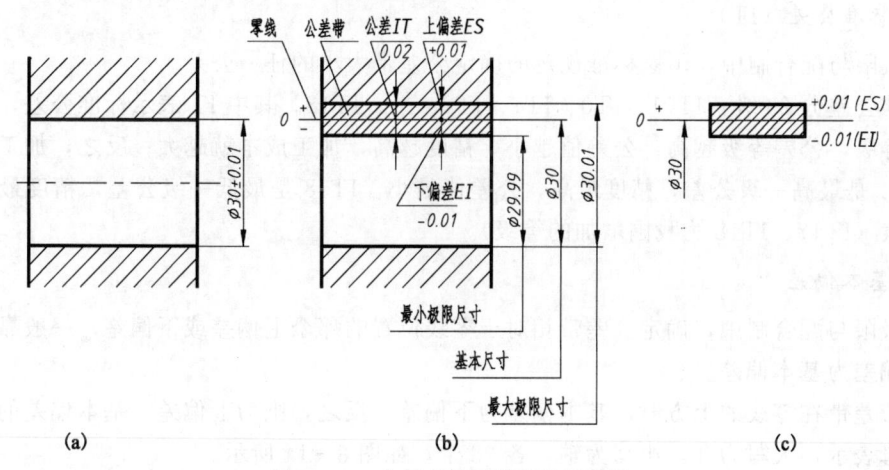

图 8-13 公差术语图解和公差带图
(a) 孔的公差；(b) 孔的公差示意图 (c) 孔的公差带图

2. 公差的基本术语和定义

(1) 设计尺寸。设计时给定的尺寸，如图 8-13（a）所示 $\phi30$。

(2) 实际尺寸。通过测量得到的尺寸。

(3) 极限尺寸。允许尺寸变动的两个极限值，其中较大的一个称为最大极限尺寸，如图 8-13（b）所示 $\phi30.01mm$；而较小的一个称为最小极限尺寸，如图 8-13（b）所示 $\phi29.99mm$。

(4) 极限偏差。极限尺寸减去基本尺寸所得的代数差。最大极限尺寸减去基本尺寸所得的代数差称为上偏差；最小极限尺寸减去基本尺寸所得的代数差称为下偏差。

孔的上、下偏差代号分别用大写拉丁字母 ES、EI 表示；轴的上、下偏差分别用小写拉丁字母 es、ei 表示。

如图 8-13（b）所示孔的极限偏差为：

$$上偏差\ ES = \phi 30.01 - \phi 30 = +0.01 (\text{mm})$$
$$下偏差\ EI = \phi 29.99 - \phi 30 = -0.01 (\text{mm})$$

(5) 尺寸公差（简称公差）。允许尺寸的变动量，等于最大极限尺寸减去最小极限尺寸的代数差，或等于上偏差与下偏差之差。公差为绝对值。

如图 8-13（b）所示孔的公差为：

$$公差 = \phi 30.01 - \phi 29.99 = 0.02 (\text{mm})$$

或

$$公差 = (+0.01) - (-0.01) = 0.02 (\text{mm})$$

(6) 公差带图。为了形象表示基本尺寸、偏差、公差之间的关系，以及便于绘图，只画出放大了的孔、轴的公差带，而不画具体孔与轴的简图，称为公差带图。图 8-13（c）就是图 8-13（b）的公差带图。

(7) 零线。在公差带图中 [图 8-13（c）]，零线表示基本尺寸的一条直线，规定零线上方的偏差为正偏差，零线下方的偏差为负偏差。

(8) 公差带。在公差带图中，由上、下偏差的两条直线所限定的一个区域称为公差带。它的位置与大小由标准公差和基本偏差确定，如图 8-13（c）所示。

3. 标准公差与基本偏差

1) 标准公差（IT）

在极限与配合制中，国家标准规定的确定公差带大小的任一公差。

标准公差分 20 级：IT01、IT0、IT1、IT2、…、IT18。其中 IT 表示标准公差，数字表示公差等级，公差等级越高，公差值越小，精度越高，加工成本就越大；反之，加工成本越小。IT01 是最高一级公差，精度最高，公差值最小。IT18 是最低一级公差，精度最低，公差值最大（IT17、IT18 为我国增加的等级）。

2) 基本偏差

在极限与配合制中，确定公差带相对于零线位置的那个上偏差或下偏差，一般靠近零线的那个偏差为基本偏差。

当公差带在零线的上方时，基本偏差为下偏差；反之，则为上偏差。基本偏差的代号用拉丁字母表示，大写为孔，小写为轴，各 28 个，如图 8-14 所示。

孔和轴的公差带代号，由基本偏差代号与公差等级代号组成，位于基本尺寸之后。

例如：

孔的基本尺寸 ── 孔的公差带代号
$\phi 40 H 8$
孔的基本偏差代号 ── 孔的标准公差等级

轴的基本尺寸 ── 轴的公差带代号
$\phi 40 f 7$
轴的基本偏差代号 ── 轴的标准公差等级

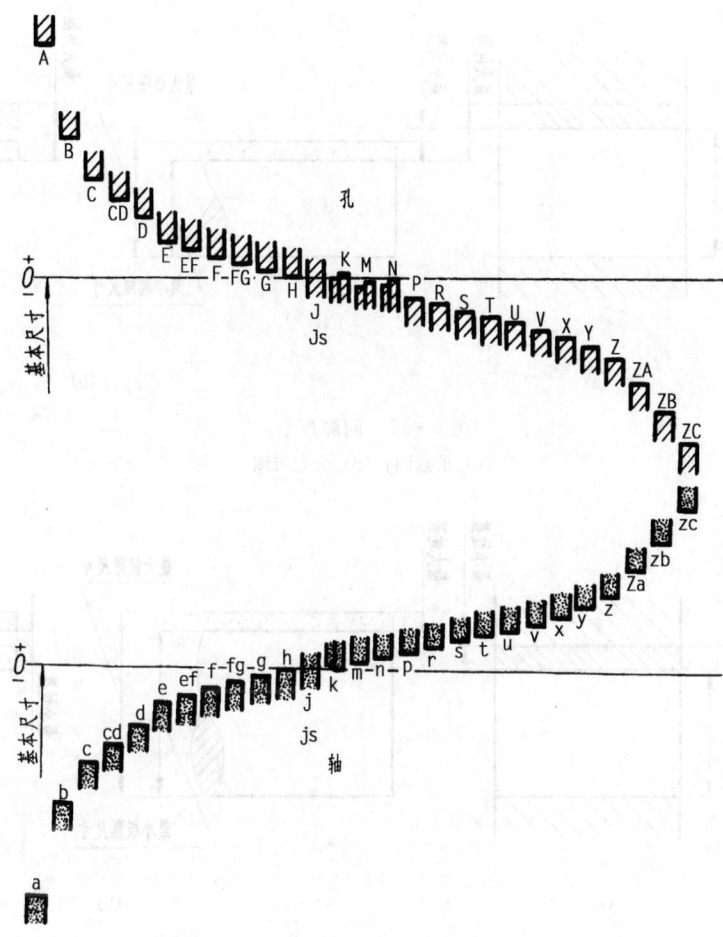

图 8-14 基本偏差系列图

4. 配合的概念及种类

1) 配合的概念

基本尺寸相同的、相互结合的孔和轴公差带之间的关系称为配合。由于孔和轴的实际尺寸不同，装配后可能产生"间隙"或"过盈"。

孔的尺寸减去相配合轴的尺寸所得的代数差称为间隙或过盈。此值为正，称为间隙；此值为负，称为过盈。

2) 配合的种类

配合分以下三类：

(1) 间隙配合。具有间隙（包括最小间隙等于零）的配合。此时，孔的公差带在轴的公差带之上，如图 8-15 所示。间隙配合常用于孔、轴间的活动连接。

(2) 过盈配合。具有过盈（包括最小过盈等于零）的配合。此时，孔的公差带在轴的公差带之下，如图 8-16 所示。过盈配合常用于孔、轴间的紧固连接。

(3) 过渡配合。可能具有间隙或过盈的配合。此时，孔、轴的公差带相互重叠，如图 8-17 所示。过渡配合常用于孔、轴间的定位。

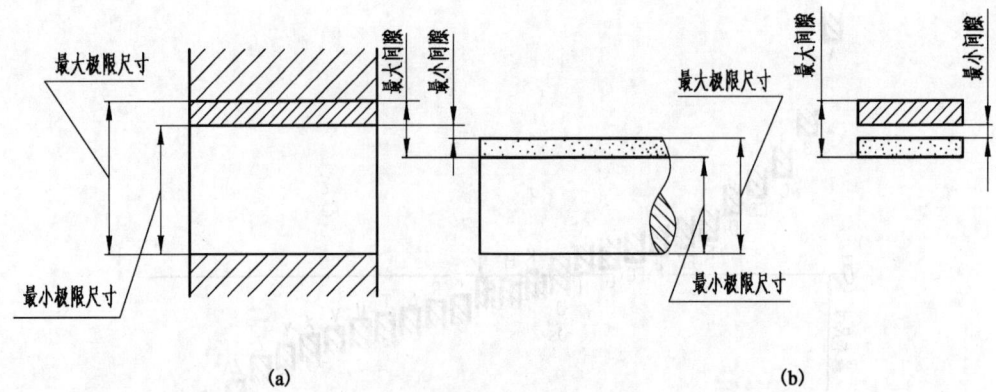

图 8-15 间隙配合
(a) 示意图；(b) 公差带图

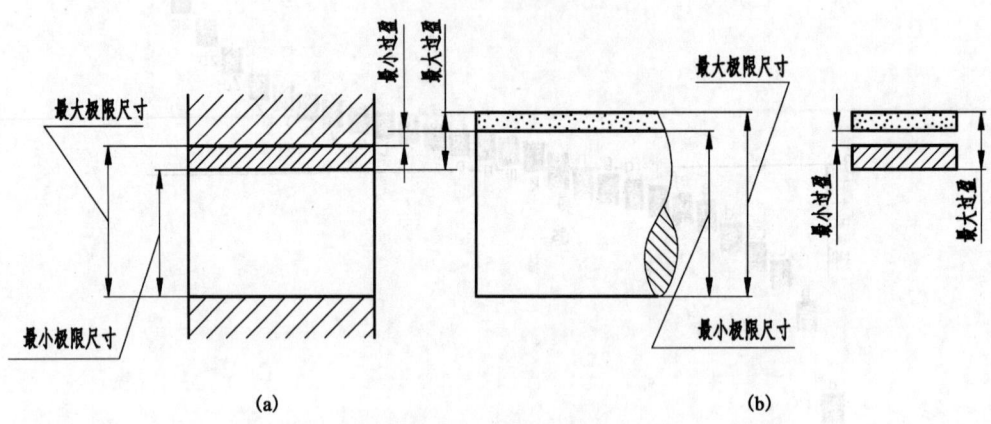

图 8-16 过盈配合
(a) 示意图；(b) 公差带图

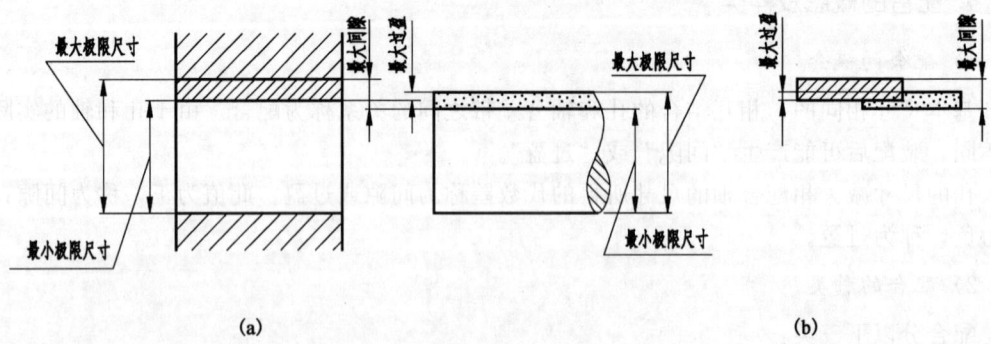

图 8-17 过渡配合
(a) 示意图；(b) 公差带图

四、课堂思考

轴套、轮盘类零件有什么特点？能否举出生活中常见的例子？

任务5 识读叉架、箱体类典型零件图

> **知识点**
> - 基孔制和基轴制的概念。
>
> **技能点**
> - 掌握公差与配合的标注方法;
> - 能识读中等复杂程度的叉架、箱体类零件图。

一、任务描述

叉架、箱体类零件是常见的典型零件,叉架类零件包括连杆、拨叉、支架、支座等。其作用是操纵、连接、传动和支承等。其结构特点见表 8-13。

表 8-13 叉架、箱体类零件的结构特点

类 别	图 例	零件特点
叉架类	跟刀架　　连杆	形状复杂多样,多为铸、锻毛坯加工而成,工作部分常为孔叉结构,连接部分有各种形状的肋
箱体类	泵体　　箱体	一般为空腔较大的铸件毛坯加工而成,其上常有轴孔、螺孔、凸台、凹坑、肋板等结构

二、任务实施

1. 识读叉架类零件图

图 8-18 所示为拨叉的零件图,下面以此为例分析识读叉架类零件图的方法与步骤。

1)概括了解

拨叉主要用于机床,内燃机等各种机器上,起操纵,调速等作用。其材料为 ZG45 钢,比例 1∶1,粗略看视图可知,图形比较复杂。

2)分析视图和表达方法

用四个图表达了拨叉的结构形状,根据视图的配置,A—A 视图为主视图,主要表达内孔 $\phi20H9$、肋板、右端凹槽等结构形状和位置关系,左视图主要表达拨叉的外形及相互位置。B—B 局部剖视图表达圆台壁上孔 $\phi6mm$ 的内部结构形状。移出断面图表达肋板的断面

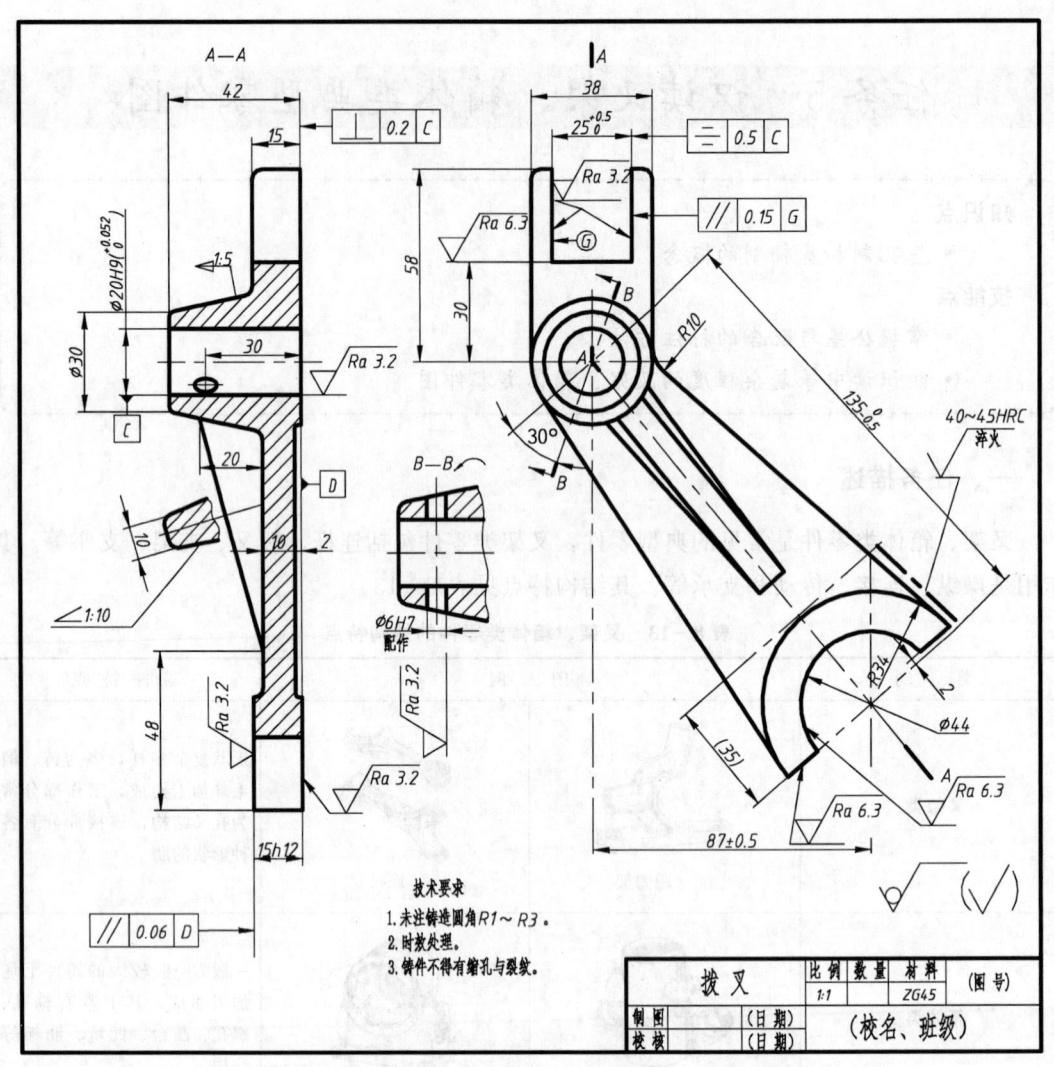

图 8-18 拨叉的零件图

形状。

通过看图，综合想象出拨叉的整体结构形状：上部呈叉状，矩形叉口开了宽 25mm、深 28mm 的槽；中间是圆锥台，圆锥台上有 $\phi 20mm$ 的通孔，靠圆台左端的壁上配钻有 $\phi 6mm$ 的圆柱销孔；下部圆弧叉口是一个比半圆柱略小的圆柱体，其上开了一个 $\phi 44mm$ 的圆柱形槽。圆弧形叉口与圆台之间用连接板相连，连接板上有一个三角形肋板。

拨叉属于典型的叉架类零件，由此可概括出叉架类零件的表达方法：

（1）常以工作位置原则和形位特征原则选择主视图，以反映各组成部分（工作、支承和连接部分）的结构形状和相对位置。

（2）叉架类零件较复杂且不规则，一般需要两个以上视图。连接部分和局部结构常采用局部视图或斜视图或断面图，对细小结构采用局部放大图。

3）分析图中尺寸

宽度和高度方向的主要基准都为圆台上孔 $\phi 20mm$ 的轴线，长度方向的主要基准为拨叉右端面。从这三个基准出发，不难找出各部分的定位和定形尺寸，并由此进一步了解拨叉各组成部分大小和相对位置,从而想象出拨叉的整体结构形状。

4) 分析技术要求

拨叉的主要尺寸都注有公差要求,如上部矩形叉口的宽度尺寸 $25^{+0.5}_{0}$ mm、中间圆台的孔 $\phi 20H9$、下部圆弧形叉口厚 15h12,以及圆台孔和圆弧形叉口的相对位置尺寸 $135^{0}_{-0.5}$ mm、87 ± 0.5 mm,它们对应的表面粗糙度也有较严的要求,Ra 值有的为 $3.2\mu m$,有的为 $6.3\mu m$。

对形位公差要求较高的是:圆弧形叉口左端面对右端面的平行度公差为 0.06mm;右端面对圆台孔 $\phi 20H9$ 的轴线的垂直度公差为 0.2mm;矩形叉口两侧面的平行度公差为 0.15mm;矩形叉口的对称面对圆台孔轴线的对称度公差为 0.5mm。

此外,左视图中绘有粗点画线的部位,必须进行局部热处理,淬火后的硬度为 40~45HRC。

2. 识读箱体类零件图

图 8-19 所示为铣刀头底座的零件图,下面以此为例分析识读箱体类零件图的方法与步骤。

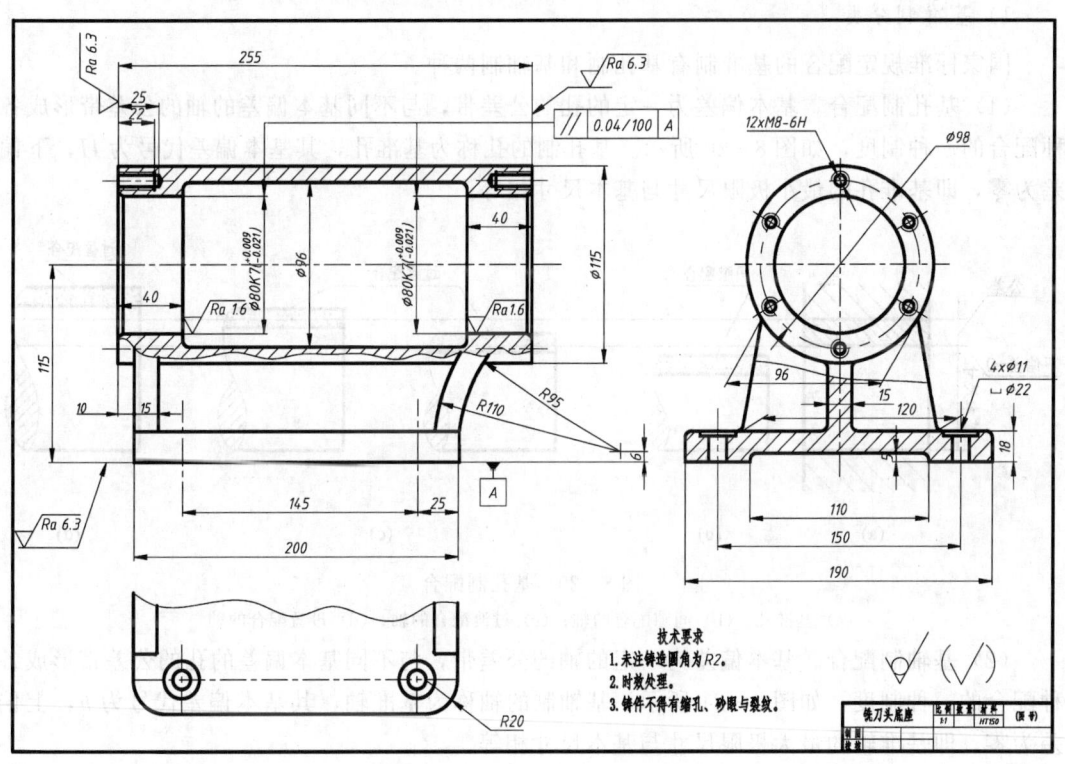

图 8-19 铣刀头底座的零件图

1) 概括了解

箱体类零件包括各种箱体、阀体、泵体与机座等,结构形状一般较复杂,主要用来支撑包容和保护其他零件。毛坯一般为铸造成型。

2) 分析视图和表达方法

一般由几个基本视图配以其他辅助视图表达结构形状。

该零件采用了主、左两个局部剖的基本视图以及局部的俯视图。

3) 分析图中尺寸

箱体的结构复杂，标注尺寸多，首先确定长、宽、高三个方向的尺寸基准，然后再逐个识读尺寸（具体尺寸分析从略）。

4) 分析技术要求

技术要求内容包括尺寸公差、形位公差、表面粗糙度及文字技术要求，要逐个看懂。具体技术要求读者可自行分析。

5) 分析箱体类零件的结构特点

一般为壳体类零件，内部装各种零部件，底板（或侧板）上有安装孔，可把箱体固定在其他设备上（具体分析从略）。

三、知识链接

1. 配合的基准制

1) 基准制分类

国家标准规定配合的基准制有基孔制和基轴制两种。

（1）基孔制配合。基本偏差为一定的孔的公差带，与不同基本偏差的轴的公差带形成各种配合的一种制度，如图 8-20 所示。基孔制的孔称为基准孔，其基本偏差代号为 H，下偏差为零，即基准孔的最小极限尺寸与基本尺寸相等。

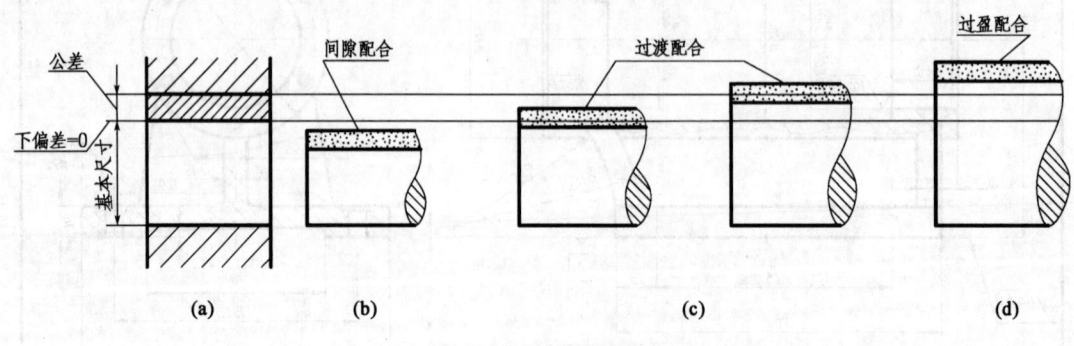

图 8-20 基孔制配合
(a) 基准孔；(b) 间隙配合的轴；(c) 过渡配合的轴；(d) 过盈配合的轴

（2）基轴制配合。基本偏差为一定的轴的公差带，与不同基本偏差的孔的公差带形成各种配合的一种制度，如图 8-21 所示。基轴制的轴称为基准轴，其基本偏差代号为 h，上偏差为零，即基准轴的最大极限尺寸与基本尺寸相等。

2) 基准制的选择

基准制的选择，主要从经济观点考虑，应优先选用基孔制，因为加工中等尺寸的孔，通常要用价格昂贵的定值（不可调）刀具，如麻花钻头、扩孔钻、铰刀、拉刀等刀具，而加工轴则用一把车刀或砂轮就可加工不同尺寸的轴，因此，采用基孔制可以减少定值刀具、量具的使用，降低生产成本。

在特殊情况下或与标准件配合时，才选用基轴制。例如，滚动轴承外圈与轴承座孔处的配合应采用基轴制，键和键槽的配合也采用基轴制。

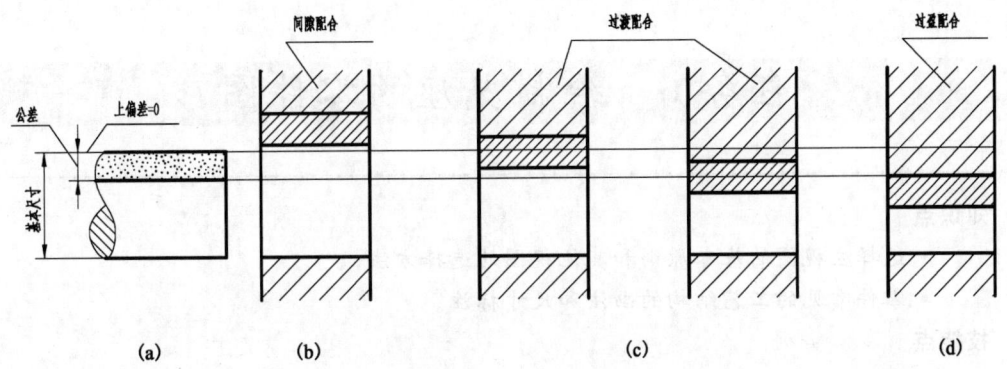

图 8-21 基轴制配合
(a) 基准轴；(b) 间隙配合的孔；(c) 过渡配合的孔；(d) 过盈配合的孔

2. 极限与配合在图样上的标注

（1）在零件图上的标注。在用于大批量生产的零件图上，一般在基本尺寸后面标注公差带代号，如图 8-22（a）所示。在用于单件或小批量生产的零件图上，通常在基本尺寸后面标注出极限偏差，如图 8-22（b）所示。在生产批量不确定的零件图上，可同时在基本尺寸后面标注出公差带代号和对应的极限偏差，但极限偏差应加括号，如图 8-22（c）所示。

（2）装配图上的标注。在装配图上标注配合代号，其代号一定位于基本尺寸之后，用分数型式标注出，分子写孔的公差带代号，分母写轴的公差带代号。标注有三种型式，如图 8-23所示。

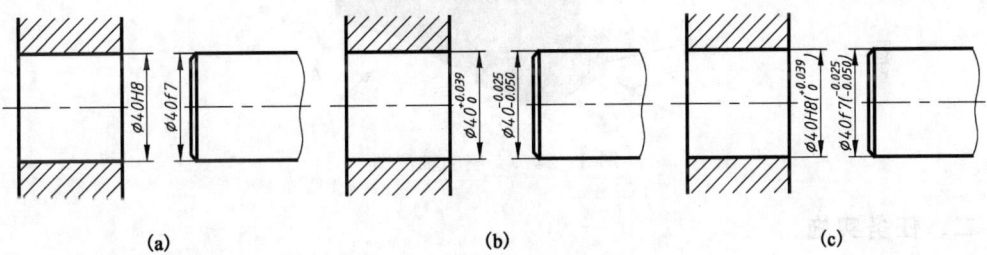

图 8-22 零件图上的极限标注

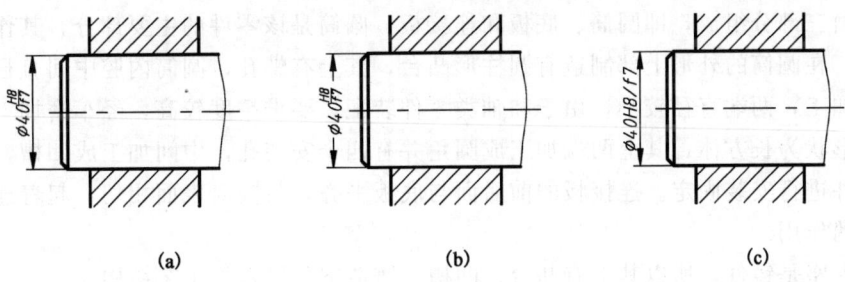

图 8-23 配合代号在装配图上的标注

四、课堂思考

叉架、箱体类零件有什么特点？能否举出生活中常见的例子？

任务6 绘制支座的零件图

知识点
- 选择主视图的基本原则和其他视图的选择方法;
- 零件常见的工艺结构的画法和尺寸标注。

技能点
- 掌握各种零件的结构特点,选择视图和表达方案;
- 能根据设计要求、工艺要求在零件图上标注全所需要的尺寸;
- 绘制零件图。

一、任务描述

参照图8-24所示支座轴测图,绘制图8-25所示支座零件图。

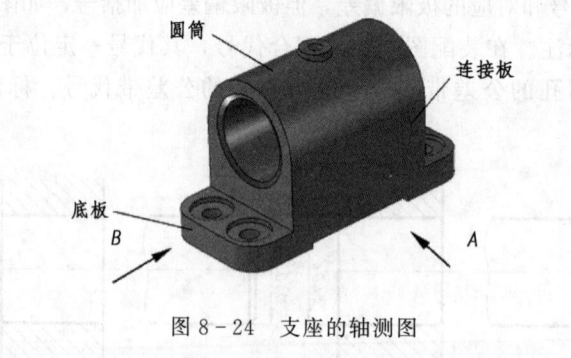

图8-24 支座的轴测图

二、任务实施

1. 分析支座零件结构

支座由三部分组成,即圆筒、底板和连接板。圆筒是该零件的主要部分,其作用是支撑轴类零件,在圆筒的外形上部制造有圆柱形凸台,其上有螺孔,圆筒内腔中间直径较大,铸造后无需加工,两端直径较小,由于和轴类零件装配,要求精度较高,经车磨加工后形成。

底板形状为长方体,其上两端加工成圆角并有四个安装孔,中间加工成凹槽,其作用是与其他部件进行安装固定。连接板的前后面与底板平齐,与圆筒表面相切,起着连接支撑圆筒和底板的作用。

由于支座是铸件,所以其上有凸台、凹槽、铸造圆角等常见工艺结构。

2. 确定表达方案

(1)确定主视图的投影方向。根据图8-24从A、B两个方向投影,A向最能反映出支座的形状,而B向则差,因此以A向作为支座主视图的投影方向。

(2)确定表达方案。由于支座的外形简单,故主视图不必保留外形,可采用全剖视图来

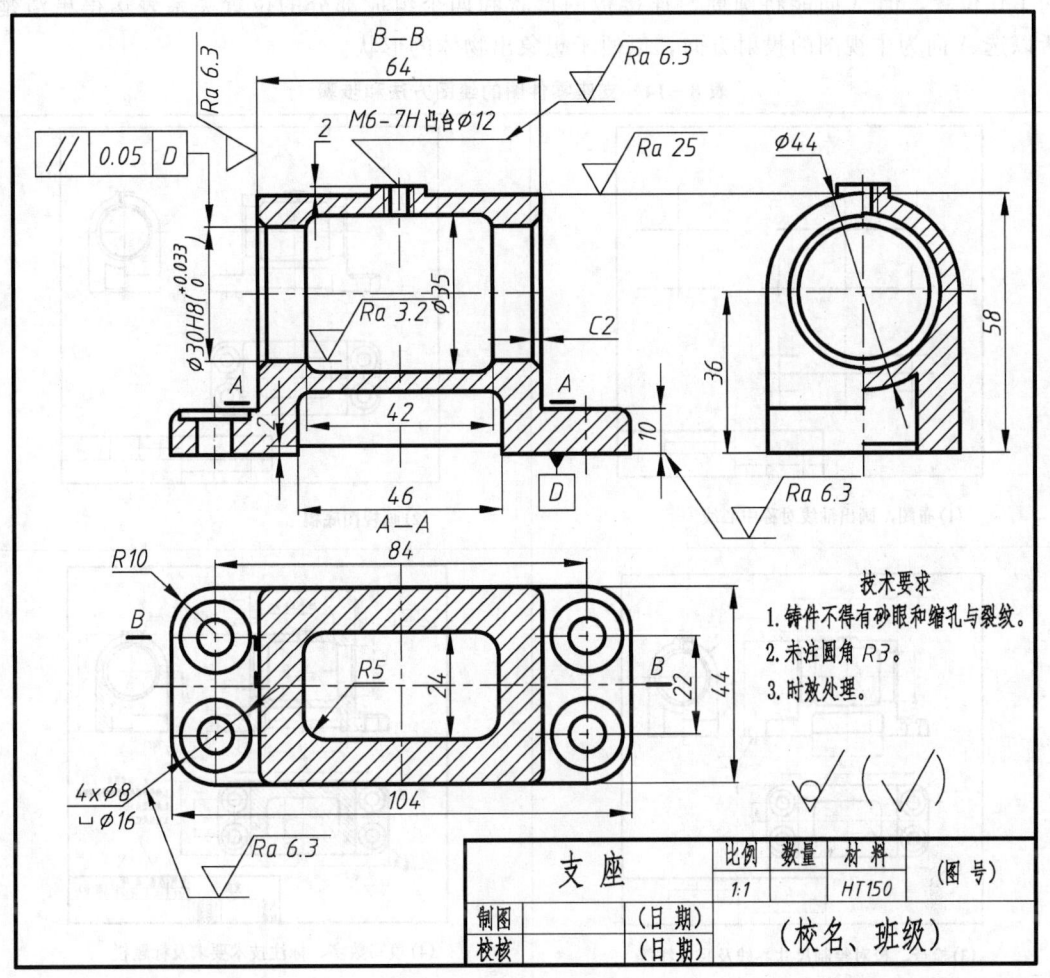

图 8-25 支座的零件图

表达内部所有孔槽的结构形状。俯视图采用 A—A 剖视,用于表达底板上安装孔的形状与位置。左视图采用半剖视图表达其内、外形状。

3. 绘制支座零件图

零件图的绘图方法和步骤见表 8-14。

三、知识链接

1. 零件图的视图选择

1) 主视图的选择

主视图是一组视图的核心,主视图选择得合理与否将直接影响到其他视图的位置和数量的多少,所以,主视图的选择一定要合理。

主视图的选择原则如下:

(1) 形状特征原则。主视图的投射方向,以尽量多地反映零件的结构形状和位置关系特征为原则,即符合形位特征原则。如图 8-26 所示的支座,以 A 向或 B 向投射都反映支座的工作位置，但 A 向能将圆筒、连接板的形状和四个组成部分的位置关系表达得更清楚，所以选 A 向为主视图的投射方向，以便于想象出物体的形状。

表 8-14 支座零件图的绘图方法和步骤

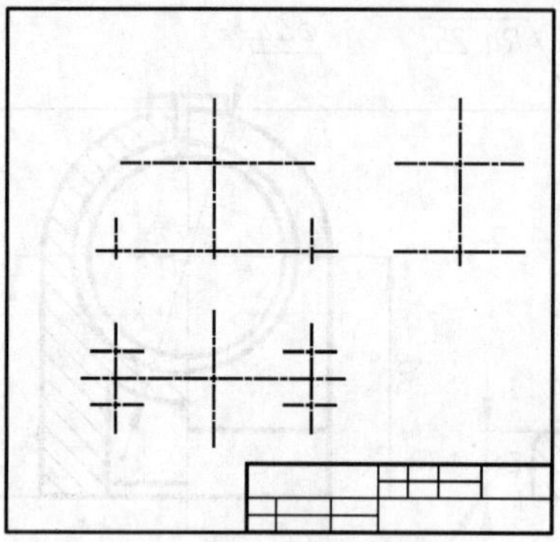 (1) 布图，画出轴线对称中心线	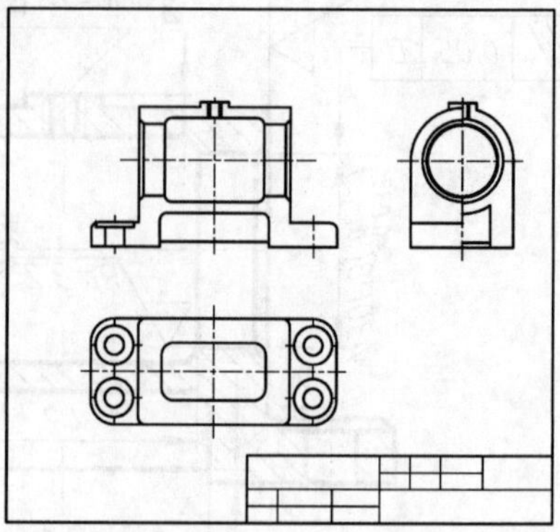 (2) 画视图底稿
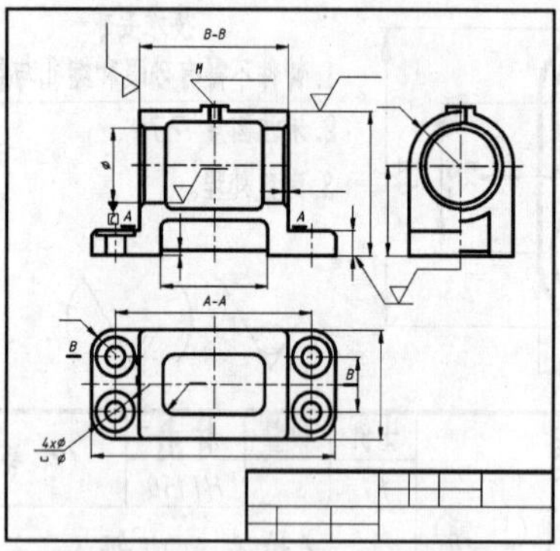 (3) 检查、校对绘制尺寸界线及尺寸线等	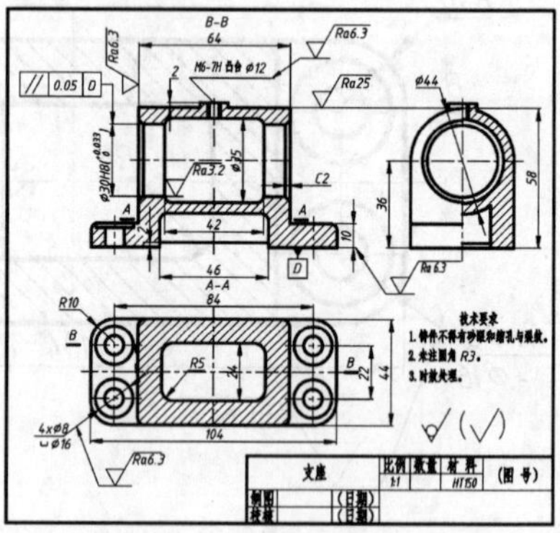 (4) 填写数字、标注技术要求及标题栏

（2）工作位置原则。即主视图应尽量与零件在机器中的工作位置或安装位置一致，以便于想象零件在工作中的位置和作用，也便于与装配图直接对照，如图 8-26 所示支座和图 8-27 所示吊钩、拖钩的主视图选择符合工作位置原则。

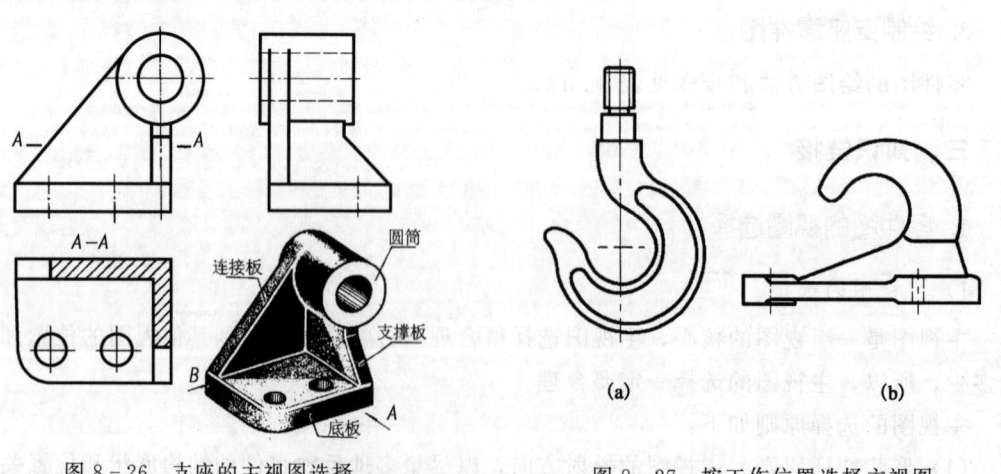

图 8-26 支座的主视图选择

图 8-27 按工作位置选择主视图
(a) 吊钩；(b) 拖钩

(3) 加工位置原则。主视图应尽量与零件在机械加工时所处的位置一致。例如，加工轴套类和盘盖类等回转类零件，大部分工序是在卧式车床或磨床上完成的。因此，这类零件的轴线应水平安放，画出主视图，以便加工时看图。图 8-28 所示阶梯轴的主视图选择符合加工位置原则。

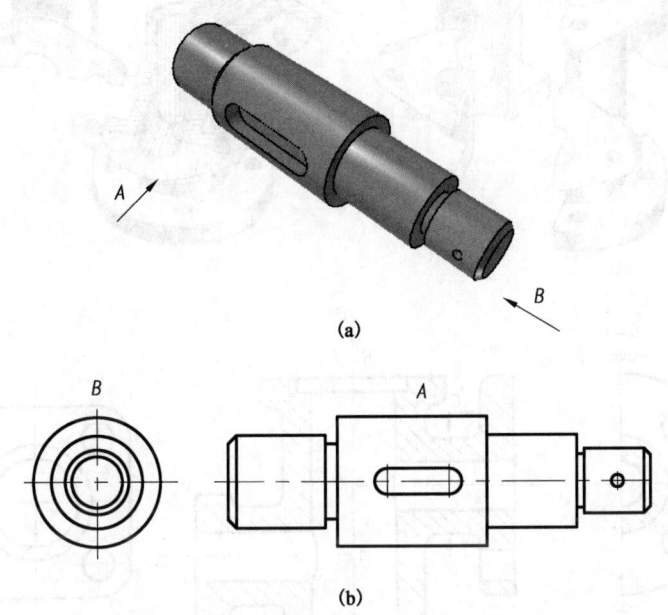

图 8-28 轴类零件按加工位置选择主视图
(a) 阶梯轴；(b) 主视图的选择

该阶梯轴，以 A 向作为主视图投射方向，不仅能表达阶梯轴各段形状和大小，而且能反映轴上键槽、圆孔的位置。若以 B 向为主视图的投射方向，得到的主视图是一些同心圆，显然不如 A 向表达得清楚。因此，选图 8-28（b）所示中的 A 向视图为主视图。

2) 选择其他视图

主视图确定后，用形体分析法分析该零件上还有哪些结构形状和各部分相对位置未表达清楚，选用其他视图和采取适当的表达方法，来表达尚不清楚的相对位置和结构。

在选用视图时，应注意以下两点：

(1) 优先选用基本视图及在基本视图上作剖视图或断面图，后选用其他视图（局部视图、斜视图等），并使每个视图都有明确的表达重点与独立存在的意义。在完整、清晰表达零件结构形状的前提下，尽量减少视图的数量，力求制图简便。

(2) 在确保不引起误解、不产生多义性理解的情况下，适当采用一些简化画法，以提高绘图效率，增加图形的清晰度。

如图 8-29 所示的四通管，主视图 B—B 已表达主要的内部结构及长度高度方向的相对位置关系。为了着重表达左、右管道在宽度方向的相对位置，表达下连接板外形及其上四个小孔的位置，选用俯视图 A—A 图；为表达左侧管连接板的外形及其上四个小孔的相对位置，采用右视图 C—C；为表达上连接板的外形及其上四个小孔的分布情况，作 D 向局部视图；为表达右侧管连接板的外形，画剖视图 E—E。由此可见，要完整、清晰表达四通管的结构形状，除采用主视图表达外，还选用了四个其他视图来完善。

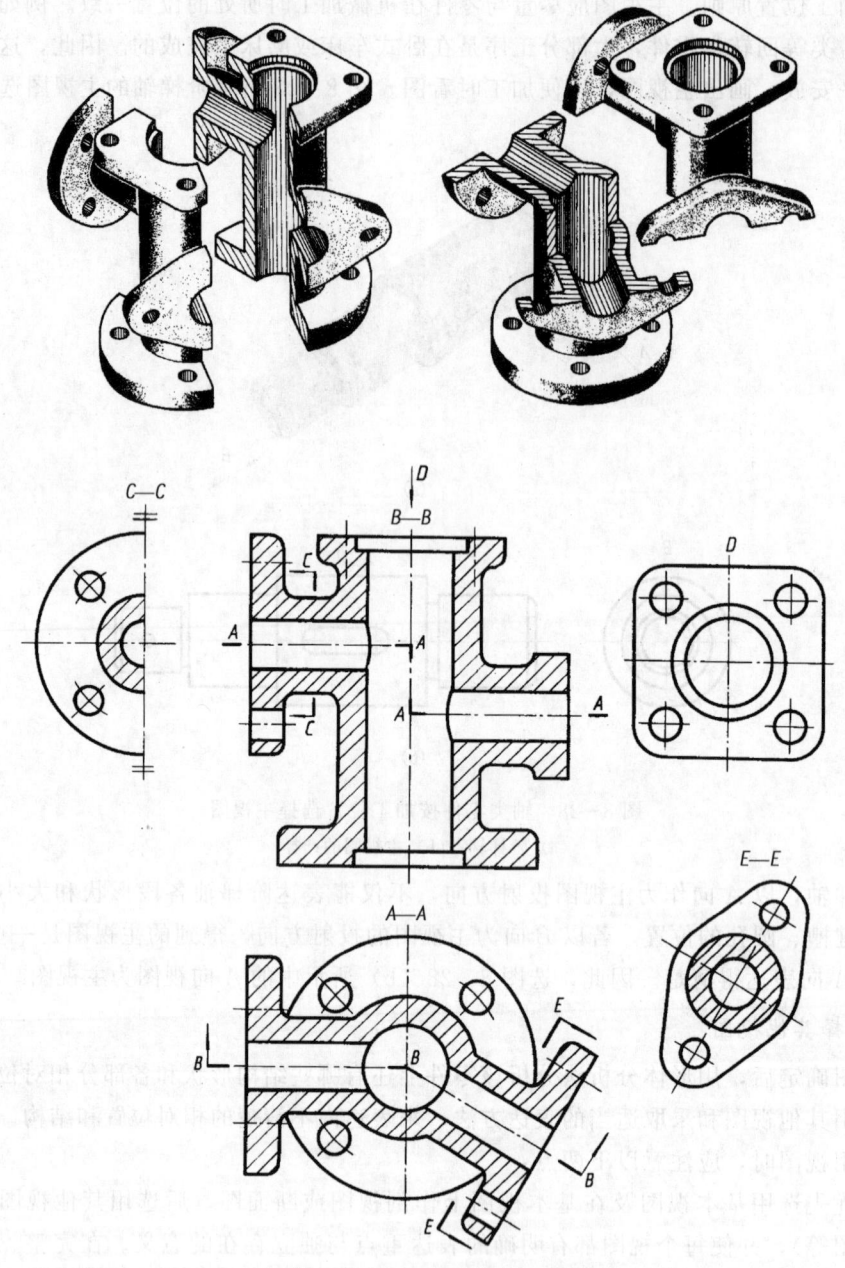

图 8-29 其他视图的选择图

2. 零件上常见的工艺结构

常见的工艺结构的画法和标注方法见表 8-15。

3. 过渡线的画法

零件上由于有铸造圆角，因而使铸件两表面的交线变得不够明显，若不画出这些线，零件的结构则显得不清楚。为了便于看图以及区分不同的表面，图样中按没有圆角时交线位置画出，但交线两端不与圆角轮廓线相连，这种表面交线称为过渡线，画图时按细实线绘制，如图 8-30 所示。过渡线是制造中自然形成的。

表 8-15　常见工艺结构的画法和标注方法

内容		零件图中的结构画法和标注示例	标注解释
铸造工艺结构	铸件壁厚	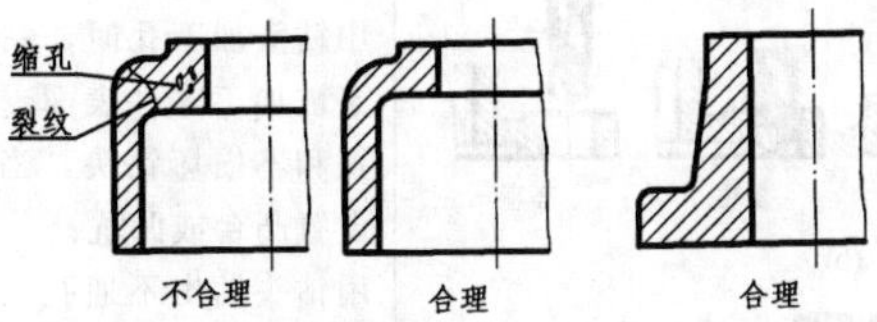 （不合理／合理／合理 示意图，含缩孔、裂纹标注）	铸件的壁厚如果不均匀，金属液体冷却的速度就不一致，就容易形成缩孔或产生裂纹，影响铸件的使用性能，因此，铸件壁厚应尽量均匀或采用逐渐过渡的结构
	铸造圆角和拔模斜度	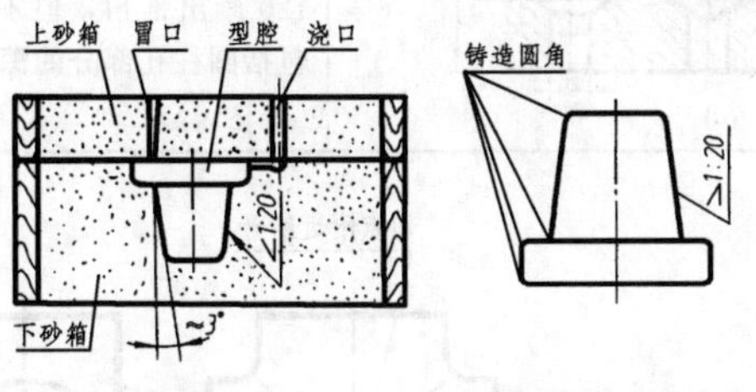 (a) 浇注示意图　(b) 铸造圆角和起模斜度	铸造圆角：在铸造中，为了防止尖角处的型砂脱落，以及铸件在冷却过程中产生缩孔或应力集中而开裂，往往将铸件表面转角处设计为圆角过渡，铸造圆角一般为 $R3$～$R5$，常在技术要求中统一标注说明。起模斜度：为了能从砂型中顺利地取出木模，一般在木模表面沿起模方向上制作成一定的斜度，该斜度称为起模斜度，起模斜度常为 1:10～1:20 之间，即 3°～6° 的斜角
	凸台和凹坑	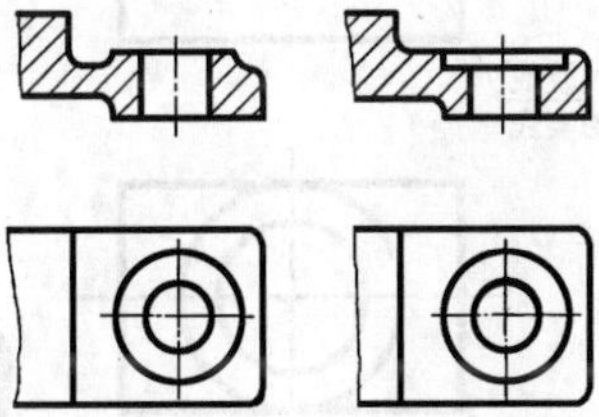 (a) 凸台　(b) 凹坑	为了使两零件表面接触良好和减少面积，常在零件的接触部位设计出凸台和凹坑等结构
机械加工工艺结构	倒角和圆角	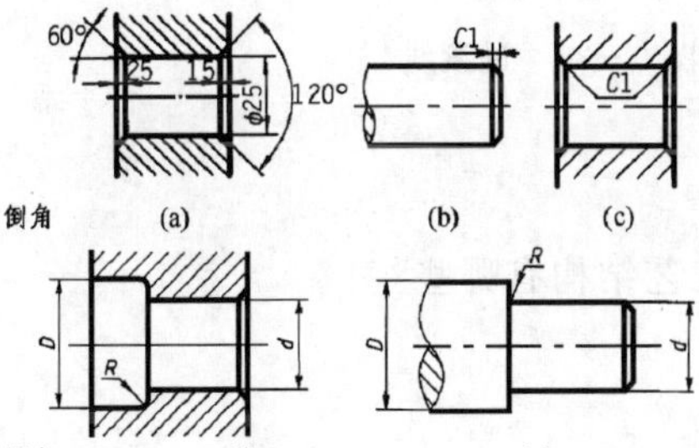 倒角 (a)　(b)　(c)　圆角 (d)　(e)	为了去除毛刺、飞边和便于装配，常将轴端或孔口加工成锥台，称为倒角，为了避免应力集中而产生裂纹，将轴肩根部加工出圆角的过渡型式，称为圆角。非 45° 的倒角尺寸按图（a）标注，在不致引起误解时，45° 倒角可省略不画，尺寸标注如图（b）、(c) 所示
	退刀槽和砂轮越程槽	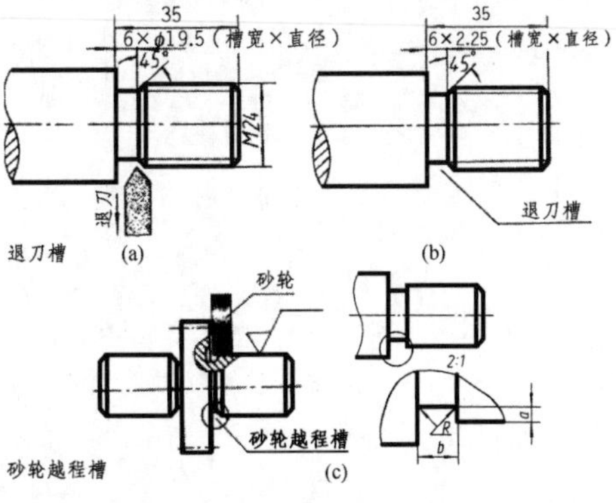 退刀槽 (a)　(b)　砂轮越程槽 (c)	车削或磨削加工圆柱面或平面时，为了便于退刀或使砂轮稍微越过加工面，预先在轴肩处、孔的台阶处加工出沟槽，称为退刀槽或越程槽，它们的结构形状及尺寸标注如图所示，退刀槽可按"槽宽×槽深"或"槽宽×直径"的型式标注

续表

内容		零件图中的结构画法和标注示例	标 注 解 释
机械加工工艺结构	钻孔结构	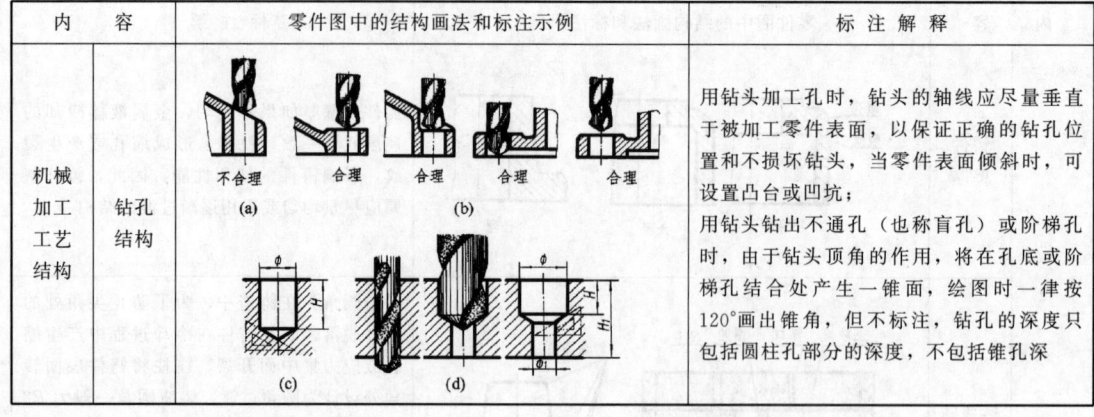	用钻头加工孔时，钻头的轴线应尽量垂直于被加工零件表面，以保证正确的钻孔位置和不损坏钻头，当零件表面倾斜时，可设置凸台或凹坑； 用钻头钻出不通孔（也称盲孔）或阶梯孔时，由于钻头顶角的作用，将在孔底或阶梯孔结合处产生一锥面，绘图时一律按120°画出锥角，但不标注，钻孔的深度只包括圆柱孔部分的深度，不包括锥孔深

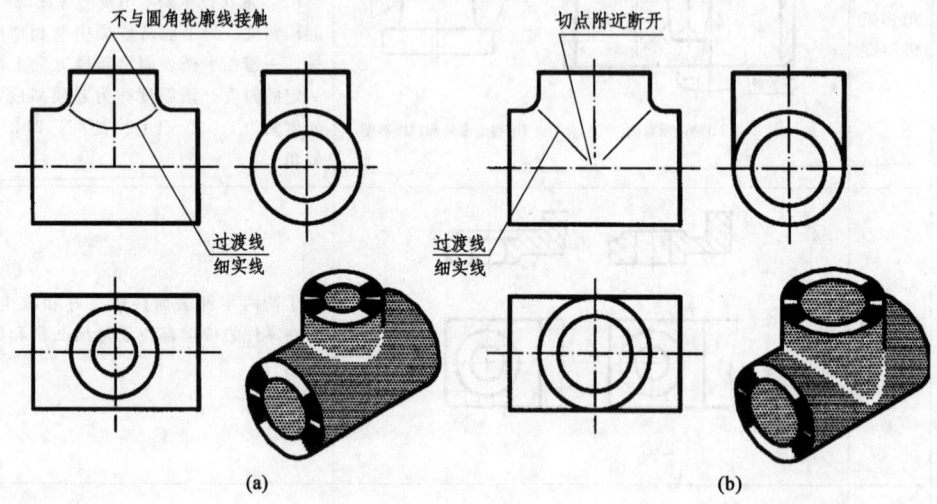

图 8-30 过渡线

四、课堂思考

常见的机械加工工艺结构和铸造工艺结构有哪些？

模块九

装 配 图

任务1　识读钻模的装配图

> **知识点**
> - 装配图的概念；
> - 装配图的作用；
> - 零件序号和明细栏。
>
> **技能点**
> - 掌握识读装配图的方法与步骤，能识读简单装配图；
> - 会标注零件序号和明细栏。

一、任务描述

在生产中，任何复杂的机器，都是由若干个部件组成，而部件又是由许多零件装配而成，通常把两个或多个零件装配在一起的部件称为装配体（机器或部件）。图9-1所示为钻模的轴测图。把表达机器或部件的连接和装配关系的图样称为装配图。图9-2所示为钻模的装配图。

设计产品时，一般要先画出产品或部件的装配图，再根据装配图画出零件图。在生产过程中，装配图是进行装配、检验、安装及维修的技术文件。

下面根据图9-1所示钻模的轴测图，识读图9-2所示钻模的装配图。

二、任务实施

1. 识读装配图的内容

由图9-2钻模的装配图可以了解一张完整的装配图应包括以下四个方面的内容。

1）一组视图

用一组视图（包括剖视图、断面图等）表达机器和部件的工作原理、运动情况、各零件间的装配关系、连接方式和主要零件的主要形状结构等。

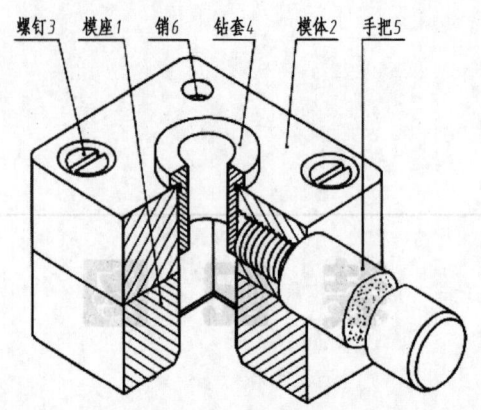

图9-1 钻模的轴测图

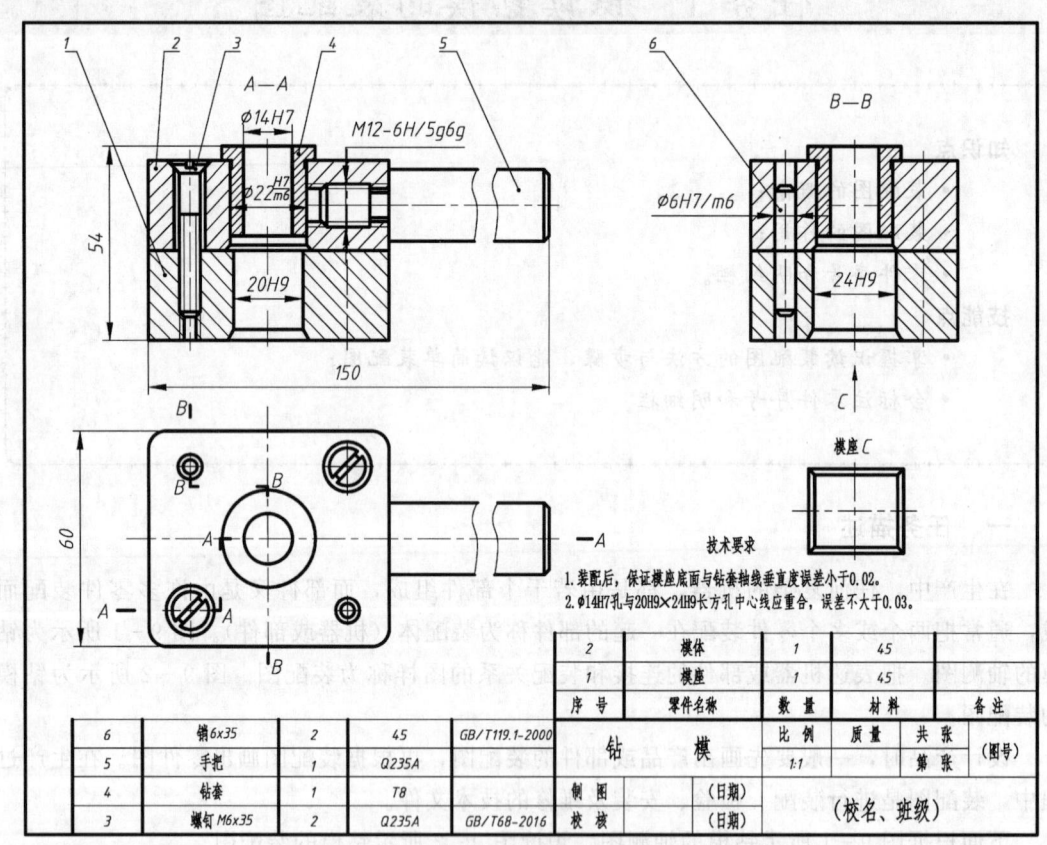

图9-2 钻模的装配图

2) 必要的尺寸

在装配图中,只需标注与装配体的规格或性能,以及装配、检验、安装、运输等有关的尺寸。

3) 技术要求

用文字或符号准确、简明地说明机器或部件的性能、装配、检验、安装调试、使用维护、运输等方面的技术要求。

4) 标题栏、零件序号和明细栏

标题栏用来填写机器或部件的名称、绘图比例、图号以及设计单位和设计者的姓名等。在装配图上对每种零件或组件进行编号,并编制明细栏,依次注写出各个零件的序号、名称、规格、数量、材料等内容。

2. 掌握识读装配图的方法和步骤

图 9-2 为钻模的装配图,从明细栏中可了解各个零件的名称,结合图 9-1 所示钻模的轴测图,进行综合分析,分析出钻模的工作原理、零件间的装配关系、各零件的主要结构形状,以及钻模的总体结构形状。

1) 概括了解

看图 9-2 标题栏及有关资料,了解部件的名称、用途、性能及工作原理;看明细栏及视图了解各零件的名称、材料、数量及在部件中的位置。

从图 9-2 装配图中的标题栏及明细栏可知,该部件为钻模,画图比例 1:1,由六种共八个零件组成,均为钢件。整个装置的体积小,结构比较简单。钻模是一种在钻孔加工时进行对中、定位用的装置。钻孔时,手持手把 5,将钻模下部的长方孔套在被钻零件的突出结构上,钻头以钻套 4 的孔对中,进行钻孔加工。

2) 分析各视图

了解视图的名称、数量及每个视图的表达重点,弄清各视图之间的关系。

图 9-2 所示钻模共用四个视图。主视图为几个平行平面剖切 $A—A$ 全剖视图,按工作位置画出,表达了除销 6 以外所有零件的装配关系,同时也较好地反映了钻模的形状特征。左视图为几个平行平面剖切的 $B—B$ 全剖视图,除了从另一个方向表达模座 1、模体 2、钻套 4 的关系外,还反映了销 6 与模座 1、模体 2 之间的连接关系。俯视图表达了钻模俯视方向的外形以及螺钉 3、销 6、钻套 4、手把 5 的位置。采用 C 向局部视图则单独表示了模座 1 上长方孔的形状。

3) 分析零件和零件间的装配关系

分析零件就是弄清每个零件的结构形状及其作用,并了解零件之间的连接方式、配合关系及运动情况,这是看懂装配图的重要环节。在分析零件时,可借助于零件的序号、不同方向和不同间隔的剖面线,把一个一个零件的视图从装配图中划分出来,然后对照投影关系,想象出它们的结构形状。

在图 9-2 中,模体 2 和模座 1 是钻模上两个主要零件,根据剖面线方向很容易找出它们在主视图中的投影轮廓。结合俯视图和左视图可知其基本形状是外形尺寸完全相等的长方体。模体和模座用两个圆柱销 6 定位,并用两个沉头螺钉 3 连接。模体正中的圆孔上装有钻套 4,它们的配合尺寸为 $\phi 22 \dfrac{H7}{m6}$。钻套 4 上有一个 $\phi 14H7$ 的圆孔,钻孔时钻头以该孔对中。模座 1 正中有一个尺寸为 $20H9 \times 24H9$ 的长方孔,钻孔时,该孔则套在被钻零件的突出结构上。为保证对中,长方孔的中心线应与钻套上 $\phi 14H7$ 圆孔的轴线重合。手把 5 左端带有螺纹的头部则拧入模体 2 的螺孔中,使其与模体连成一体。根据被钻零件突出结构的不同形状可更换模座 1,使模座上的长方孔与零件上突出结构的形状一致。根据被钻孔的大小可更换钻套 4。因此,模座上长方孔的尺寸和钻套上内圆孔的尺寸是钻模的规格和性能尺寸。

4）归纳总结，看懂全图

在了解工作原理、看懂零件结构形状的基础上，进一步分析零件的拆装顺序及部件的构造特点，并结合尺寸、技术要求等进行全面的归纳总结，形成一个完整的概念，达到看懂装配图的目的。

在图9-2中，钻模的拆装顺序为：先打出两个圆柱销6，再旋出两个沉头螺钉3，模体2和模座1即可分离；把钻套从模体2中取出，再将手把5从模体2的螺孔中旋出，全部零件拆卸完毕。装配的顺序则与拆卸的顺序相反。

所注尺寸，除规格、性能尺寸 $\phi 14H7$ 及 $20H9$、$24H9$ 外，钻模上的装配尺寸有：钻套4与模体2的配合尺寸 $\phi 22\dfrac{H7}{m6}$，手把5与模体2的螺纹连接尺寸 $M12-6H/5g6g$，圆柱销6与模体2及模座1的配合尺寸 $\phi 6\dfrac{H7}{m6}$。此外，图中还标注出了钻模的外形尺寸为 $150mm\times 60mm\times 54mm$。

在读图过程中上述步骤不能截然分开，应视具体情况交替进行。在具备一定的生产知识并通过反复读图实践后，可进一步提高阅读装配图的能力。

三、知识链接

1. 装配图中的必要尺寸

必要尺寸用来表明装配体的规格或性能，以及装配、检验、安装、运输时所必需的尺寸。

装配图和零件图在生产中所起的作用不同，对尺寸标注的要求也不同，在装配图中只需标注出下述几类尺寸。

1）性能、规格尺寸

性能、规格尺寸表明机器或部件的性能和规格尺寸，它是设计和了解、选用产品的主要依据。图9-3所示齿轮油泵装配图中的 $\phi 33H8/f7$ 和 $G3/8$ 就是此类尺寸。

2）装配尺寸

装配尺寸包括作为装配依据的配合尺寸和重要的相对位置尺寸，如图9-3所示齿轮油泵中心高尺寸 $50mm$。

（1）配合尺寸。

配合尺寸是表明两零件间配合性质的尺寸，一般在尺寸数字后面都注明配合代号，以便理解零件间的配合松紧或运动状态，是装配和拆画零件图时确定尺寸偏差的依据，如图9-3所示齿轮油泵装配图中的 $\phi 20H7/h6$ 就是配合尺寸。

（2）相对位置尺寸。

相对位置尺寸是表示设计或装配机器时需要保证的零件间较重要的距离、间隙等相对位置尺寸，也是装配、调整和校图时所需要的尺寸，如图9-3中所示的 $27\pm 0.016mm$ 就属于此类尺寸。

3）安装尺寸

安装尺寸表示将机器或部件安装在地基上或与其他部件相连接时所需要的尺寸，如图9-3中的 $70mm$ 尺寸。

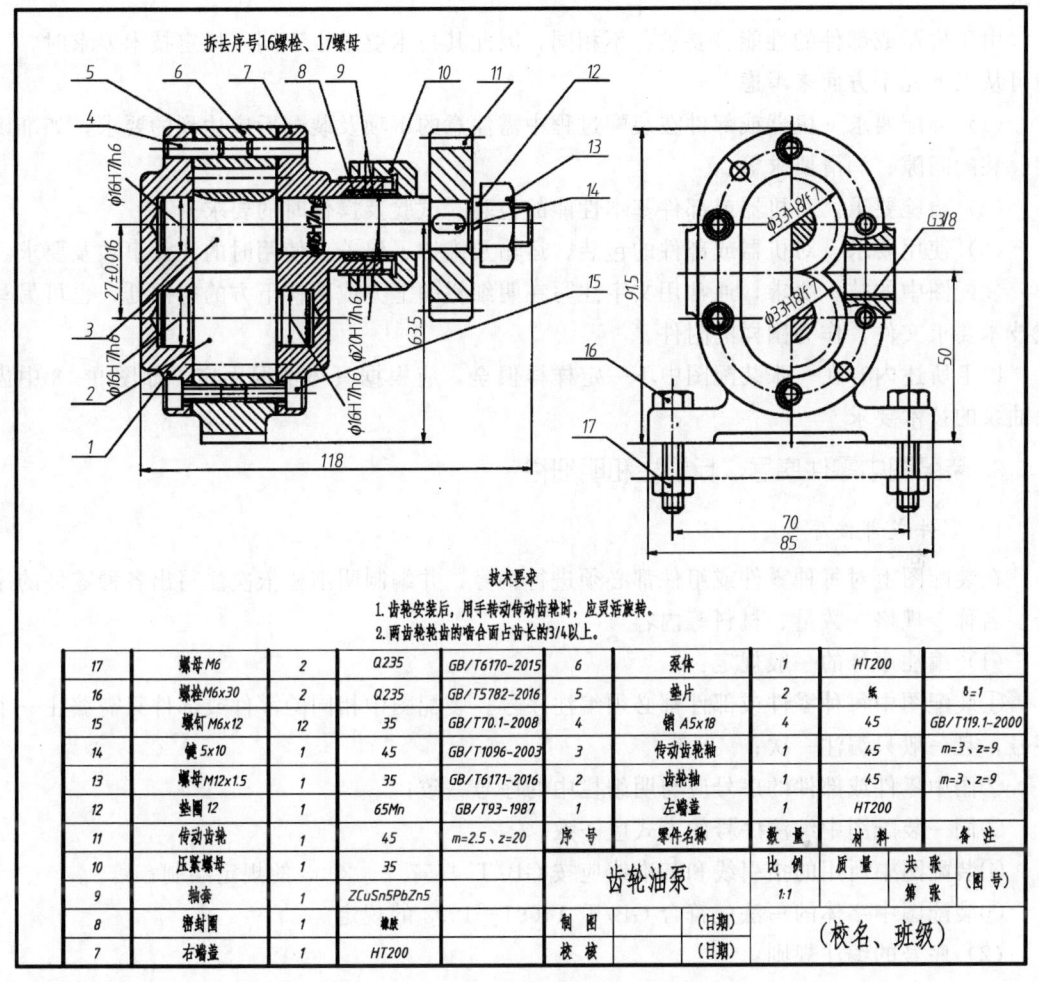

图 9-3 齿轮油泵的装配图

4) 外形尺寸

外形尺寸表示机器或部件的总长、总宽、总高尺寸,反映了机器或部件的大小,是机器或部件在包装、运输和安装过程中确定其所占空间大小的依据,如图9-3中的118mm、85mm、91.5mm 三个尺寸。

5) 其他重要尺寸

其他重要尺寸是设计过程中经过计算确定或选定的尺寸,但又不属于上述几类尺寸。例如,主要零件的主要结构尺寸、运动件极限位置尺寸等。

以上几类尺寸,在一张装配图中不一定全都具备,另外有时一个尺寸可兼有几种含义。装配图中尺寸数量不多,既要按种类逐一考虑,还应根据实际情况合理标注。

2. 装配图中技术要求

技术要求主要是对机器或部件的性能、装配、检验、安装调试、使用维护、运输等方面的要求。这些内容一般用文字或符号准确、简明地加以说明。

在装配图中,用文字或符号准确、简练地说明对机器或部件的性能、装配、检验、调试、安装、运输、使用维护、保养等方面提出的明确要求和条件,统称为装配图中的技术要求。

由于机器或部件的性能、要求各不相同，因此其技术要求也不同。拟定技术要求时，一般可从以下几个方面来考虑。

(1) 装配要求。机器或部件在装配过程中需注意的事项及装配后应达到的要求，如准确度、装配间隙、润滑要求等。

(2) 检验要求。对机器或部件基本性能的检验、试验及操作时的要求。

(3) 使用要求。对机器或部件的包装、运输及维护、保养、使用时的注意事项及要求。

装配图中的技术要求，通常用文字注写在明细栏的上方或图样下方的空白处，也可另写成技术要求文件，作为图样的附件。

以上所述内容在一张装配图中不一定样样俱全，应根据具体情况而定，如图9-3中齿轮油泵的技术要求。

3. 装配图中零件序号、标题栏和明细栏

1) 零件或部件序号

在装配图上对每种零件或组件都必须进行编号；并编制明细栏依次注写出各种零件的序号、名称、规格、数量、材料等内容。

(1) 编注序号的一般规定：

①装配图中每种零件或部件都必须编注序号。装配图中相同的零件或部件只需编注一个序号，且一般只编注一次；

②图中零件或部件的序号应与明细栏中的序号一致；

③同一装配图中编注序号的方式应一致；

④装配图中所用的指引线和基准线应按 GB/T 4457.2—2003 的规定绘制；

⑤装配图中字体的写法应符合 GB/T 14691—1993 的规定。

(2) 序号的编注规则：

①序号编注的形式由小圆点、指引线、水平线（或圆）及数字组成，指引线与水平线（或圆）均为细实线，数字写在水平线的上方（或圆内），数字高度应比尺寸数字高度大一号，指引线应从所指零件的可见轮廓内引出，并在末端画一小圆点，如图9-4(a)所示；当所指部分不宜画小圆点（如很薄的零件或涂黑的剖面）时，可在指引线末端画一箭头以代替小圆点，如图9-4(b)所示；

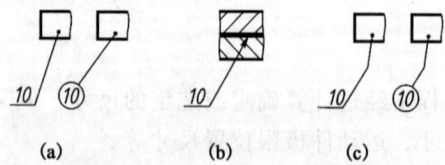

图9-4 装配图中编注序号的方法

②指引线应尽量分布均匀，彼此不能相交，当通过剖面线区域时，须避免与剖面线平行，必要时，指引线可曲折一次，如图9-4(c)所示；

③对于一组紧固件（螺栓、螺母和垫圈）及装配关系清楚的组件可采用公共指引线，如图9-5所示；

④对于标准化组件，如滚动轴承、油杯、电动机等，可看成一个整体，只编注一个序号；

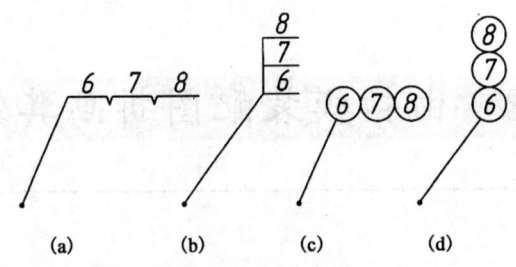

图 9-5 装配图中组件编号的方法

⑤编注序号时，应按水平或垂直方向排列整齐，可顺时针方向或逆时针方向依次编号，一般不得跳号。

2) 标题栏和明细栏

标题栏和明细栏如图 9-6 所示。

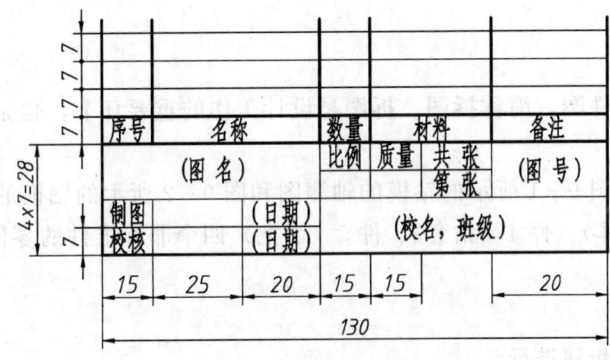

图 9-6 装配图中简化标题栏与明细栏

标题栏用来填写机器或部件的名称、绘图比例、图号以及设计单位和设计者的姓名等。

明细栏是装配图中全部零件的详细目录，是说明装配图中零件的序号、名称、材料、数量、规格等的表格。

(1) 明细栏位于标题栏的上方，并与标题栏相连，上方位置不够时可续接在标题栏的左侧，若还不够可再向左侧续编。对于复杂的机器或部件也可使用单独的明细栏列出，装订成册，作为装配图的一个附件。

(2) 明细栏外框竖线为粗实线，其余线为细实线，明细栏底边线与标题栏顶边线重合，右外框竖线与图框边线重合，明细栏与标题栏长度相同。

(3) 为便于修改补充，序号的顺序应自下而上填写，以便在增加零件时可继续向上画格。

(4) 在"备注"栏内填写标准件的国标代号，还可用于填写该项的附加说明或其他有关的内容。在"名称"栏内，标准件应填写其名称、代号，如轴承307、螺母M30。

四、课堂思考

(1) 一张完整的装配图应包括哪几方面的内容？

(2) 识读装配图分哪几个步骤？

(3) 装配图的尺寸分哪几种？

任务2 由钻模装配图拆画其零件图

> **知识点**
> - 拆图的概念；
> - 拆图的方法和步骤；
> - 拆图的主要注意事项。
>
> **技能点**
> - 能拆画较简单的装配图。

一、任务描述

由装配图拆画零件图，简称拆图。拆图是设计工作的重要环节，也是检验是否读懂装配图的有效方法。

下面由任务1中图9-1所示的钻模的轴测图和图9-2所示的钻模的装配图，拆画出件1（模座）、件2（模体）、件4（钻套）、件5（手把）四个非标准件的零件图。

二、任务实施

拆图一般按下述步骤进行。

1. 识读装配图

拆图应在读懂装配图的基础上进行，首先识读钻模的装配图（具体读图过程见任务1）。

2. 分离各零件

根据图中的序号、剖面线的方向及间隔等确定各零件的视图。该钻模分离成件1（模座）、件2（模体）、件4（钻套）、件5（手把）四个非标准件。

3. 确定零件的视图表达方案

装配图的视图方案是根据产品或部件的整体要求确定的，对于表达其中某个零件的结构形状不一定恰当。因此，在拆画零件图时不能简单照抄装配图的视图方案，应根据所画零件的结构形状按零件的视图选择原则重新考虑。

例如，图9-2中的钻套4，在装配图中按轴线呈铅垂位置画出，单独表示该零件时，则应按轴线水平（加工位置）画出，采用单一剖切面剖切的全剖视图，即可表示清楚，如图9-7所示。

4. 补全零件的结构形状，画草图

装配图中零件的工艺结构（倒角、圆角、起模斜度、退刀槽等）通常省略不画，在拆画零件图时一般应表示清楚（图9-7至图9-10）。对某些零件上未能表达清楚的结构，应根据零件的功用及结构知识补充完善，并标准化，按画草图的方法画草图。

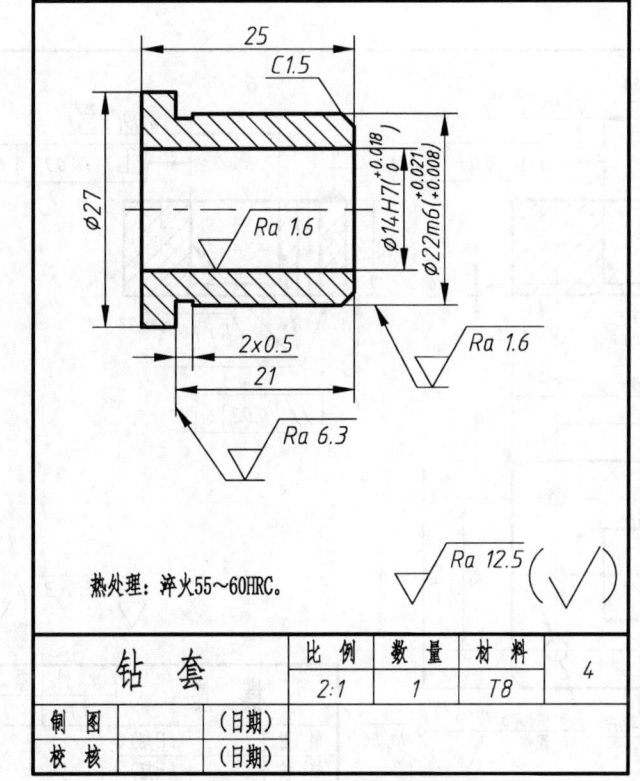

图9-7 钻套的零件图

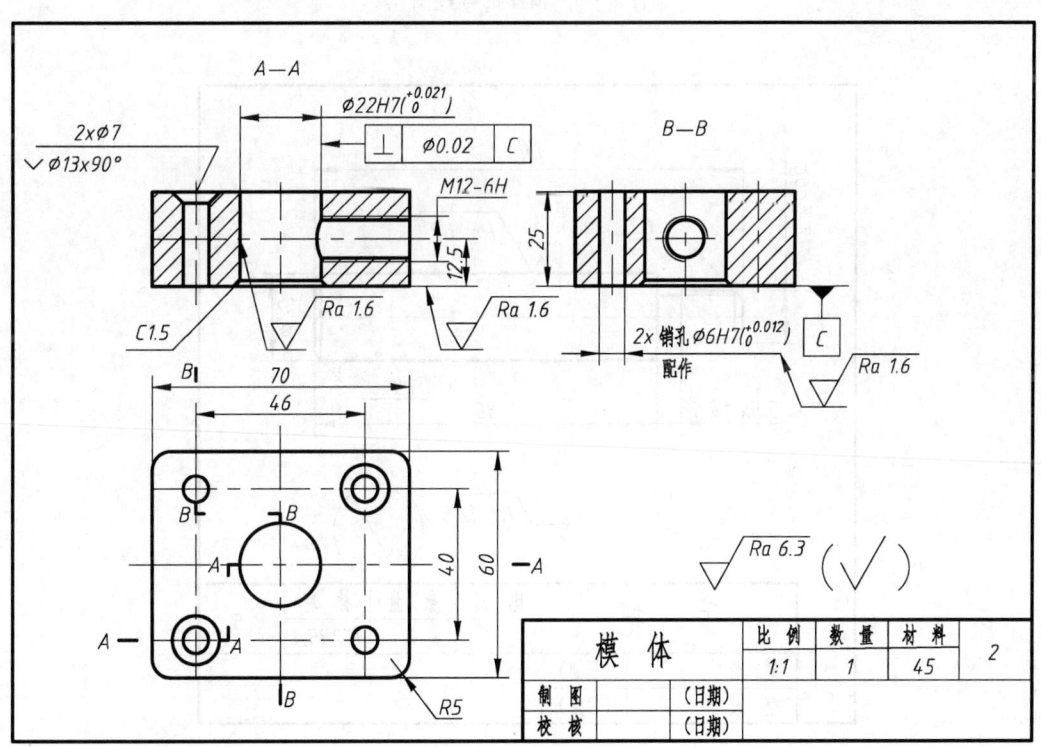

图9-8 模体的零件图

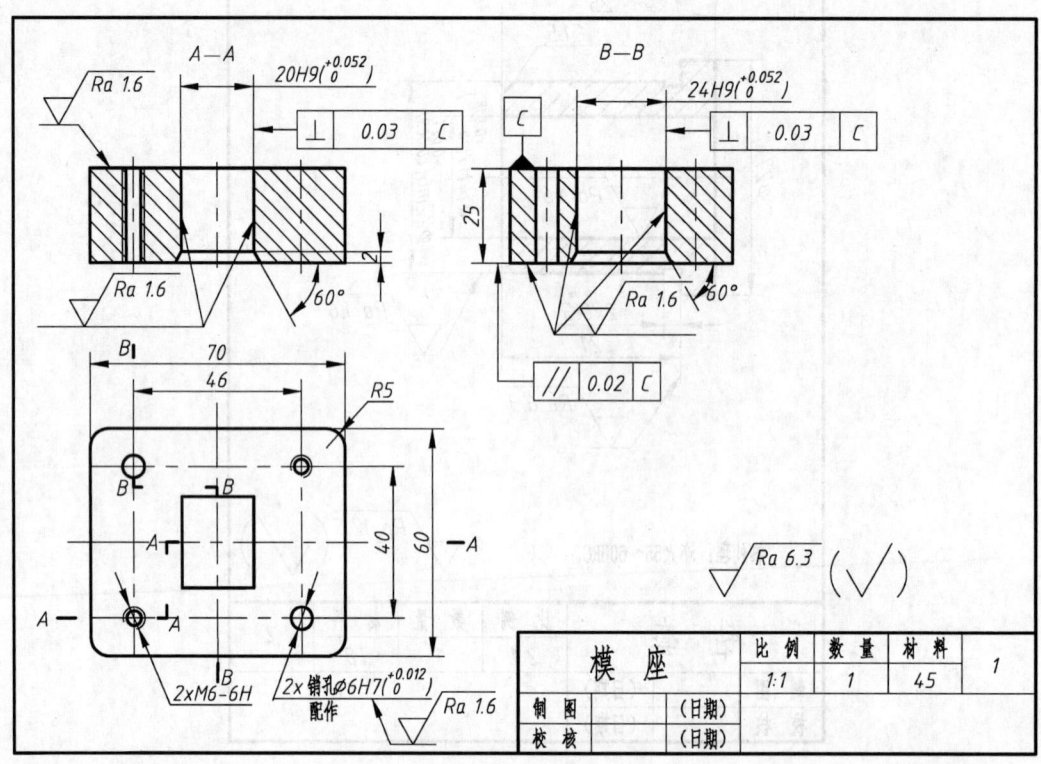

图 9-9 模座的零件图

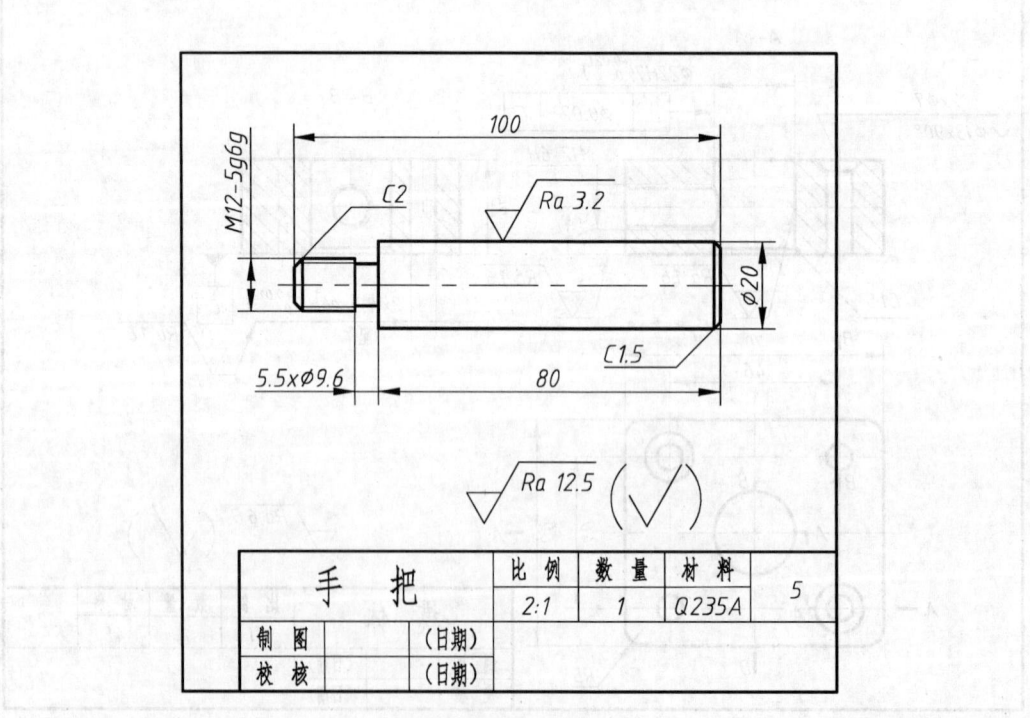

图 9-10 手把的零件图

5. 确定零件图上的尺寸

装配图上标注的几类尺寸，都是部件或部件中的主要零件在设计时确定的重要尺寸，拆画零件图时不能随意变动。装配图上未标注的零件尺寸，可按比例在图形中直接量取，并尽量取成整数值。螺纹、键槽、销孔等已标准化的尺寸应查阅有关标准确定。

钻模上各零件的尺寸如图9-7至图9-10所示。

在拆画时，零件图上的尺寸可用以下方法确定：

(1) 直接抄装配图上已标出的尺寸。

(2) 查手册确定某些尺寸。

(3) 计算某些尺寸数值。

(4) 在装配图上按比例量取尺寸。

在标注尺寸过程中，首先要注意对有装配关系的尺寸，必须协调一致；其次，每个零件应根据它的设计和加工要求选择好尺寸基准，将尺寸标注得正确、完整、清晰、合理。

6. 确定零件图上的技术要求

零件的表面粗糙度：应分析零件表面的使用情况、加工方法，参阅有关资料或同类产品的图纸，采用类比的方法确定。零件其他技术要求的确定也可采用类比的方法。

钻模上各零件的技术要求如图9-7至图9-10所示。

三、知识链接

拆画零件图应注意的问题如下所述。

1. 完善零件结构

装配图主要是表达装配关系，有些零件的结构形状往往表达得不够完整，因此，在拆图前，应根据零件的功用加以设计、补充、完善。

2. 重新选择表达方案

装配图的视图选择，是从表达装配关系和整个部件情况考虑的，因此在选择零件的表达方案时，不应简单照搬，应根据零件的结构形状，按照零件图的视图选择原则重新考虑。但在多数情况下，尤其是箱体类零件的主视图方位与装配图还是一致的，它能够符合选择主视图的条件，在装配机器时也便于对照。对于轴套类零件，一般应按照加工位置（轴线水平位置）选取主视图。

3. 补全工艺结构

在装配图中被省略的细小结构（倒角、圆角、退刀槽等）在拆画零件图时均应全部画出，其结构尺寸应查阅有关标准手册。

4. 补齐所缺尺寸，协调相关尺寸

装配图上的尺寸很少，所以拆图时必须补足所缺的尺寸。装配图已注出的尺寸，应将其直接标注在相应零件图上。未标注的尺寸，可由装配图上量取并按比例算出，数值可做适当圆整，自行确定。

相邻零件接触面的有关尺寸和连接件的有关定位尺寸必须一致，拆图时应一并将它们标注在相关零件图上。对于配合尺寸和重要的相对位置尺寸，应标注出偏差数值。对于与标准

件连接或配合的有关尺寸，如螺纹、销孔等，要从相应标准中查取。

5. 确定表面粗糙度

零件的表面粗糙度、尺寸公差、热处理等要求，在拆画时应根据零件在部件中的作用、设计要求、工艺要求等来确定。接触面与配合面的粗糙度要求高些（数值小），自由表面的粗糙度要求低些（数值大），但有密封、耐腐蚀、美观等要求的表面粗糙度要高些（数值小）。

6. 注写技术要求

技术要求在零件图上占有重要位置，它直接影响零件的加工质量。但正确判定技术要求，涉及许多专业知识，初学者可参照同类产品的相似零件图，用类比法确定。

标准件不需要画出其零件图。

四、课堂思考

（1）机械制图中的拆图是指什么？
（2）由装配图拆画零件图的要求是什么？

任务3　绘制千斤顶的装配图

知识点
- 画装配图的方法和步骤；
- 装配图的常见规定画法。

技能点
- 能按正确的方法和步骤，绘制简单部件的装配图。

一、任务描述

装配图的视图必须清楚地表达机器（或部件）的工作原理、各零件之间的相对位置和装配关系，以及尽可能表达出主要零件的基本形状。因此，在确定视图表达方案之前，要详细了解该机器或部件的工作情况和结构特征。

下面根据图9-11所示千斤顶的轴测图、图9-12所示千斤顶的装配示意图和图9-13、图9-14所示千斤顶的零件图，绘制其装配图（图9-15）。

二、任务实施

绘制千斤顶装配图的方法与步骤如下所述。

1. 阅读零件图，了解装配体

画装配图前应依次阅读零件图，弄清各零件的结构形状，并结合有关资料及装配体的轴测图（或实物），了解所画装配体的用途、工作原理、各零件之间的装配关系及拆装顺序。

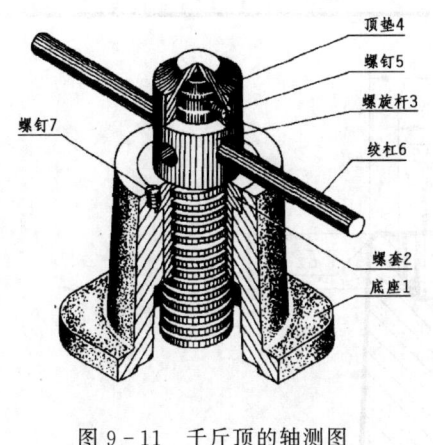

图9-11 千斤顶的轴测图

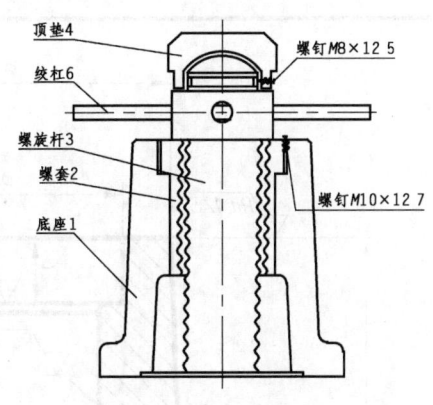

图9-12 千斤顶的装配示意图

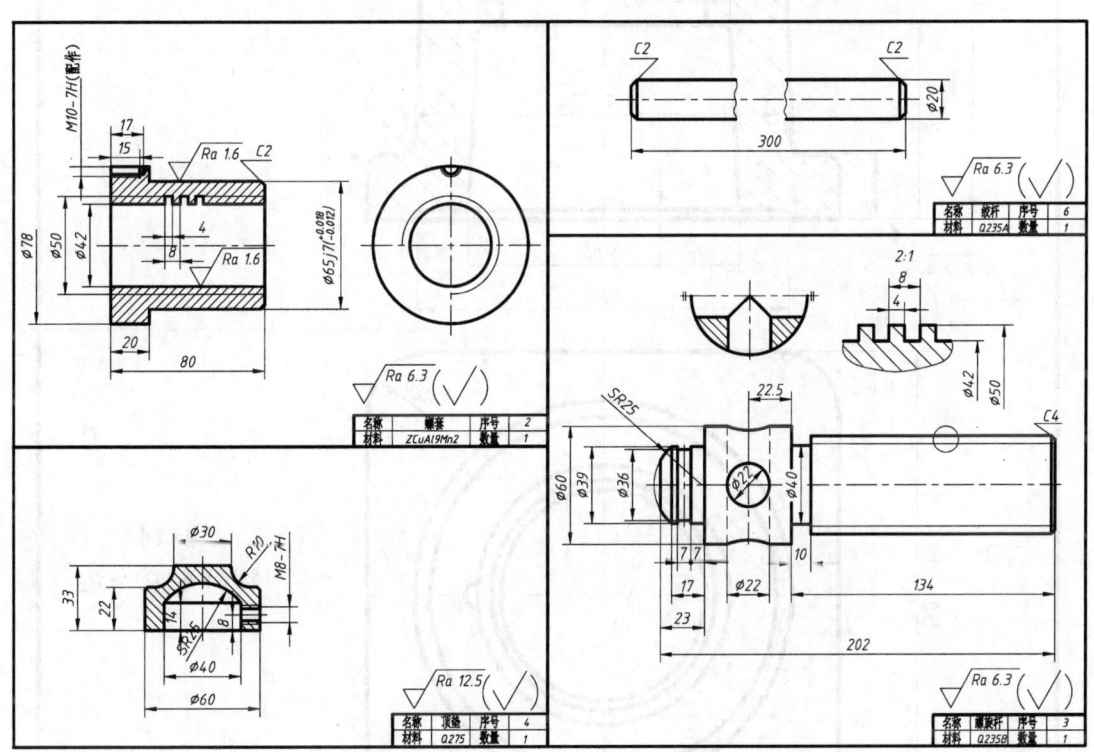

图9-13 千斤顶的零件图（一）

图9-11所示千斤顶为汽车修理或机械安装时用来起重或顶压的工具。它利用螺旋传动顶举重物，由绞杠、螺旋杆等七个零件组成。绞杠6穿在螺旋杆3顶部的孔中，把螺旋杆3从螺套2中旋出，顶垫4上部即可把重物举起。螺套2镶在底座1的内孔中，并用螺钉7紧定。在螺旋杆3的球面形顶部套有一个顶垫4，为防止顶垫随螺旋杆一起转动造成脱落，在螺旋杆3的顶部加工一环形槽，将紧定螺钉5的端部伸进环形槽锁住。各零件之间的装配关系如图9-12所示。为使螺旋杆工作时平稳地升降，螺套外表面与底座内孔之间采用基孔制配合。

2. 确定视图表达方案

在分析、了解装配体的基础上，运用装配图的各种表达方法，将部件的工作原理、零件

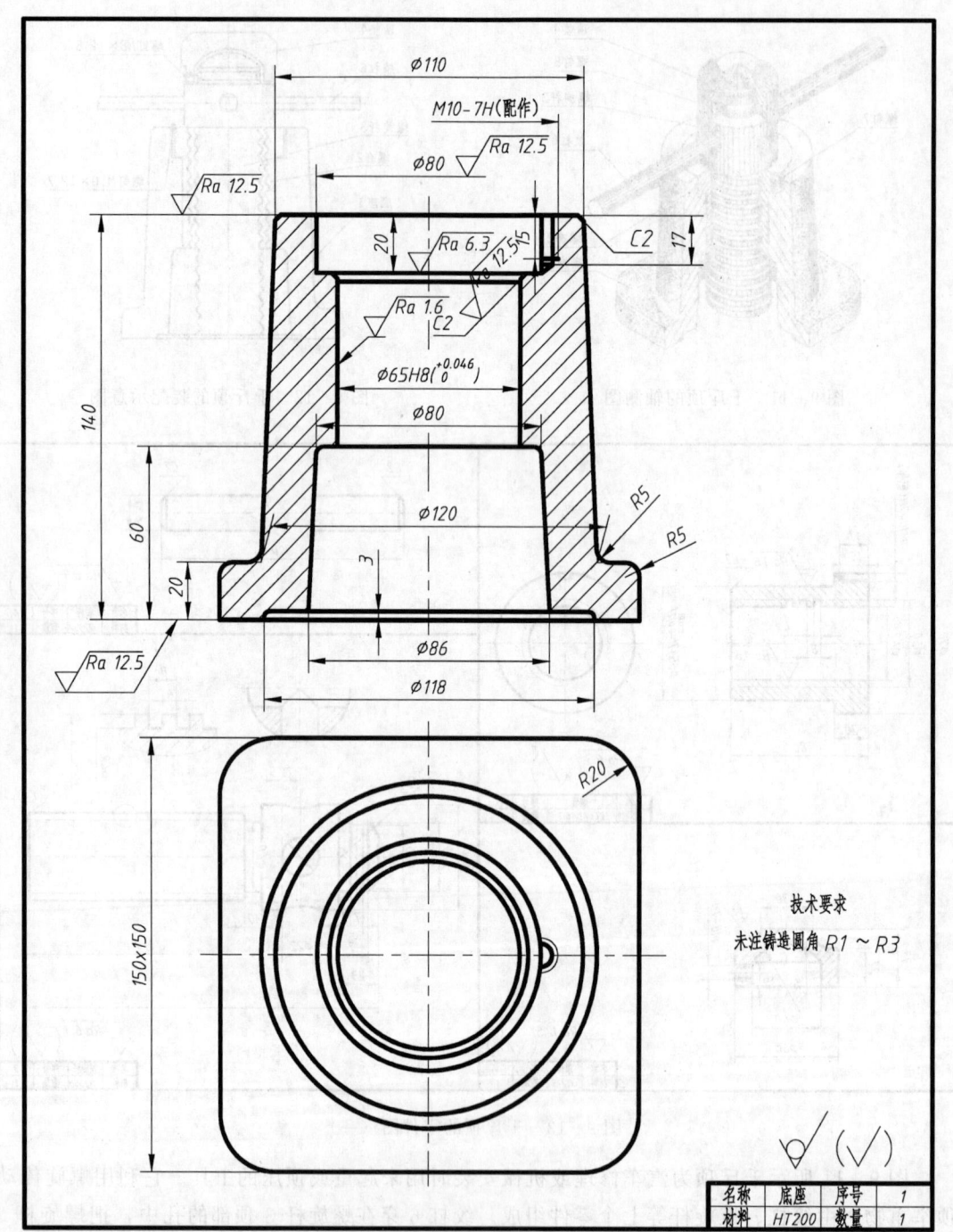

图 9-14 千斤顶的零件图（二）

间的装配关系及主要零件的结构形状完整、清晰地表达出来。视图表达方案力求简明，便于阅读。

1）主视图的选择

与零件图一样，装配图也要选择好主视图的投射方向和部件的安放位置。部件的主视图通常按工作位置画出，并选择最能反映部件特征的方向（反映部件的工作原理、较多的装配

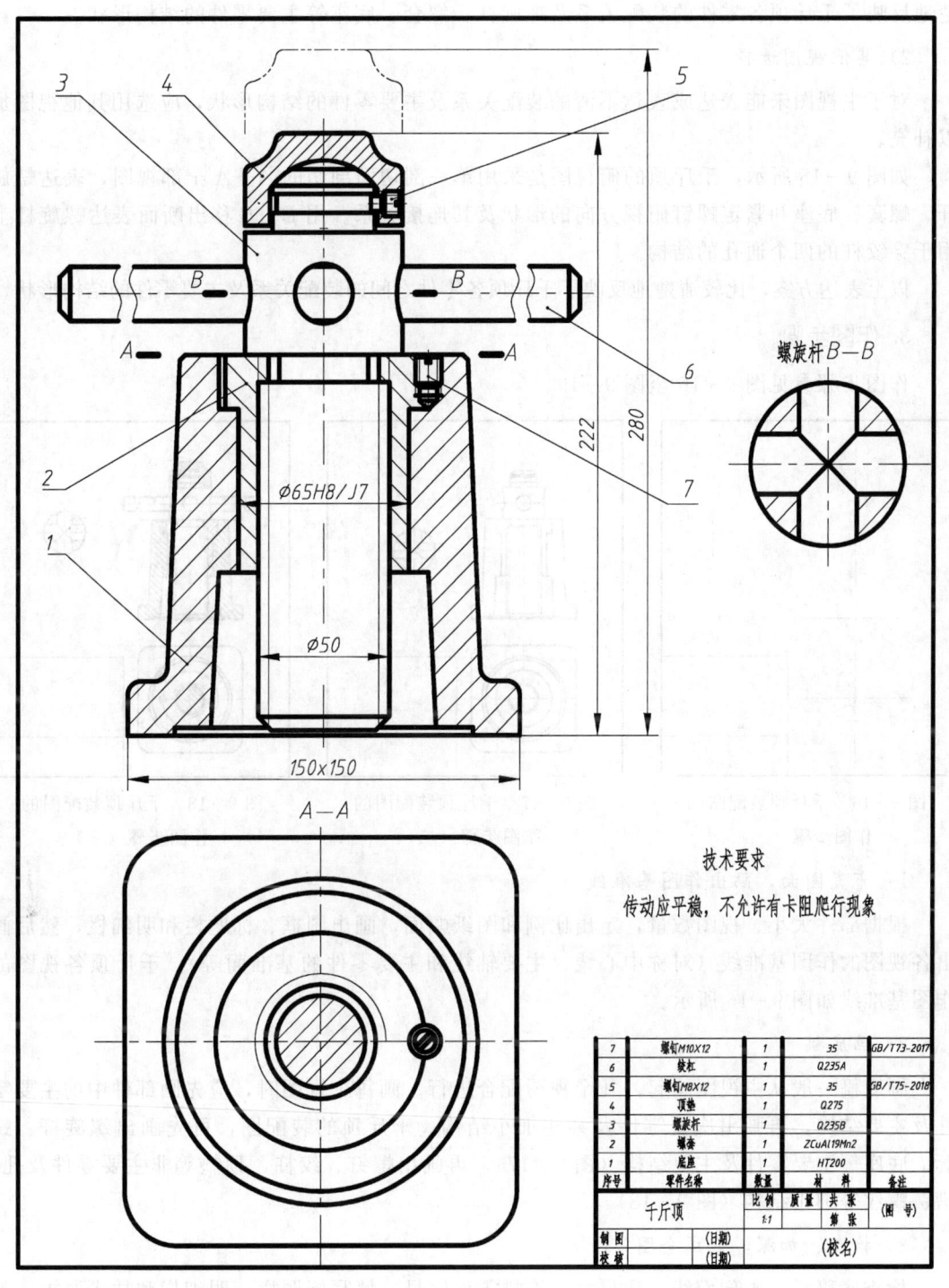

图 9-15 千斤顶的装配图

关系及主要零件结构形状的方向)作为主视图的投射方向,重点应放在能反映较多的装配关系上。

如图9-15所示，主视图按部件的工作位置画出，采用单一剖切面剖切的全剖视图，清楚地反映了千斤顶各零件的装配关系及螺旋杆、螺套、底座等主要零件的结构形状。

2）其他视图选择

对于主视图未能表达或表达不清的装配关系及主要零件的结构形状，应选用其他视图加以补充。

如图9-15所示，千斤顶的俯视图是采用单一剖切面剖切的A—A全部视图，表达螺旋杆、螺套、底座和紧定螺钉俯视方向的形状及其连接关系。用B—B移出断面表达螺旋杆上用于穿绞杠的四个通孔的结构。

以上表达方案，比较清楚地反映了千斤顶各零件之间的装配关系及主要零件的结构形状。

3. 作图步骤

作图步骤参见图9-16至图9-19。

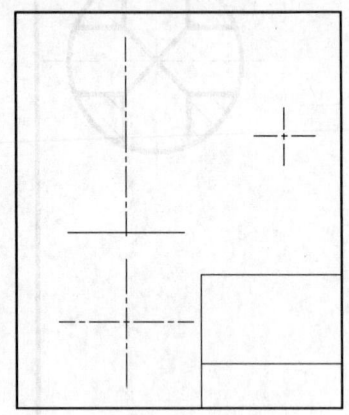
图9-16 千斤顶装配图的作图步骤（一）

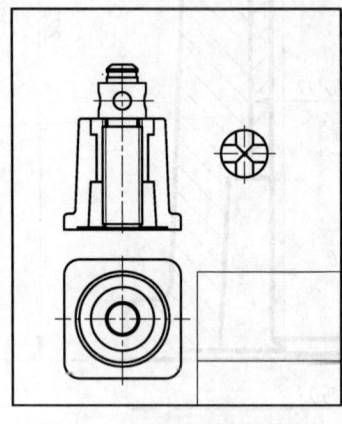
图9-17 千斤顶装配图的作图步骤（二）

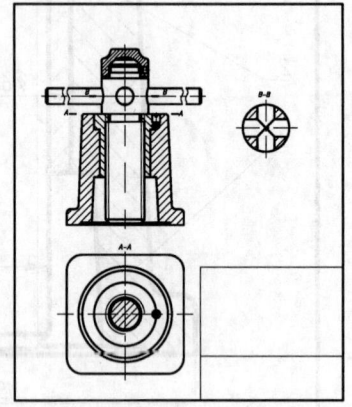
图9-18 千斤顶装配图的作图步骤（三）

1）布置图面，画出作图基准线

根据部件大小、视图数量，定出比例和图纸幅面，画出图框、标题栏和明细栏，然后画出各视图的作图基准线（对称中心线、主要轴线和主要零件的基准面等）。千斤顶各视图的作图基准线如图9-16所示。

2）画底稿

画底稿一般从主视图画起，几个视图配合进行。画每个视图时，应先画部件中的主要零件及主要结构，再画出次要零件及某些细小结构。千斤顶的装配图，可先画出螺旋杆、螺套、底座等主要零件及主要结构（图9-17），再画出螺钉、绞杠、顶垫等非主要零件及孔、槽、螺纹等细小结构（图9-18）。

3）检查、加深，完成全图

检查底稿后，画剖面线，注尺寸，编排零件序号，填写标题栏、明细栏和技术要求，最后将各类图线按规定加深（图9-19）。

画装配图时，为了提高画图的速度和质量，必须选择好绘制零件的先后顺序，以便使零件相对位置准确，并尽可能少画不必要的线条。通常可以围绕装配轴线，根据零件的装配关系由内至外进行绘制，有时也可以由外至内进行。先画基本视图，后画非基本视图。

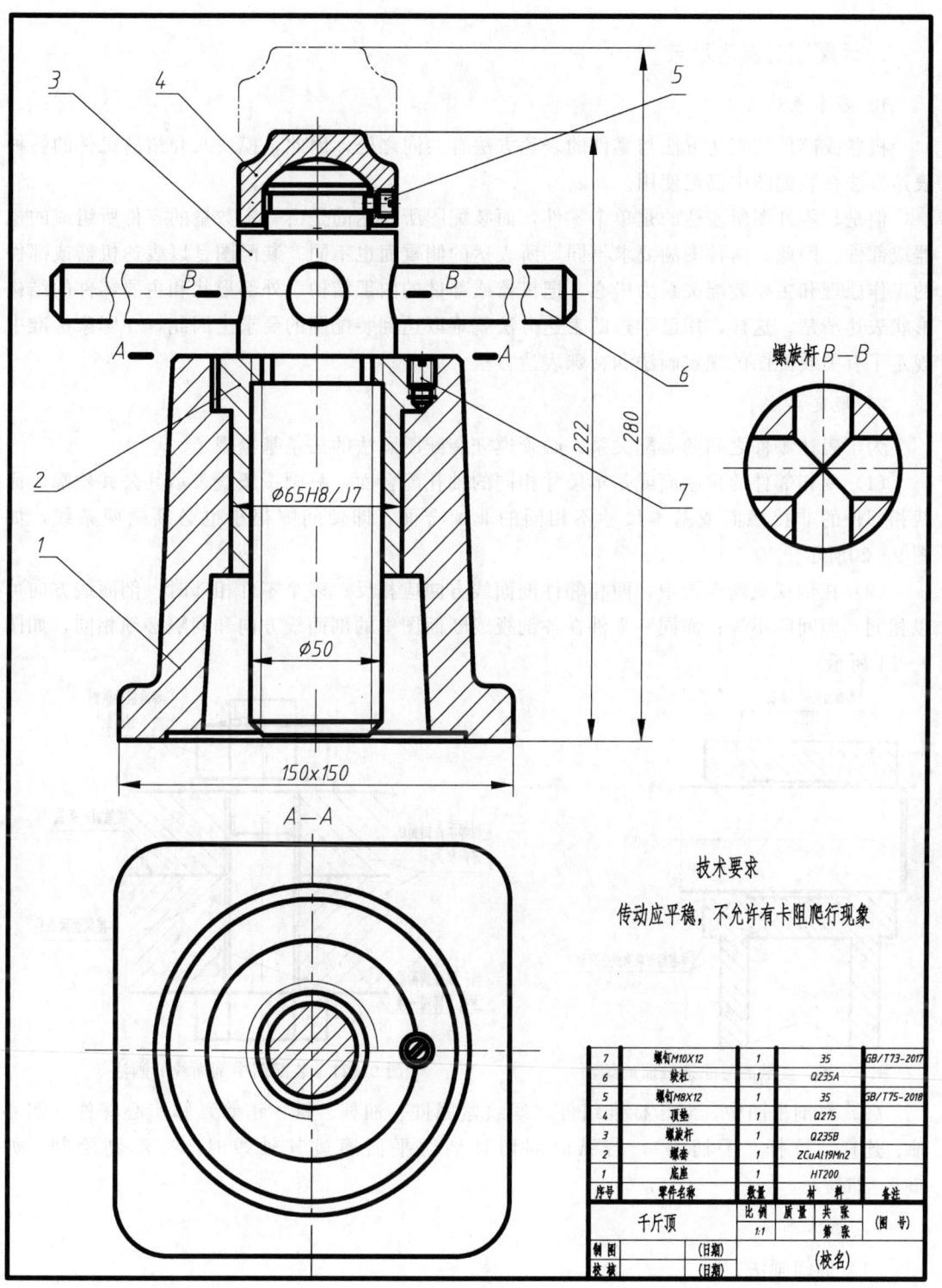

图 9-19 千斤顶装配图的作图步骤（四）

三、知识链接

1. 装配图的表达方法

1) 基本表达方法

机器或部件的表达方法与零件的表达方法有共同之处,因此,模块八介绍的机件的各种表达方法在装配图中仍然使用。

但是,零件图所表达的是单个零件,而装配图所表达的是由一定数量的零件所组成的机器或部件。因此,两种图的要求不同,所表达的侧重面也不同。装配图是以表达机器或部件的工作原理和主要装配关系为中心,把机器或部件的内部结构、外部形状和主要零件的结构形状表达清楚。这样,用已学过的表达方法就难以达到装配图的要求。因此,在国家标准中规定了有关装配图的规定画法和特殊表达方法。

2) 规定画法

为了表达零件之间的装配关系,必须遵守装配图画法的三条基本规定。

(1) 两相邻件的接触面或基本尺寸相同的轴孔配合面,只画一条线表示其公共轮廓,而两相邻件的非接触面或基本尺寸不相同的非配合面,即使间隙很小也必须画两条线,如图 9-20 所示。

(2) 在剖视或断面图中,两相邻件剖面线方向应相反;多个零件相邻时,剖面线方向可以相同,但间隔不等;而同一零件在各剖视或断面图中的剖面线方向和间隔必须相同,如图 9-21 所示。

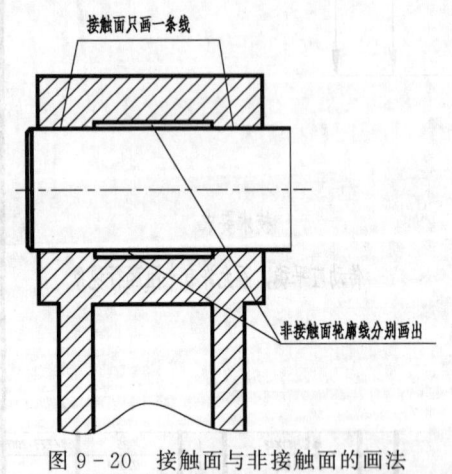

图 9-20 接触面与非接触面的画法

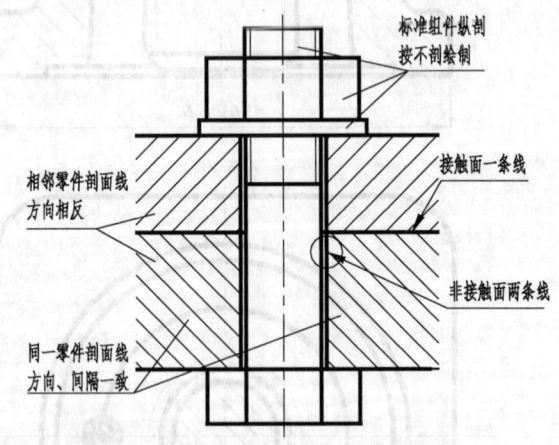

图 9-21 装配图中剖面线的画法

(3) 在剖视图中,对于标准组件(螺纹紧固件、油杯、键、销等)和实心杆件(实心轴、连杆、拉杆、手柄等),若纵向剖切且剖切平面通过其轴线时,按不剖绘制,如图 9-21 所示。

3) 特殊画法

(1) 拆卸画法。

当某个或几个零件在装配图中遮住了需要表达的其他结构或装配关系,而它(们)在其他视图中又已表达清楚时,可假想将其拆去后画出,并在图上方需加注"拆去××零件"的说明,如图 9-22 所示。

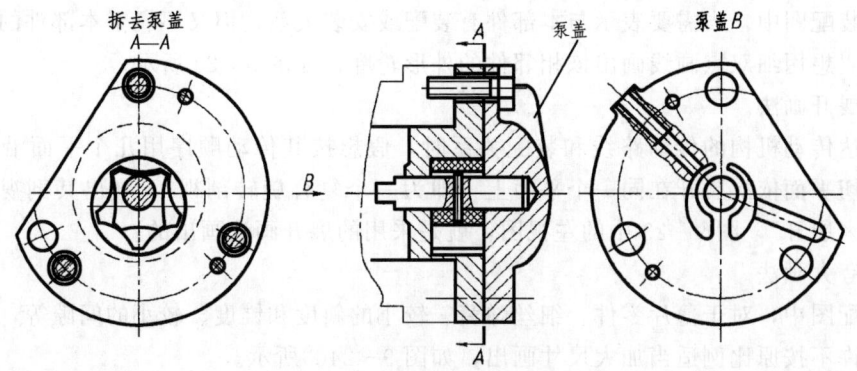

图9-22 装配图中沿结合面剖切画法

(2) 沿结合面剖切画法。

在装配图中,当需要表达某些内部结构时,可假想沿某两个零件的结合面处剖切后画出投影。此时,零件的结合面不画剖面线,但被横向剖切的轴、螺栓、销等实心杆件要画出剖面线,如图9-19、图9-22所示。

(3) 单独画出某零件的某视图的画法。

在装配图中,为表示某零件的结构形状,可另外单独画出该零件的某一视图(或剖视图、断面图)并加标注,如图9-22所示泵盖B的画法。

(4) 假想画法。

①在装配图中,当需要表达运动件的运动范围和极限位置时,可将运动件画在一个极限位置(或中间位置)上,另一极限位置(或两极限位置)用细双点画线画出该运动件的外形轮廓,如图9-23所示。

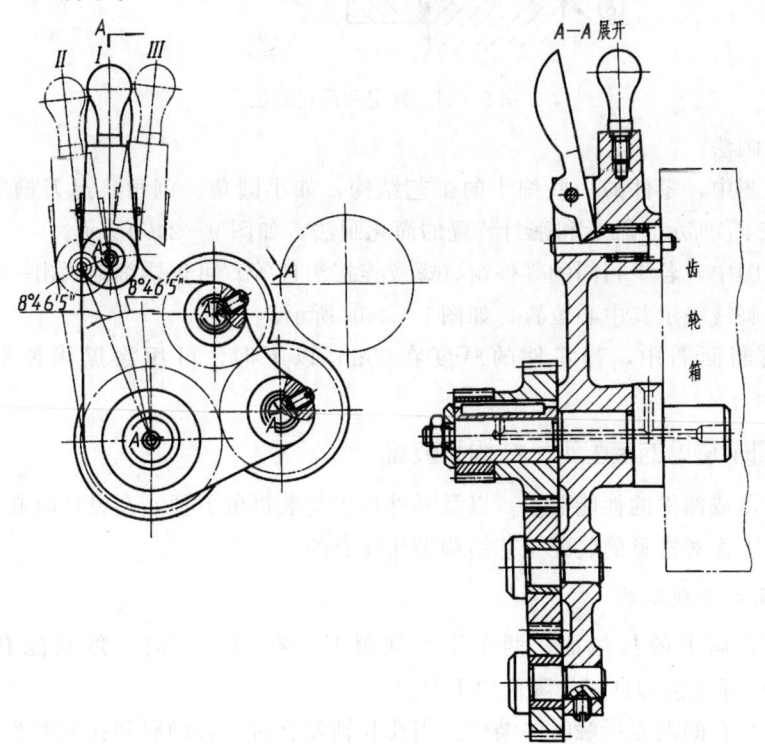

图9-23 展开画法

②在装配图中，当需要表示与本部件有装配或安装关系，但又不属于本部件的相邻零部件时，可假想用细双点画线画出该相邻件的外形轮廓，如图 9-23 所示。

(5) 展开画法。

在表达传动机构的传动路线和装配关系时，假想按其传动顺序用几个平面沿其轴线剖切，将剖切平面依次展开在同一个平面上（即为一个复合旋转剖视），画出其剖视图，并加注"×—×展开"，图 9-23 中的左视图，就是采用的展开画法画出的。

(6) 夸大画法。

在装配图中，对于薄片零件、细丝弹簧、较小的斜度和锥度、较小的间隙等，为了清楚表达，允许不按原比例适当加大尺寸画出，如图 9-24②所示。

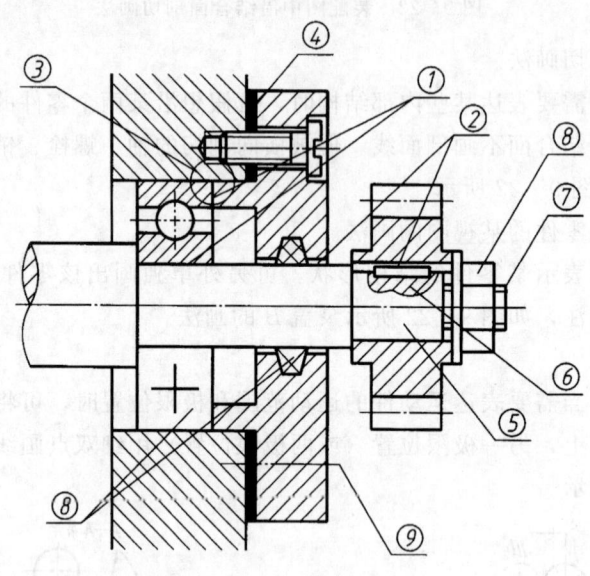

图 9-24 规定和简化画法

(7) 简化画法。

①在装配图中，零件的一些细小的工艺结构，如小圆角、倒角、退刀槽等均可省略不画，如图 9-24⑦所示。轴承和密封装置的简化画法，如图 9-24⑧所示。

②在装配图中，若干相同的零件组（螺纹连接组件等）可仅详细地画出一处（或几处），其余各处以点画线表示其中心位置，如图 9-24⑨所示。

③剖视或断面图中，若零件的厚度在 2mm 以下时，可用涂黑代替剖面符号，如图 9-24④所示。

2. 装配图中常见的装配工艺结构和装置

为保证机器或部件的性能要求，以及零件加工与装拆的方便，在设计时必须考虑装配结构的合理性。下面对常见的装配工艺结构做简要介绍。

1) 接触面的合理结构

(1) 同一方向上的接触面。两个零件接触时，在同一方向一般只能有一个接触面（图 9-25），以保证接触良好并降低加工要求。

(2) 轴肩与孔的端面接触时的结构。当孔和轴配合时，且轴肩和孔端面互相接触时，则孔应倒角或轴的根部切槽，以保证接触良好，如图 9-26 所示。

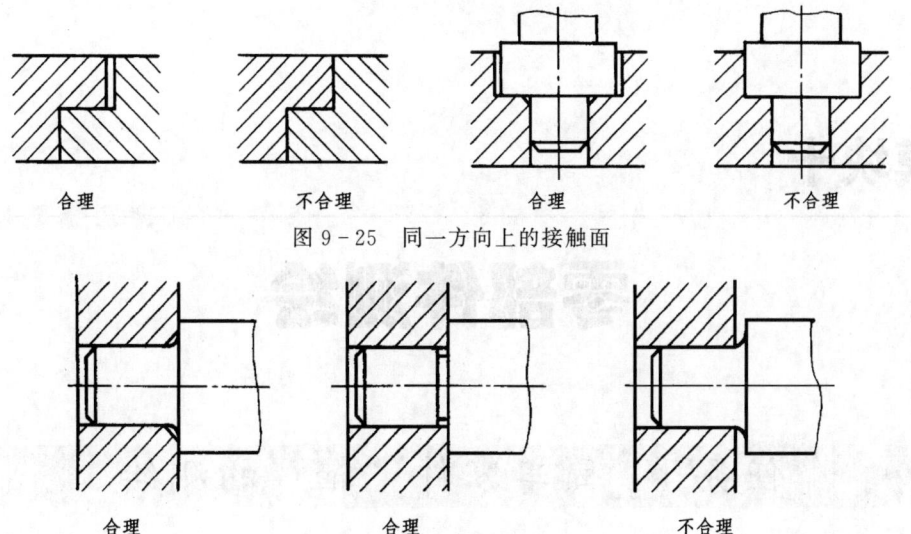

图 9-25 同一方向上的接触面

图 9-26 轴肩与孔的端面接触时的结构

2) 密封结构

为防止部件内的气体或液体向外渗漏和防止灰尘进入其内部,常采用防漏的密封结构。

(1) 毡圈密封。为轴上常见的一种密封结构,如图 9-27 (a) 所示,在装有轴的孔内加工出一个截面为梯形的环槽(属标准结构,其尺寸可查阅有关手册),毡圈放入槽内,由于毡圈有弹性且紧贴在轴上而起到密封作用。

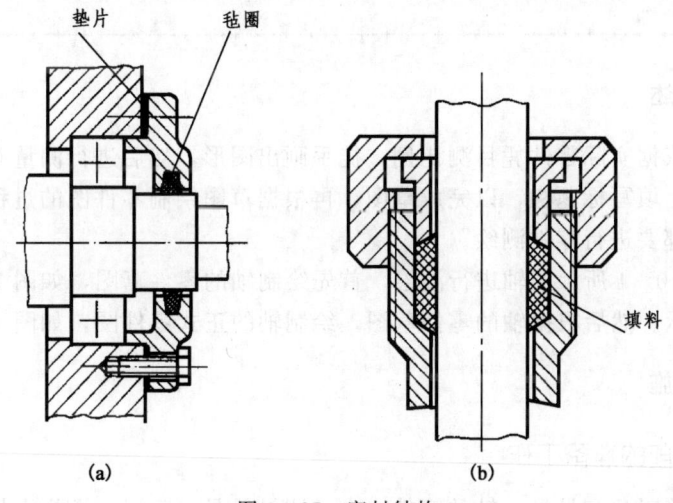

图 9-27 密封结构

(2) 垫片密封。常用于防止液体或气体从两零件的结合处渗漏,如图 9-27 (a) 所示。

(3) 填料密封。为泵、阀类部件中常见的密封结构,如图 9-27 (b) 所示,当填料被填料压盖压紧后即可起到密封作用。画图时,压盖要画在开始压填料的位置。

四、课堂思考

主要依据部件的哪些方面来确定其装配图的表达方案?

模块十

零部件测绘

任务1 简单零件"轴"的测绘

知识点
- 熟悉各种量具的用途和测量使用方法；
- 徒手绘制零件草图。

技能点
- 能正确使用量具，对各种零件进行测量，徒手绘制零件草图；
- 能正确绘制零件图。

一、任务描述

零件测绘是依据实际零件凭目测比例，徒手画出图形，然后进行测量并标注尺寸，给出必要的技术要求，填写标题栏，以完成草图，再根据草图绘制零件图的过程。在仿造和修配损坏的零件时，都要进行零件测绘。

下面对如图 10-1 所示的轴进行测绘，首先绘制轴的零件草图，如图 10-2 所示，其步骤如图 10-3 所示。然后根据轴的零件草图，绘制轴的正式零件图，如图 10-4 所示。

二、任务实施

1. 做好测绘前的准备工作

(1) 准备测绘对象和量具。轴的零件一个、测量量具（直尺、游标卡尺等）。

(2) 了解和分析测绘对象。了解零件的名称、材料、技术要求与用途。

零件的名称是轴，其用途是用来支撑传动零部件、传递扭矩和承受载荷。轴属于轴套类零件，其材料一般是 45 号钢。

2. 掌握零件的测绘方法和步骤

(1) 了解和分析零件。轴类零件是旋转零件，通常由圆柱面、圆锥面、螺纹、键槽等构成；与轴配合的零部件有轮、套、轴承、键等；工艺结构有螺纹退刀槽、砂轮越程槽、中心孔等。

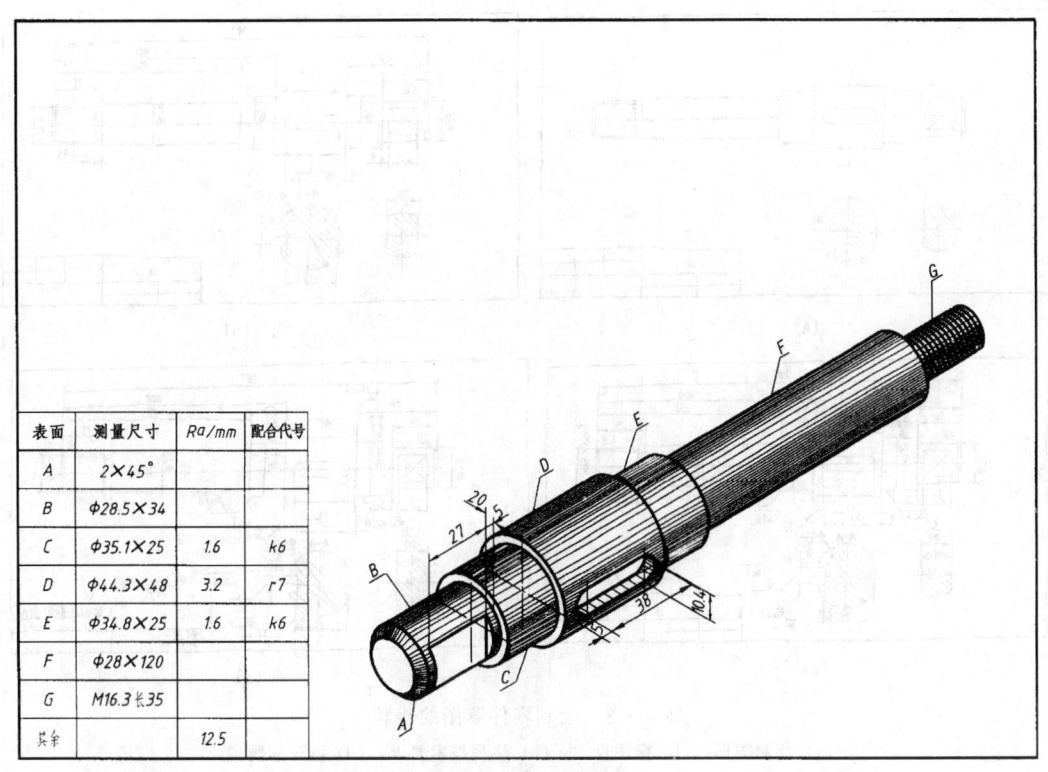

图 10-1 轴类零件

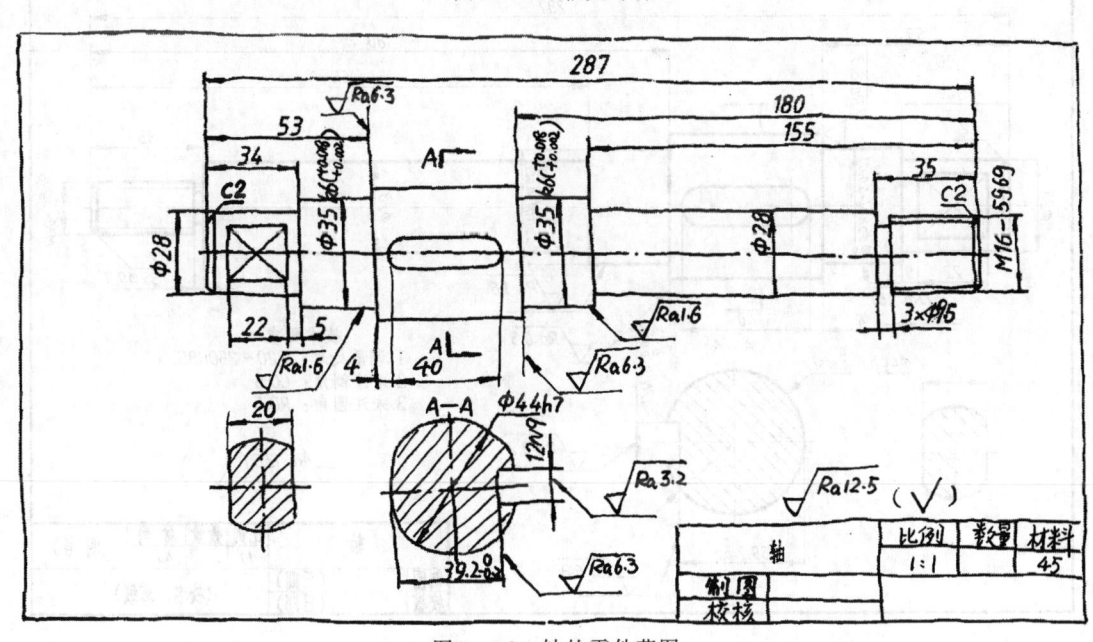

图 10-2 轴的零件草图

(2) 确定表达方案。轴类零件通常用一个基本视图（主视图）和移出断面图、局部视图或局部放大图表示。主视图的轴线水平放置（按加工位置），轴上的键槽最好放置在前面，用移出断面图表示键槽的深度，砂轮越程槽或退刀槽常用局部放大图表示，如图 10-2 所示。

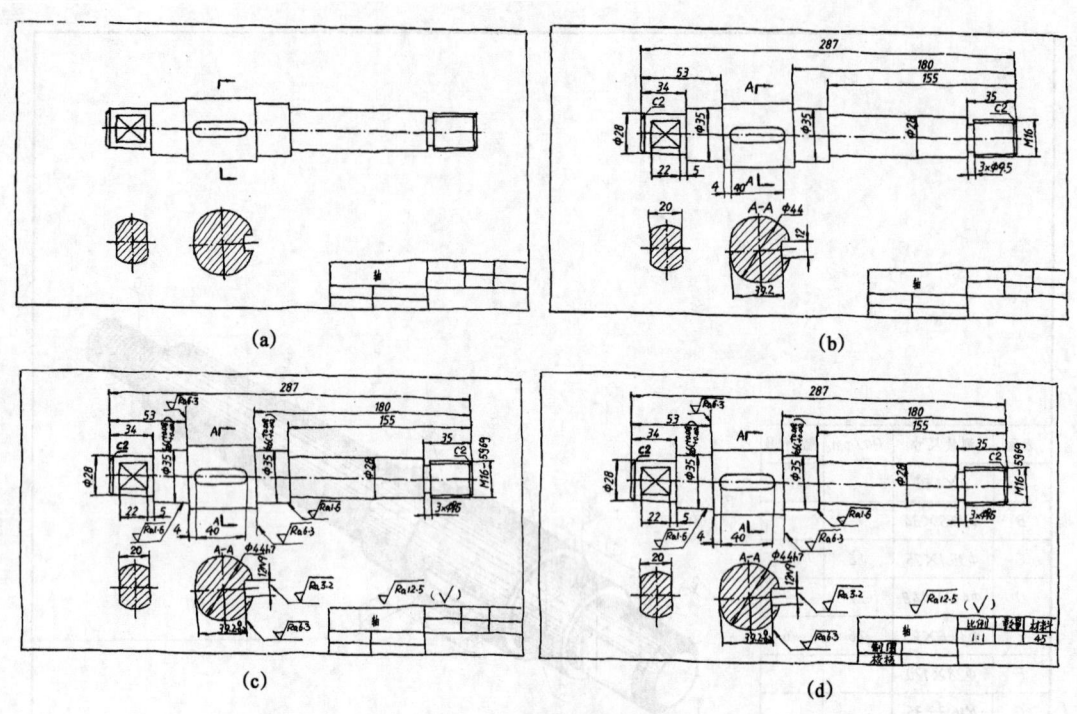

图 10-3 绘制零件草图的步骤
(a) 绘制图形；(b) 标注尺寸；(c) 注写技术要求；(d) 填写标题栏

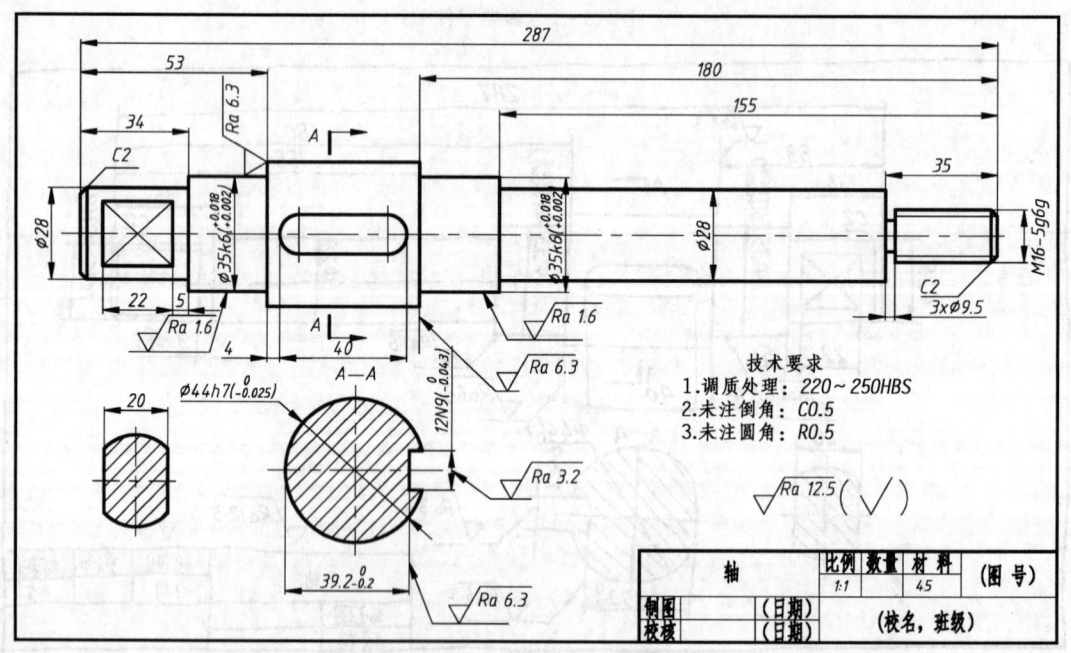

图 10-4 轴的零件图

(3) 绘制零件草图。目测比例，徒手画成的图称为草图。

由于零件草图是绘制零件图的依据，必要时还要直接根据它制造零件，因此，一张完整的零件草图必须具备零件图应有的全部内容，要求做到：图形正确、尺寸完整、线型分明。

绘制零件草图步骤如下：

①绘制图形，如图 10-3（a）所示。根据选定的表达方案，徒手画出视图、剖视等图形。

②标注尺寸，如图 10-3（b）所示。先选定基准，再标注尺寸。具体应注意以下五点：

a. 选定尺寸基准，以轴线作为径向尺寸基准，轴的重要端面是接触面，所以是长度方向的尺寸基准，本例选用 $\phi44$ 的左右端面为长度方向的尺寸基准，不重要的尺寸按加工顺序标注，重要的尺寸由基准标出；

b. 按正确、完整、合理的要求画出所有尺寸界线、尺寸线和箭头；

c. 用直尺和游标卡尺依次在零件上测量，逐个标注尺寸数字；

d. 零件上标准结构（键槽、退刀槽、销孔、中心孔、螺纹等）的尺寸，必须查阅相应国家标准，并予以标准化；

e. 与相邻零件的相关尺寸（泵体上螺孔、销孔、沉孔的定位尺寸，以及有配合关系的尺寸等）一定要一致。

③注写技术要求，如图 10-3（c）所示。

a. 确定配合代号及尺寸公差（详见模块八）。

本例中，与轴承配合的尺寸为 $\phi35k6$。键槽的偏差可查阅 GB/T 1096—2003，根据轴径尺寸为 $\phi44h7\left({}_{-0.025}^{0}\right)$ mm，键槽深度为 $5_{0}^{+0.2}$ mm，确定图上键槽深度尺寸为 $39.2_{-0.2}^{0}$ mm。

b. 确定表面粗糙度（详见模块八）。

本例中，与轴承配合的轴径表面粗糙度取 $Ra1.6$，与轮配合的轴径表面粗糙度取 $Ra3.2$，其余表面取 $Ra12.5$。

c. 确定材料和热处理方法（请参阅材料和热处理的有关资料）。

④填写标题栏，如图 10-3（d）所示。填写零件名称、材料、测绘者姓名、图样完成时间等。

(4) 绘制轴的零件工作图。

①画零件图之前，应对草图反复进行校对，检查零件草图的视图表达是否完整、清晰，尺寸标注是否齐全、合理，尺寸公差、表面粗糙度选用是否恰当，如有问题，及时纠正。

②绘制轴的零件图，如图 10-4 所示，其绘图方法和步骤与绘制草图相同。

三、知识链接

1. 常用测量工具及测量方法

常用的测量工具有钢制直尺、内卡钳、外卡钳、游标卡尺、千分尺等，其测量方法见表 10-1。

测量尺寸之前，要根据被测尺寸的精度选择测量工具。线性尺寸的主要测量工具有千分尺、游标卡尺和钢板尺等，千分尺的测量精度在 $IT5\sim IT9$ 之间，游标卡尺的测量精度在 $IT10\sim IT15$，钢板尺一般用来测量非功能尺寸。

2. 零件测绘注意事项

(1) 零件上的工艺结构，如倒角、倒圆、退刀槽、铸造圆角、凸台和凹坑等，必须查阅有关标准，并应用图形和文字说明表示清楚。

(2) 零件在制造过程中产生的缺陷，如裂纹、缩孔、砂眼、气孔、刀痕及长期使用所产生的磨损均不画出。

表 10-1 常用测量工具及测量方法

项目	图例与说明	项目	图例与说明
直线尺寸	直线尺寸可用钢板尺或游标卡尺直接测量	壁厚尺寸	壁厚尺寸可用钢板尺测量，如底壁厚 $y=C-D$；或用外卡钳和钢板尺配合测量，如左侧壁的厚度 $x=A-B$
直径尺寸	孔径用内卡钳间接测量，轴径用外卡钳间接测量；精度要求较高孔径和轴径，可用游标卡尺直接测量	螺纹尺寸	螺纹的螺距应该用螺纹规直接测得，也可用压痕法测量。 螺距 $=\dfrac{T}{n-1}$
孔的中心距	孔间距可先用内、外卡钳和钢板尺结合测量，再经简单计算，便可得出所需尺寸，中心距 $L=A+d$	键槽尺寸	键槽的主要尺寸有槽宽 b、深度 t 和长度 L，一般用游标卡尺来测量，然后结合轴径的公称尺寸 d，查阅 GB/T 1096—2003，取标准值
中心高	中心高可用钢板尺或钢板尺和内卡钳配合测量，即 $H=A+d/2$	曲面轮廓尺寸	可用圆角规测量圆弧半径

（3）测量螺纹、键槽、退刀槽等标准结构要素的尺寸时，应将测得的数值与有关标准核对并取成标准值。

（4）零件上的非配合尺寸或不重要的尺寸，允许将测量所得尺寸适当圆整，调整到整数值。

（5）对于配合尺寸，一般只需测得其基本尺寸，其配合性质及公差值需根据零件的使用要求，在结构分析的基础上，查阅有关手册另行确定。

（6）零件的技术要求，如表面粗糙度、极限与配合、形状位置公差及热处理等技术要求，可根据零件的作用，参考同类型产品的图样或有关资料，用类比的方法来确定。

四、课堂思考

通过测绘后加工出来的零件能否与原来零件一样满足使用要求。

任务2　测绘平口钳

> **知识点**
> - 部件测绘的概念；
> - 常见的装配工艺结构；
> - 掌握部件测绘的方法和步骤。
>
> **技能点**
> - 能测绘简单的部件。

一、任务描述

部件测绘是根据现有的部件（或机器），先画出零件草图，再绘制其装配图和零件工作图等全套图样的过程。

图10-5所示是平口钳的轴测图，图10-6所示是平口钳的各部分零件。本任务结合平口钳的测绘，说明部件测绘的方法和步骤。

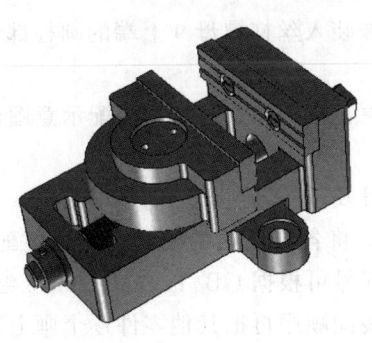

图10-5　平口钳的轴测图

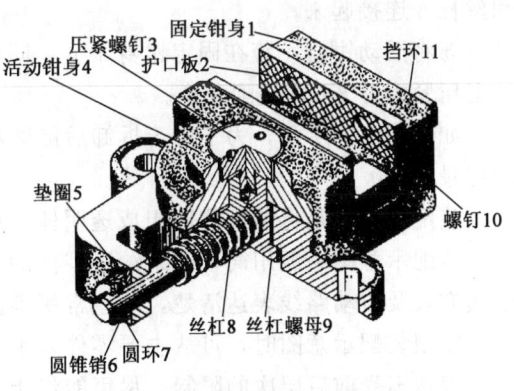

图10-6　平口钳各组成部分

二、任务实施

1. 了解和分析装配体的性能、结构及工作原理

对装配体进行测绘，首先要对装配体进行观察分析，并做实地调查，了解装配体的用途、工作原理、结构特点及零件之间的装配关系。

平口钳是安装在工作台上，用于夹紧工件，以便进行切削加工的一种通用工具。该部件共有零件11种，其中标准件3种，非标准件8种，如图10-6所示。

平口钳的工作原理：丝杠8由固定钳身1支承，在其尾部用圆锥销6把圆环7和丝杠8连接起来，使丝杠8能在固定钳身1中转动；将丝杠螺母9的上部装在活动钳身4的孔中，依靠压紧螺钉3把活动钳身4和丝杠螺母9固定在一起，当丝杠转动时，丝杠螺母便带动活动钳身做轴向移动，使钳口张开或闭合，把工件放松或夹紧；为避免丝杠在旋转时，其台肩和固定钳身的左右端面直接摩擦，又设置了垫圈5和挡环11；固定钳身1和活动钳身4上都装有护口板2，它们之间通过螺钉10连接起来，为了便于夹紧工件，护口板2上应有滚花结构。

2. 拆卸零件，画出装配示意图

在初步了解装配体的基础上，分析并确定拆卸顺序。对于不可拆卸的连接（焊接、铆接）和不易拆卸的过盈配合、过渡配合的零件尽量不拆，以免影响装配体的性能和精度。拆卸时使用的工具要得当，拆下的零件要逐一编号，并妥善保管，以免碰坏和丢失。

（1）平口钳的拆卸顺序是：

①用弹簧卡钳夹住压紧螺钉3顶面的两个小孔，旋出压紧螺钉3后，活动钳身4即可取下；

②拔出左端圆锥销6，卸下圆环7、垫圈5，然后旋转丝杠8，待丝杠螺母9松开后，从固定钳身1的右端即可抽出丝杠，再从固定钳身的下面取出丝杠螺母9；

③拧开压紧螺钉10，即可取下护口板2。

（2）平口钳的装配顺序是：

①先将护口板2，各用两个螺钉10装在固定钳身1和活动钳身4上；

②将丝杠螺母9先放入固定钳身1的槽中，然后将丝杠8（装上挡环11），旋入丝杠螺母9中；再将其左端套上垫圈5、圆环7，同时钻铰加工销孔，然后打入圆锥销6，将圆环7和丝杠8连接起来；

③将活动钳身4跨在固定钳身1上，同时要对准并装入丝杠螺母9上端的圆柱部分，再拧上压紧螺钉3，即装配完毕。

如图10-7所示，为了便于拆卸后能顺利装配复原，在拆卸过程中用装配示意图做好原始记录。

装配示意图是将装配体假想成透明体，用规定代号及示意画法绘出的装配简图。

装配示意图一般用简单线条绘出零件的大致轮廓，将各零件间的相对位置、装配关系、连接方式及传动路线表达清楚，一些常用零件的规定代号可根据GB/T 4460—2013绘出。

绘制装配示意图时，可从主要零件入手，然后按装配顺序再把其他零件逐个画上，各零件的表达不受前后层次的限制。尽可能将所有零件集中绘成一个图，且两接触面间要留有间隙，以便区分零件。示意图上还应编写零件序号，并注写零件的名称及数量。

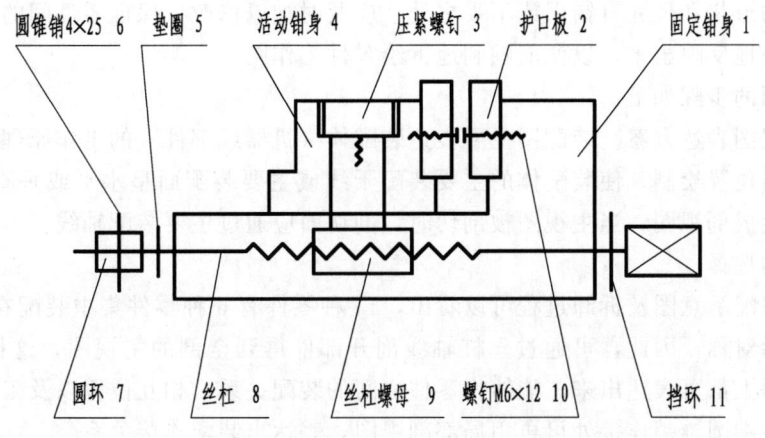

图 10-7 平口钳的装配示意图

3. 测绘零件，画出零件草图

组成装配体的每个零件，除标准件外，都应绘制零件草图。零件草图的画法参见任务1。

绘制装配体零件草图时，要注意零件之间尺寸的协调，如与标准件相连接、配合的结构和尺寸，需与标准件相吻合；相互配合的孔和轴，其基本尺寸必须相同；有连接关系的相邻零件，其相关结构和尺寸必须协调一致。

零件草图是绘制部件装配图和零件工作图的重要依据，必须认真仔细地绘制，做到草图不草。零件草图应包括零件工作图的全部内容。

画零件草图应注意以下问题：

（1）对标准件测量出其规格尺寸，注意规格标记，并与标准手册进行核对。

（2）画零件草图时，所有的工艺结构，如倒角、圆角、凸台、凹坑、退刀槽等，都必须画出，不能省略。

（3）对零件的结构形状进行分析时，应辨明零件制造时或使用过程中造成的误差和缺陷，如铸造产生的砂眼、缩孔、裂纹等，对称形状的变形等不应画在图样上。

（4）测量尺寸时，一般精度尺寸可用内、外卡钳和钢板尺等测量。精度比较高的尺寸应选用游标卡尺、千分尺等比较精确的测量工具。零件上的螺纹、退刀槽、键槽等标准结构要素的尺寸，在测量后，应查阅有关的标准手册核对确定。零件上的非加工尺寸和非主要尺寸应圆整为整数，尽量符合标准尺寸系列。两零件的配合尺寸和互相有联系的尺寸，应在测量后同时填入相关零件的草图中。测量尺寸时，重点注意和分析工件磨损对尺寸的影响，要根据零件的结构特点和性能确定零件的正确尺寸。

（5）零件的技术要求，如表面粗糙度、尺寸公差和配合、热处理、材料等，可根据零件的作用及使用要求，参阅同类产品的图纸和资料，用类比法确定。

按上述的零件测绘方法和画零件草图的注意事项，画出每个非标准件的零件草图（具体过程略）。

4. 根据装配示意图和零件草图，画出装配图和零件图

1）绘制装配图

绘制完零件草图后，即可根据零件草图和装配示意图绘制装配图。绘制装配图时，对零

件草图中的结构形状和尺寸有错误或不妥之处，应及时加以修改，保证零件间的装配关系能在装配图上正确地反映出来，以便能顺利地拆绘零件工作图。

绘制装配图的步骤如下：

（1）确定视图表达方案。装配图主要表达装配体（机器或部件）的工作原理，一般按其工作位置或习惯位置绘制，使装配体的主要装配干线或主要装配面呈水平或垂直位置绘制。装配图一般都绘成剖视图，当主视图被剖切时，剖切面应通过主要装配轴线。

①主视图的选择。

从部件的装配示意图及拆卸过程可以看出，11 种零件有 6 种零件集中装配在丝杠 8 上，而且该部件前后对称。因此，可通过丝杠轴线剖开部件得到全剖的主视图，这样，其中 10 种零件在主视图上都可表达出来，能够将零件之间的装配关系、相互位置以及工作原理清晰地表达出来。左端圆锥销连接处可再用局部剖视图，表达出装配连接关系。

②选择其他视图和表达方法。

左视图可将螺母轴线及活动钳身放置在固定钳身上安装孔的轴线位置，然后取半剖画出。这样，半个剖视图上表达了固定钳身 1、活动钳身 4、压紧螺钉 3、丝杠螺母 9 之间的装配连接关系；半个视图上同时表达了平口钳一个方向的外形，内、外形状兼而有之。

俯视图可取外形图，侧重表达平口钳的外形，其次在外形图上取局部剖视图，表达出护口板与螺钉连接关系。

对于主视图和俯视图应将丝杠螺母及活动钳身放置在与左视图相对应的位置画出，以保证视图之间的投影对应关系。

图 10-8 所示为平口钳装配图，图 10-9 所示为平口钳分解图。

（2）选择比例和图幅。根据装配体的实际大小和复杂程度，选定绘图比例。比例确定后，根据表达方案，注意视图间留有足够的空间标注尺寸、编写零件序号，并考虑标题栏和明细栏、技术要求所占的面积，确定图纸幅面。

（3）布置视图。绘制图框、标题栏和明细栏，画出各视图的中心线、轴线等作图基准线。为了便于读图，视图间的位置应尽量符合投影关系，注意视图间留足标注尺寸及零件序号的空间，图面的总体布局应力求匀称、美观。

（4）绘制底稿。从装配体的主体件的主视图开始绘制，有投影关系的视图应按投影规律同时绘制；根据装配连接关系，逐个绘出各零件的图形，一般先绘主视图、后绘其他视图；先绘主要零件、后绘其他零件；先绘外件、后绘内件（或先内件、后外件）；先绘主要结构、后绘次要结构的顺序进行。

绘制装配图应注意以下三点：

①绘制相邻零件时，应从两零件装配时的接合面或零件的定位面开始绘制，以正确定出它们在装配图中的装配位置；

②充分注意零件间的遮挡关系，零件被遮挡的部分不画；剖视图一般从里向外逐个绘制零件的图形，可避免将被遮挡的线绘出；

③绘剖面符号时，相邻零件的剖面线要有区别，即剖面线的方向相反或间隔不等，而同一零件在各剖视图中剖面线必须一致。

（5）标注尺寸，编写零部件序号，注写技术要求，填写明细栏和标题栏。

平口钳的尺寸如下：

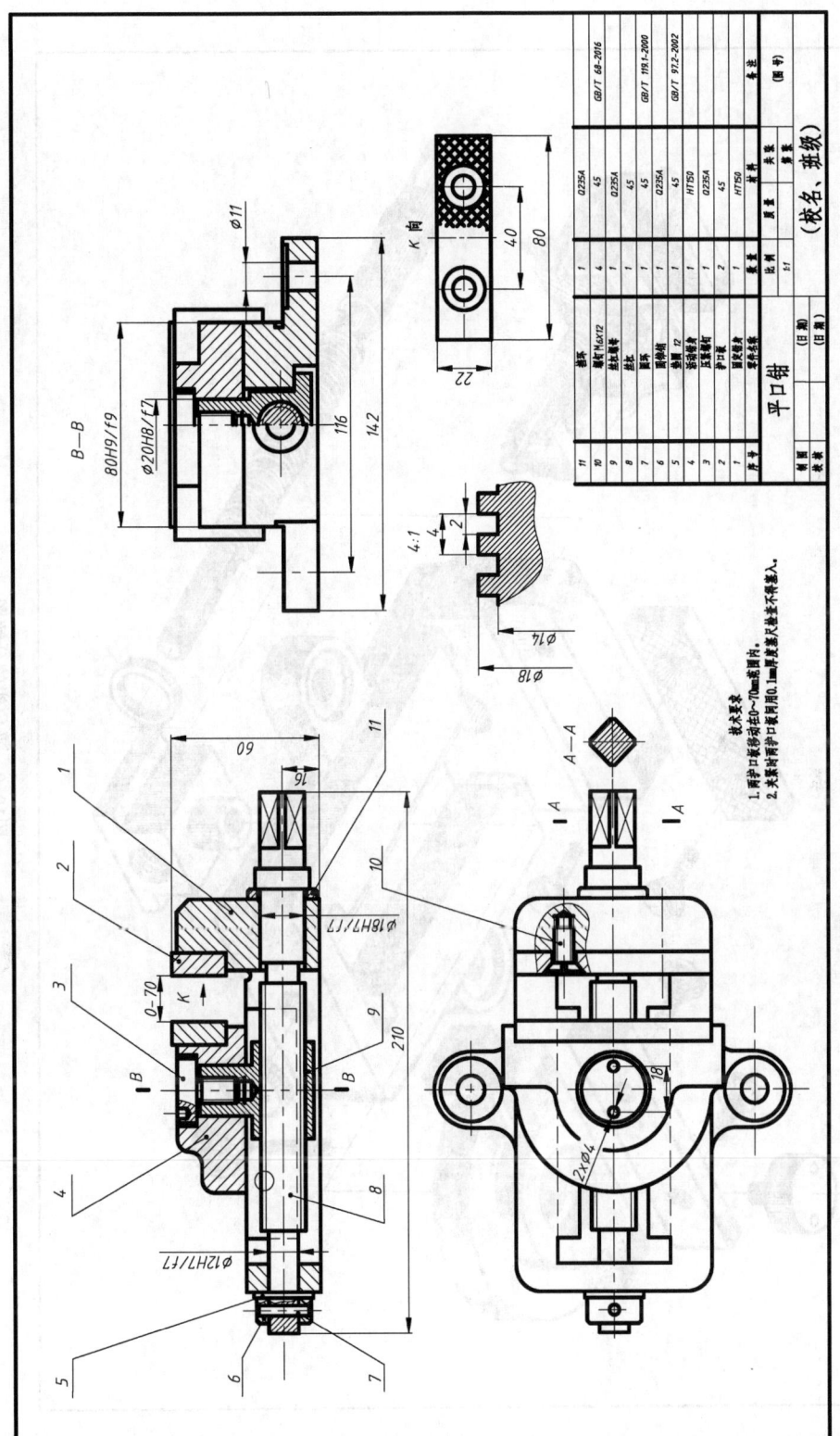

图10-8 平口钳的装配图

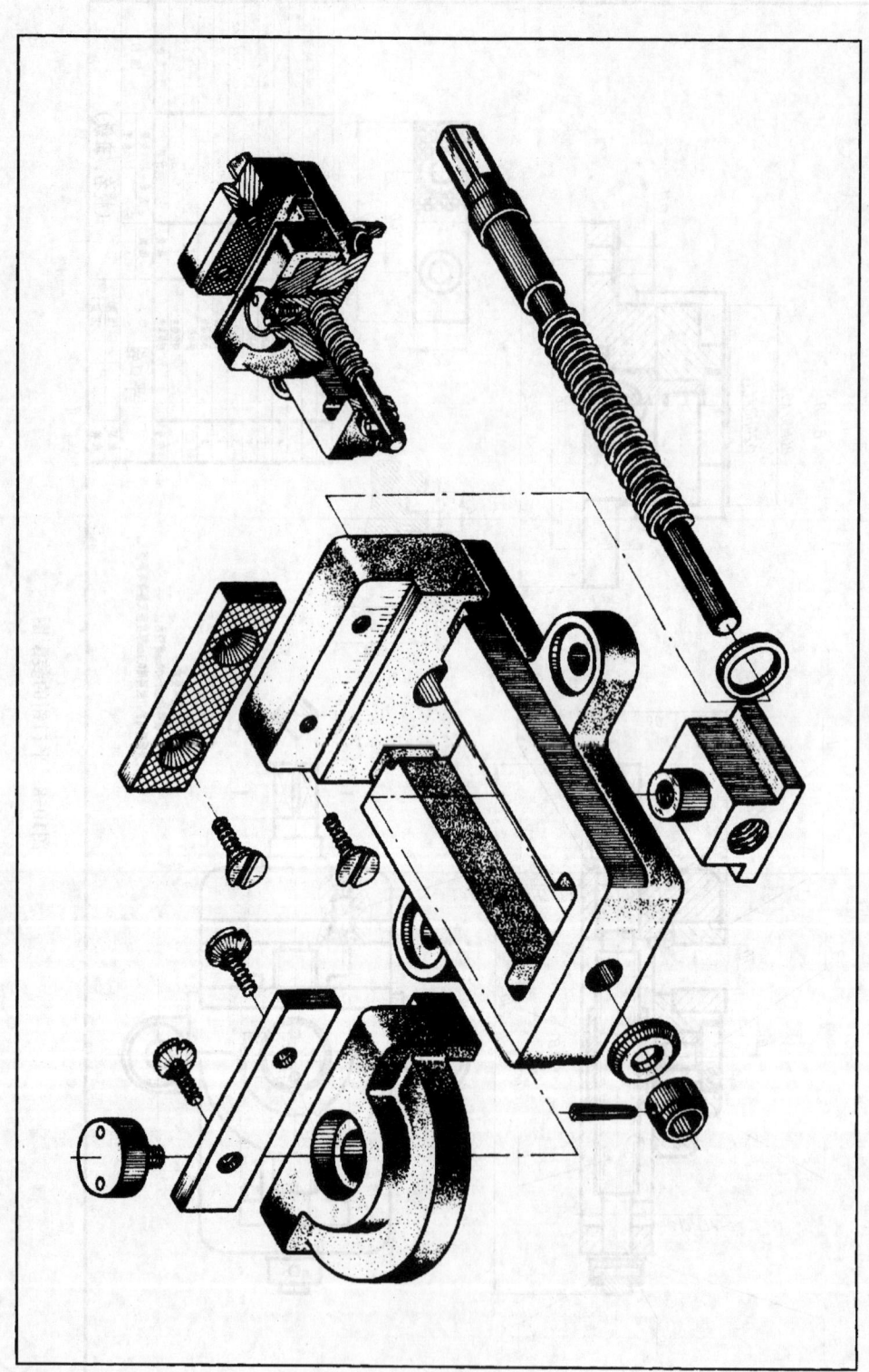

图10-9 平口钳的分解图

①性能尺寸：两护口板之间的开闭距离表示平口钳的规格，应注出其尺寸，而且应以 0～70mm 标注出。

②装配尺寸：相互配合或者相对位置有要求的部位均应考虑标注出装配尺寸，如 H7/f7。

③外形尺寸：平口钳总体的长、宽、高尺寸。

④安装尺寸：平口钳是固定在机床上的，应注出安装孔的有关尺寸。

⑤其他重要尺寸：在设计过程中，经计算或选定的重要尺寸，如螺杆轴线到底面的距离等。

平口钳的技术要求如下：

①对于以上零件各个表面均应考虑表面粗糙度要求，对主要配合面及接触面其表面粗糙度建议选取 $Ra1.6$，其他加工面选取 $Ra3.2$ 或 $Ra6.3$，不加工表面为毛坯面；

②活动钳身移动应灵活，不得摇摆；

③装配后，两护口板的夹紧表面应相互平行；护口板上的连接螺钉头部不得伸出其表面；

④夹紧工件后不允许自行松开。

（6）检查、加深图线，完成全图。

2）绘制零件工作图

从零件草图到零件图，不是简单的重复照抄，还需要对视图的表达、尺寸标注和技术要求等各个方面的内容，根据测绘过程中对零件认识的逐步深入而加以调整、补充或修改。

三、知识链接

部件中常见的工艺结构见表 10-2。

表 10-2 部件中常见的工艺结构

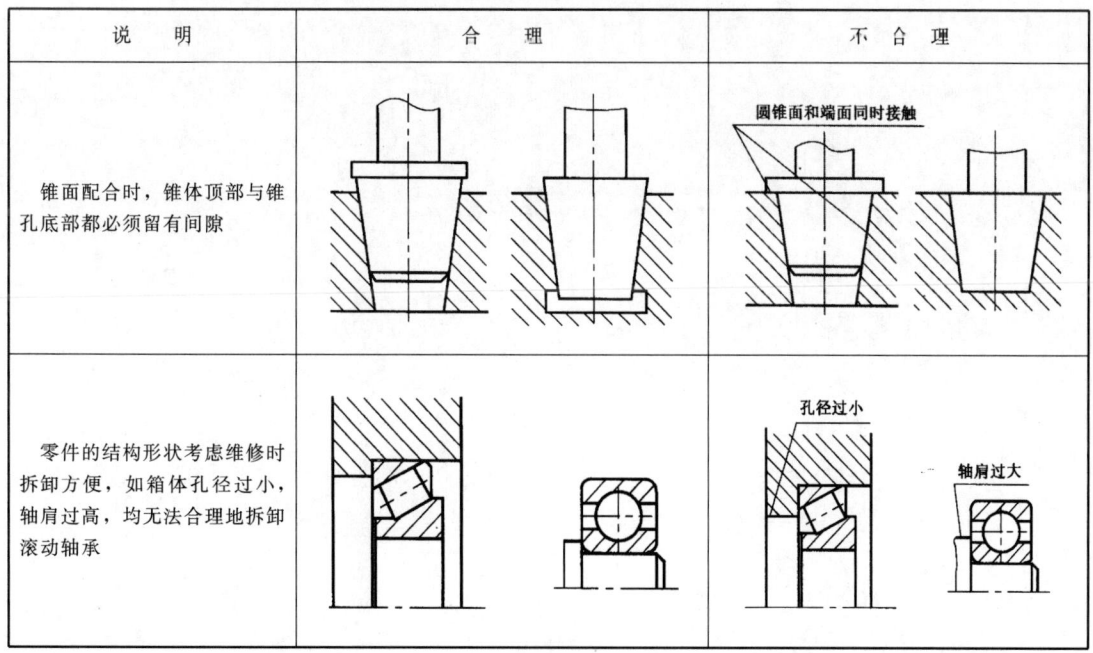

说　明	合　理	不　合　理
锥面配合时，锥体顶部与锥孔底部都必须留有间隙		圆锥面和端面同时接触
零件的结构形状考虑维修时拆卸方便，如箱体孔径过小，轴肩过高，均无法合理地拆卸滚动轴承		孔径过小　轴肩过大

续表

说 明	合 理	不 合 理
在箱壁上预先加工光孔或螺孔，则拆卸时就可用适当的工具或螺钉顶出套筒、轴承等		套筒无法拆出
为了便于拆卸，销钉孔尽量做成通孔或选用带螺孔的销钉，销孔下部增加一小孔是为了排除被压缩的空气		

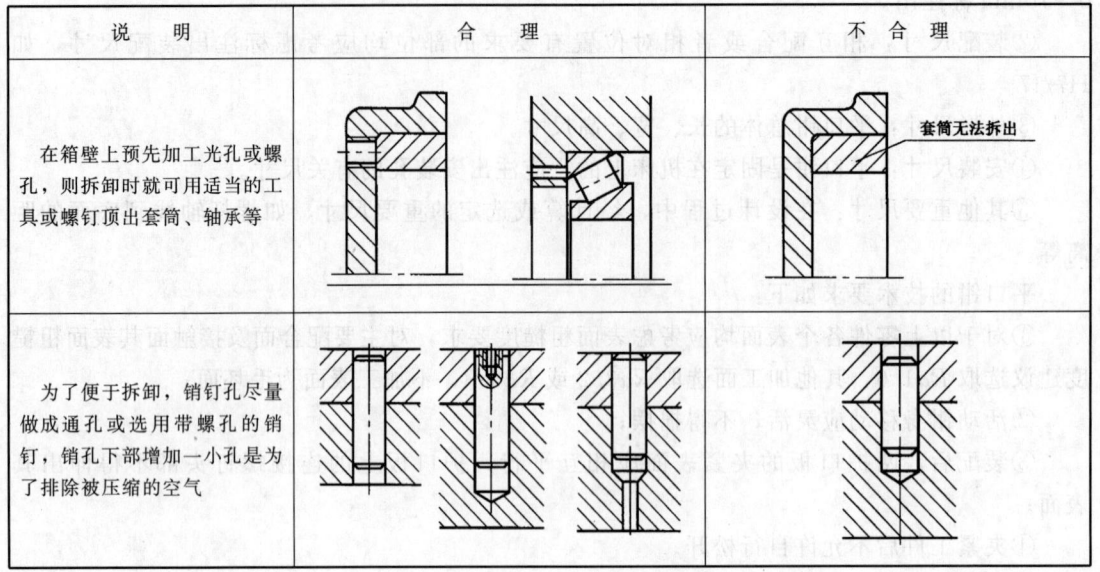

四、课堂思考

(1) 零件测绘和部件（装配体）测绘的联系与区别是什么？

(2) 部件（装配体）测绘分哪些步骤？

(3) 部件（装配体）测绘时，标准件是否需要测绘？

模块十一

焊 接 图

在机器制造中,常需要将板材或管材等连接起来。通过焊接而成的零件和部件统称为焊接件,它是一个不可拆卸的整体。焊接就是用电弧或火焰在金属被连接处进行局部加热,同时填充并熔化金属,使被连接件熔合而连接在一起,因此焊接是一种不可拆卸的连接形式。焊接的方法有很多,常用的有电弧焊、气焊、氩弧焊等。

焊接的工艺简便,连接可靠,在化工、石油、造船、机械、电子、建筑等现代工业生产中得到广泛的应用。

任务1　识读支架焊接图

知识点
- 识读焊接装配图的方法;
- 焊接符号的含义。

技能点
- 能识读焊接装配图;
- 能绘制焊接符号;
- 能拆画零件图并标注尺寸。

一、任务描述

焊接图就是利用图形和代号,明确地表达零部件的焊接结构和工艺技术的图样,如图11-1所示。识读如图11-1所示的支架焊接图。

二、任务实施

1. 识读图形

该支架表达方法采取了主、俯两个视图,并分别进行了局部剖视。俯视图的局部剖视表达了圆筒1内孔的形状,主视图的局部剖视表达了底板3上两个安装孔的形状,主视图还清楚地表达了支撑板2的形状及圆筒1所处的位置等。

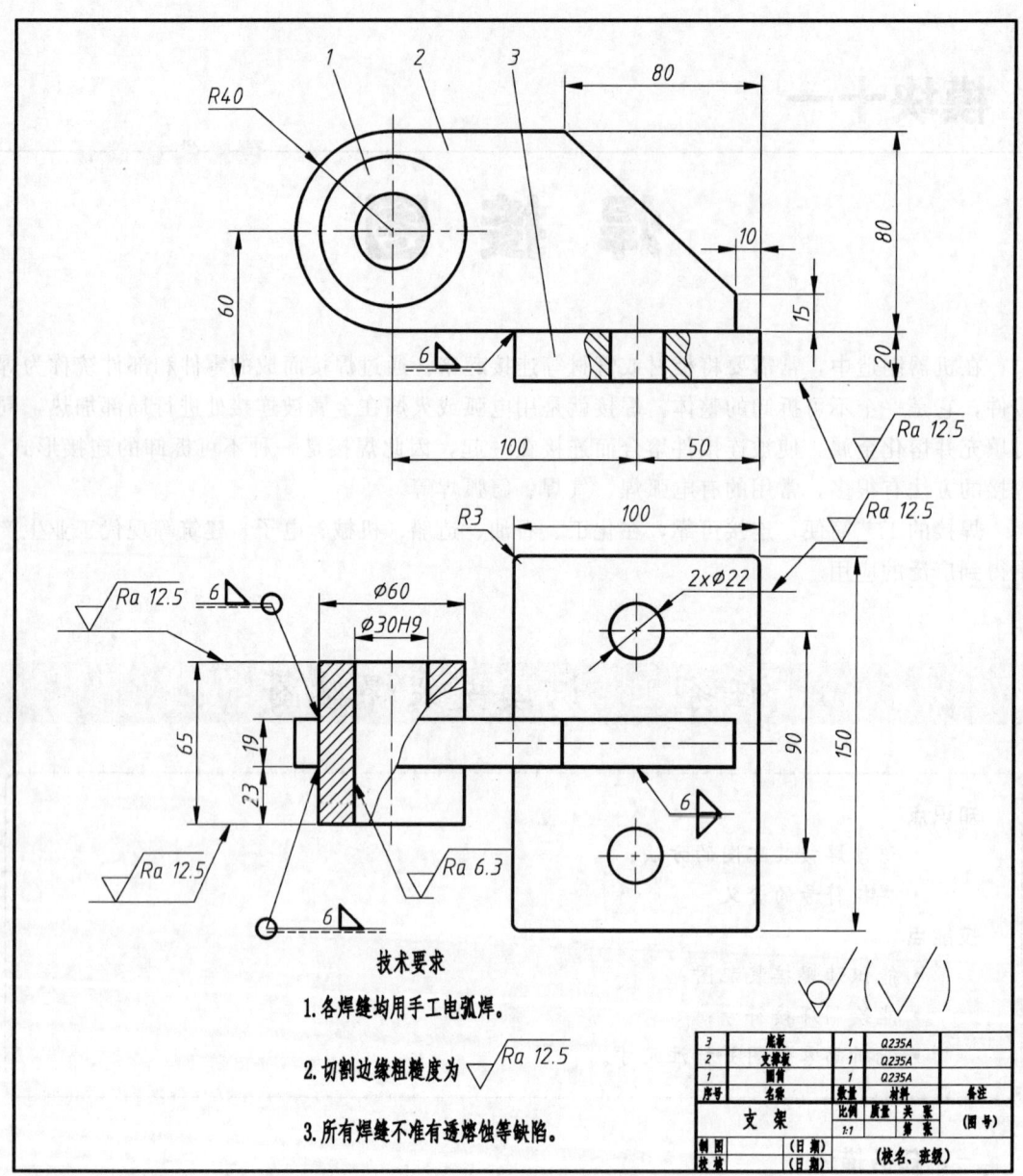

图 11-1 支架的焊接图

2. 识读尺寸

(1) 各组成件的定形尺寸。圆筒 1 的定形尺寸为：外径 $\phi60$mm、内径 $\phi30H9$mm、长 65mm；支撑板 2 的定形尺寸为：总高 80mm、总长 180mm、厚度 19mm、切角的尺寸 80mm 和 15mm 等；底板 3 的定形尺寸为：100mm，150mm，20mm，$R3$mm 及 $2\times\phi22$mm。

(2) 各组成件的定位尺寸。支撑板在底板上居中且向左偏移 10mm，圆筒的定位尺寸为 100mm，60mm，两个安装孔的定位尺寸为 90mm，50mm 等。

（3）支架的总体尺寸。总长为190mm，总宽为150mm，总高为100mm。

3. 掌握识读技术要求

（1）表面粗糙度。支架底面、安装孔、圆筒两端面等部位为 $\sqrt{Ra\,12.5}$，圆筒内孔为 $\sqrt{Ra\,6.3}$，其余部位为 $\sqrt{}$。

（2）尺寸公差。圆筒1内孔的尺寸公差为：基本偏差代号H，公差等级9级。

（3）技术要求：
① 采用手工电弧焊；
② 切割边缘粗糙度为 $\sqrt{Ra\,25}$；
③ 所有焊缝不准有透熔蚀等缺陷。

4. 拆画各组成件的零件图

采用合适的比例画图，并标注尺寸和技术要求，如图11-2所示。

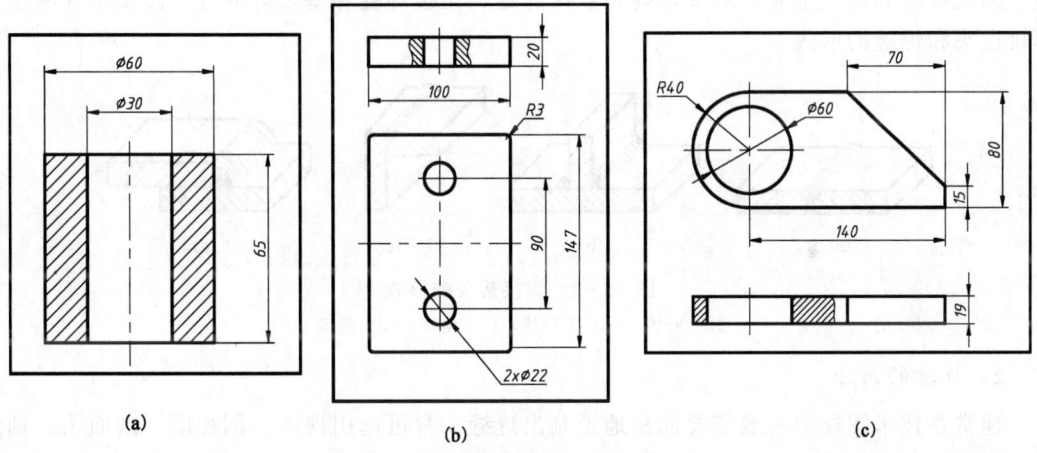

图11-2 支架各组成件的零件图
(a) 圆筒；(b) 底板；(c) 支撑板

三、知识链接

1. 常用的焊接方法及其代号

目前，焊接方法主要可分为熔化焊接、压力焊接和钎焊接等几类，每类又有多种的焊接工艺方法。现场应用最广泛的手工电弧焊、埋弧焊和气体保护焊等均属熔化焊。常用的各种焊接方法见表11-1。

表11-1 常用焊接方法的代号及名称（GB/T 5185—2005）

代号	焊接方法	代号	焊接方法	代号	焊接方法	代号	焊接方法
111	手工电弧焊	21	点焊	321	空气—乙炔焊	751	激光焊
12	埋弧焊	22	缝焊	42	摩擦焊	91	硬钎焊

续表

代号	焊接方法	代号	焊接方法	代号	焊接方法	代号	焊接方法
121	丝极埋弧焊	25	电阻对焊	43	锻焊	912	火焰硬钎焊
122	带极埋弧焊	291	高频电阻焊	441	爆炸焊	916	感应硬钎焊
15	等离子弧焊	311	氧—乙炔焊	72	电渣焊	94	软钎焊
181	碳弧焊	312	氧—丙烷焊	74	感应焊	942	火焰软钎焊

2. 焊缝的图示法

工件经焊接后所形成的接缝称为焊缝,在技术图样中,一般按照 GB/T 12212—2012 规定的焊缝符号表示焊缝。

1) 焊缝的形式

在零部件的焊接结构中,常见的焊接接头有对接接头、搭接接头、T 形接头和角接接头等。因此焊缝的形式主要有对接焊缝、点接焊缝、角接焊缝和塞接焊缝等。图 11-3 所示为焊接接头和焊缝的形式。

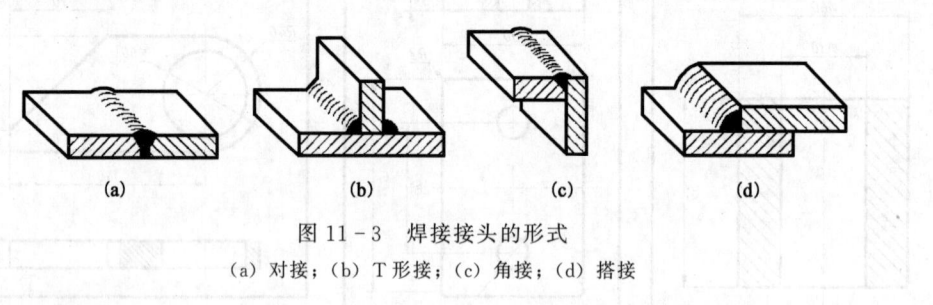

图 11-3 焊接接头的形式
(a) 对接;(b) T 形接;(c) 角接;(d) 搭接

2) 焊缝的画法

通常在技术图样中一般需要简易地绘制出焊缝,常可选用视图、剖视图、剖面图、轴测图和局部放大图等表示。

(1) 用视图表示焊缝时,当焊缝面(或带坡口的一面)处于可见时,焊缝用栅线(一系列细实线,只允许徒手绘制)表示,如图 11-4 所示。也允许采用特粗线(线宽为粗实线的 2~3 倍)表示,但在同一图样中,只允许采用一种画法。

当焊缝面(或带坡口的一面)处于不可见时,表示焊缝的栅线可省略不画。

(2) 在垂直于焊缝的剖视图或断面图上,焊缝的金属熔焊区通常涂黑表示,如图 11-5 所示。

(3) 轴测图表示焊缝的示意画法,如图 11-6 (a) 所示。

(4) 对局部放大图必要时可将焊缝部位进行局部放大表示,并标注出相关尺寸,如图 11-6 (b) 所示。

常用焊缝的图示和简化画法见表 11-2。

四、课堂思考

识读焊接图应从哪些方面入手?

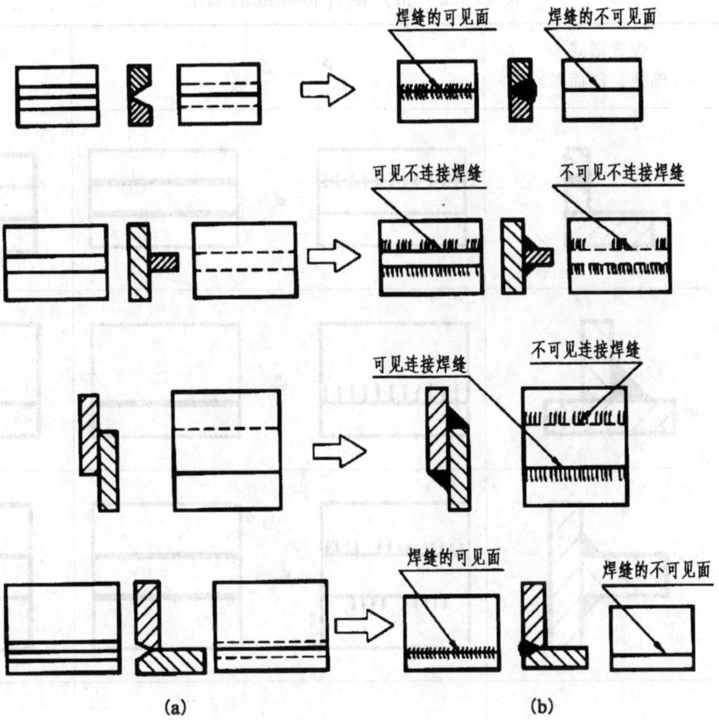

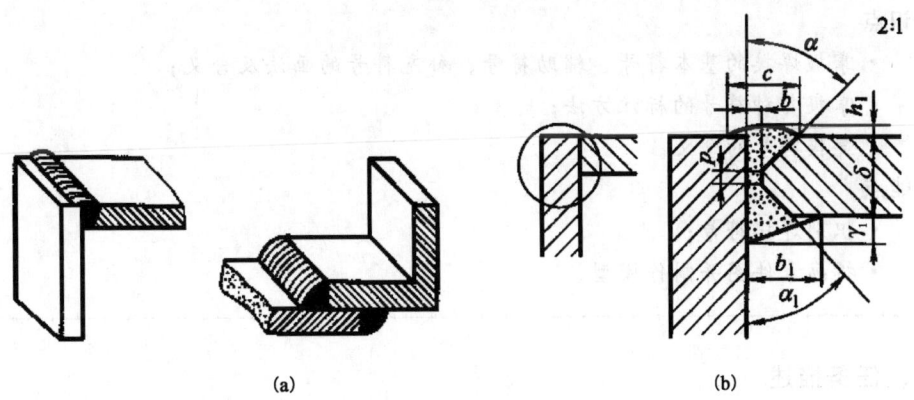

图 11-4 焊缝的规定画法
(a) 焊接前的画法；(b) 焊接后的画法

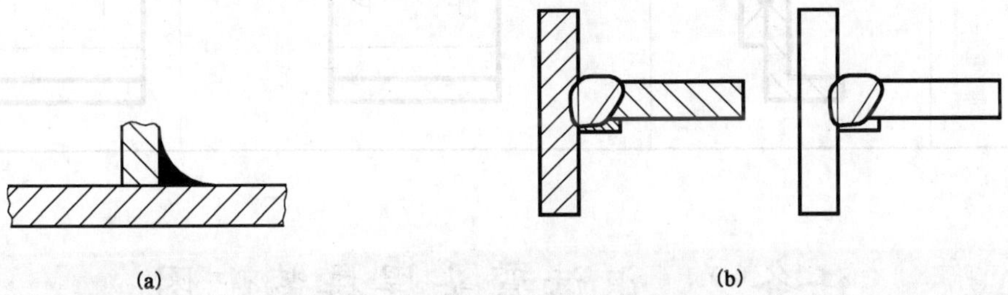

图 11-5 焊缝的端面涂黑、剖视图表示法
(a) 端面涂黑表示焊缝图；(b) 焊缝的剖视图表示法

图 11-6 焊缝的焊缝的轴测图、局部放大图
(a) 轴测图；(b) 局部放大图

表 11-2 常用的几种焊缝的画法

接头形式	焊缝形式 （剖视、剖面图）	图 示 画 法		简化画法
对接			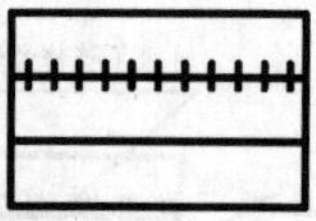 或 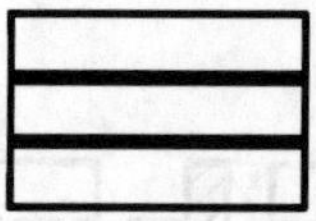	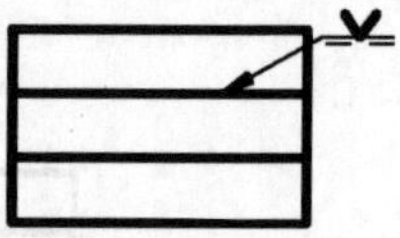
交接			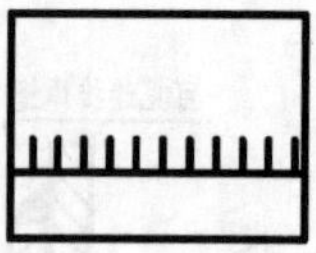 或 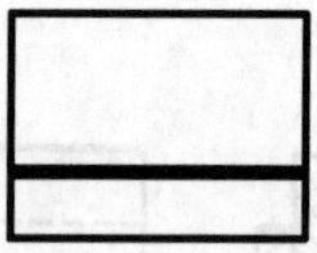	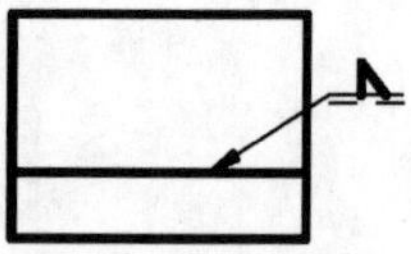
T形接			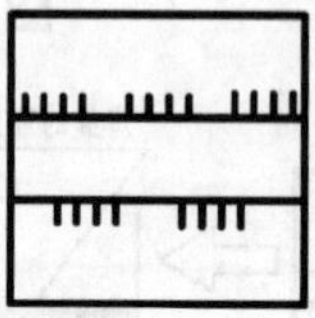 或 	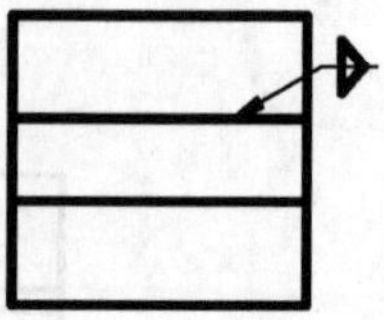
搭接				

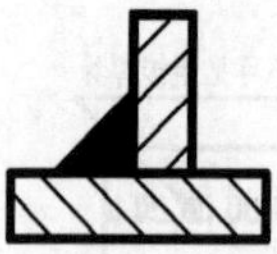

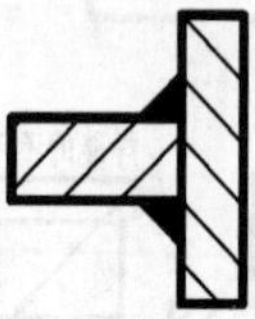

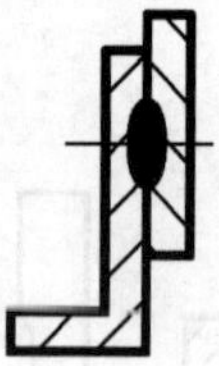

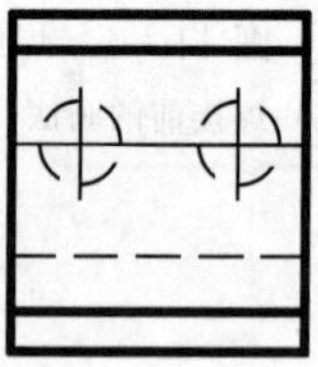

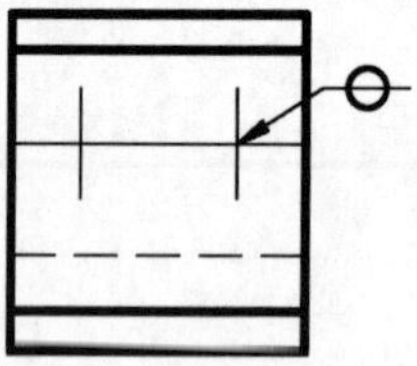

任务2　识读弯头焊接装配图

知识点
- 掌握焊接的基本符号、辅助符号、补充符号的画法及含义；
- 掌握各种符号的标注方法；
- 焊接符号的含义。

技能点
- 识别焊接符号；
- 拆画零件图并制作模型。

一、任务描述

识读如图 11-7 所示的弯头焊接装配图。

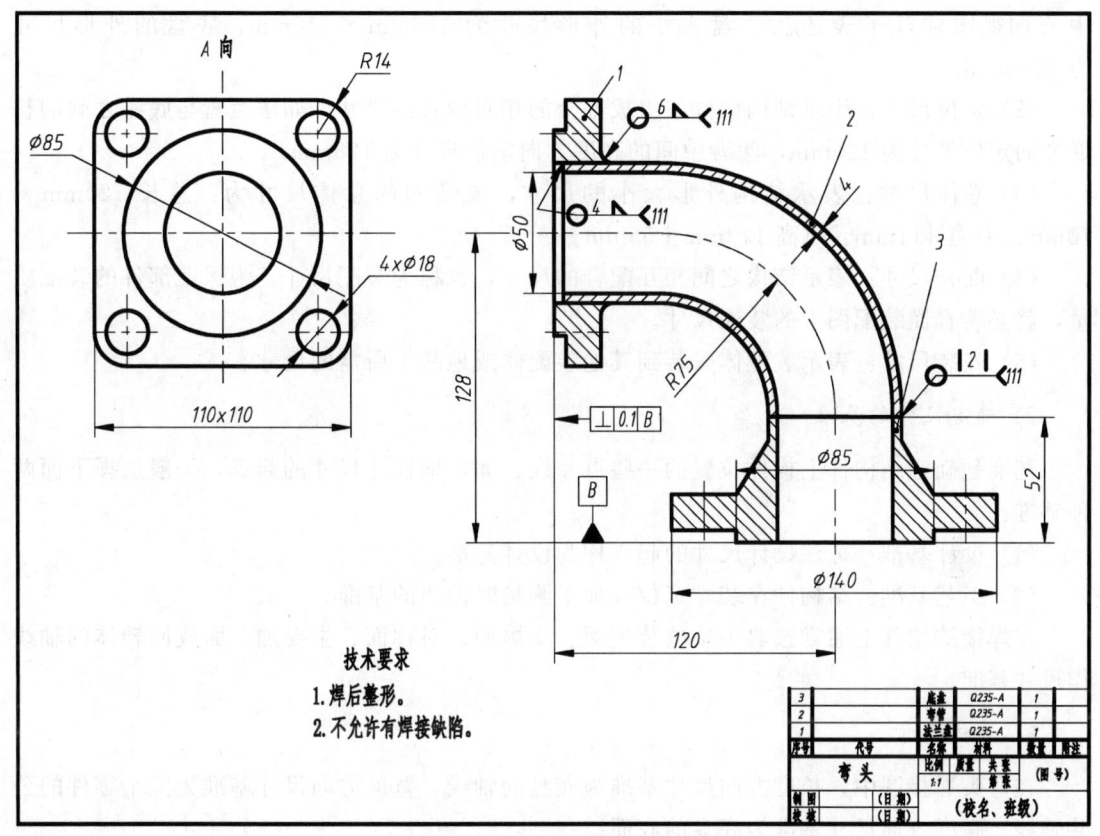

图 11-7 弯头焊接装配图

二、任务实施

1. 看标题栏

由标题栏概括了解部件的名称、制件的材料、数量、型材的标记、图样比例等。

如图 11-7 所示，该装配体的名称是弯头结构，由法兰盘 1、弯管 2 和底盘 3 组焊而成。材料采用焊接性较好的 Q235-A，作图比例为 1∶1。

2. 分析视图，想象形状

先找出主视图，明确零件图所用的表达方式及各个视图间的关系等。对剖视图和剖面图，找到剖切位置和投影方向；对局部视图、斜视图的部分，要找到表示投影部位的字母和投影方向的箭头，检查有无局部放大图和简化画法等。

弯头的结构简单，是由一个全剖视图主视图和 A 向视图组成。主视图主要表达三个零件之间的焊接关系及它们的内部结构。弯管的壁厚为 4mm，是三个零件中壁最薄的地方，焊条选择时要注意这点。A 向视图表达清楚了法兰盘 1 的外部结构及其上孔的分布状态。

3. 分析尺寸

根据形体分析和结构分析，了解定形、定位和总体尺寸，分析标注尺寸所用的基准。

1) 焊接结构装配图的尺寸

(1) 定形尺寸：表示结构构件各组成部分长、宽、高三个方向的大小尺寸，如图 11-7

中 A 向视图标注了表达法兰盘大小的外形尺寸为 110mm×110mm，底盘的外形尺寸为 ϕ140mm。

(2) 定位尺寸：表示结构构件各组成部分的相对位置的尺寸，如法兰盘与底座之间的长度方向定位尺寸为 120mm，两者中间的高度方向定位尺寸为 128mm。

(3) 总体尺寸：表示结构外形大小的尺寸，该结构的总体尺寸为：总长 120mm＋70mm、总宽 111mm、总高 128mm＋55mm。

(4) 配合尺寸：表示结构之间相互配合的尺寸，也称为装配尺寸。为保证部件的装配质量，就必须看懂装配图上的装配尺寸。

(5) 安装尺寸：表示装配体安装到其他装配体或地基上所需的尺寸。

2) 确定尺寸的基准

基准是确定结构件上构件位置的一些点、线、面，即标注尺寸的起点，一般选择下面两种基准：

(1) 设计基准：标注设计尺寸的起点称为设计基准。

(2) 工艺基准：结构件在装配定位或加工测量时使用的基准。

在焊接结构件上通常选取主要的装配面、支撑面、对称面、主要加工面或回转体的轴线作尺寸基准。

3) 分析尺寸

在弯头焊接图中，长度方向尺寸基准为底盘的轴线，宽度方向尺寸基准为三个零件的公共轴线，高度方向尺寸基准为底盘的底面。

4. 掌握识读技术要求

焊接结构图的技术要求有用文字说明的，也有用代（符）号标注表示的。对这部分内容应能看懂表面粗糙度、尺寸公差与配合、形位公差和焊接要求，如焊接方法、焊缝符号、焊缝质量要求、焊后矫正和热处理方法等。

弯头的技术要求在图中分为两部分：一部分是文字说明，如焊缝质量要求、焊后矫正、焊接方法等；另一部分在图中相应位置用代（符）号标注出来。

从主视图中可看出焊缝尺寸和焊接方法。图中有三处焊缝符号，其中焊缝符号 表示法兰盘和弯管之间的外侧焊缝：焊角尺寸为 6mm，单面周围角焊缝，111 表示焊接方法为焊条电弧焊。

表示法兰盘和弯管之间的内侧焊缝：焊角尺寸为 4mm，单面周围角焊缝，焊接方法为焊条电弧焊。

底盘和弯管之间的焊接符号为 ，表示Ⅰ型坡口对接接头，间隙为 2mm，单面周围焊缝，焊接方法为焊条电弧焊。

5. 拆画各组成件零件图

拆画各组成件零件图的要求：

(1) 采用 1∶10 的比例画图。

(2) 进行尺寸标注。

具体作图步骤和零件图从略。

三、知识链接

1. 焊缝符号

当焊缝分布比较简单时，可不必画出焊缝，只在焊缝处标注焊缝符号。为简化图样，不使图样增加过多的注解，有关焊缝的要求一般应采用标准规定的焊缝符号来表示。

焊缝符号一般由基本符号和指引线组成，必要时还可以加上辅助符号、补充符号和焊缝尺寸符号。

（1）基本符号。基本符号是表示焊缝横截面形状的符号，它采用近似于焊缝横截面形状的符号来表示，表11-3为常用的焊缝基本符号。

表11-3 焊缝基本符号（GB/T 324—2008）

焊缝名称	基本符号	焊缝形式	焊缝名称	基本符号	焊缝形式
I型焊缝	‖		角焊缝	△	
V型焊缝	V		点焊缝	○	
单边V型焊缝	V		塞焊缝	⊓	
带钝边V型焊缝	Y		带钝边U型焊缝	Y	

（2）辅助符号。辅助符号是表示焊缝表面形状特征的符号，表11-4为辅助符号及标注方法。不需要确切地说明焊缝表面形状时，可以不加注此符号。

表11-4 辅助符号标注方法（GB/T 324—2008）

序号	名称	示意图	符号	说明
1	平面符号		—	焊缝表面平齐（一般通过加工）
2	凹面符号		⌣	焊缝表面凹陷
3	凸面符号		⌢	焊缝表面凸起

（3）补充符号。补充符号是为了补充说明焊缝的某些特征而采用的符号，表11-5、表11-6为补充符号标注方法及应用示例。

表 11-5 补充符号标注方法 (GB/T 324—2008)

序号	名称	示意图	符号	说明
1	带垫板符号		▭	表示焊缝底部有垫板
2	三面焊缝符号	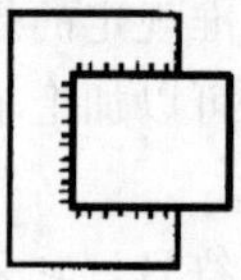	⊏	表示三面带有焊缝
3	周边焊缝符号	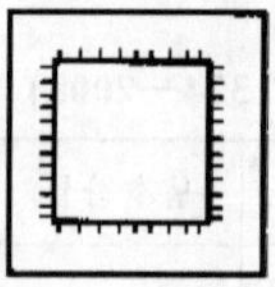	○	表示环绕工件周围焊缝
4	现场符号	—	 ⚑	表示在现场和工地上进行焊接
5	尾部符号	—	 <	可以参照 GB/T 5185—2005 标注焊接工艺方法等内容

表 11-6 补充符号应用示例 (GB/T 324—2008)

示意图	符号	说明
	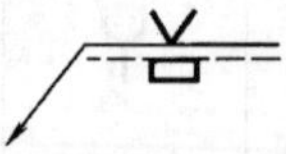	表示 V 型焊缝的背面底部有垫板
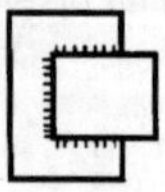	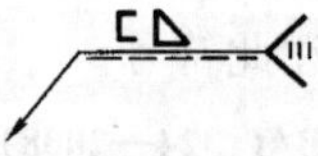	表示工件三面带有角焊缝,焊接方法为手工电弧焊
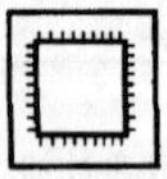		表示在现场沿工件施焊周围

(4) 指引线。指引线由带箭头的箭头线和基准线两部分组成,如图 11-8 所示。焊缝指引线用来指明焊缝的位置、标明各焊缝的符号和说明某些焊接要求等。对工程图样中的焊缝指引线有以下几点规定:

①指引线一般由箭头和基准线(实线和虚线)两部分组成,指引线采用细实线,如图 11-5 所示;

②基准线一般应于标题栏的底线平行,但在特殊情况下也可与底边相垂直;

③基准线末端可加一尾部,用作说明焊接方法或相同焊缝数量等,如图 11-9 所示;

④箭头线用来指向焊缝,但相互不能交叉,必要时允许弯折一次,如图 11-10 所示。

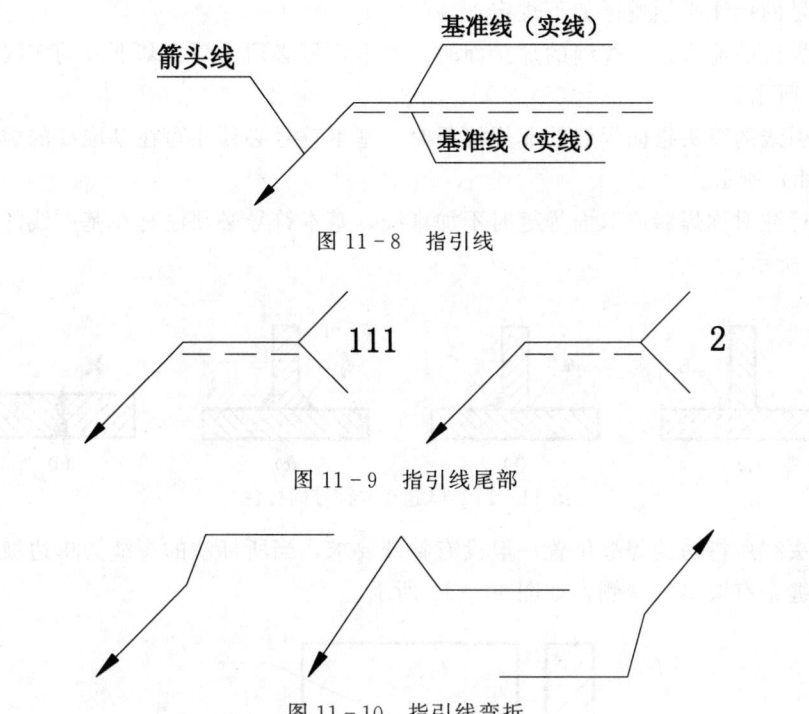

图 11-8 指引线

图 11-9 指引线尾部

图 11-10 指引线弯折

（5）焊缝尺寸符号。焊缝尺寸符号是用字母代表焊缝的尺寸要求，表 11-7 为常用焊缝尺寸符号及含义。

表 11-7 常用焊缝尺寸符号及含义（GB/T 324—2008）

符号	名称	示意图	符号	名称	示意图	符号	名称	示意图
δ	板材厚度		k	焊角高度	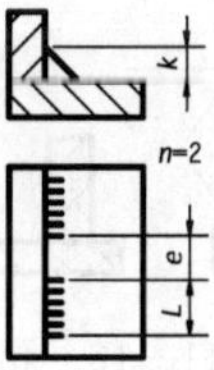	c	焊缝宽度	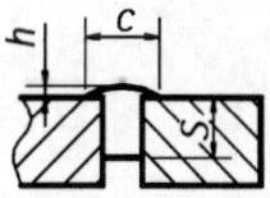
α	坡口角度	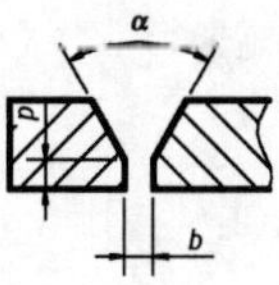	l	焊缝长度		h	余高	
p	钝边高度		e	焊缝间距		S	焊缝有效厚度	
b	根部间隙		n	焊缝段数		H	坡口深度	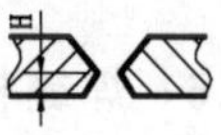
R	根部半径	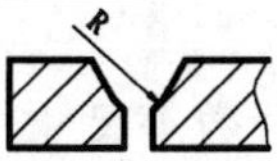	d	焊缝直径	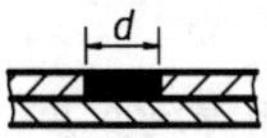	β	坡口面角度	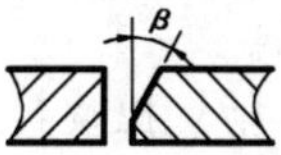

在图样中，焊缝符号的线宽、字体的字形、字高和字体笔画宽度应与图样中的其他符号相同。

2. 焊缝的标注方法

通常工程焊接件不但按焊缝的规定画法绘制，还要标注出焊缝的各种符号和尺寸，以说明焊缝型式、结构尺寸、焊接方法和工艺要求等。

焊缝代号的标注必须遵循如下规定：

（1）当焊缝的箭头指向焊缝的焊接面时，基本符号必须注写在基准线的实线上侧，如图11-11（a）所示。

（2）指引线的箭头指向焊缝的非焊接面时，基本符号必须注写在基准线的虚线一侧，如图11-11（b）所示。

（3）在标注对称焊缝或双面焊缝时不加虚线，基本符号必须注写在基准线的两侧，如图11-11（c）所示。

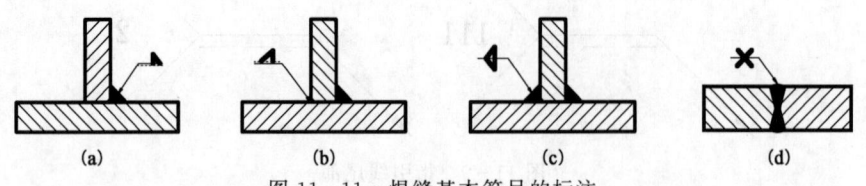

图11-11　焊缝基本符号的标注

（4）箭头线所指明的焊缝位置一般没有特殊要求，当所标注的焊缝为单边坡口时，箭头必须指向焊缝带有坡口的一侧，如图11-12所示。

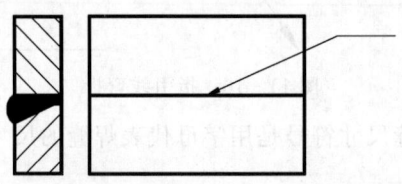

图11-12　箭头指向坡口一侧

（5）若有几条焊缝的焊缝代号相同时，可采用公共基准线进行标注；若焊缝代号及焊缝在接头中的位置也相同时，可将相同焊缝的条数注写在基准线的尾部，如图11-13所示。

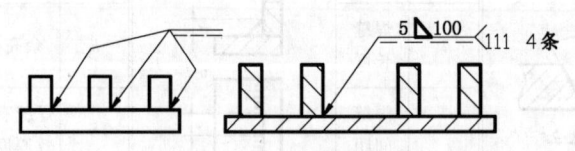

图11-13　相同焊缝的标注

（6）焊缝横截面上的尺寸，如坡口深H、焊角高k、熔透深S、根部弧R、钝边高p、增高量h、焊缝宽c、熔核直径d等尺寸，必须标注在基本符号的左侧，如图11-14所示。

（7）焊缝长度方向上的尺寸，如焊缝长度、焊缝间距、焊缝段数等尺寸，必须标注在基本符号的右侧，如图11-14所示。

（8）对于焊缝的坡口角度、坡面角度、根部间隙等尺寸，必须标注在基本符号的上侧和下侧，如图11-14所示。

3. 焊缝的标注举例

焊缝代号必须遵照有关规定进行标注，现将常见焊缝代号的标注举例列于表11-8中。

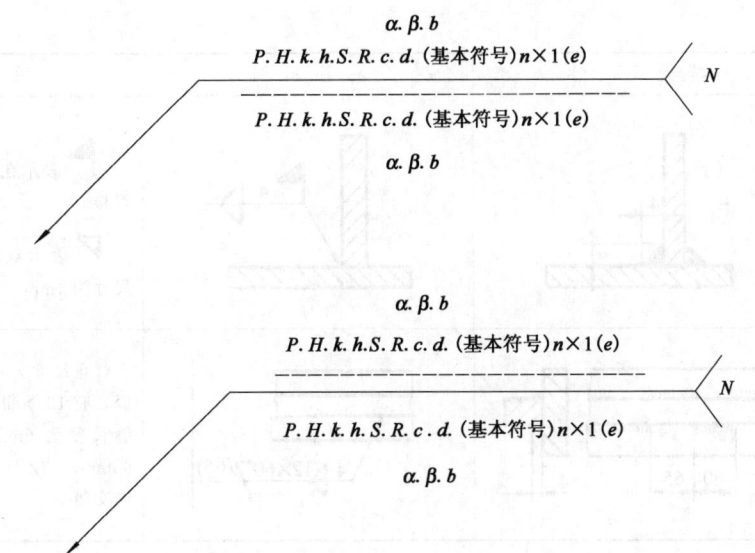

图 11-14 焊缝尺寸的标注

表 11-8 常见焊缝代号的标注举例

接头形式	焊缝形式及尺寸	标注示例	说　明
对接接头			表示板厚10mm，对接缝隙2mm，坡口角度60°，4条焊缝，每条焊缝长100mm，采用埋弧焊
角接头			表示双面焊缝，上面为单边V型焊缝，下面为角焊缝，p 表示钝边高度，β 表示坡口的角度，b 表示根部间隙，k 表示焊脚尺寸
搭接			表示点焊缝，熔核直径为 d，共 n 个焊点，焊点间距为 e，L 是确定第一个起始焊点中心位置的定位尺寸
			表示三面焊点 表示单面角焊缝 k 表示焊脚尺寸

续表

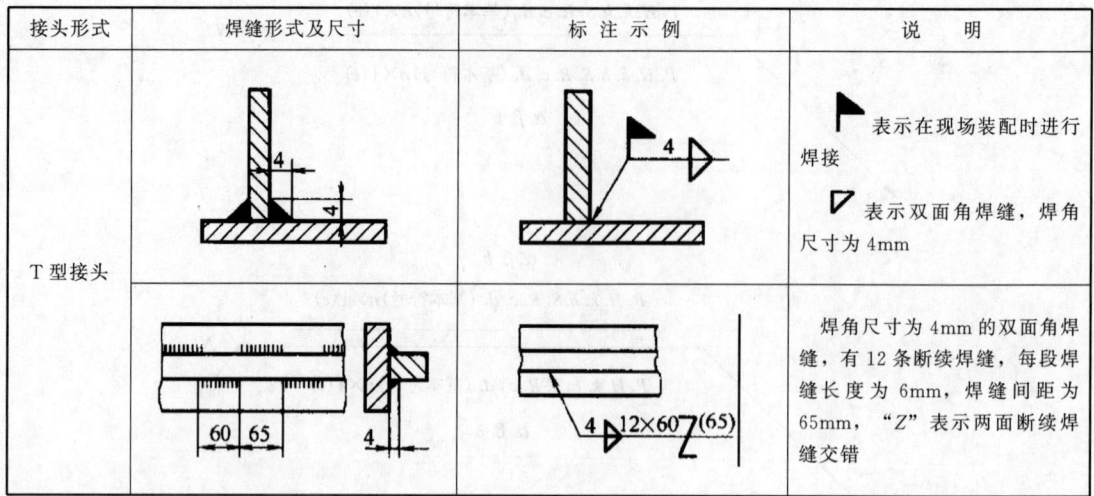

在焊接结构图中，仅用焊缝代号还不能表明清楚的技术问题，可在技术要求中用文字加以说明，如加工、安装、实验、检测、焊接等技术要求。

四、课堂思考

解释代号 的含义。

模块十二

化工工艺图和设备图

表达化工生产过程与联系的图样称为化工工艺图。它是化工工艺人员进行工艺设计的主要内容，也是化工厂进行工艺安装和指导生产的重要技术文件。化工工艺图主要包括工艺流程图、设备布置图和管路布置图。

任务1　识读乙酸酐残液蒸馏带控制点工艺流程图

> **知识点**
> - 了解方案流程图的作用、内容和画法；
> - 熟悉带控点工艺流程图的作用和内容。
>
> **技能点**
> - 能绘制简单的带控点工艺流程图。

一、任务描述

化工工艺流程图是一种表示化工生产过程的示意性图样，即按照工艺流程的顺序，将生产中采用的设备和管路从左至右展开画在同一平面上，并附以必要的标注和说明。它主要表示化工生产中由原料转变为成品或半成品的来龙去脉及采用的设备。根据表达内容的详略，化工工艺流程图分为方案流程图和施工流程图。

方案流程图一般仅画出主要设备和主要物料的流程线，用于粗略地表示生产流程。图 12-1 所示为某化工厂乙酸酐残液蒸馏岗位的工艺方案流程图。由图中可以看出，来自上一岗位的乙酸酐残液进入残液蒸馏釜，使物料中的乙酸酐蒸发变为蒸汽。乙酸酐蒸汽经冷凝器冷凝为液态乙酸酐，进入乙酸酐真空受槽施加负压，然后去乙酸酐储槽。蒸馏釜中蒸馏乙酸酐后的残渣，加水后再加热、冷凝，得到的乙酸经乙酸受槽放入乙酸储槽。

施工流程图通常又称为带控制点工艺流程图，如图 12-2 所示。它是在方案流程图的基础上绘制的、内容较为详细的一种工艺流程图。它是设备布置和管路布置设计的依据，并可供施工安装和生产操作时参考。

带控制点工艺流程图一般包括以下内容：

（1）图形。应画出全部设备的示意图和各种物料的流程线，以及阀门、管件、仪表控制点的符号等。

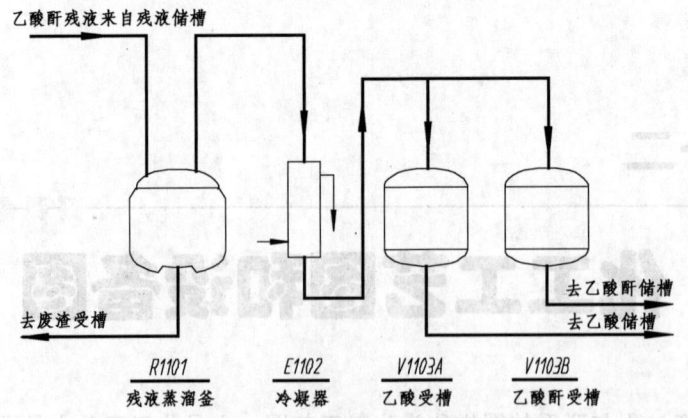

图 12-1 工艺方案流程图

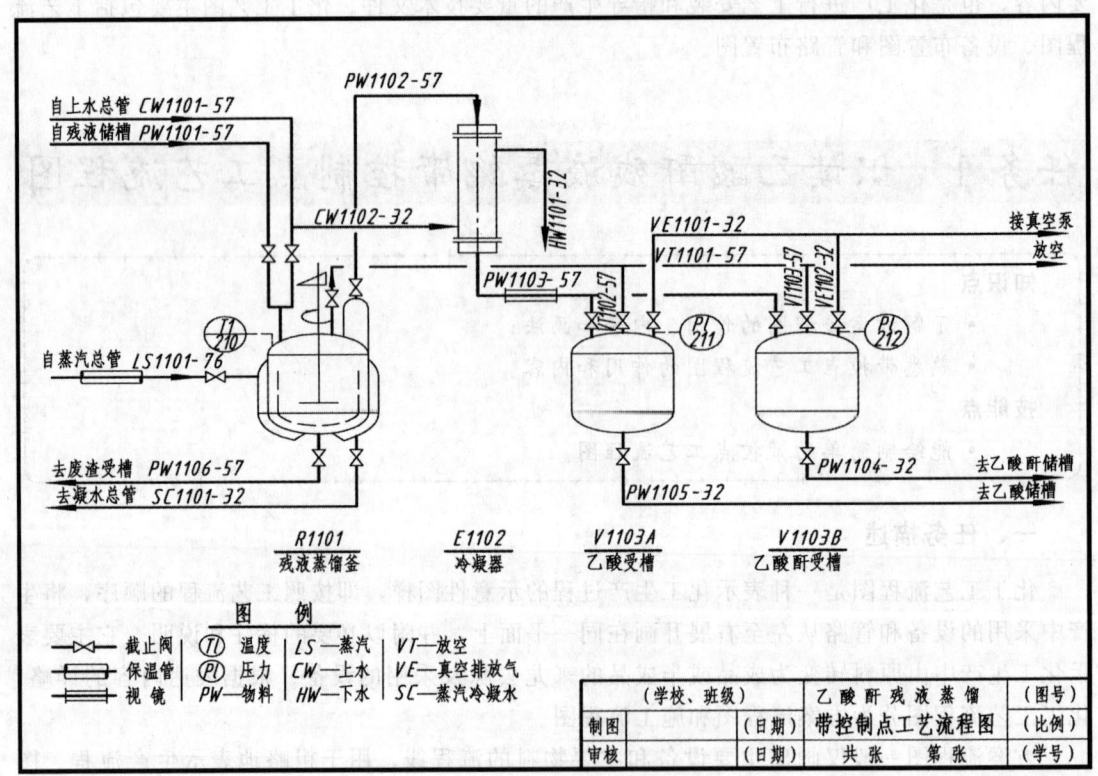

图 12-2 带控制点工艺流程图

(2) 标注。注写设备位号及名称、管段编号、控制点及必要的说明等。
(3) 图例。说明阀门、管件、控制点等符号的意义。
(4) 标题栏。注写图名、图号及签字等。
下面识读图 12-2 所示乙酸酐残液蒸馏岗位带控制点工艺流程图。

二、任务实施

通过阅读带控制点工艺流程图，了解和掌握物料的工艺流程，设备的种类、数量、名称和位号，管路的编号和规格，阀门、控制点的功能、类型和控制部位等，以便在管路安装和工艺操作过程中做到心中有数。

阅读带控制点工艺流程图的一般步骤如下所述。

1. 了解设备的数量、名称和位号

图 12-2 所示的乙酸酐残液蒸馏岗位，有残液蒸馏釜（位号 R1101）、冷凝器（位号 E1102）和真空受槽（位号 1103A、B）共四台设备。

2. 了解主要物料的工艺流程

本系统为间断操作，其主要工艺分为三个阶段：

（1）来自残液储槽的乙酸酐残液沿管路 PW1101-57 进入蒸馏釜加热，使物料中乙酸酐蒸发变蒸汽。乙酸酐蒸汽沿 PW1102-57 进入冷凝器，冷凝后的液态乙酸酐沿 PW1103-57 流入乙酸酐真空受槽 V1103B 中，然后由 PW1104-32 管放入乙酸酐储槽。

（2）蒸馏釜中蒸馏乙酸酐后的残渣，加水稀释后再继续加热，使之生成乙酸酐沿 PW1103-57 放入乙酸真空受槽 V1103A 中，然后由 PW1105-32 放入乙酸储槽。

（3）将蒸馏釜中的废渣沿 PW1106-57 放入废渣受槽。

3. 了解其他物料的工艺流程

蒸馏釜通过夹套加热，蒸汽来自 LS1101-76。经过 CW1101-57 向釜中加水，通过 SC1101-32 排水，釜顶部接放空管。冷凝器上水来自 CW1102-32，回水管为 HW1101-32。两个真空受槽，由 VE1101-32 所连真空泵施加负压，顶部都装有接管放空。

4. 了解生产过程的控制情况

为控制压力，在二真空受槽上部装有真空压力表。在蒸馏釜上部装有测温指示仪表以控制温度。由于本系统为间断性操作，每段管路上都装有截止阀，不同的操作阶段就是通过对有关阀门的操作而实现的。

三、知识链接

方案流程图和带控制点工艺流程图均属示意性的图样，只需大致按投影和尺寸作图。它们的区别只是内容详略和表达重点的不同，这里着重介绍带控制点工艺流程图的表示方法。

1. 设备的表示方法

采用示意性的展开画法，即按照主要物料的流程，从左至右用细实线、按大致比例画出能够显示设备形状特征的主要轮廓。各设备之间要留有适当距离，以布置连接管路。对相同或备用设备，一般也应画出。

每台设备都应编写设备位号并注写设备名称，其标注方法如图 12-3 所示。其中设备位

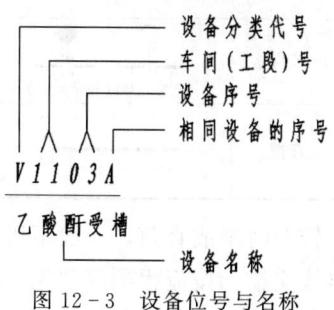

图 12-3 设备位号与名称

号一般包括设备分类代号、车间或工段号、设备序号等，相同设备以尾号加以区别。设备的类别代号见表 12-1。

表 12-1 设备类别代号（HG/T 20519.2—2009）

设备类别	塔	泵	工业炉	换热器	反应器	起重设备	压缩机	火炬烟囱	容器	其他机械	其他设备	计量设备
代号	T	P	F	E	R	L	C	S	V	M	X	W

图 12-2 中，本岗位有残液蒸馏釜（位号 R1101）和冷凝器（位号 E1102）各一台，有真空受槽（位号 V1103A、B）两台。它们均用细实线示意性地展开画出，在其下方标注出了设备位号和名称。

2. 管路的表示方法

带控制点工艺流程图中应画出所有管路，即各种物料的流程线。流程线是工艺流程图的主要表达内容。主要物料的流程线用粗实线表示，其他物料的流程线用中实线表示，各种不同型式的图线在工艺流程图中的应用见表 12-2。

表 12-2 工艺流程图上管路、管件、阀门的图例

管 路		管 件		阀 门	
名称	图例	名称	图例	名称	图例
主要物料管路		同心异径管		截止阀	
辅助物料管路		偏心异径管 （底平）（顶平）	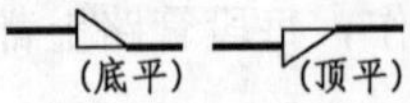	闸阀	
原有管路	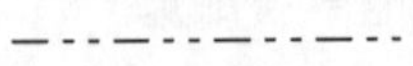	管端盲管	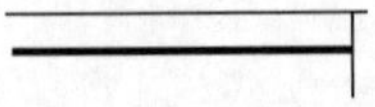	节流阀	
仪表管路	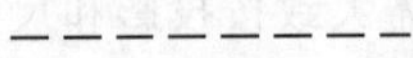	管端法兰（盖）		球阀	
蒸汽伴热管路		放空管 （帽）（管）	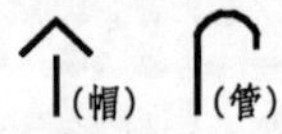	旋塞阀	
电伴热管路		漏斗 （敞口）（封闭）		碟阀	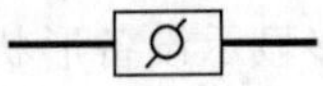
夹套管	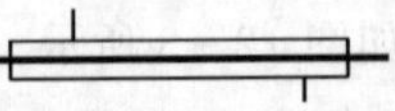	视镜		止回阀	
可拆短管		圆形盲板 （正常开启）（正常关闭）		角式截止阀	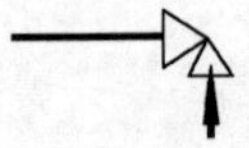
柔性管		管帽	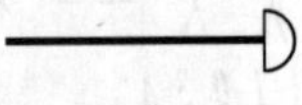	三通截止阀	

流程线应画成水平或垂直，转弯时画成直角，一般不用斜线或圆弧。流程线交叉时，应将其中一条断开，一般同一物料线交错，按流程顺序"先不断、后断"；不同物料线交错时，主物料线不断，辅助物料线断，即"主不断、辅断"。

每条管路上应画出箭头指明物料流向，并在来、去处用文字说明物料名称及其来源或去向。对每段管路必须标注管路代号，一般地横向管路标注在管路的上方，竖向管路则标注在管路的左方（字头朝左）。管路代号一般包括物料代号、车间或工段号、管段序号、管径、壁厚等内容，如图12-4所示。必要时，还可注明管路压力等级、管路材料、隔热或隔声等代号。

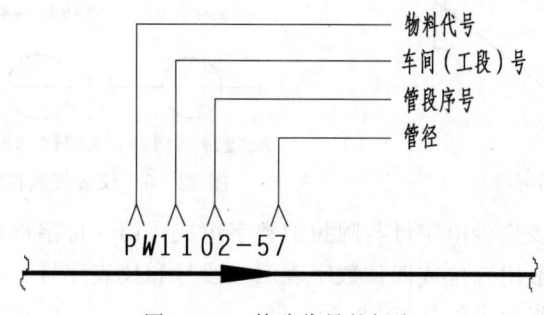

图12-4 管路代号的标注

关于物料代号，国家标准规定以物料的英文名称第一个字母大写来表示，见表12-3。

表12-3 物料代号及名称（HG/T 20519.2—2009）

代号	物料名称	代号	物料名称	代号	物料名称	代号	物料名称
AR	空气	RW	原水、新鲜水	LO	润滑油	PW	工艺水
AG	氨气	WW	生产废水	PRG	气体丙烯或丙烷	CA	压缩空气
BW	锅炉给水	SW	软水	PRL	液体丙烯或丙烷	IA	仪表空气
DNW	脱盐水	FV	火炬排放气	FRG	氟利昂气体	HS	高压蒸汽
CWR	循环冷却水回水	VE	真空排放气	FRL	氟利昂液体	LS	低压蒸汽
CWS	循环冷却水上水	VT	放空	IG	惰性气	MS	中压蒸汽
CG	转化气	FG	燃料气	PA	工艺空气	SC	蒸汽冷凝水
NG	天然气	SG	合成气	PG	工艺气体	TS	伴热蒸汽
DR	排液、导淋	TG	尾气	PL	工艺液体	CSW	化学污水
DW	饮用水	MUS	中压过热蒸汽	PS	工艺固体	PLS	固液两相流工艺物料

图12-2中，用粗实线画出了主要物料（乙酸酐、乙酸）的工艺流程，而用中实线画出上水、回水、蒸汽、抽真空及放空等辅助物料流程线。每一条管线均标注了流向箭头和管路代号。

3. 阀门及管件的表示法

化工生产中要大量使用各种阀门，以实现对管路内的流体进行开、关及流量控制、止回、安全保护等功能。在流程图上，阀门及管件用细实线按规定的符号在相应处画出。由于功能和结构的不同，阀门的种类很多，常用阀门及管件的图形符号见表12-2。

4. 仪表控制点的表示方法

化工生产过程中，需对管路或设备内不同位置、不同时间流经的物料的压力、温度、流量等参数进行测量、显示，或进行取样分析。在带控制点工艺流程图中，仪表控制点用符号表示，并从其安装位置引出。符号包括图形符号和仪表位号，它们组合起来表达仪表功能、被测变量和检测方法等。

(1) 图形符号。控制点的图形符号用一个细实线的圆（直径约 10mm）表示，并用细实线连向设备或管路上的测量点，如图 12-5 所示。图形符号上还可表示仪表不同的安装位置，如图 12-6 所示。

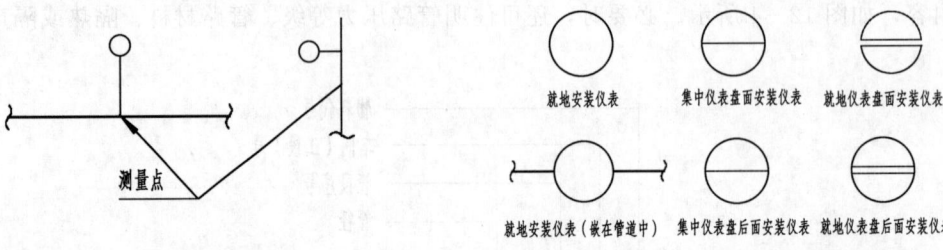

图 12-5 仪表的图形符号　　　　　图 12-6 仪表安装位置的图形符号

(2) 仪表位号。仪表位号由字母与阿拉伯数字组成，第一位字母表示被测变量，后继字母表示仪表的功能，一般用三位或四位数字表示工段号和仪表序号，如图 12-7 所示。被测变量及仪表功能的字母组合示例见表 12-4。

表 12-4 被测变量及仪表功能的字母组合示例

仪表功能＼被测变量	温度 T	温差 TD	压力或真空 P	压差 PD	流量 F	物位 L	分析 A	密度 D	未分类的量 X
指示 I	TI	TDI	PI	PDI	FI	LI	AI	DI	XI
记录 R	TR	TDR	PR	PDR	FR	LR	AR	DR	XR
控制 C	TC	TDC	PC	PDC	FC	LC	AC	DC	XC
变送 T	TT	TDT	PT	PDT	FT	LT	AT	DT	XT
报警 A	TA	TDA	PA	PDA	FA	LA	AA	DA	XA
开关 S	TS	TDS	PS	PDS	FS	LS	AS	DS	XS
指示、控制	TIC	TDIC	PIC	PDIC	FIC	LIC	AIC	DIC	XIC
指示、报警	TIA	TDIA	PIA	PDIA	FIA	LIA	AIA	DIA	XIA
指示、开关	TIS	TDIS	PIS	PDIS	FIS	LIS	AIS	DIS	XIS
记录、控制	TRC	TDRC	PRC	PDRC	FRC	LRC	ARC	DRC	XRC
记录、报警	TRA	TDRA	PRA	PDRA	FRA	LRA	ARA	DRA	XRA
记录、开关	TRS	TDRS	PRS	PDRS	FRS	LRS	ARS	DRS	XRS
控制、变送	TCT	TDCT	PCT	PDCT	FCT	LCT	ACT	DCT	XCT

在图形符号中，字母填写在圆圈内的上部，数字填写在下部，如图 12-8 所示。

图 12-7 仪表位号的组成　　　　　图 12-8 仪表位号的标注方法

四、课堂思考

图 12-2 中哪些是测温、测压控制点？

任务 2 识读乙酸酐残液蒸馏设备布置图

知识点
- 了解建筑制图的基本知识；
- 了解设备布置图的作用和内容；
- 初步掌握设备布置图的画法。

技能点
- 能绘制简单的设备布置图。

一、任务描述

工艺流程设计所确定的全部设备，必须根据生产工艺的要求，在厂房建筑的内外合理布置安装。表达设备在厂房内外安装位置的图样，称为设备布置图。设备布置图用于指导设备的安装施工，并且作为管路布置设计、绘制管路布置图的重要依据。图 12-9 所示为乙酸酐残液蒸馏设备布置图。

二、任务实施

设备布置图实际上是在简化了的厂房建筑图的基础上增加了设备布置的内容。由于设备布置图的表达重点是设备的布置情况，所以用粗实线表示设备，而厂房建筑的所有内容均用细实线表示，如图 12-9 所示。

1. 了解设备布置图的内容

从图 12-9 中可以看出，设备布置图包括以下内容：

（1）一组视图。一组视图主要包括设备布置平面图和剖面图，表示厂房建筑的基本结构和设备在厂房内外的布置情况，必要时还应画出设备的管口方位图。

（2）必要的标注。设备布置图中应标注出建筑物的主要尺寸，建筑物与设备之间、设备与设备之间的定位尺寸，厂房建筑定位轴线的编号、设备的名称和位号，以及注写必要的说明等。

（3）安装方位标。安装方位标也称为设计北向标志，是确定设备安装方位的基准，一般将其画在图样的右上方或平面图的右上方。

（4）标题栏。注写图名、图号、比例及签字等。

2. 了解设备布置平面图

设备布置平面图用来表示设备在水平面内的布置情况。当厂房为多层建筑时，应按楼层分别绘制平面图。设备布置平面图通常要表达出如下内容：

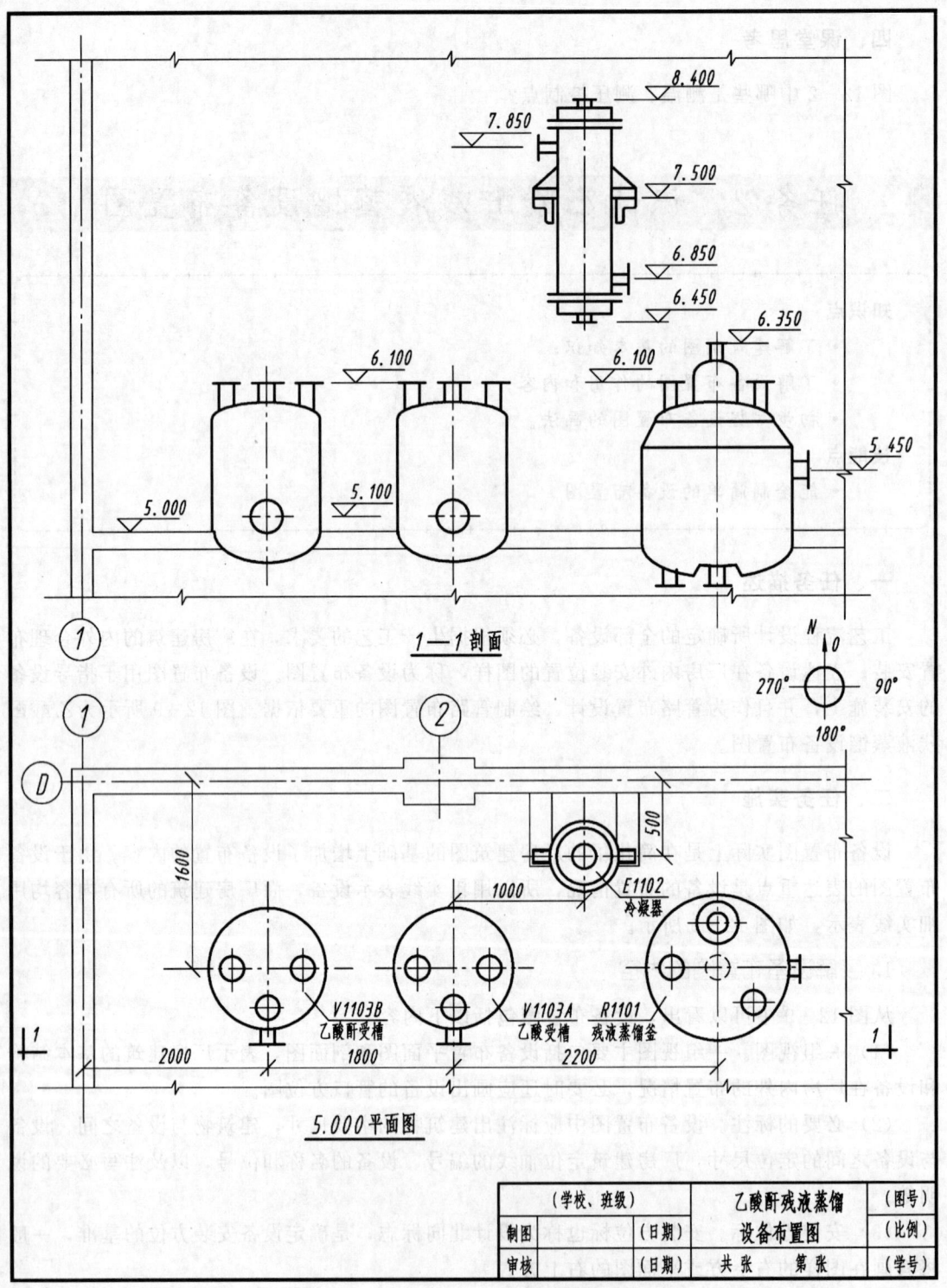

图 12-9 乙酸酐残液蒸馏设备布置图

(1) 厂房建筑构筑物的具体方位、占地大小、内部分隔情况,以及与设备安装定位有关的厂房建筑结构形状和相对位置尺寸。
(2) 厂房建筑的定位轴线编号和尺寸。

(3) 画出所有设备的水平投影或示意图,反映设备在厂房建筑内外的布置位置,并标注出位号和名称。

(4) 各设备的定位尺寸以及设备基础的定形和定位尺寸。

3. 了解设备布置剖面图

设备布置剖面图是在厂房建筑的适当位置纵向剖切绘出的剖视图,用来表达设备沿高度方向的布置安装情况。剖面图一般应反映如下的内容:

(1) 厂房建筑高度方向上的结构,如楼层分隔情况、楼板的厚度及开孔等,以及设备基础的立面形状,注出定位轴线尺寸和标高。

(2) 画出有关设备的立面投影或示意图,反映其高度方向上的安装情况。

(3) 厂房建筑各楼层、设备和设备基础的标高。

4. 阅读设备布置图

通过对设备布置图的阅读主要了解设备与建筑物、设备与设备之间的相对位置。

图12-9所示乙酸酐残液蒸馏设备布置图,包括设备布置平面图和1—1剖面图。从设备布置平面图可知,本系统的乙酸受槽 A、B 和蒸馏釜布置在距①轴1600mm,距①轴分别为2000mm、3800mm、6000mm的位置处;冷凝器的位置距①轴500mm,与乙酸受槽 A 间的水平距离为1000mm。在1—1剖面图中,反映了设备的立面结构形状和位置,如蒸馏釜和乙酸受槽 A、B 布置在标高5m的楼面上,冷凝器安装在标高7.5m的支架上。

三、知识链接

设备布置图是在厂房建筑图的基础上绘制的,因此首先介绍建筑图的基本知识。

建筑图是用以表达建筑设计意图和指导施工的图样。它将建筑物的内外形状、大小及各部分的结构、装饰、设备等,按技术制图国家标准和国家工程建设标准(GBJ)规定,用正投影法准确而详细地表达出来,如图12-10所示。

1. 视图

建筑图样的一组视图,主要包括平面图、立面图和剖面图。

平面图是假想用水平面沿略高于窗台的位置剖切建筑物而绘制的剖视图,用于反映建筑物的平面格局、房间大小和墙、柱、门、窗等,是建筑图样一组视图中主要的视图。对于楼房,通常需分别绘制出每一层的平面图,如图12-10中分别画出了一层平面图和二层平面图。平面图不需标注剖切位置。

建筑制图中将建筑物的正面、背面和侧面投影图称为立面图,用于表达建筑物的外形和墙面装饰,如图12-10中的①—③立面图表达了该建筑物的正面外形及门窗布局。剖面图是用正平面或侧平面剖切建筑物而画出的剖视图,用以表达建筑物内部在高度方向的结构、形状和尺寸,如图12-10中的1—1剖视图和2—2剖视图。剖面图应在平面图上标注出剖切符号。建筑图中,剖面符号常常省略或以涂色代替。

建筑图样的每一视图一般在图形下方标注出视图名称。

2. 定位轴线

建筑图中对建筑物的墙、柱位置用细点画线画出,并加以编号。编号用带圆圈(直径8mm)的阿拉伯数字(长度方向)或大写拉丁字母(宽度方向)表示。

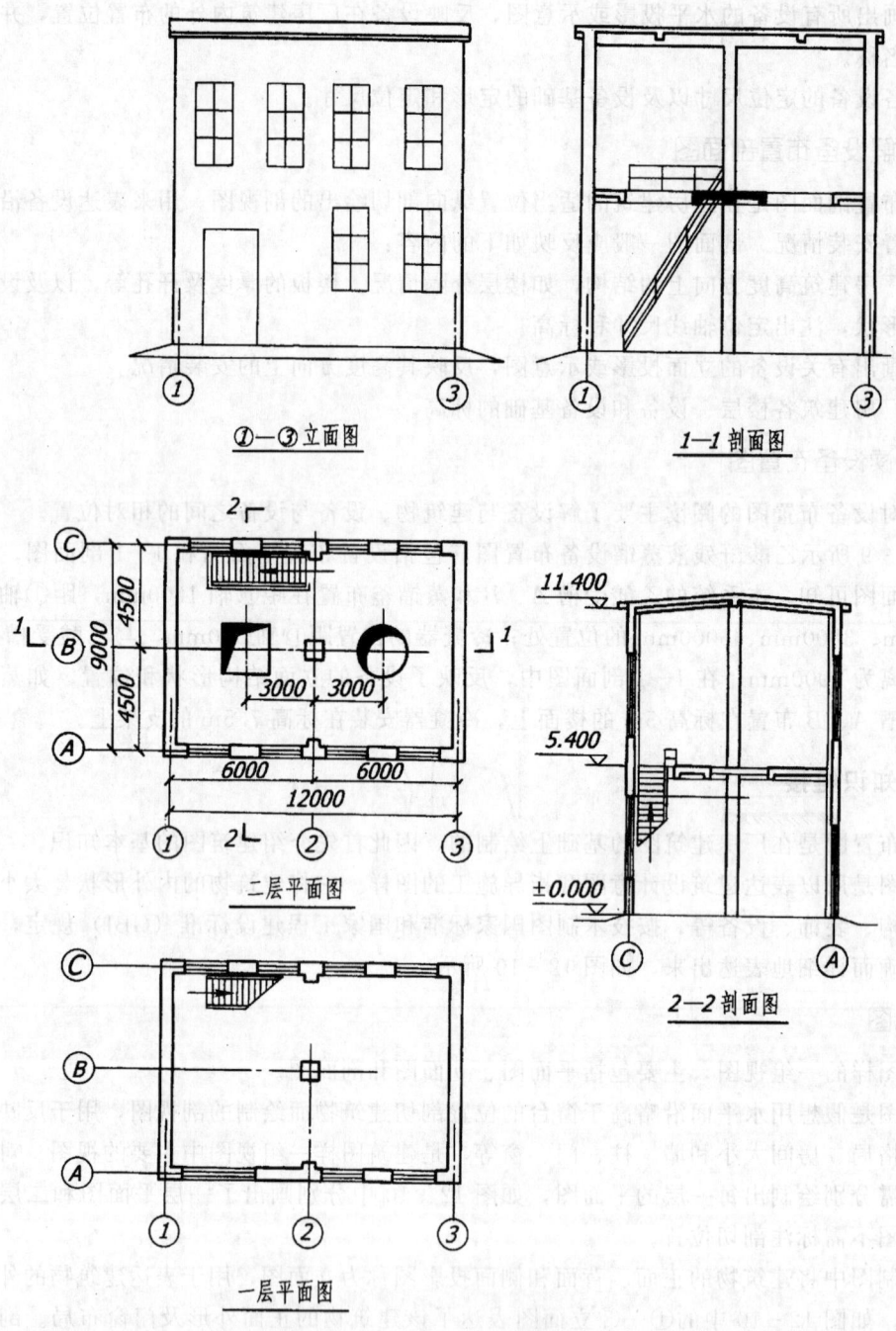

图 12-10 房屋建筑图

3. 尺寸

厂房建筑应标注建筑定位轴线间尺寸和各楼层地面的高度。建筑物的高度尺寸采用标高符号标注在剖面图上,如图 12-10 中的 2—2 剖面图。一般以底层室内地面为基准标高,标记为 ±00.000,高于基准时标高为正,低于基准时标高为负,标高数值以 "m" 为单位,小数点后取三位,单位省略不注。

其他尺寸以 "mm" 为单位,其尺寸线终端通常采用斜线型式,并往往注成封闭的尺寸链，如图 12-10 中的二层平面图。

4. 建筑构配件图例

由于建筑构件、配件和材料种类较多，且许多内容没必要或不可能以真实尺寸严格按投影作图。为作图简便起见，国家工程建设标准规定了一系列的图形符号（即图例），来表示建筑构件、配件、卫生设备和建筑材料，见表 12-5。

表 12-5 建筑图常见图例

建筑材料		建筑构造及配件			
名称	图例	名称	图例	名称	图例
自然土壤		楼梯	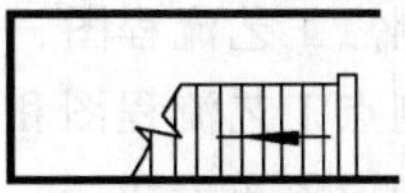	单扇门	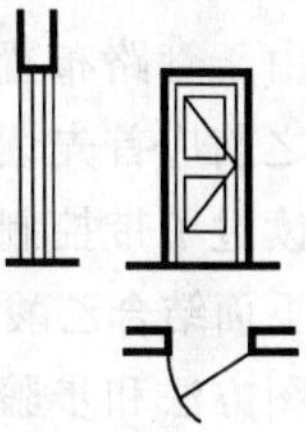
夯实土壤					
普通砖	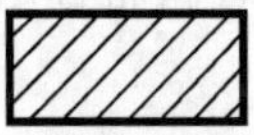	空洞	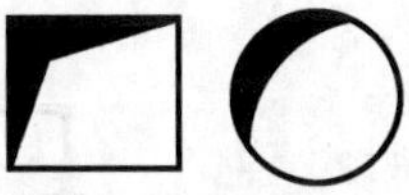		
混凝土				单层外开平开窗	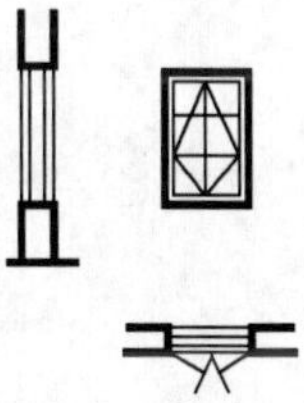
钢筋混凝土	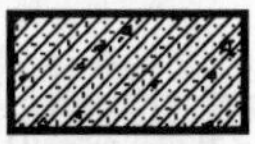	坑槽	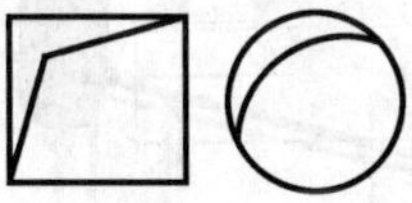		
金属	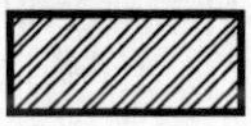				

四、课堂思考

通过设备布置图，通常可以表达出什么内容？

任务 3　识读乙酸酐残液蒸馏管道布置图

知识点
- 掌握管路的图示方法；
- 了解管路布置图的作用和内容；
- 掌握管路布置图的画法。

技能点
- 能运用管路的图示方法，绘制简单管路布置图。

一、任务描述

阅读管路布置图主要是要读懂管路布置平面图和剖面图。

(1) 通过对管路布置平面图的识读，应了解和掌握如下内容：
①所表达的厂房建筑各层楼面或平台的平面布置及定位尺寸；
②设备的平面布置、定位尺寸及设备的编号和名称；
③管路的平面布置、定位尺寸、编号、规格和介质流向等；
④管件、管架、阀门，以及仪表控制点等的种类及平面位置。
(2) 通过对管路布置剖面图的识读，应了解和掌握如下内容：
①所表达的厂房建筑各层楼面或平台的立面结构及标高；
②设备的立面布置情况、标高及设备的编号和名称；
③管路的立面布置情况、标高，以及编号、规格、介质流向等；
④管件、阀门，以及仪表控制点的立面布置和高度位置。

由于管路布置图是根据带控制点工艺流程图、设备布置图设计绘制的，因此阅读管路布置图之前应首先读懂相应的带控制点工艺流程图和设备布置图。对于乙酸酐残液蒸馏岗位，已阅读过了带控制点工艺流程图和设备布置图。

下面结合乙酸酐蒸馏岗位管路布置轴测图（图 12-11），介绍其管路布置图（图 12-12）的读图方法和步骤。

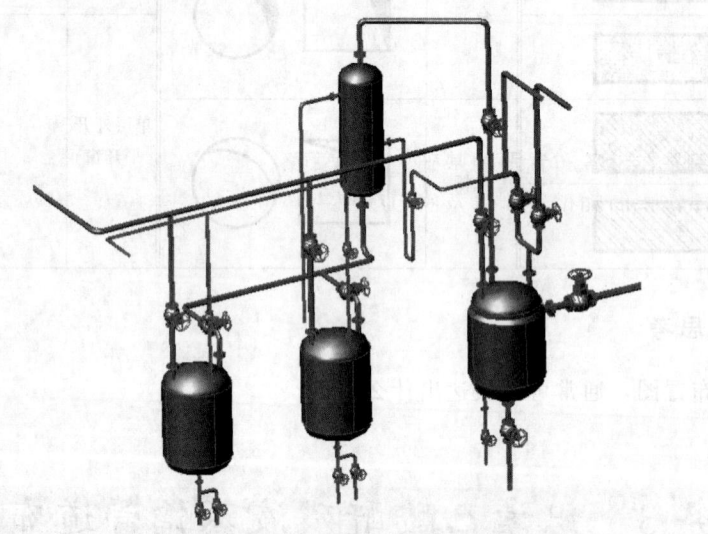

图 12-11　乙酸酐蒸馏岗位管路布置轴测图

二、任务实施

1. 概括了解

从图 12-12 可知，该管路布置图包括一个平面图两个剖面图。在平面图和 1—1 剖面图上画出了厂房、设备和管路的平、立面布置情况；从平面图中 2—2 的剖切位置看出，2—2 剖面图是表示蒸馏釜与冷凝器之间的管路走向。

2. 详细分析

按流程顺序（参见带控制点工艺流程图）、管段号、对照管路布置平、立面图的投影关系，联系起来进行分析，搞清图中各路管路规格、走向及管件、阀门等情况。

(1) 对照平面图和 2—2 剖面图可知：PW1101-57 乙酸残液管路从标高 8.4m 由南向北

拐弯向下进入蒸馏釜，另有水管 CW1101-57 也由南向北拐弯向下并分为两路：一路向东、向下至标高 6.1m 处拐弯向南与 PW1101-57 相交；另一路向西、向北、向下至标高 6.1m 处，然后又向北、向上至标高 7.5m 处，再转弯向西接冷凝器。水管与物料管在蒸馏釜、冷凝器的进口处都装有截止阀。

（2）PW1103-57 是从冷凝器下部，分别至真空槽 A、B 间的管路，它自出口向下至标高 6.3m 处向西，先分出一路向南、向下进入真空受槽 A，原管路继续向西，然后向南、向下进入真空受槽 B，在两个入口管上都有截止阀。

（3）VE1101-32 是真空受槽 A、B 与真空泵之间的连接管路，由真空受槽 A 顶部向上至标高 7.92m 处，拐弯向西与真空受槽 B 上部来的管路汇合后继续向西、向南与真空泵出口相接。VE1101-32 在与真空受槽 A、B 相接的立管上都装有阀门和真空压力表。

（4）VT1101-57 是与蒸馏釜、真空受槽 A、B 相连接的放空管，标高 7.83m，在连接各设备的立管上都装有截止阀和真空压力表。

设备上的其他管路情况，也可以按上述方法依次进行分析，直至全部识读清楚。

3. 归纳总结

所有管路分析完毕后，进行综合归纳，从而建立起一个完整的空间概念。

三、知识链接

1. 管路布置图的作用和内容

管路布置图是在设备布置图的基础上画出管路、阀门及控制点，表示厂房建筑内外各设备之间管路的连接走向和位置，以及阀门、仪表控制点的安装位置的图样。管路布置图又称为管路安装图或配管图，用于指导管路的安装施工。

图 12-12 所示为乙酸酐残液蒸馏岗位的管路布置图，从中看出，管路布置图一般包括以下内容：

（1）一组视图。表达整个车间（装置）的设备、建筑物的简单轮廓以及管路、管件、阀门、仪表控制点等的布置安装情况。与设备布置图类似，管路布置图的一组视图主要包括管路布置平面图和剖面图。

（2）标注。包括建筑物定位轴线编号、设备位号、管路代号、控制点代号，建筑物和设备的主要尺寸，管路、阀门、控制点的平面位置尺寸和标高，以及必要的说明等。

（3）方位标。表示管路安装的方位基准。

（4）标题栏。注写图名、图号、比例及签字等。

2. 管路的图示方法

1) 管路的画法规定

管路布置图中，管路是图样表达的主要内容，可用粗实线（或中实线）表示。为了画图简便，通常将管路画成单线（粗实线），如图 12-13（a）所示。对于大直径（$DN \geqslant 250mm$）或重要管路（$DN \geqslant 50mm$，受压在 12MPa 以上的高压管），则将管路画成双线（中实线），如图 12-13（b）所示。在管路的断开处应画出断裂符号，单线及双线管路的断裂符号如图 12-13 所示。

管路交叉时，一般将下方（或后方）的管路断开；也可将上面（或前面）的管路画上断裂符号断开，如图 12-14 所示。

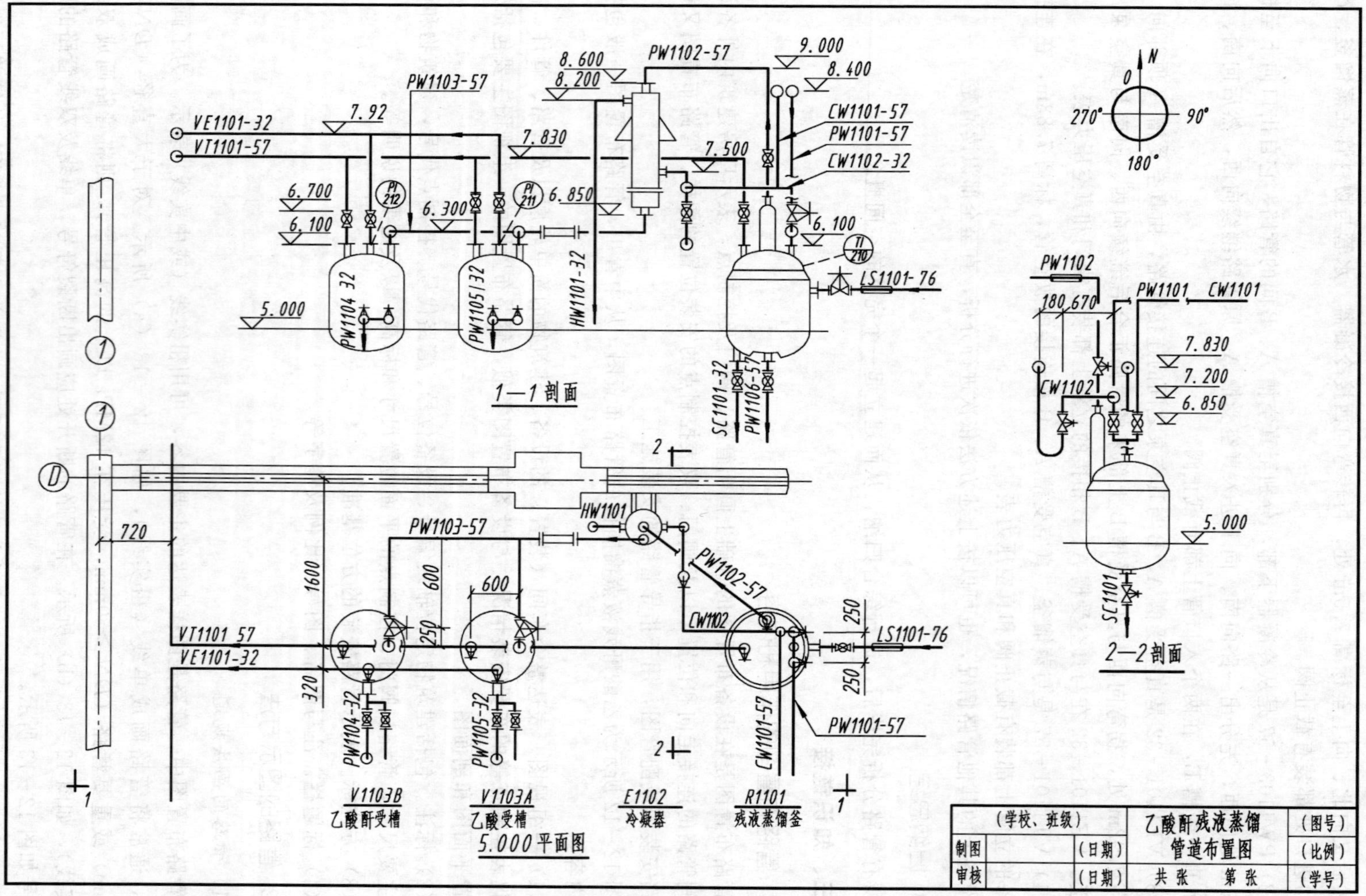

图12-12 管路布置图

管路的投影重叠而又需要表示出不可见的管段时，可采用断开显露法将上面（或前面）管路的投影断开，并画上断裂符号。当多根管路的投影重叠时，最上一根管路画双重断裂符号，并可在管路断开处注上 a、b 等字母，以便辨认，如图 12-15 所示。

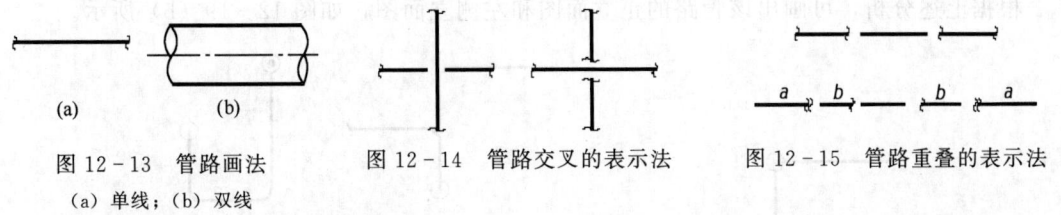

图 12-13　管路画法　　　　图 12-14　管路交叉的表示法　　　图 12-15　管路重叠的表示法
（a）单线；（b）双线

2）管路转折

管路大都通过 90°弯头实现转折。在反映转折的投影中，转折处用圆弧表示。在其他投影图中，转折处用一细实线小圆表示，如图 12-16（a）所示。为了反映转折方向，规定当转折方向与投射方向一致时，管线画入小圆至圆心处，如图 12-16（a）中的右侧立面图；当转折方向与投射方向相反时，管线不画入小圆内，而在小圆内画一圆点，如图 12-16（a）中的左侧立面图。用双线画出的管路的转折画法如图 12-16（b）所示。

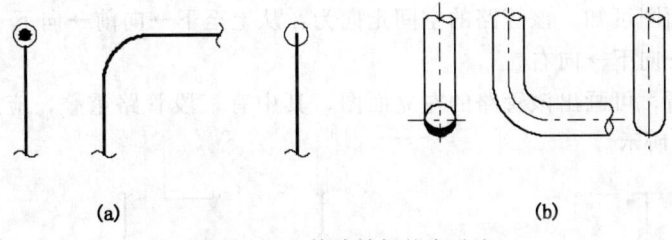

图 12-16　管路转折的表示法

图 12-17 和图 12-18 所示为多次转折的实例。

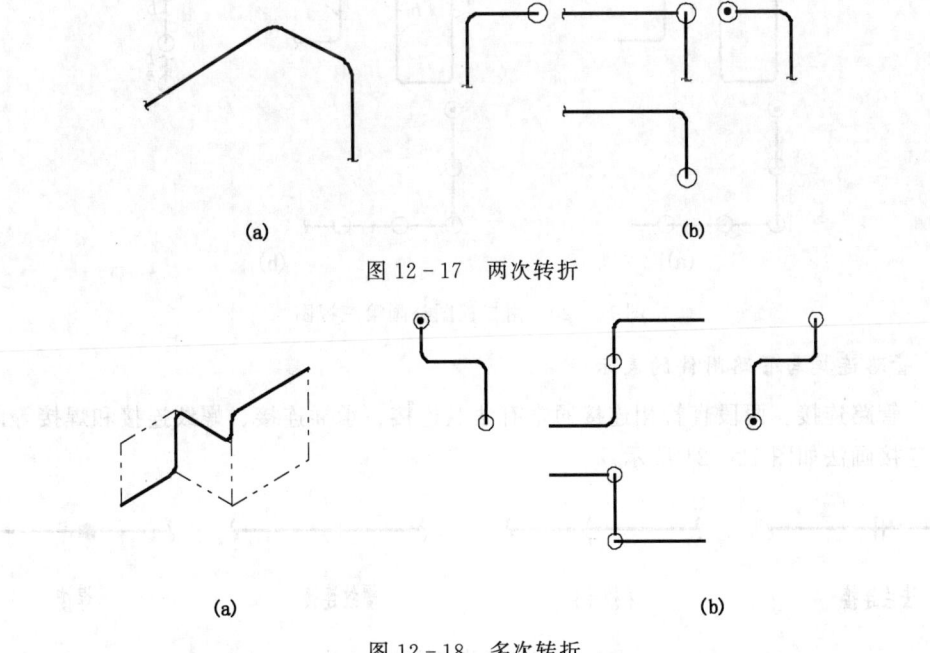

图 12-17　两次转折

图 12-18　多次转折

【例12－1】 已知一管路的平面图如图12－19（a）所示，试分析管路走向，并画出正立面图和左侧立面图（高度尺寸自定）。

分析：由平面图可知，该管路的空间走向为：自左向右→向下→向前→向上→向右。

根据上述分析，可画出该管路的正立面图和左侧立面图，如图12－19（b）所示。

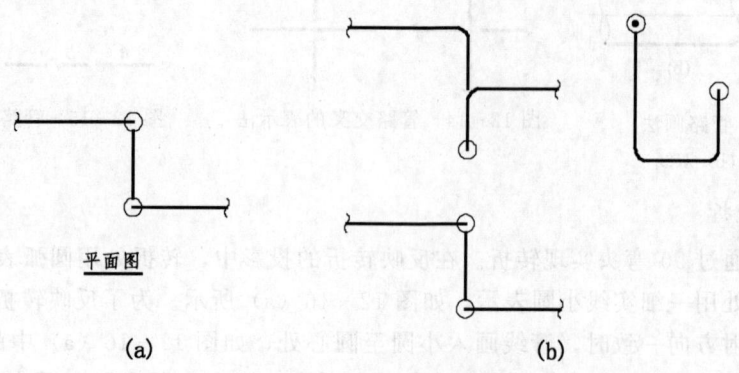

图12－19 由平面图分析管路走向

【例12－2】 已知一管路的平面图和正立面图，如图12－20（a）所示，试画出左立面图。

分析：由平面图可知，该管路的空间走向为：从上至下→向前→向下→向前→向下→向右→向上→向右→向下→向右。

根据以上分析，可画出该管路的左立面图，其中有三段管路重叠，应采用断开显露法，如图12－20（b）所示。

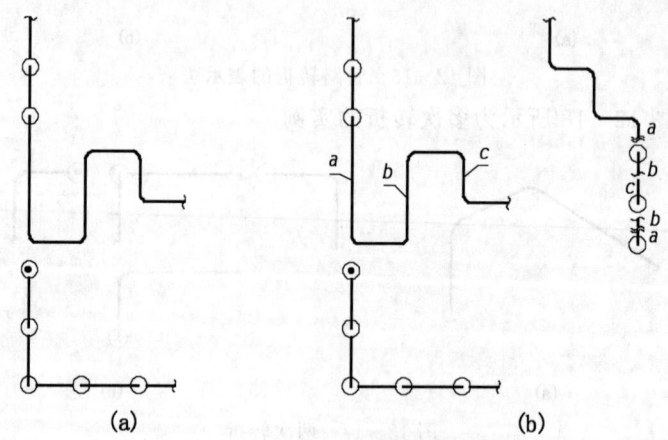

图12－20 由二视图补画第三视图

3）管路连接与管路附件的表示

（1）管路连接。两段直管相连接通常有法兰连接、承插连接、螺纹连接和焊接等四种型式，其连接画法如图12－21所示。

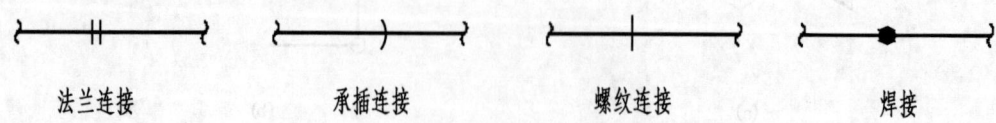

图12－21 管路连接的表示法

(2) 阀门。管路布置图中的阀门，与工艺流程图类似，仍用图形符号表示（表12-2）。但一般在阀门符号上表示出控制方式及安装方位，如图12-22（a）所示。图12-22（b）表示阀门的安装方位不同时的画法。阀门与管路的连接方式如图12-22（c）所示。

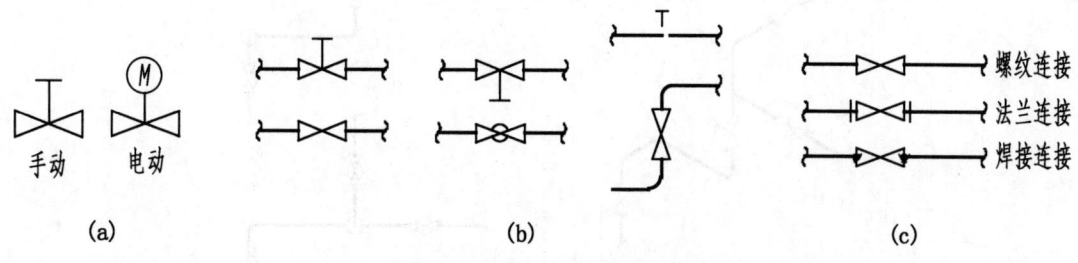

图12-22 阀门在管路中的画法

(3) 管件。管路一般用弯头、三通、四通、管接头等管件连接，常用管件的图形符号如图12-23所示。

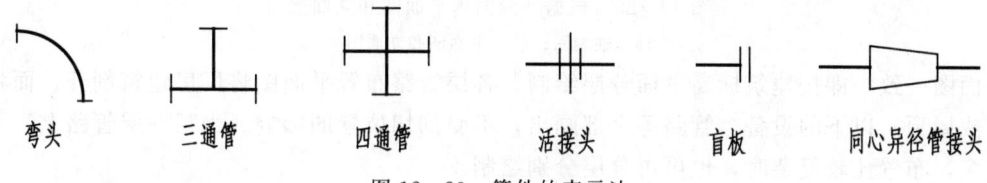

图12-23 管件的表示法

(4) 管架。管路常用各种型式的管架安装、固定在地面或建筑物上，图12-24中一般用图形符号表示管架的类型和位置。

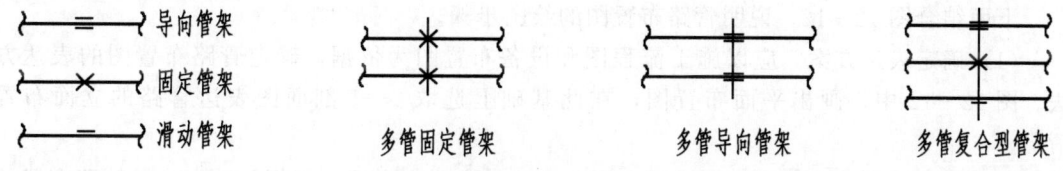

图12-24 管架的表示法

【例12-3】 已知一段管路（装有阀门）的轴测图，如图12-25（a）所示，试画出其平面图和正立面图。

分析：该段管路由两部分组成，其中一段的走向为：自下向上→向后→向左→向上→向后；另一段是向左的支管。管路上有四个截止阀，其中上部两个阀的手轮朝上（阀门与管路为法兰连接），中间一个阀的手轮朝右（阀门与管路为螺纹连接），下部一个阀的手轮朝前（阀门与管路为法兰连接）。

管路的平面图和立面图如图12-25（b）所示。

3. 管路布置图的画法

管路布置图应表示出厂房建筑的主要轮廓和设备的布置情况，即在设备布置图的基础上再清楚地表示出管路、阀门、管件、仪表控制点等。

管路布置图的表达重点是管路，因此图中管路用粗实线表示（双线管路用中实线表示），而厂房建筑、设备的轮廓一律用细实线表示，管路上的阀门、管件、控制点等符号用细实线表示。

管路布置图的一组视图以管路布置平面图为主。平面图的配置，一般应与设备布置图中

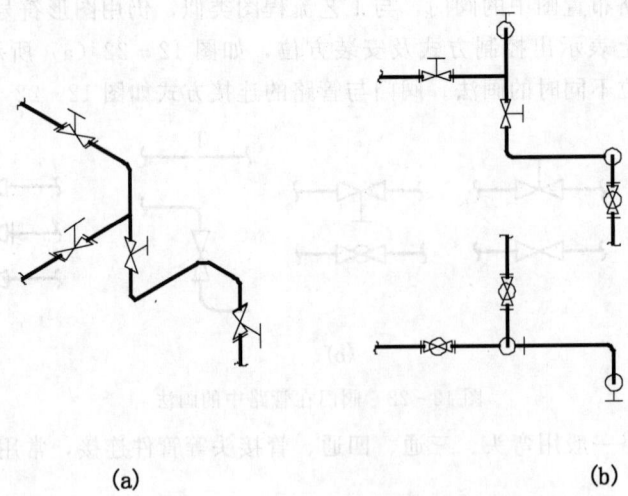

图 12-25 根据轴测图画平面图和立面图
(a) 轴测图；(b) 平面图和立面图

的平面图一致，即按建筑标高平面分层绘制。各层管路布置平面图将厂房建筑剖开，而将楼板（或屋顶）以下的设备、管路等全部画出，不受剖切位置的影响。当某一层管路上、下重叠过多，布置比较复杂时，也可再分层分别绘制。

在平面图的基础上，选择恰当的剖切位置画出剖面图，以表达管路的立面布置情况和标高。必要时还可选择立面图、向视图或局部视图，对管路布置情况进一步补充表达。为使表达简单且突出重点，常采用局部的剖面图或立面图。

下面结合图 12-12，说明管路布置图的绘图步骤。

(1) 确定表达方案。应以施工流程图和设备布置图为依据，确定管路布置图的表达方法。图 12-12 中，画出平面布置图，在此基础上选取 1—1 剖面图表达管路的立面布置情况。

(2) 确定比例，选择图幅，合理布图。表达方案确定之后，根据尺寸大小及管路布置的复杂程度，选择恰当的比例和图幅，合理布置视图。

(3) 绘制视图。画管路布置平面图和剖面图时的步骤为：
①用细实线按比例画出厂房建筑的主要轮廓；
②用细实线、按比例画出带管口的设备示意图；
③用粗实线画出管路；
④用细实线画出管路上各管件、阀门和控制点。

(4) 图样的标注：
①标注各视图的名称；
②在各视图上标注厂房建筑的定位轴线；
③在剖面图上标注厂房、设备及管路的标高；
④在平面图上标注厂房、设备和管路的定位尺寸；
⑤标注设备的位号和名称；
⑥标注管路，对每一管段用箭头指明介质流向，并以规定的代号形式注明各管段的物料名称、管路编号及规格等。

(5) 绘制方向标、填写标题栏。在图样的右上角或平面布置图的右上角画出方向标，作为管路安装的定向基准；最后填写标题栏。

四、课堂思考

管路布置图的绘图步骤是什么？

任务4　识读洗涤塔设备图

> **知识点**
> - 了解化工设备的作用；
> - 熟悉化工设备图的内容。
>
> **技能点**
> - 熟悉化工设备的结构特点。

一、任务描述

化学工业的产品有多种多样，它们的生产方法也各有不同。但是，化工生产过程大都可归纳为一些基本操作，如蒸发、冷凝、吸收、蒸馏及干燥等，称为单元操作。为了使物料进行各种反应和各种单元操作，就需要各种专用的化工设备。表示化工设备的形状、大小、结构和制造安装等技术要求的图样称为化工设备图。

化工设备图也是按正投影法和机械制图国家标准绘制的，但由于化工设备的结构特点、制造工艺及技术要求等与一般机械有所不同，因而化工设备图在内容、画法和某些要求方面与前面所学的机械图也有所区别。

下面识读图12-26所示洗涤塔装配图，认识化工设备图的主要内容。

二、任务实施

1. 概括了解

该设备名称为洗涤塔，是石油化工生产中广泛采用的传质设备之一。其规格直径为$\phi1500mm$，高度为6725mm，壁厚为10mm，材料为16MnR。洗涤塔由32种零部件组成，其中包括若干种标准件。其工作压力为0.04MPa，工作温度为38℃，工作介质为溶液和料气。塔器共有八根接管，接管用途见管口表。

2. 视图分析

该设备采用主、俯两个基本视图表达主体结构，另有四个零部件详图。主视图采用大面积局部剖视的方法，表示塔器的内部结构和各管口的装配情况，同时还采用断开画法，以省略重复结构；用简化画法（相交的细实线）表示填料（填充圈）。

俯视图为外形图，主要表达各管口的周向方位及地脚螺栓孔的分布位置。

3. 零部件分析

设备主体由筒体（件10）、封头（件4、件19）和支座（件3）焊接而成。由主视图和

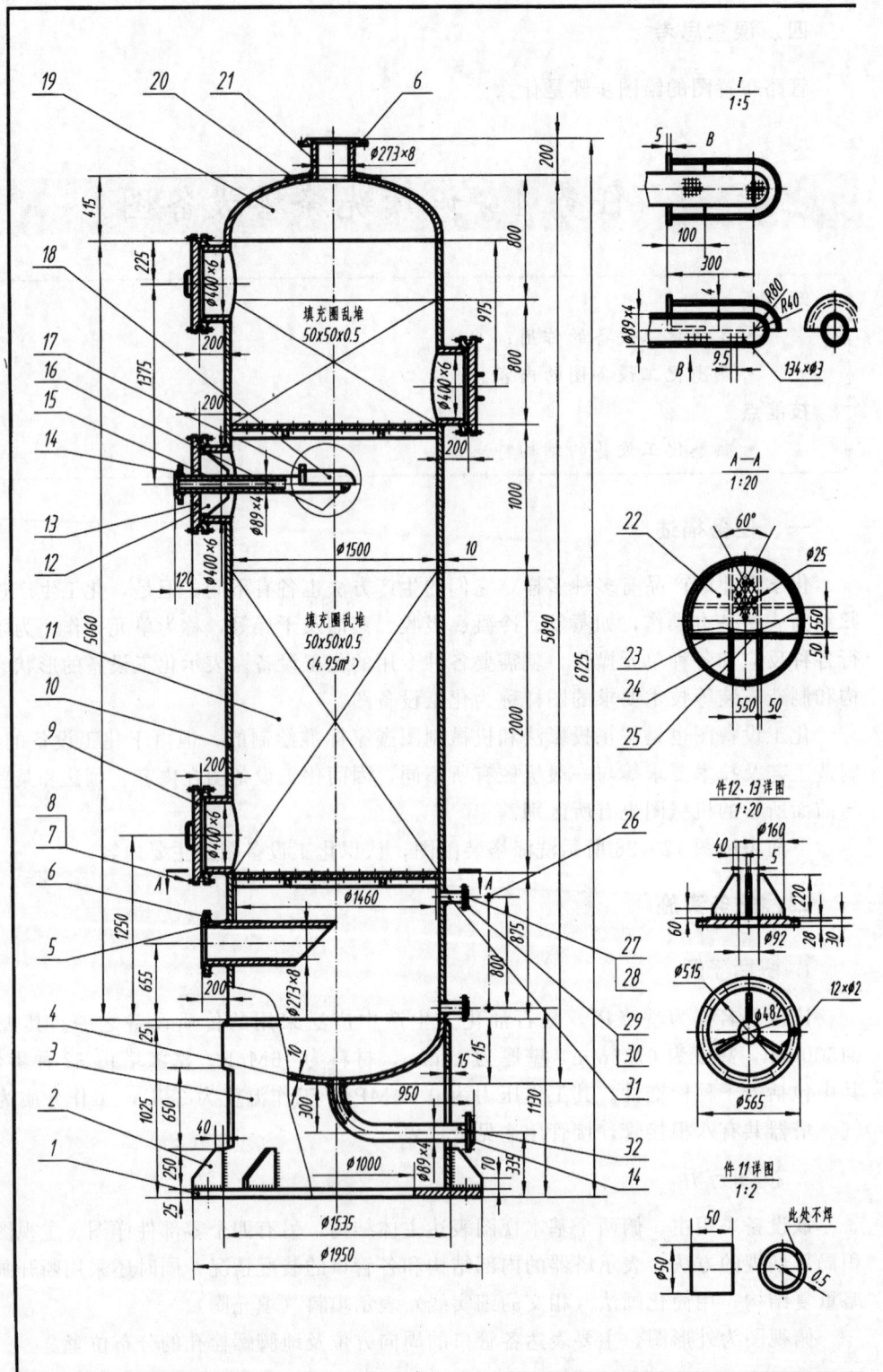

图12-26 洗涤塔

技术要求

1. 本设备按 JB 741《钢制焊接压力容器技术条件》进行制造、试验和验收。
2. 焊接采用电焊，焊条型号为 E4303，焊接接头型式按 GB 985 中规定。法兰的焊接按相应标准执行。
3. 设备制成后，管间以 0.2MPa 水压试验后，再以 0.1MPa 进行气密试验。管内以 0.45MPa 进行水压试验。
4. 设备外表面涂漆。

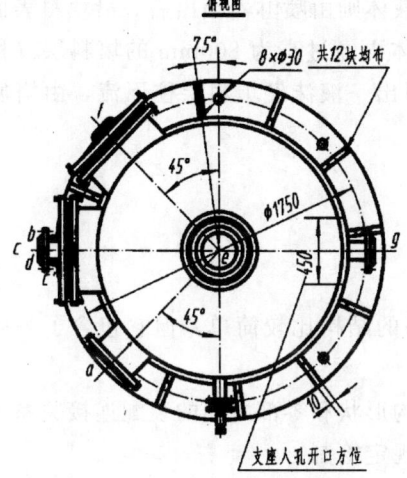

俯视图

支座人孔开口方位

技术特性表

工作压力/MPa	0.04	工作温度/℃	38
设计压力/MPa	0.08	设计温度/℃	50
物料名称		溶液、料气	
焊缝系数/φ	0.7	腐蚀裕度/mm	3
容器类别	I		

管口表

符号	公称尺寸	连接尺寸、标准	连接面形式	用途或名称
a	250	JB/T 81	平面	气体入口
b	400	JB/T 577	平面	填充物取出口
c	80	JB/T 81	平面	液体入口
c'		φ400	平面	填充物入口
d	400	JB/T 577	平面	填充物入口
e	250	JB/T 81	平面	气体出口
f	400	JB/T 577	平面	填充物出口
g	80	JB/T 81	平面	液体出口

序号	代号	名称	数量	材料	备注
32		引出管 φ89×4	1	20	
31		管子 φ25×3	2	20	
30	GB/T 41	螺母 M12	8		
29	GB/T 5780	螺栓 M12×60	8		
28	JB/T 87	石棉橡胶垫片 20-25	2		
27	JB/T 81	法兰 20-25	2	Q235-A	
26	HG 5-1370	液面计	1		l=800
25		板 80×10	4	Q235-A	l=550
24		板 80×10	4	Q235-A	l=1390
23		板 80×10	8	Q235-A	l=420
22		孔板 φ1460	1	Q235-A	l=12
21		管子 φ273×8	1	20	
20	JB/T 4736	补强圈 d_n250×8-A	1	Q235-A	
19	JB/T 4737	椭圆封头 DN1500×10	1		
18		喷淋器挡板	1	Q235-A	l=4
17		孔板端	1	Q235-A	l=5
16		喷淋器端	1	Q235-A	l=4
15		管子 φ89×4	1	20	
14	JB/T 81	法兰 80-25	2	Q235-A	
13		盖板	1		
12		肋板 220×160	3	Q235-A	l=8
11		填充圈 50×50×0.5		Q235-A	4.95 m³
10		筒体 DN1500×10	1	Q235-A	l=5060
9	JB/T 577	人孔 DN400	4	Q235-A	
8	GB/T 41	螺母 M24	64		
7	GB/T 5780	螺栓 M24×110	64		
6	JB/T 81	法兰 250-25	2	Q235-A	
5		管子 φ273×8	1	20	l=1100
4	JB/T 4737	椭圆封头 DN1500×10	2		
3		支座 φ1535×15	1	20	h=1025
2		肋板 207×250	12	Q235-A	t=10
1		基础环 φ1950×φ1000	1	Q235-A	l=25

制图		比例 1:10	材料		质量 4450kg
设计				洗涤塔	
描图				φ1500×6725	
审核				共 张 第 张	

的装配图

明细栏可知,喷淋器由件 15、件 16、件 17、件 18 等零件焊接而成。主视图表示其纵向结构和高度位置,俯视图则表示其管口的方位,由于该部件不另绘图样,所以在设备图中采用局部放大图,以表示其形状结构。

其他零件请读者自行分析。

4. 归纳总结

塔体的主体结构为圆筒形,上、下两端各有一个椭圆形封头。四周共有十个接管口,塔的下端焊有支座,通过地脚螺栓与基础固定。塔内有两层涂料,填料圈由孔板托住。安装时,填料圈分别由人孔 d 和 c 装入塔内,清理时,则由出口 f 和 b 卸出。

气体由塔底接管口 a 进入塔内,经填料层上升,液体则由喷淋器喷出后,沿填料表面下流,气液两相则得到充分接触,以达到传至目的。气体再经过高为 800mm 的填料层(称除沫层),除去气体中带有的液沫,然后由塔顶接管 e 引出。液沫经填料层往下流,由塔底接管 g 排出。

三、知识链接

1. 化工设备图的内容

图 12-26 所示是一洗涤罐的装配图。虽然该设备的结构比较简单,但它包含了一张化工设备图所应有的基本内容:

(1) 一组视图。用一组视图表示该设备的主要结构形状和零部之间的装配连接关系。视图用正投影方法,按国家标准及化工行业有关标准或规定绘制。

(2) 必要的尺寸。图上注写必要的尺寸,以表示设备的总体大小、规格、装配和安装等尺寸数据,为制造、装配、安装、检验等提供依据。

(3) 零部件编号及明细栏。对组成该设备的每一种零部件必须依次编号,并在明细栏中填写各零部件的名称、规格、材料、数量及有关图号或标准号等内容。

(4) 管口符号和管口表。设备上所有的管口(物料进出管口、仪表管口等),均需注出符号(按拉丁字母顺序编号)。在管口表中列出各管口的有关数据和用途等内容。

(5) 技术特性表。用表格列出设备的主要工艺特性(工作压力、工作温度、物料名称等)及其他特性(容器类别等)等内容。

(6) 技术要求。用文字说明设备在制造、检验时应遵循的规范和规定,以及对材料表面处理、涂饰、润滑、包装、保管和运输等的特殊要求。

(7) 标题栏。用以填写该设备的名称、主要规格、作图比例、设备单位、图样编号,以及设计、制图、校审人员签字等项内容。

2. 化工设备的结构特点

不同种类的化工设备,尽管工作原理、材质、形状大小等有差异,但在结构上有其共同点。

通过分析立式容器设备,可归纳出化工设备结构上的一些共同特点。

(1) 壳体以回转形体为主。化工设备的壳体主要由筒体和封头两部分组成,其中筒体以回转体为主,尤以圆柱形居多,一般由钢板卷焊而成。直径小于 500mm 的筒体,也有用无缝钢管制成的。封头以椭圆形、球形等回转体最为常见,如图 12-27 中所示的设备筒体、人孔、接管、上下封头等零部件由圆柱形、椭圆形构成，以便于制造、节省材料。

（2）尺寸相差悬殊。化工设备的总体尺寸与设备的某些局部结构（壁厚、管口等）的尺寸，往往相差悬殊，如图 12-27 中，壁厚与直径尺寸相差很大。

（3）有较多的开孔和管口。根据化工工艺的需要（物料的进出、仪表的装接等）在设备壳体的轴向和周向位置上，往往有较多的开孔和管口，用以安装各种零部件和连接管路，如图 10-27 中，在设备上分布有人孔和管口。

（4）大量采用焊接结构。化工设备各部分结构的连接和零部件的安装连接，广泛采用焊接的方法。如图 10-27 所示，不仅筒体由钢板卷焊而成，其他结构，如筒体与封头、管口、支座、人孔的连接，也大多采用焊接方法。

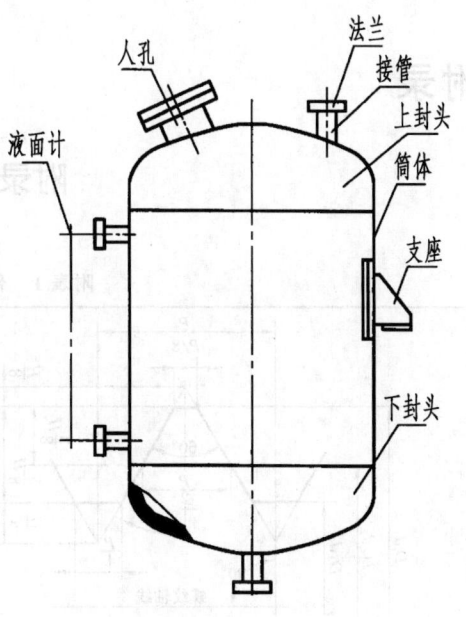

图 12-27 立式容器

（5）广泛采用标准化、通用化、系列化的零部件。化工设备上一些常用零部件，大多已由有关部门制定了标准或尺寸系列。因此，在设计中广泛采用标准零部件和通用零部件，如图 10-27 中人孔、法兰、封头等均为标准化零部件。

四、课堂思考

化工设备图应具备哪些基本内容？

附录

附录一 螺 纹

附表1 普通螺纹直径与螺距   mm

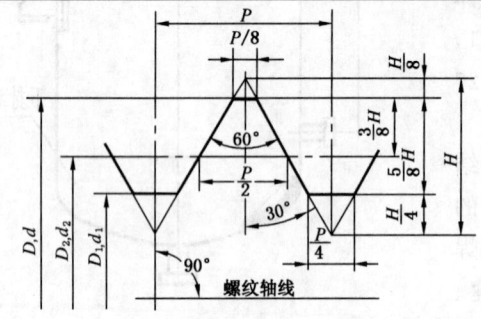

D——内螺纹大径;
d——外螺纹大径;
D_2——内螺纹中径;
d_2——外螺纹中径;
D_1——内螺纹小径;
d_1——外螺纹小径;
P——螺距

标记示例

$M10-6g$(粗牙普通外螺纹、公称直径 $d=10$、右旋、中径及大径公差带均为 $6g$、中等旋合长度)

$M10\times1LH-6H$(细牙普通内螺纹、公称直径 $D=10$、螺距 $P=1$、左旋、中径及小径公差带均为 $6H$、中等旋合长度)

公称直径 D,d			螺距 P		粗牙螺纹小径 D_1,d_1
第一系列	第二系列	第三系列	粗牙	细牙	
4	—	—	0.7	0.5	3.242
5	—	—	0.8		4.134
6	—	—	1	0.75、(0.5)	4.917
		7			5.917
8	—	—	1.25	1、0.75、(0.5)	6.647
10	—	—	1.5	1.25、1、0.75、(0.5)	8.376
12	—	—	1.75	1.5、1.25、1、(0.75)、(0.5)	10.106
—	14	—	2		11.835
		15		1.5、(1)	13.376
16	—	—	2	1.5、1、(0.75)、(0.5)	13.835
—	18	—	2.5	2、1.5、1、(0.75)、(0.5)	15.294
20	—	—			17.294
—	22	—			19.294
24	—	—	3	2、1.5、1、(0.75)	20.752
—	—	25	—	2、1.5、(1)	22.835
—	27	—	3	2、1.5、1、(0.75)	23.752
30	—	—	3.5	(3)、2、1.5、1、(0.75)	26.211
—	33	—		(3)、2、1.5、(1)、(0.75)	29.211
—	—	35	—	1.5	33.376
36	—	—	4	3、2、1.5、(1)	31.670
—	39	—			34.670

注:1. 优先选用第一系列,其次是第二系列,第三系列尽可能不用。
2. 括号内尺寸尽可能不用。
3. $M14\times1.25$ 仅用于火花塞;$M35\times1.5$ 仅用于滚动轴承锁紧螺母。

附表 2 用螺纹密封的管螺纹

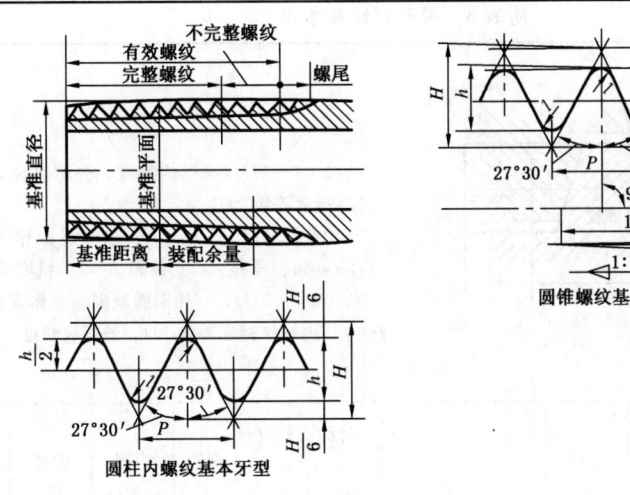

标记示例

1½圆锥内螺纹：$R_c1½$ 圆柱内螺纹：$R_p1½$

1½圆锥外螺纹：$R1½$；1½圆柱外螺纹，左旋：$R1½-LH$

圆锥内螺纹与圆锥外螺纹的配合：$R_c1½R1½$

圆柱内螺纹与圆锥外螺纹的配合：$R_p1½R1½$

左旋圆锥内螺纹与圆锥外螺纹的配合：$R_c1½R1½-LH$

尺寸代号，in	每25.4mm内的牙数 n，个	螺距 P，mm	牙高 h，mm	圆弧半径 r，mm	基面上的基本直径			基准距离 mm	有效螺纹长度 mm
					大径（基准直径）$d=D$，mm	中径 $d_2=D_2$，mm	小径 $d_1=D_1$，mm		
1/16	28	0.907	0.581	0.125	7.723	7.142	6.561	4.0	6.5
1/8	28	0.907	0.581	0.125	9.728	9.147	8.566	4.0	6.5
1/4	19	1.337	0.856	0.184	13.157	12.301	11.445	6.0	9.7
3/8	19	1.337	0.856	0.184	16.662	15.806	14.950	6.4	10.1
1/2	14	1.814	1.162	0.249	20.955	19.793	18.631	8.2	13.2
3/4	14	1.814	1.162	0.249	26.441	25.279	24.117	9.5	14.5
1	11	2.309	1.479	0.317	33.249	31.770	30.291	10.4	16.8
1¼	11	2.309	1.479	0.317	41.910	40.431	38.952	12.7	19.1
1½	11	2.309	1.479	0.317	47.803	46.324	44.845	12.7	19.1
2	11	2.309	1.479	0.317	59.614	58.135	56.656	15.9	23.4
2½	11	2.309	1.479	0.317	75.184	73.705	72.226	17.5	26.7
3	11	2.309	1.479	0.317	87.884	86.405	84.926	20.6	29.8
3½ *	11	2.309	1.479	0.317	100.330	98.851	97.372	22.2	31.4
4	11	2.309	1.479	0.317	113.030	11.51	110.072	25.4	35.8
5	11	2.309	1.479	0.317	138.430	136.951	135.42	28.6	40.1
6	11	2.309	1.479	0.317	163.830	162.351	160.872	28.6	40.1

* 尺寸代号为3½的螺纹，限用于蒸汽机车。

附表3 梯形螺纹基本尺寸

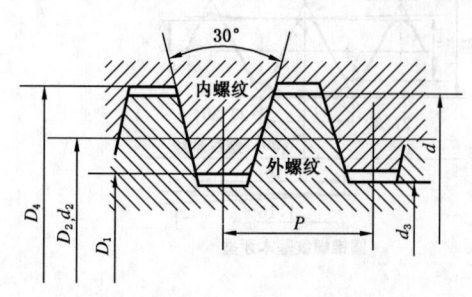

标记示例

$T_r40×7-7H$(梯形内螺纹，公称直径 $d=40$、螺距 $P=7$、精度等级 $7H$)

$T_r40×14(P7)LH-7e$(多线左旋梯形外螺纹，公称直径 $d=40$、导程=14、螺距 $P=7$、精度等级 $7e$)

$T_r40×7-7H/7e$(梯形螺旋副、公称直径 $d=40$、螺距 $P=7$、内螺纹精度等级 $7H$、外螺纹精度等级 $7e$)

mm

公称直径 d		螺距 P	中径 $d_2=D_2$	大径 D_4	小径		公称直径 d		螺距 P	中径 $d_2=D_2$	大径 D_4	小径	
第一系列	第二系列				d_3	D_1	第一系列	第二系列				d_3	D_1
8		1.5	7.25	8.30	6.20	6.50			3	24.50	26.50	22.50	23.00
	9	1.5	8.25	9.30	7.20	7.50		26	5	23.50	26.50	20.50	21.00
		2	8.00	9.50	6.50	7.00			8	22.00	27.00	17.00	18.00
10		1.5	9.25	10.30	8.20	8.50			3	26.50	28.50	24.50	25.00
		2	9.00	10.50	7.50	8.00	28		5	25.50	28.50	22.50	23.00
	11	2	10.00	11.50	8.50	9.00			8	24.00	29.00	19.00	20.00
		3	9.50	11.50	7.50	8.00			3	28.50	30.50	26.50	27.00
12		2	11.00	12.50	9.50	10.00	30		6	27.00	31.00	23.00	24.00
		3	10.50	12.50	8.50	9.00			10	25.00	31.00	19.00	20.00
	14	2	13.00	14.50	11.50	12.00			3	30.50	32.50	28.50	29.00
		3	12.50	14.50	10.50	11.00	32		6	29.00	33.00	25.00	26.00
16		2	15.00	16.50	13.50	14.00			10	27.00	33.00	21.00	22.00
		4	14.00	16.50	11.50	12.00			3	32.50	34.50	30.50	31.50
	18	2	17.00	18.50	15.50	16.00		34	6	31.00	35.00	27.00	28.00
		4	16.00	18.50	14.00	14.00			10	29.00	35.00	23.00	24.00
20		2	19.00	20.50	17.50	18.00			3	34.50	36.50	32.50	33.00
		4	18.00	20.50	16.00	16.00	36		6	33.00	37.00	29.00	30.00
		3	20.50	22.50	18.50	19.00			10	31.00	37.00	25.00	26.00
	22	5	19.50	22.50	16.50	17.00			3	36.50	38.50	34.50	35.00
		8	18.00	23.00	13.00	14.00		38	7	34.50	39.00	30.00	31.00
									10	33.00	39.00	27.00	28.00
		3	22.50	24.50	18.50	19.00			3	38.00	40.50	36.50	37.00
24		5	21.50	24.50	18.50	19.00	40		7	36.50	41.00	32.00	33.00
		8	20.00	25.00	15.00	16.00			10	35.00	41.00	29.00	30.00

附录二 标准件与常用件

附表 4 六角头螺栓——A级和B级(节选)

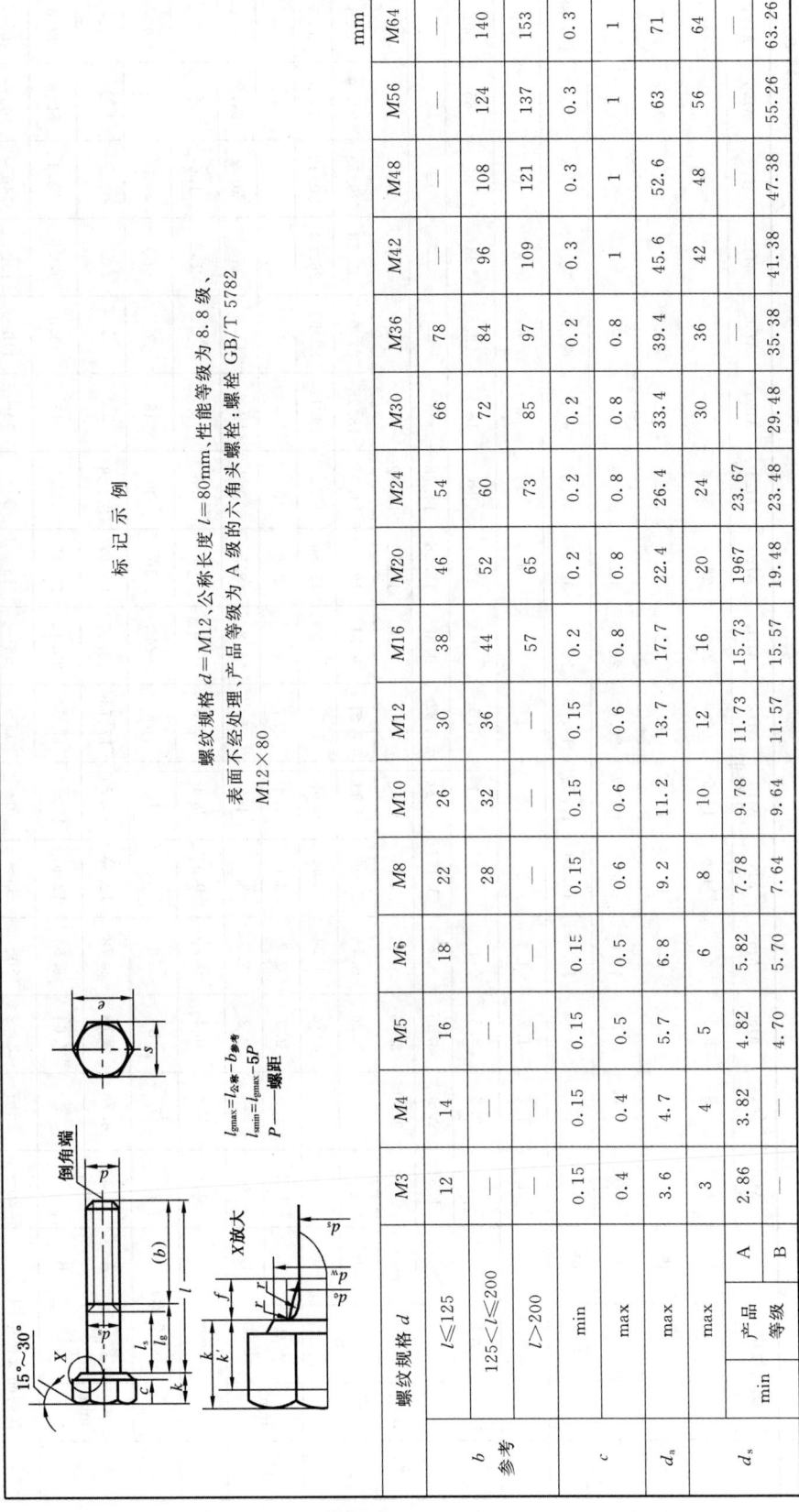

$l_{gmax} = l_{公称} - b_{参考}$
$l_{smin} = l_{gmax} - 5P$
P——螺距

标记示例

螺纹规格 $d=M12$,公称长度 $l=80mm$,性能等级为8.8级、表面不经处理,产品等级为A级的六角头螺栓:螺栓 GB/T 5782 $M12\times80$

mm

螺纹规格 d		M3	M4	M5	M6	M8	M10	M12	M16	M20	M24	M30	M36	M42	M48	M56	M64
b 参考	$l\leq125$	12	14	16	18	22	26	30	38	46	54	66	78	—	—	—	—
	$125<l\leq200$	—	—	—	—	28	32	36	44	52	60	72	84	96	108	124	140
	$l>200$	—	—	—	—	—	—	—	57	65	73	85	97	109	121	137	153
c	min	0.15	0.15	0.15	0.15	0.15	0.15	0.15	0.2	0.2	0.2	0.2	0.2	0.3	0.3	0.3	0.3
	max	0.4	0.4	0.5	0.5	0.6	0.6	0.6	0.8	0.8	0.8	0.8	0.8	1	1	1	1
d_a	max	3.6	4.7	5.7	6.8	9.2	11.2	13.7	17.7	22.4	26.4	33.4	39.4	45.6	52.6	63	71
d_s	max	3	4	5	6	8	10	12	16	20	24	30	36	42	48	56	64
	产品等级 A	2.86	3.82	4.82	5.82	7.78	9.78	11.73	15.73	19.67	23.67	29.48	35.38	41.38	47.38	55.26	63.26
	min 等级 B	—	—	4.70	5.70	7.64	9.64	11.57	15.57	19.48	23.48	29.48	35.38	41.38	47.38	55.26	63.26

续表

螺纹规格 d			M3	M4	M5	M6	M8	M10	M12	M16	M20	M24	M30	M36	M42	M48	M56	M64
d_w	min	产品等级 A	4.6	5.9	6.9	8.9	11.6	14.6	16.6	22.5	28.2	33.6	—	—	—	—	—	—
	min	产品等级 B	—	—	6.7	8.7	11.4	14.4	16.4	22	27.7	33.2	42.7	51.1	60.6	69.4	78.7	88.2
e	min	产品等级 A	6.07	7.66	8.79	11.05	14.38	17.77	20.03	26.75	33.53	39.98	—	—	—	—	—	—
	min	产品等级 B	—	—	8.63	10.89	14.20	17.59	19.85	26.17	32.95	39.55	50.85	60.79	72.02	82.6	93.56	104.86
f	max		1	1.2	1.2	1.4	2	2	3	3	4	4	6	6	8	10	12	13
k	公称		2	2.8	3.5	4	5.3	6.4	7.5	10	12.5	15	18.7	22.5	26	30	35	40
	min	产品等级 A	1.88	2.68	3.35	3.85	5.15	6.22	7.32	9.82	12.28	14.78	—	—	—	—	—	—
	max	产品等级 A	2.12	2.92	3.65	4.15	5.45	6.58	7.68	1.18	12.72	15.22	—	—	—	—	—	—
	min	产品等级 B	—	—	3.26	3.76	5.06	6.11	7.21	9.71	12.15	14.65	18.28	22.08	25.58	29.58	34.5	39.5
	max	产品等级 B	—	—	3.74	4.24	5.54	6.69	7.79	10.29	12.85	15.35	19.12	22.92	26.43	30.42	35.5	40.5
k'	min	产品等级 A	1.3	1.9	2.3	2.7	3.6	4.4	5.1	6.9	8.6	10.3	—	—	—	—	—	—
	min	产品等级 B	—	—	2.3	2.6	3.5	4.3	5	6.8	8.5	10.2	12.8	15.5	17.9	20.9	24.2	27.6
r	min		0.1	0.2	0.2	0.25	0.4	0.4	0.6	0.6	0.8	0.8	1	1	1.2	1.6	2	2
s	max(公称)		5.5	7	8	10	13	16	18	24	30	36	46	55	65	75	85	95
	min	产品等级 A	5.32	6.78	7.78	9.78	12.73	15.73	17.73	23.67	29.67	35.38	—	—	—	—	—	—
	min	产品等级 B	—	—	7.64	9.64	12.57	15.57	17.57	23.16	29.16	35	45	53.8	63.8	73.1	82.8	92.8
l(商品规格范围及通用规格)			20~30	25~40	25~50	30~60	35~80	40~100	45~120	55~160	65~200	80~240	90~300	110~360	130~400	140~400	160~400	200~400
l 系列			20,25,30,35,40,45,50,55,60,(65),70,80,90,100,110,120,130,140,150,160,180,200,220,240,260,280,300,320,340,360,380,400															

注:A 和 B 为产品等级,A 级用于 $d\leqslant24$ 和 $l\leqslant150$mm(按较小值)的螺栓;B 级用于 $d>24$ 或 $l>150$mm(按较小值)的螺栓,尽可能不采用括号内的规格。

附表5 双头螺柱

$b_m=1d \quad b_m=1.25d \quad b_m=1.5d \quad b_m=2d$

A型　　B型

末端按规定；$d_s \approx$ 螺纹中径（仅适用于B型）

标 记 示 例

两端均为粗牙普通螺纹，$d=10$mm，$l=50$mm、性能等级为4.8级、不经表面处理、B型、$b_m=1d$ 的双头螺柱：螺柱 GB/T 897—1988　M10×50

旋入机件一端为粗牙普通螺纹，旋螺母一端为螺距 $P=1$mm 的细牙普通螺纹，$d=10$、$l=50$mm、性能等级为4.8级、不经表面处理、A型、$b_m=1d$ 的双头螺柱：螺柱 GB/T 897—1988　AM10—M10×1×50

mm

螺纹规格 d	b_m（公称）				l/b
	GB/T 897—1988	GB 898—1988	GB 899—1988	GB/T 900—1988	
M2			3	4	12～16/6，20～25/10
M2.5			3.5	5	16/8，20～30/11
M3			4.5	6	16～20/6，25～40/12
M4			6	8	16～20/8，25～40/14
M5	5	6	8	10	16～20/10，25～50/16
M6	6	8	10	12	20/10，25～30/14，35～70/18
M8	8	10	12	16	20/12，25～30/16，35～90/22
M10	10	12	15	20	25/14，30～35/16，40～120/26，130/32
M12	12	15	18	24	25～30/16，35～40/20，45～120/30，130～180/36
M16	16	20	24	32	30～35/20，40～50/30，60～120/38，130～200/44
M20	20	25	30	40	35～40/25，45～60/35，70～120/46，130～200/52
M24	24	30	36	48	45～50/30，60～70/45，80～120/54，130～200/60
M30	30	38	45	60	60/40，70～90/50，100～200/66，130～200/72，210～250/85
M36	36	45	54	72	70/45，80～110/160，120/78，130～200/84，210～300/97
M42	42	50	63	84	70～80/50，90～110/70，120/90，130～200/96，210～300/109
M48	48	60	72	96	80～90/60，100～110/80，120/102，130～200/108，210～300/121
l（系列）	12，16，20，25，30，35，40，45，50，60，70，80，90，100，110，120，130，140，150，160，170，180，190，200，210，220，230，240，250，260，280，300				

附表6 开槽沉头螺钉、开槽半沉头螺钉

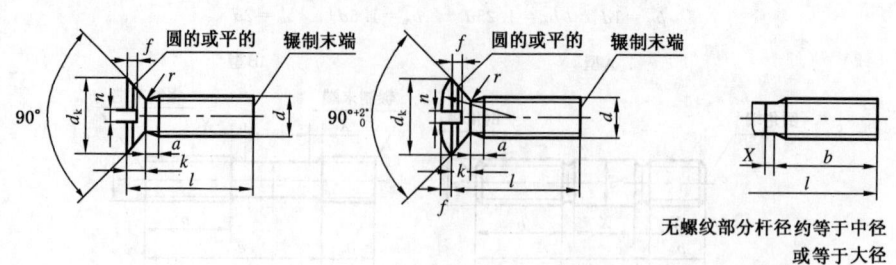

无螺纹部分杆径约等于中径或等于大径

标记示例

螺纹规格 d=M5、公称长度 l=20mm、性能等级为4.8级、不经表面处理的开槽沉头螺钉:螺钉 GB/T 68—2016 $M5\times20$

mm

螺纹规格 d			M1.6	M2	M2.5	M3	M4	M5	M6	M8	M10
P			0.35	0.4	0.45	0.5	0.7	0.8	1	1.25	1.5
a	max		0.7	0.8	0.9	1	1.4	1.6	2	2.5	3
b	min		25					38			
d_k	理论值	max	3.6	4.4	5.5	6.3	9.4	10.4	12.6	17.3	20
	实际值	max	3	3.8	4.7	5.5	8.4	9.3	11.3	15.8	18.3
		min	2.7	3.5	4.4	5.2	8	8.9	10.9	15.4	17.8
k	max		1	1.2	1.5	1.65	2.7	2.7	3.3	4.65	5
n	公称		0.4	0.5	0.6	0.8	1.2	1.2	1.6	2	2.5
	min		0.46	0.56	0.66	0.86	1.26	1.26	1.66	2.06	2.56
	max		0.6	0.7	0.8	1	1.51	1.51	1.91	2.31	2.81
r	max		0.4	0.5	0.6	0.8	1	1.3	1.5	2	2.5
X	max		0.9	1	1.1	1.25	1.75	2	2.5	3.2	3.8
f	约等于		0.4	0.5	0.6	0.7	1	1.2	1.4	2	2.3
r_f	约等于		3	4	5	6	8	9.5	12	16.5	19.5
l	max	GB 68—2016		0.5	0.6	0.75	0.85	1.3	1.4	1.6	2.6
		GB 69—2016		0.8	1	1.2	1.45	1.9	2.4	2.8	3.7	4.4
	min	GB 68—2016		0.32	0.4	0.5	0.6	1	1.1	1.2	1.8	2
		GB 69—2016		0.64	0.8	1	1.2	1.6	2	2.4	3.2	3.8
l(商品规格范围公称长度)			2.5~16	3~20	4~25	5~30	6~40	8~50	8~60	10~80	12~80
l(系列)			2.5, 3, 5, 6, 8, 10, 12, (14), 16, 20, 25, 30, 35, 40, 45, 50, (55), 60, (65), 70, (75), 80								

注:1. P—螺距;
2. 公称长度 $l\leqslant30$mm,而螺纹规格 d 在 M1.6~M3 的螺钉,应制出全螺纹;公称长度 $l\leqslant45$mm,而螺纹规格在 M4~M10 的螺钉也应制出全螺纹 $[b=l-(k+a)]$;
3. 尽可能不采用括号内的规格。

附表7 1型六角螺母——A级和B级

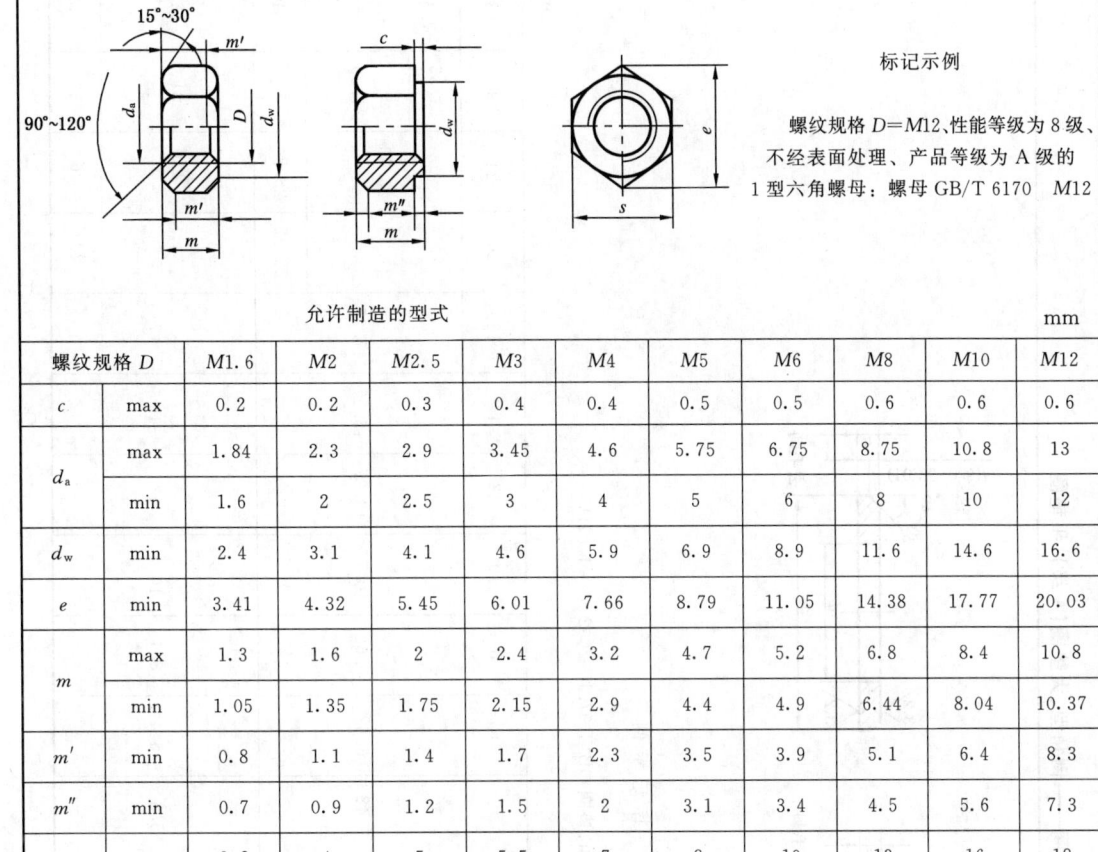

标记示例

螺纹规格 $D=M12$、性能等级为8级、不经表面处理、产品等级为A级的1型六角螺母：螺母 GB/T 6170 M12

允许制造的型式

mm

螺纹规格 D		M1.6	M2	M2.5	M3	M4	M5	M6	M8	M10	M12
c	max	0.2	0.2	0.3	0.4	0.4	0.5	0.5	0.6	0.6	0.6
d_a	max	1.84	2.3	2.9	3.45	4.6	5.75	6.75	8.75	10.8	13
	min	1.6	2	2.5	3	4	5	6	8	10	12
d_w	min	2.4	3.1	4.1	4.6	5.9	6.9	8.9	11.6	14.6	16.6
e	min	3.41	4.32	5.45	6.01	7.66	8.79	11.05	14.38	17.77	20.03
m	max	1.3	1.6	2	2.4	3.2	4.7	5.2	6.8	8.4	10.8
	min	1.05	1.35	1.75	2.15	2.9	4.4	4.9	6.44	8.04	10.37
m'	min	0.8	1.1	1.4	1.7	2.3	3.5	3.9	5.1	6.4	8.3
m''	min	0.7	0.9	1.2	1.5	2	3.1	3.4	4.5	5.6	7.3
s	max	3.2	4	5	5.5	7	8	10	13	16	18
	min	3.02	3.82	4.82	5.32	6.78	7.78	9.78	12.73	15.73	17.73
螺纹规格 D		M16	M20	M24	M30	M36	M42	M48	M56	M64	
c	max	0.8	0.8	0.8	0.8	0.8	1	1	1	1.2	
d_a	max	17.3	21.6	25.9	32.4	38.9	45.4	51.8	60.5	69.1	
	min	16	20	24	30	36	42	48	56	64	
d_w	min	22.5	27.7	33.2	42.7	51.1	60.6	69.4	78.7	88.2	
e	min	26.75	32.95	39.55	50.85	6.79	72.02	82.6	93.56	104.86	
m	max	14.8	18	21.5	25.6	31	34	38	45	51	
	min	14.1	16.9	20.2	24.3	29.4	32.4	36.4	43.4	49.1	
m'	min	11.3	13.5	16.2	19.4	23.5	25.9	29.1	34.7	39.3	
m''	min	9.9	11.8	14.1	17	20.6	22.7	25.5	30.4	34.4	
s	max	24	30	36	46	55	65	75	85	95	
	min	23.67	29.16	35	45	53.8	63.8	73.1	82.8	92.8	

注：1. A级用于 $D \leqslant 16$ 的螺母；B级用于 $D>16$ 的螺母，本表仅按商品规格和通用规格列出；

2. 螺纹规格为 M8~M64、细牙、A级和B级的1型六角螺母，请查阅有关标准。

附表8 小垫圈、平垫圈——倒角型、大垫圈(A级)、平垫圈

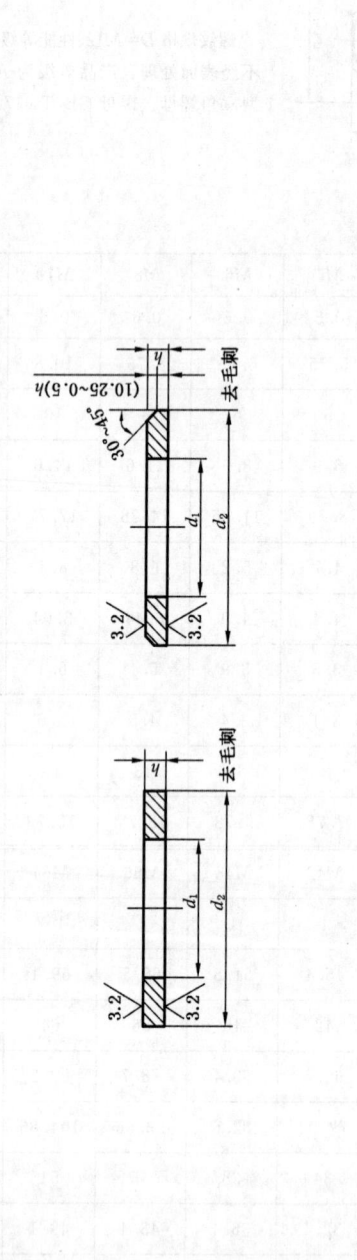

标 记 示 例

标准系列、公称尺寸 $d=8mm$、性能等级为140HV级、不经表面处理的平垫圈：垫圈 GB/T 97.1—2002 8-140HV

mm

公称尺寸(螺纹规格)d		1.6	2	2.5	3	4	5	6	8	10	12	14	16	20	24	30	36
d_1 内径	GB/T 848—2002	1.84	2.34	2.84	3.38	4.48	5.48	6.62	8.62	10.77	13.27	15.27	17.27	21.33	25.33	31.33	—
max	GB/T 97.1—2002	—	—	—	—	—	—	—	—	—	—	—	—	—	—	31.39	37.62
	GB/T 97.2—2002	—	—	—	—	4.48	5.48	6.62	8.62	10.77	13.27	15.27	17.27	22.52	26.84	34	40
	GB/T 96.1—2002	—	—	—	—	—	—	—	—	—	—	—	—	—	—	—	—
公称 min	GB/T 848—2002	1.7	2.2	2.7	3.2	4.3	5.3	6.4	8.4	10.5	13	15	17	21	25	31	37
	GB/T 97.1—2002	—	—	—	3.2	4.3	5.3	6.4	8.4	10.5	13	15	17	22	26	33	39
	GB/T 97.2—2002	—	—	—	—	—	—	—	—	—	—	—	—	—	—	—	—
	GB/T 96.1—2002	—	—	—	—	—	—	—	—	—	—	—	—	—	—	—	—

续表

公称尺寸(螺纹规格)d		1.6	2	2.5	3	4	5	6	8	10	12	14	16	20	24	30	36
d_2 外径	公称 max																
	GB/T 848—2002	3.5	4.5	5	6	8	9	11	15	18	20	24	28	34	39	50	60
	GB/T 97.1—2002	4	5	6	7	9	10	12	16	20	24	28	30	37	44	56	66
	GB/T 97.2—2002	—	—	—	—	—	—	18	24	30	37	44	50	60	72	92	110
	GB/T 96.1—2002	—	—	—	—	12	15	18	24	30	37	44	50	60	72	92	110
	min																
	GB/T 848—2002	3.2	4.2	4.7	5.7	7.64	8.64	10.57	14.57	17.57	19.48	23.48	27.48	33.38	38.38	49.38	58.8
	GB/T 97.1—2002	3.7	4.7	5.7	6.64	8.64	9.64	11.57	15.57	19.48	23.48	27.48	29.48	36.38	43.38	55.26	64.8
	GB/T 97.2—2002	—	—	—	—	—	—	17.57	23.48	29.48	36.48	43.38	49.38	58.1	70.1	89.8	107.8
	GB/T 96.1—2002	—	—	—	—	11.57	14.57	17.57	23.48	29.48	36.48	43.38	49.38	58.1	70.1	89.8	107.8
h 厚度	公称																
	GB/T 848—2002	0.3	0.3	0.5	0.5	0.5	1	1.6	1.6	1.6	2	2.5	2.5	3	4	4	5
	GB/T 97.1—2002	—	—	—	—	0.8	1.2	1.6	2	2	2.5	3	3	3	4	5	8
	GB/T 97.2—2002	—	—	—	—	1	—	1.8	2.2	2.5	3	2.7	2.7	3.3	4.3	4.3	5.6
	GB/T 96.1—2002	—	—	—	—	3	4	5	6	8	10	12	14	16	20	24	30
	max																
	GB/T 848—2002	0.35	0.35	0.55	0.55	0.55	1.1	1.8	1.8	1.8	2.2	2.7	2.7	3.3	4.3	4.3	5.6
	GB/T 97.1—2002	—	—	—	—	0.9	1.4	1.8	2.2	2.2	2.7	3.3	3.3	3.3	6	6	8
	GB/T 97.2—2002	—	—	—	—	1.1	—	—	—	—	1.8	—	—	3.3	4.3	7	9.2
	GB/T 96.1—2002	—	—	—	—	—	—	1.4	1.4	1.8	2.3	2.3	2.3	46	6	7	4.4
	min																
	GB/T 848—2002	0.25	0.25	0.45	0.45	0.45	0.9	1.4	1.4	1.4	1.8	2.3	2.3	2.3	3.7	3.7	4.4
	GB/T 97.1—2002	—	—	—	—	0.7	1.0	—	—	—	—	—	—	2.7	3.7	3.7	4.4
	GB/T 97.2—2002	—	—	—	—	0.9	—	—	—	—	—	—	—	2.7	4	5	6.8
	GB/T 96.1—2002	—	—	—	—	—	—	—	—	2.3	2.7	2.7	2.7	3.4	—	—	—

附表9 平键和键槽的剖面尺寸

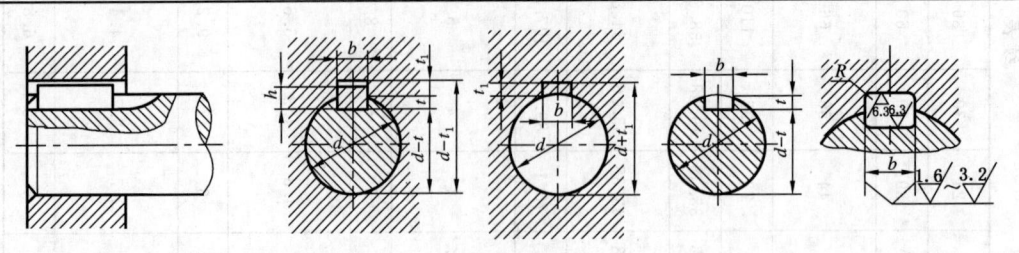

注：在工作图中，轴槽深用 t 或 $(d-t)$ 标注，轮毂槽深用 $(d+t_1)$ 标注

mm

轴径 d		6～8	>8 ～10	>10 ～12	>12 ～17	>17 ～22	>22 ～30	>30 ～38	>38 ～44	>44 ～50	>50 ～58	>58 ～65	>65 ～75	>75 ～85	>85 ～95	>95 ～110	>110 ～130
键的公称尺寸	b	2	3	4	5	6	8	10	12	14	16	18	20	22	25	28	32
	h	2	3	4	5	6	7	8	8	9	10	11	12	14	14	16	18
键槽深	轴 t	1.2	1.8	2.5	3.0	3.5	4.0	5.0	5.0	5.5	6.0	7.0	7.5	9.0	9.0	10.0	11.0
	毂 t_1	1.0	1.4	1.8	2.3	2.8	3.3	3.3	3.3	3.8	4.3	4.4	4.9	5.4	5.4	6.4	7.4
半径	r	最小 0.08～最大 0.16			最小 0.16～最大 0.25			最小 0.25～最大 0.40				最小 0.04～最大 0.60					

附表10 普通平键的型式尺寸

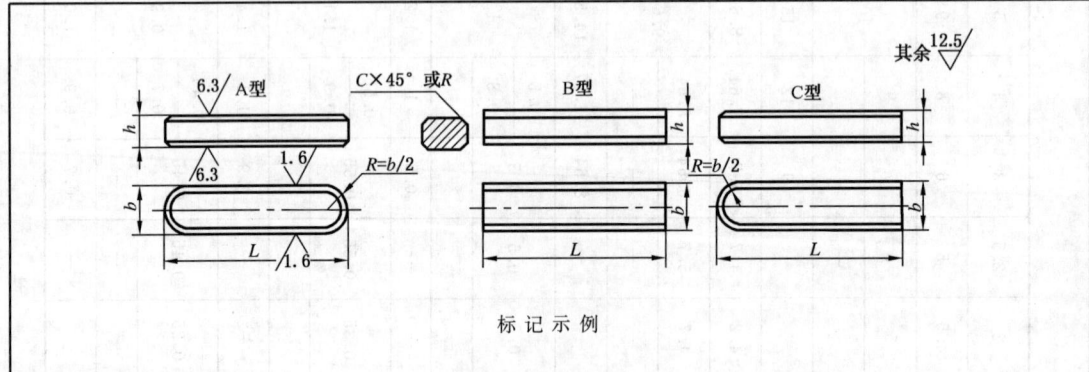

标 记 示 例

圆头普通平键（A型）$b=18\text{mm}$，$h=11\text{mm}$，$L=100\text{mm}$：键 GB/T 1096—2003　18×100
平头普通平键（B型）$b=18\text{mm}$，$h=11\text{mm}$，$L=100\text{mm}$：键 GB/T 1096—2003　B18×100
单圆头普通平键（C型）$b=18\text{mm}$，$h=11\text{mm}$，$L=100\text{mm}$：键 GB/T 1096—2003　C18×100

mm

b	2	3	4	5	6	8	10	12	14	16	18	20	22	25	28	32	36	40	45	50
h	2	3	4	5	6	7	8	8	9	10	11	12	14	14	16	18	20	22	25	28
c 或 r	0.16～0.25			0.25～0.40			0.40～0.60				0.60～0.80						1.0～1.2			
L 范围	6 ～20	6 ～36	8 ～45	10 ～56	14 ～70	18 ～90	22 ～110	28 ～140	36 ～160	45 ～180	50 ～200	56 ～220	63 ～250	70 ～280	80 ～320	90 ～360	100 ～400	100 ～400	110 ～450	125 ～500

注：L 系列为 6，8，10，12，14，16，18，20，22，25，28，32，36，40，45，50，56，63，70，80，90，100，110，125，140，160，180，200 等。

附表11 圆柱销

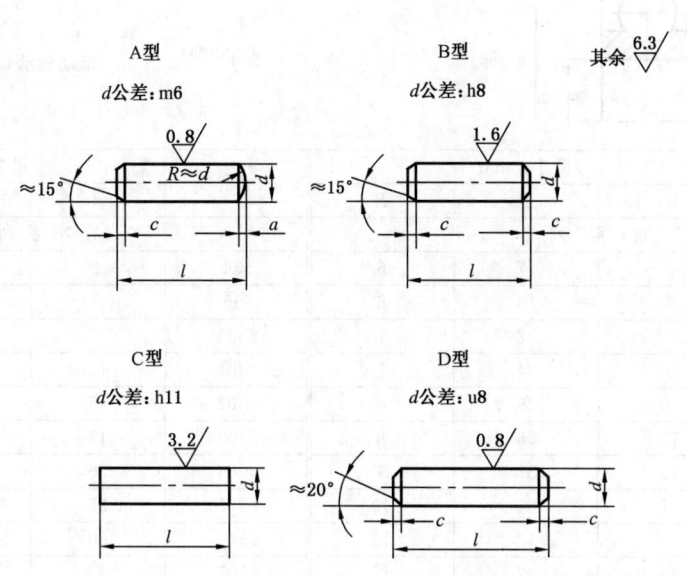

标 记 示 例

公称直径 $d=8$mm、长度 $l=30$mm、材料为35钢、热处理硬度28～38HRC、表面氧化处理的A型圆柱销：销 GB/T 119.1—2000 A8×30

mm

d（公称）	0.6	0.8	1	1.2	1.5	2	2.5	3	4	5
$a\approx$	0.08	0.10	0.12	0.16	0.20	0.25	0.30	0.40	0.50	0.63
$c\approx$	0.12	0.16	0.20	0.25	0.30	0.35	0.40	0.50	0.63	0.80
l（商品规格范围公称长度）	2～6	2～8	4～10	4～12	4～16	6～20	6～24	8～30	8～40	10～50
d（公称）	6		10	12	16	20	25	30	40	50
$a\approx$	0.80	1.0	1.2	1.6	2.0	2.5	3.0	4.0	5.0	6.3
$c\approx$	1.2	1.6	2.0	2.5	3.0	3.5	4.0	5.0	6.3	8.0
l（商品规格范围公称长度）	12～60	14～80	18～95	22～140	26～180	35～200	50～200	60～200	80～200	95～200
l系列	2，3，4，5，6，8，10，12，14，16，18，20，22，24，26，28，30，32，40，45，50，55，60，65，70，75，80，85，90，95，100，120，140，160，180，200									

附表 12 深沟球轴承

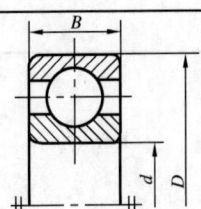

60000 型

标 记 示 例
滚动轴承 GB/T 276—2013 6208

轴承型号	尺寸，mm			轴承型号	尺寸，mm		
	d	D	B		d	D	B
(0) 系 列				(3) 窄系列			
606	6	17	6	634	4	16	5
607	7	19	6	635	5	19	6
608	8	22	7	6300	10	35	11
609	9	24	7	6301	12	37	12
6000	10	26	8	6302	15	42	13
6001	12	28	8	6303	17	47	14
6002	15	32	9	6304	20	52	15
6003	17	35	10	6305	25	62	17
6004	20	42	12	6306	30	72	19
6005	25	47	12	6307	35	80	21
6006	30	55	13	6308	40	90	23
6007	35	62	14	6309	45	100	25
6008	40	68	15	6310	50	110	27
6009	45	75	16	6311	55	120	29
6010	50	80	16	6312	60	130	31
6011	55	90	18				
6012	60	95	18				
(2) 窄系列				(4) 窄系列			
623	3	10	4	6403	17	62	17
624	4	13	5	6404	20	72	19
625	5	16	5	6405	25	80	21
626	6	19	6	6406	30	90	23
627	7	22	7	6407	35	100	25
628	8	24	8	6408	40	110	27
629	9	26	8	6409	45	120	29
6200	10	30	9	6410	50	130	31
6201	12	32	10	6411	55	140	33
6202	15	35	11	6412	60	150	35
6203	17	40	12	6413	65	160	37
6204	20	47	14	6414	70	180	42
6205	25	52	15	6415	75	190	45
6206	30	62	16	6416	80	200	48
6207	35	72	17	6417	85	210	52
6208	40	80	18	6418	90	225	54
6209	45	85	19	6419	95	240	55
6210	50	90	20				
6211	55	100	21				
6212	60	110	22				

附表 13 圆锥滚子轴承

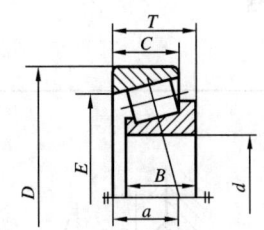

标记示例
30000 型   滚动轴承 GB/T 297—2015 30308

轴承型号	尺寸，mm						轴承型号	尺寸，mm					
	d	D	T	B	C	$E\approx$	$a\approx$	d	D	T	B	C	$E\approx$	$a\approx$
02 尺寸系列							22 尺寸系列						
30204	20	47	15.25	14	12	37.3	11.2	32206	30	62	21.5	20	17	48.9	15.4
30205	25	52	16.25	15	13	41.1	12.6	32207	35	72	24.25	23	19	57	17.6
30206	30	62	17.25	16	14	49.9	13.8	32208	40	80	24.75	23	19	64.7	19
30207	35	72	18.25	17	15	58.8	15.3	32209	45	85	24.75	23	19	69.6	20
30208	40	80	19.75	18	16	65.7	16.9	32210	50	90	24.75	23	19	74.2	21
30209	45	85	20.75	19	16	70.4	18.6	32211	55	100	26.75	25	21	82.8	22.5
30210	50	90	21.75	20	17	75	20	32212	60	110	29.75	28	24	90.2	24.9
30211	55	100	22.75	21	18	84.1	21	32213	65	120	32.75	31	27	99.4	27.2
30212	60	110	23.75	22	19	91.8	22.4	32214	70	125	33.25	31	27	103.7	28.6
30213	65	120	24.75	23	20	101.9	24	32215	75	130	33.25	31	27	108.9	30.2
30214	70	125	26.25	24	21	105.7	25.9	32216	80	140	35.25	33	28	117.4	31.3
30215	75	130	27.25	25	22	110.4	27.4	32217	85	150	38.5	36	30	124.9	34
30216	80	140	28.25	26	22	119.1	28	32218	90	160	42.5	40	34	132.6	36.7
30217	85	150	30.5	28	24	126.6	29.9	32219	95	170	45.5	43	37	140.2	39
30218	90	160	32.5	30	26	134.9	32.4	32220	100	180	49	46	39	148.1	41.8
30219	95	170	34.5	32	27	143.3	35.1								
30220	100	180	37	34	29	151.3	36.5								
03 尺寸系列							23 尺寸系列						
30304	20	52	16.25	15	13	41.3	11	32304	20	52	22.25	21	18	39.5	13.4
30305	25	62	18.25	17	15	50.6	13	32305	25	62	25.25	24	20	48.6	15.5
30306	30	72	20.75	19	16	58.2	15	32306	30	72	28.75	27	23	55.7	18.8
30307	35	80	22.75	21	18	65.7	17	32307	35	80	32.75	31	25	62.8	20.5
30308	40	90	25.25	23	20	72.7	19.5	32308	40	90	25.25	33	27	99.2	23.4
30309	45	100	27.25	25	22	81.7	21.5	32309	45	100	38.25	36	30	78.3	25.6
30310	50	110	29.25	27	23	90.6	23	32310	50	110	42.25	40	33	86.2	28
30311	55	120	31.5	29	25	99.1	25	32311	55	120	45.5	43	35	94.3	30.6
30312	60	130	33.5	31	26	107.7	26.5	32312	60	130	48.5	46	37	102.9	32
30313	65	140	36	33	28	116.8	29	32313	65	140	51	48	39	111.7	34
30314	70	150	38	35	30	125.2	30.6	32314	70	150	54	51	42	119.7	36.5
30315	75	160	40	37	31	134	32	32315	75	160	58	55	45	127.8	39
30316	80	170	42.5	39	33	143.1	34	32316	80	170	61.5	58	48	136.5	42
30317	85	180	44.5	41	34	150.4	36	32317	85	180	63.5	60	49	144.2	43.6
30318	90	190	46.5	43	36	159	37.5	32318	90	190	67.5	64	53	151.7	46
30319	95	200	49.5	45	38	165.8	40	32319	95	200	71.5	67	55	160.3	49
30320	100	215	51.5	47	39	178.5	42	32320	100	215	77.5	73	60	171.6	53

附录三 零件标准结构

附表 14 零件倒圆与倒角 (mm)

型式

R、C 尺寸系列：
0.1，0.2，0.3，0.4，0.5，0.6，0.8，1.0，1.2，1.6，2.0，2.5，3.0，4.0，5.0，6.0，8.0，10，12，16，20，25，32，40，50

装配方式

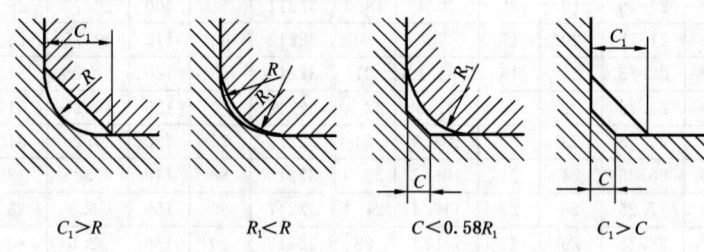

$C_1 > R$　　$R_1 < R$　　$C < 0.58R_1$　　$C_1 > C$

尺寸规定：

1. R_1、C_1 的偏差为正；R、C 的偏差为负；

2. 左起第三种装配方式，C 的最大值 C_{max} 与 R_1 的关系如下：

R_1	0.1	0.2	0.3	0.4	0.5	0.6	0.8	1.0	1.2	1.6	2.0	2.5	3.0	4.0	5.0	6.0	8.0	10	12	16	20	25
C_{max}	—	0.1	0.1	0.2	0.2	0.3	0.4	0.5	0.6	0.8	1.0	1.2	1.6	2.0	2.5	3.0	4.0	5.0	6.0	8.0	10	12

直径 ϕ_1 相应的倒角 C、倒圆 R 的推荐值

ϕ	~3	>3~6	>6~10	>10~18	>18~30	>30~50	>50~80	>80~120	>120~180
C 或 R	0.2	0.4	0.6	0.8	1.0	1.6	2.0	2.5	3.0
ϕ	>180~250	>250~320	>320~400	>400~500	>500~630	>630~800	>800~1000	>1000~1250	>1250~1600
C 或 R	4.0	5.0	6.0	8.0	10	12	16	20	25

附录四　极限与配合

附表15　标准公差数值

基本尺寸 mm		标准公差等级																	
大于	至	IT1	IT2	IT3	IT4	IT5	IT6	IT7	IT8	IT9	IT10	IT11	IT12	IT13	IT14	IT15	IT16	IT17	IT18
		μm											mm						
—	3	0.8	1.2	2	3	4	6	10	14	25	40	60	0.1	0.14	0.25	0.4	0.6	1	1.4
3	6	1	1.5	2.5	4	5	8	12	18	30	48	75	0.12	0.18	0.3	0.48	0.75	1.2	1.8
6	10	1	1.5	2.5	4	6	9	15	22	36	58	90	0.15	0.22	0.36	0.58	0.9	1.5	2.2
10	18	1.2	2	3	5	8	11	18	27	43	70	110	0.18	0.27	0.43	0.7	1.1	1.8	2.7
18	30	1.5	2.5	4	6	9	13	21	33	52	84	130	0.21	0.33	0.52	0.84	1.3	2.1	3.3
30	50	1.5	2.5	4	7	11	16	25	39	62	100	160	0.25	0.39	0.62	1	1.6	2.5	3.9
50	80	2	3	5	8	13	19	30	46	74	120	190	0.3	0.46	0.74	1.2	1.9	3	4.6
80	120	2.5	4	6	10	15	22	35	54	87	140	220	0.35	0.54	0.87	1.4	2.2	3.5	5.4
120	180	3.5	5	8	12	18	25	40	63	100	160	250	0.4	0.63	1	1.6	2.5	4	6.3
180	250	4.5	7	10	14	20	29	46	72	115	185	290	0.46	0.72	1.15	1.85	2.9	4.6	7.2
250	315	6	8	12	16	23	32	52	81	130	210	320	0.52	0.81	1.3	2.1	3.2	5.2	8.1
315	400	7	9	13	18	25	36	57	89	140	230	360	0.57	0.89	1.4	2.3	3.6	5.7	8.9
400	500	8	10	15	20	27	40	63	97	155	250	400	0.63	0.97	1.55	2.5	4	6.3	9.7
500	630	9	11	16	22	32	44	70	110	175	280	440	0.7	1.1	1.75	2.8	4.4	7	11
630	800	10	13	18	25	36	50	80	125	200	3200	500	0.8	1025	2	3.2	5	8	12.5
800	1000	11	15	21	28	40	56	90	140	230	360	560	0.9	1.4	2.3	3.6	5.6	9	14
1000	1250	13	18	24	33	47	66	105	165	260	420	660	1.05	1.65	2.6	4.2	6.6	10.5	16.5
1250	1600	15	21	29	39	55	78	125	195	310	500	780	1.25	1.95	3.1	5	7.8	12.5	19.5
1600	2000	18	25	35	46	65	92	150	230	370	600	920	1.5	2.3	3.7	6	9.2	15	23
2000	2500	22	30	41	55	78	110	175	280	440	700	1100	1.75	2.8	4.4	7	11	17.5	28
2500	3150	26	36	50	68	96	135	210	330	540	860	1350	2.1	3.3	5.4	8.6	13.5	21	33

注：1. 基本尺寸大于500mm的IT1至IT5的标准公差数值为试行的；
　　2. 基本尺寸小于或等于1mm时，无IT14至IT18。

附录五 常用材料与热处理

附表 18 常用钢材牌号及用途

名　称	牌　号	应用举例
碳素结构钢	Q215	塑性较高、强度较低、焊接性好，常用作各种板材及型钢，制作工程结构或机器中受力不大的零件，如螺钉、螺母、垫圈、吊钩、拉杆等；也可渗碳，制作不重要的渗碳零件
	Q235	
	Q275	强度较高，可制作承受中等应力的普通零件，如紧固件、吊钩、拉杆等；也可经热处理后制造不重要的轴
优质碳素结构钢	15	塑性、韧性、焊接性和冷冲性很好，但强度较低，用于制造受力不大、韧性要求较高的零件、紧固件、渗碳零件及不要求热处理的低负荷零件，如螺栓、螺钉、拉条、法兰盘等
	20	
	35	有较好的塑性和适当的强度，用于制造曲轴、转轴、轴销、杠杆、连杆、横梁、链轮、垫圈、螺钉、螺母等，这种钢多在正火和调质状态下使用，一般不作焊接使用
	40	用于要求强度较高、韧性要求中等的零件，通常进行调质或正火处理，用于制造齿轮、齿条、链轮、轴、曲轴等；经高频表面淬火后可替代渗碳钢制作齿轮、轴、活塞销等零件
	45	
	55	经热处理后有较高的表面硬度和强度，具有较好韧性，一般经正火或淬火、回火后使用，用于制造齿轮、连杆、轮圈及轧辊等；焊接性及冷变形性均低
	65	一般经淬火中温回火，具有较高弹性，适用于制作小尺寸弹簧
	15Mn	性能与 15 钢相似，但其淬透性、强度和塑性均稍高于 15 钢，用于制作中心部分的力学性能要求较高且需渗碳的零件，这种钢焊接性能好
	65Mn	性能与 65 钢相似，适于制造弹簧、弹簧垫圈、弹簧环和片，以及冷拔钢丝（≤7mm）和发条
合金结构钢	20Cr	用于渗碳零件，制作受力不太大、不需要强度很高的耐磨零件，如机床齿轮、齿轮轴、蜗杆、凸轮、活塞销等
	40Cr	调质后强度比碳钢高，常用作中等截面、要求力学性能比碳钢高的重要调质零件，如齿轮、轴、曲轴、连杆螺栓等
	20CrMnTi	强度、韧性均高，是铬镍钢的代用材料，经热处理后，用于承受高速、中等或重负荷以及冲击、磨损等的重要零件，如渗碳齿轮、凸轮等
	38CrMoAl	是渗氮专用钢种，经热处理后用于要求高耐磨性、高疲劳强度和相当高的强度且热处理变形小的零件，如镗杆、主轴、齿轮、蜗杆、套筒、套环等
	35SiMn	除了要求低温（−20℃以下）及冲击韧性很高的情况外，可全面替代 40Cr 作调质钢；也可部分替代 40CrNi，制作中小型轴类、齿轮等零件
	50CrVA	用于 ϕ（30～50）mm 重要的承受大应力的各种弹簧；也可用作大截面的温度低于 400℃ 的气阀弹簧、喷油嘴弹簧等
铸钢	ZG200−400	用于各种形状的零件，如机座、变速箱壳等
	ZG230−450	用于铸造平坦的零件，如机座、机盖、箱体等
	ZG270−500	用于各种形状的零件，如飞轮、机架、水压机工作缸、横梁等

附表19 常用铸铁牌号及用途

名 称	牌 号	应用举例	说 明
灰铸铁	HT100	低载荷和不重要零件,如盖、外罩、手轮、支架、重锤等	牌号中"HT"是"灰铁"二字汉语拼音的第一个字母,其后的数字表示最低抗拉强度(MPa),但这一力学性能与铸件壁厚有关
	HT150	承受中等应力的零件,如支柱、底座、齿轮箱、工作台、刀架、端盖、阀体、管路附件及一般无工作条件要求的零件	
	HT200 HT250	承受较大应力和较重要零件,如气缸体、齿轮、机座、飞轮、床身、缸套、活塞、刹车轮、联轴器、齿轮箱、轴承座、油缸等	
	HT300 HT350 HT400	承受高弯曲应力及抗拉应力的重要零件,如齿轮、凸轮、车床卡盘、剪床和压力机的机身、床身、高压油缸、滑阀壳体等	
球墨铸铁	QT400—15 QT450—10 QT500—7 QT600—3 QT700—2	球墨铸铁可替代部分碳钢、合金钢,用来制造一些受力复杂,强度、韧性和耐磨性要求高的零件,前两种牌号的球墨铸铁,具有较高的韧性与塑性,常用来制造受压阀门、机器底架、汽车后桥壳等;后两种牌号的球墨铸铁,具有较高的强度与耐磨性,常用来制造拖拉机或柴油机中的曲轴、连杆、凸轮轴、各种齿轮、机床的主轴、蜗杆、蜗轮、轧钢机的轧辊、大齿轮、大型水压机的工作缸、缸套、活塞等	牌号中"QT"是"球铁"二字汉语拼音的第一个字母,后面两组数字分别表示其最低抗拉强度(MPa)和最小伸长率(δ×100)

附表20 常用有色金属牌号及用途

名 称			牌 号	应用举例
加工黄铜	普通黄铜		H62	销钉、铆钉、螺钉、螺母、垫圈、弹簧等
			H68	复杂的冷冲压件、散热器外壳、弹壳、导管、波纹管、轴套等
			H90	双金属片、供水和排水管、证章、艺术品等
	铍青铜		QBe2	用于重要的弹簧及弹性元件、耐磨零件,以及在高速、高压和高温下工作的轴承等
	铅黄铜		HPb59—1	适用于仪器仪表等工业部门用的切削加工零件,如销、螺钉、螺母、轴套等
加工青铜	锡青铜	加工锡青铜	QSn4—3	弹性元件、管配件、化工机械中耐磨零件及抗磁零件
			QSn6.5—0.1	弹簧、接触片、振动片、精密仪器中的耐磨零件
		铸造锡青铜	ZCuSn10Pbl	重要的减磨零件,如轴承、轴套、蜗轮、摩擦轮、机床丝杠螺母等
			ZCuSn5Pb5Zn5	中速、中载荷的轴承、轴套、蜗轮等耐磨零件

附录六 化工设备通用零部件

（1）以直径为基准的压力容器的公称直径见附表21。

附表21 压力容器公称直径

公称直径，mm												
400	450	500	550	600	650	700	750	800	850	900	950	
1000	1100	1200	1300	1400	1500	1600	1700	1800	1900	2000	2100	

（2）EHA型钢制作压力容器用封头见附图1和附表22。

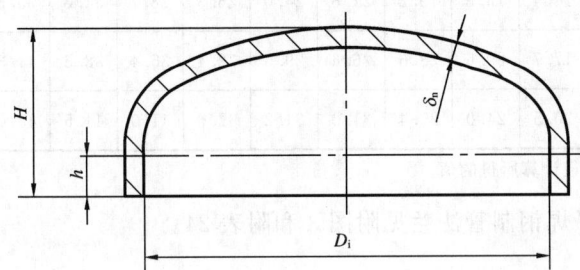

EHA封头形式参数关系：
$D_i/2(H-h) = 2$
$D_N = D_i$

附图1 EHA型钢制作压力容器用封头

附表22 EHA椭圆形封头　　　　　　　　　　　mm

序号	公称直径 DN mm	总深度 H mm	内表面积 A m²	容积 V m³	质量，kg 封头名义厚度 δ_n，mm				
					4	5	6	8	10
1	900	250	0.9487	0.1113	29.2	36.5	44.0	58.9	74.1
2	950	263	1.0529	0.1300	32.3	40.5	48.8	65.3	82.1
3	1000	275	1.1625	0.1505	35.7	44.7	53.8	72.1	90.5
4	1100	300	1.3980	0.1980	—	53.7	64.6	86.5	108.6
5	1200	325	1.6552	0.2545	—	63.5	76.4	102.2	128.3

（3）A型补强圈见附图2和附表23。

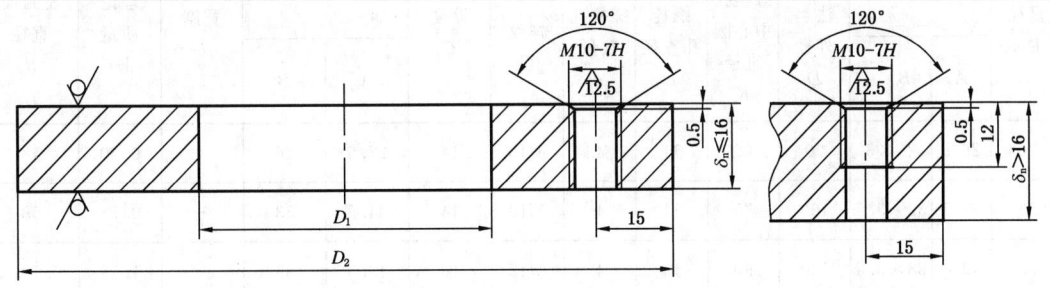

附图2 A型补强圈尺寸示意图

D_1—补强圈内径 $D_1 = d_0 + (3\sim5)$；d_0—接管外径

附表 23 A 型补强圈尺寸系列

接管公称直径 DN	外径 D_2	厚度 δ_n, mm												
		4	6	8	10	12	14	16	18	20	22	24	26	28	30
尺寸, mm		质量, kg												
225	440	3.24	4.87	6.49	8.11	9.74	11.4	13.0	14.6	16.2	17.8	19.5	21.1	22.7	24.3
250	480	3.79	5.68	7.58	9.47	11.4	13.3	15.2	17.0	18.9	20.8	22.7	24.6	26.5	28.4
300	550	4.79	7.18	9.58	12.0	14.4	16.8	19.2	21.6	24.0	26.3	28.7	31.3	33.5	36.0
350	620	5.90	8.85	11.8	14.8	17.7	20.6	23.6	26.6	29.5	32.4	35.4	38.3	41.3	44.2
400	680	6.84	10.3	13.7	17.1	20.5	24.0	27.4	31.0	34.2	37.6	41.0	44.5	48.0	51.4

注：表中质量为 A 型补强圈按接管公称直径计算所得的值。

（4）PN0.6MPa（6bar）板式平焊钢制管法兰见附图 3 和附表 24。

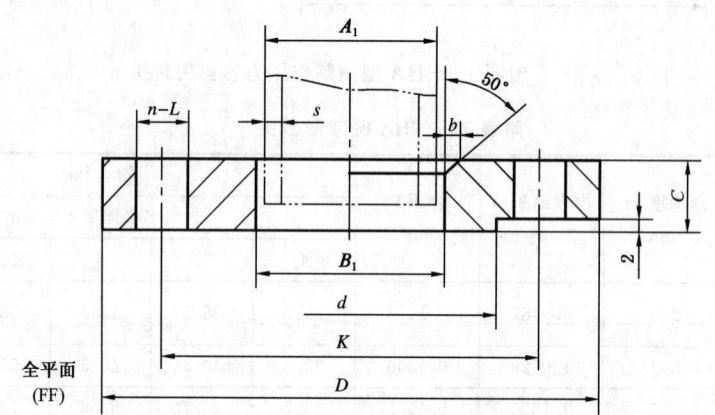

附图 3 PN0.6MPa（6bar）板式平焊钢制管法兰尺寸示意图

附表 24 PN0.6MPa（6bar）板式平焊钢制管法兰尺寸系列   mm

公称直径 DN	管子外径 $A \times s$		连接尺寸					法兰厚度 C	法兰内径 B_1		坡口宽度 b	法兰理论质量 kg	法兰凸面（密封面）直径 d
			法兰外径 D	螺栓孔中心圆直径 K	螺栓孔直径 L	螺栓孔数量 n	螺纹 Th						
	A	$B \times s$							A	B			
20	26.9	25×3	90	65	11	4	M10	14	27.5	26	—	0.60	48
25	33.7	32×3.5	100	75	11	4	M10	14	34.5	33	—	0.73	58
32	42.4	38×3.5	120	90	14	4	M12	16	43.5	39	—	1.19	69
40	48.3	45×3.5	130	100	14	4	M12	16	49.5	46	—	1.38	78

续表

公称直径 DN	管子外径 $A \times s$		连接尺寸					法兰厚度 C	法兰内径 B_1		坡口宽度 b	法兰理论质量 kg	法兰凸面（密封面）直径 d
	A	$B \times s$	法兰外径 D	螺栓孔中心圆直径 K	螺栓孔直径 L	螺栓孔数量 n	螺纹 Th		A	B			
50	60.3	57×3.5	140	110	14	4	M12	16	61.5	59	—	1.51	88
65	76.1	76×4	160	130	14	4	M12	16	77.5	78	—	1.85	108
80	88.9	89×4	190	150	18	4	M16	18	90.5	91	—	2.91	124
100	114.3	108×4	210	170	18	4	M16	18	116	110	—	3.41	144
125	139.7	133×4	240	200	18	8	M16	18	141.5	135	—	4.08	174
150	168.3	159×4.5	265	225	18	8	M16	20	170.5	161	—	5.14	199
200	219.1	219×6	320	280	18	8	M16	22	221.5	222	—	6.85	254
250	273	273×8	375	335	18	12	M16	24	276.5	276	—	8.96	309
400	406.4	426×9	540	495	22	16	M20	28	411	430	—	17.1	463
500	508	530×9	645	600	22	20	M20	32	513.5	535	—	23.7	568

（5）A型耳式支座见附图4和附表25。

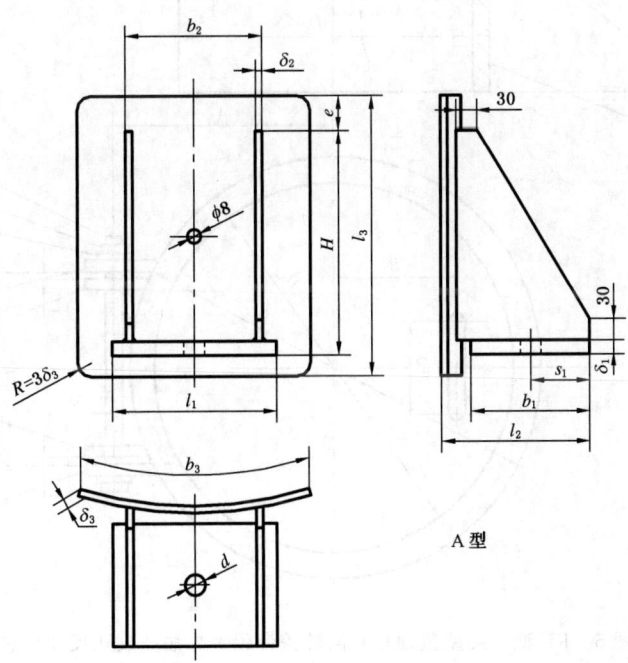

附图4 A型耳式支座尺寸示意图

附表 25 A型耳式支座系列参数尺寸   mm

支座号	支座本体允许载荷 Q, kN	适用容器公称直径 DN	高度 H	底板				肋板			垫板			地脚螺栓		支座质量 kg
				l_1	b_1	δ_1	s_1	l_2	b_2	δ_2	l_3	b_3	δ_3	e	d	规格	
1	10	300～600	125	100	60	6	30	80	80	4	160	125	6	20	24	M20	1.7
2	20	500～1000	160	125	80	8	40	100	100	5	200	160	6	24	24	M20	3.0
3	30	700～1400	200	160	105	10	50	125	125	6	250	200	8	30	30	M24	6.0
4	60	1000～2000	250	200	140	14	70	160	160	8	315	250	8	40	30	M24	11.1
5	100	1300～2600	320	250	180	16	90	200	200	10	400	320	10	48	30	M24	21.6
6	150	1500～3000	400	315	230	20	115	250	250	12	500	400	12	60	36	M30	40.8

（6）RF型（A型盖轴耳）回转盖带颈平焊法兰人孔见附图5、附表26和附表27。

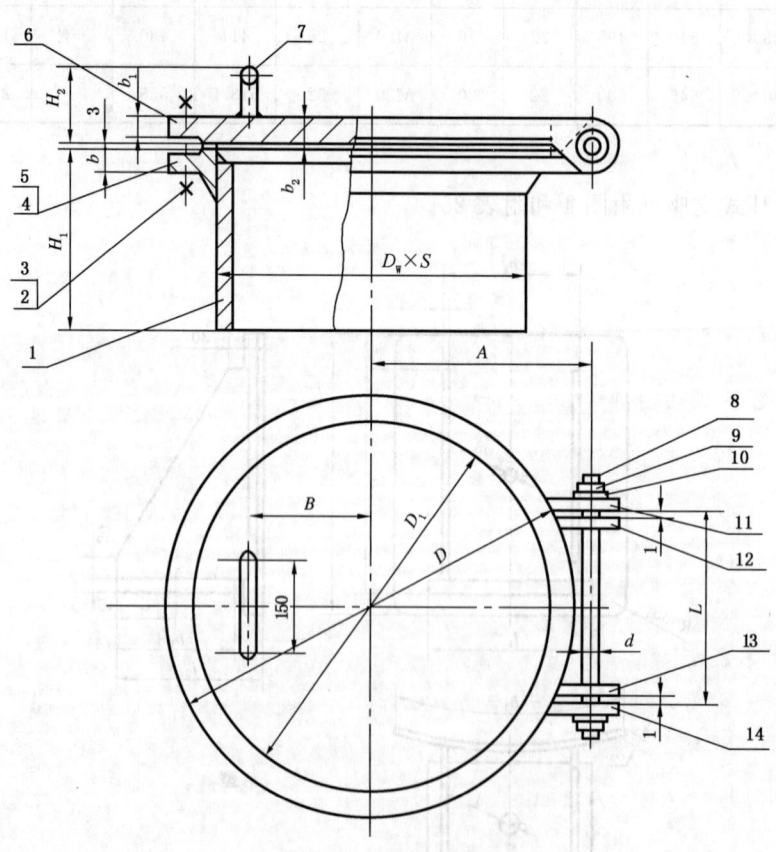

附图 5 RF型（A型盖轴耳）回转盖带颈平焊法兰人孔尺寸示意图

附表26 明细表

件号	名称	数量	材料 类别代号		
			Ⅲ	Ⅴ	Ⅷ
1	筒节	1	Q235－A	20R	16MnR
2	螺柱	见尺寸表	35		
3	螺母	见尺寸表	25		
4	法兰	1	20（锻件）		16Mn（锻件）
5	垫片	1	石棉橡胶板垫		
			柔性石墨复合垫		
			聚四氟乙烯包覆垫		
6	法兰盖	1	Q235－A	20R	16MnR
7	把手	1	Q235－A·F		
8	轴销	1	Q235－A·F		
9	销	2	低碳钢		
10	垫圈	2	100HV		
11	盖轴耳（1）	1	Q235－A·F		
12	法兰轴耳（1）	1	Q235－A·F		
13	法兰轴耳（2）	1	Q235－A·F		
14	盖轴耳（2）	1	Q235－A·F		

附表27 人孔尺寸　　mm

密封面型式	公称压力PN MPa	公称直径DN	$D_W \times S$	D	D_1	A	B	L	b	b_1	b_2	H_1	H_2	d	螺柱数量	螺母数量	螺柱直径×长度	总质量 kg
凸面（RF型）	1.0	(400)	426×8	565	515	310	125	200	26	24	28	220	108	20	16	32	M24×120	103,104
		450	480×8	615	565	340	150	250	28	26	30	230	110	20	20	40	M24×125	125
		500	530×8	670	620	365	175	250	28	28	32	250	112	24	20	40	M24×125	153,154
		600	630×8	780	725	420	225	350	28	31	36	270	116	24	20	40	M27×130	216

参 考 文 献

[1] 王琴，岳波辉，苏成柏. 工程制图. 2版. 北京：石油工业出版社，2012.
[2] 全国技术产品文件标准化技术委员会，中国标准出版社第三编辑室. 技术新产品文件标准汇编　机械制图卷. 2版. 北京：中国标准出版社，2006.
[3] 全国技术产品文件标准化技术委员会，中国标准出版社第三编辑室. 技术新产品文件标准汇编　技术制图卷. 2版. 北京：中国标准出版社，2009.
[4] 胡建生. 化工制图. 2版. 北京：化学工业出版社，2009.
[5] 金大鹰. 机械制图. 2版. 北京：机械工业出版社，2008.
[6] 钱文伟. 工程制图. 北京：高等教育出版社，2007.
[7] 王冰. 工程制图. 北京：高等教育出版社，2007.
[8] 中国就业培训技术指导中心. 制图员国家职业资格培训教程. 北京：中央广播电视大学出版社，2003.